Python 数据分析

David Taieb 著
陶俊杰 陈小莉 译

东南大学出版社
SOUTHEAST UNIVERSITY PRESS
·南京·

图书在版编目(CIP)数据

Python 数据分析 /(美)大卫·塔伊布(David Taieb)著;陶俊杰,陈小莉译. —南京:东南大学出版社,2020.6

书名原文:Data Analysis with Python

ISBN 978-7-5641-8884-9

Ⅰ.①P… Ⅱ.①大… ②陶… ③陈… Ⅲ.①软件工具-程序设计 Ⅳ.①TP311.561

中国版本图书馆 CIP 数据核字(2020)第 062176 号

图字:10-2019-189 号

Python数据分析

Python Shuju Fenxi

出版发行:东南大学出版社
地　　址:南京四牌楼 2 号　　邮编:210096
出 版 人:江建中
网　　址:http://www.seupress.com
电子邮件:press@seupress.com
印　　刷:常州市武进第三印刷有限公司
开　　本:787 毫米×980 毫米　16 开本
印　　张:27.25
字　　数:534 千字
版　　次:2020 年 6 月第 1 版
印　　次:2020 年 6 月第 1 次印刷
书　　号:ISBN 978-7-5641-8884-9
定　　价:94.00 元

本社图书若有印装质量问题,请直接与营销部联系。电话(传真):025-83791830

目　录

前　言

“现如今无论在什么行业，开发者都是最重要、最有价值的支柱。”
——斯蒂芬·奥格雷迪(Stephen O'Grady)，《新国王的缔造者》(*The New Kingma-kers*)作者

首先，让我感谢你并向你祝贺，我的读者，因为你决定投入一些宝贵的时间来阅读这本书。在接下来的章节里，我将从开发人员的角度带你踏上焕然一新的数据科学旅程，一起探索本书的主题，即数据科学是一项团队运动，如果想要获得成功，开发人员必须在不久的将来扮演更重要的角色，与数据科学家更好地协作。但是在此之前，为了让数据科学对任意背景和行业的人更具包容性，我们首先需要通过让数据变得简单易行来使其民主化——这就是本书的主旨。

我为什么要写这本书?

就像我将在第1章“编程和数据科学——一个新的工具集”中更详细地自我介绍的那样，我首先是一名具有20多年开发经验的开发人员，具有构建不同功能软件组件的经验，包括前端、后端、中间件等。回忆起那段时间，我一直觉得正确的算法在我的脑海中始终占据第一位，而数据总是别人的问题。我很少需要去分析它，也很少从中获得真知灼见。顶多是我设计了正确的数据结构来加载它，这样可以使我的算法更高效地运行，代码变得更优雅且可重用。

但是，随着人工智能和数据科学革命的蓬勃发展，我觉得像我这样的开发人员显然应该参与其中，于是在2011年，我抓住机会成为了IBM Watson核心平台UI和工具(IBM Watson Core Platform UI& Tooling)的首席架构师。当然，我也不能假装一跃成为机器学习或NLP方面的专家，实力的确大相径庭，而在实践中学习也不可能代替正式学术背景。

不过，我想在这本书中表达的一个重要观点是：只要掌握了正确的工具和方法，一个拥有足够数学基础的人(我只是说理解高中水平的微积分概念足矣)也可以很快地成为该领域的最佳实践者。成功的关键因素之一是尽可能地简化构建数据管道的不同步骤，

从获取、加载和清理数据，到可视化和探索数据，一直到构建和部署机器学习模型。

为了持续推进“使数据变得简单，让数据科学家之外的社区也能访问数据”这一理念，2015 年我开始在 IBM Watson 数据平台团队中担当领导角色，任务是壮大数据开发者社区，重点关注数据科学教育和活动。在这段时间里，作为主要的开发人员倡导者，我开始公开谈论开发人员和数据科学家在解决复杂数据问题时更好地协作的必要性。

注意：当我参加一些科技研讨会议时，有时会与数据科学家发生矛盾，他们会因为我说数据科学家不是好的软件开发人员而生气。我想在此澄清一个事实，包括你——数据科学家读者在内，情况远非如此。

大多数数据科学家都是优秀的软件开发人员，对计算机科学概念有全面的了解。然而，他们的主要目标是解决复杂的数据问题，这些问题需要快速的迭代实验来尝试新事物，而不是编写优雅的、可重用的组件。

但我并不是纸上谈兵而已，我还想实践出真知，于是开启了一个叫 PixieDust 的开源项目，作为我解决这个重要问题的微薄贡献。随着 PixieDust 项目工作的顺利开展，具体的应用程序示例让功能变得更加明朗，更容易理解，一些开发人员和数据科学家都表示很感兴趣。

在我有机会写一本关于这类主题的书之前，我为此次冒险犹豫了很长时间，这主要有两个原因：

- 我在博客、文章和教程中记录了大量关于我作为一个使用 Jupyter Notebook（Jupyter 笔记本）的数据科学从业者的经验。作为一名各种会议上的演讲者和研讨会主持人，我也具有充分的经验。一个很好的例子是，我在 2017 年伦敦 ODSC 上发表的主题演讲，题目是“数据科学的未来：更少的权力游戏，更多的联盟”（*Less Game of Thrones, More Alliances*，`https://odsc.com/training/portfolio/future-data-science-less-game-thrones-alliances`）。然而，我从来没有写过一本书，也不知道这将是一个多大的负担，即使我那些写过书的朋友们警告了我许多次。

- 我希望这本书是具有包容性的，能够满足开发人员、数据科学家和业务线用户的共同需求，我一直在努力寻找合适的内容和描述方式来实现这一目标。

最后，开始这场冒险的决定来得很容易。在 PixieDust 项目工作了两年之后，我觉得我们已经取得了很大的进步，我们的创新非常有趣，在开源社区的口碑也不错。写一本书正好可以作为补充，更好地帮助开发人员参与数据科学方面的宣传工作。

顺便提一下，对于那些正在考虑写书并且有类似担忧的读者来说，我只能对第一本书给出一个很大的建议是:"加油,去写吧。"当然,这是一个很郑重的承诺,需要做出大量的牺牲,但前提是你有一个好故事和充实的内容可以讲,这份努力值得付出。

本书目标读者

这本书将服务于初露头角的数据科学家和开发人员,让他们有兴趣发展自己的技能,或者任何希望成为一名专业数据科学家的人。根据 PixieDust 创建者的介绍,这本书也将成为已经取得成就的数据科学家们的一个不错的办公伙伴。

无论个人对数据科学的兴趣如何,清晰、易于阅读的文字和真实的生活场景都适合那些对该领域感兴趣的人,因为他们可以使用运行在 Jupyter Notebook 中的 Python 代码。

要生成一个功能正常的 PixieDust 仪表盘,只需要少量的 HTML 和 CSS。流畅的数据解释和可视化也是必要的,因为这本书针对的是数据专业人员,包括业务分析师和一般数据分析师。后面章节中还有很多内容进行介绍。

本书内容介绍

这本书包含两个篇幅大致相等的逻辑部分。在上半部分,我阐述了本书的主题,即需要消除数据科学与工程之间的壁垒,包括我所建议的 Jupyter+PixieDust 解决方案的深入细节;在下半部分,我致力于将我们在上半部分所学到的知识应用于 4 个行业案例。

第 1 章　编程和数据科学——一个新的工具集

我尝试根据自己的经验提供一个数据科学定义,构建一个对 Twitter 帖子进行情感分析的数据管道。我要辩护的核心观点是:数据科学是一项团队运动,而数据科学和工程团队之间往往存在隔阂,这会造成不必要的摩擦、效率低下,并最终导致团队未能充分发挥其潜力。我认为数据科学将长期存在,并最终成为今天所说的计算机科学的一个组成部分(我希望有一天会出现新的术语,例如更好地捕捉这种二元性的"计算机数据科学")。

第 2 章　Python 和 Jupyter Notebook 为数据分析提供动力

我将深入阐述流行的数据科学工具,比如 Python 及其专门用于数据科学的开源库生态系统,当然还有 Jupyter Notebook。我会解释为什么我认为 Jupyter Notebook 将成为未来几年的大赢家。我会从简单的 `display()` 方法开始介绍 PixieDust 开源库的功能,该方法允许用户构建引人注目的图表,从而可视化地浏览交互式用户界面中的数据。

用户通过这个 API 可以对不同的绘图引擎进行选择，如 Matplotlib、Bokeh、Seaborn 和 Mapbox。`display()`功能是 PixieDust MVP(Minimum Viable Product，最小可行产品)阶段的唯一特性，但随着与许多数据科学从业者之间交流的不断增多，我很快就向 PixieDust 工具箱添加了新特性：

- **sampleData()**：一个简单的 API，用于轻松地将数据加载到 Pandas 和 Apache Spark DataFrames。
- **wrangle_data()**：一个简单的 API，用于清理和整理数据集。此功能包括使用正则表达式将列分解为新列，从非结构化文本中提取内容。`wrangle_data()` API 还可以根据预定义的模式提出建议。
- **包管理器(PackageManager)**：允许用户在 Python Notebook 中安装第三方 Apache Spark 包。
- **Scala 连接桥 (Scala Bridge)**：使用户能够在 Python Notebook 中运行 Scala 代码。在 Python 中定义的变量可以在 Scala 中被访问，反之亦然。
- **Spark 作业进度监控器(Spark Job Progress Monitor)**：允许你使用实时进度条跟踪 Spark 作业的状态，该进度条直接显示在正在执行的代码的输出单元格中。
- **PixieApp**：提供了一个以 HTML/CSS 为中心的编程模型，允许开发人员构建复杂的仪表盘来操作笔记本中内置的分析功能。PixieApp 可以直接在 Jupyter Notebook 中运行，也可以使用 PixieGateway 微服务作为分析 Web 应用程序来部署。PixieGateway 是 PixieDust 的开源配套项目。

下图总结了 PixieDust 的开发历程，包括最近添加的 PixieGateway 和 PixieDebugger，PixieDebugger 是 Jupyter Notebook 的第一个可视化 Python 调试器。

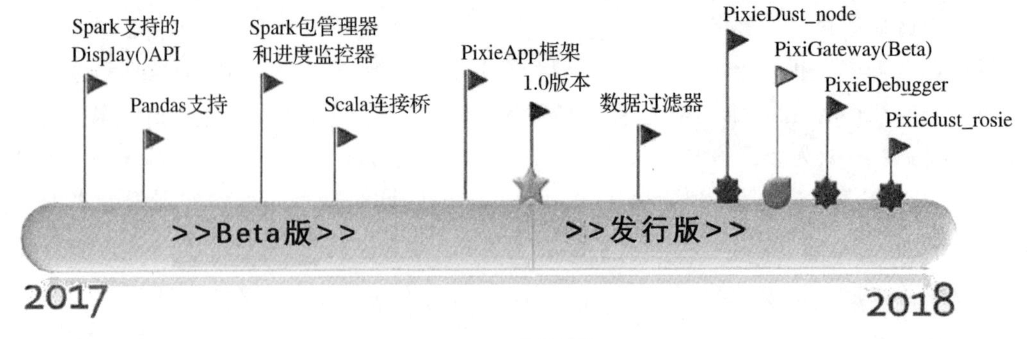

PixieDust 开发历程

本章要传达的一个关键信息是，PixieDust 首先是一个开源项目，依赖开发人员社区的贡献而得以生存和发展。与无数开源项目的情况一样，随着时间的推移，我们可以期待 PixieDust 被添加更多突破性的特性。

第 3 章　使用 Python 库加速数据分析

我将会引导读者深入了解 PixieApp 编程模型，并用一个分析 GitHub 数据的示例应用程序演示其中的每个概念。首先，我会对 PixieApp 的结构进行概述，包括它的生命周期和路由概念下的执行流。然后，我会详细介绍开发人员如何使用常规 HTML 和 CSS 代码段构建仪表盘的用户界面，与分析无缝交互，并利用 PixieDust 的 `display()` API 添加复杂的图表。

PixieApp 编程模型是消除数据科学和工程之间壁垒的工具策略的基石，因为它简化了数据分析的操作过程，从而增加了数据科学家和开发人员之间的协作，缩短了应用程序的发布时间。

第 4 章　用 PixieApp 工具发布数据分析结果

我将探讨 PixieGateway 微服务，它使开发人员能够将 PixieApp 发布为数据分析 Web 应用程序。首先，我将演示如何在本地和云计算平台上，通过 Kubernetes 容器快速部署 PixieGateway 微服务实例。然后，我将介绍 PixieGateway 管理控制台功能，包括各种配置文件以及如何实时监视已部署的 PixieApp 实例和相关联的后端 Python 内核。我还提供了 PixieGateway 的图表共享功能，允许用户将用 PixieDust `display()` API 创建的图表转换为团队中任何人都可以访问的网页。

PixieGateway 是一项具有开拓性的创新，有可能大大加快数据分析的速度——这正是当前行业所迫切需要的——以充分展示数据科学的前景。它是市场上已经存在的同类产品的开源替代方案，比如 R－Studio (`https://shiny.rstudio.com/deploy`)的 Shiny Server 和 Plotly (`https://dash.plot.ly`)的 Dash。

第 5 章　Python 和 PixieDust 最佳实践与高级概念

我将深入 PixieDust 工具箱，详细阐述 PixieApp 编程模型的高级概念：

- **CaptureOutput 修饰器**：默认情况下，PixieApp 路由要求开发人员提供一个 HTML 片段，并将其注入应用程序的用户界面中。当我们想调用一个不了解 PixieApp 体系结构的第三方 Python 库并直接生成输出到 Notebook 时就容易出问题。`@captureOutput` 通过自动重定向由第三方 Python 库生成的内容并将其封装到适当的 HTML 片段中来解决这个问题。

- **利用 Python 类继承提高模块性和代码重用**：将 PixieApp 代码分解为逻辑类，这些逻辑类可以使用 Python 类继承功能组合在一起。我还会演示如何使用 `pd_app` 自定义属性来调用外部 PixieApp。

- **PixieDust 对流式数据的支持**：演示如何用 PixieDust display() 和 PixieApp 处理流式数据。
- **使用 PixieApp 事件实现仪表盘数据挖掘**：提供一种机制，允许 PixieApp 组件发布和订阅用户与 UI 交互时生成的事件（例如图表和按钮）。
- **为 PixieDust display()API 构建自定义显示渲染器**：浏览扩展 PixieDust 菜单的简单渲染器的代码。通过渲染器展示一个呈现用户所选数据的自定义 HTML 表。
- **调试技术**：介绍 PixieDust 提供的各种调试技术，包括可视化 Python 调试器 PixieDebugger 和用于显示 Python 日志消息的 %%PixiedustLog 魔法函数。
- **运行 Node.js 代码的能力**：我们还会介绍 pixiedust_node 的扩展功能，它管理负责从 Python Notebook 中直接执行任意 Node.js 脚本的 Node.js 进程的生命周期。

感谢开源模型具备的透明开发过程以及不断增长的用户社区所提供的有价值反馈，随着时间的推移，我们能够对这些高级特性进行优先排序并实现。我想表达的关键一点是，遵循具有适当许可证的开源模型（PixieDust 使用 https://www.apache.org/licenses/LICENSE-2.0 提供的 Apache2.0 许可证）的确非常有效。它既可以帮助我们扩展用户社区，反过来又为我们提供必要的反馈，从而让我们可以优先考虑高价值的新特性，并且在某些情况下使用用户通过 GitHub pull 请求贡献的代码。

第 6 章　分析案例：人工智能与 TensorFlow 图像识别

我将介绍 4 个行业案例，首先介绍机器学习的概念，接着介绍机器学习的一个子领域——深度学习，以及使构建神经网络模型变得更容易的 TensorFlow 框架。然后，我将构建一个图像识别示例应用程序，包含相关联的 PixieApp，一共分为 4 个部分：

- *第 1 部分*：利用预训练 ImageNet 模型建立图像识别 TensorFlow 模型。使用 TensorFlow for poets 教程（https://github.com/googlecodelabs/tensorflow-for-poets-2），我将演示如何建立分析器来加载神经网络模型并为其评分。
- *第 2 部分*：创建一个 PixieApp，用于操作第 1 部分中创建的分析结果。这个 PixieApp 从用户提供的网页 URL 中抓取图像，根据 TensorFlow 模型对它们进行评分，然后以图形方式显示结果。
- *第 3 部分*：我将演示如何将 TensorBoard 图形可视化组件直接集成到 Notebook 中，提供调试神经网络模型的能力。
- *第 4 部分*：我将演示如何使用自定义训练数据重新训练模型并更新 PixieApp 以显示来自两个模型的结果。

我决定用 TensorFlow 的深度学习图像识别来开始一系列示例应用程序，因为这是一个日益流行的重要用例，演示我们如何在同一 Notebook 中构建模型并将其部署到应用程序中,这是一个消除数据科学与工程之间壁垒的有力陈述。

第 7 章　分析案例:自然语言处理、大数据与 Twitter 情感分析

我将实现 Twitter 数据分析规模的自然语言处理。在本章中,我将展示如何使用 IBM Watson 自然语言理解云服务(Natural Language Understanding Cloud Based Service)进行推文(tweet)情感分析。这一点非常重要,因为它提醒读者,重复利用成熟的托管服务而不是从零开始构建功能有时可能是一个更有吸引力的选择。

我首先介绍了 Apache Spark 并行计算框架,然后分 4 个部分进行了应用构建:

- **第 1 部分**:利用 Spark Structured Streaming 获取 Twitter 数据;
- **第 2 部分**:利用从文本中提取的情感和最相关的实体来丰富数据;
- **第 3 部分**:通过创建实时仪表盘 PixieApp 来操作分析;
- **第 4 部分**:这是一个可选部分,使用 Apache Kafka 和 IBM Streaming Designer 托管服务重新实现应用程序,以演示如何添加更大的可伸缩性。

我认为部分读者,特别是那些不熟悉 Apache Spark 的读者,会喜欢这一章,因为它比上一章更容易理解。关键的问题是,如何构建一个与连接到 Spark 集群(cluster)的 Jupyter Notebook 相适应的分析工具。

第 8 章　分析案例:预测——金融时间序列分析与预测

我要介绍的时间序列分析是数据科学中一个非常重要的领域,在行业中有许多实践应用。本章一开始我会介绍 NumPy 库,它是许多其他库的基础,比如 pandas 和 SciPy。然后,我会构建分析由历史股票数据组成的时间序列的示例应用程序,一共分为两部分:

- **第 1 部分**:对包括各种图表如自相关函数(ACF)和偏自相关函数(PACF)的时间序列进行统计分析;
- **第 2 部分**:使用 `statsmodels` Python 库建立一个基于 ARIMA 算法的预测模型。

时间序列分析是数据科学的一个重要领域,我认为它被低估了。我在写这一章的时候学到了很多知识。当然我也希望读者会喜欢它、阅读它,以激发兴趣,进而了解更多关于时间序列的伟大主题。如果你真愿意做的话,也希望你能在下一次学习时间序列分析的时候尝试一下 Jupyter 和 PixieDust。

第 9 章　分析案例:图形算法——美国国内航班数据分析

我利用图形模型实现这一章的行业案例。我选择了一个分析航班延误数据的示例应用程序,因为数据很容易获得,而且它非常适合使用图形算法(说实话,我之所以选择它,其实是因为我已经使用 Apache Spark MLlib 编写了一个类似的应用程序，根据天气数据预测航班延误情况：https:// developer.ibm.com/clouddataservices/2016/08/04/predict-flight-delays- with-apache-spark-mllib-flightstats-and-weather-data)。

首先，我将介绍图形的概念和相关的图形算法，包括几个最流行的图形算法，如广度优先搜索和深度优先搜索。然后，我将介绍用于构建示例应用程序的 networkx Python 库。

示例应用程序由 4 部分组成：

- 第 1 部分：展示如何将美国国内航班数据加载到图中；
- 第 2 部分：创建 USFlightsAnalysis PixieApp，允许用户选择始发机场和目的地机场，然后根据所选的中心性显示两个机场之间最短路径的 Mapbox 地图；
- 第 3 部分：在 PixieApp 中添加数据探索功能，该功能包括从选定的始发机场起飞的每条航线的各种统计信息；
- 第 4 部分：使用第 8 章中学习的技术构建用于预测航班延误情况的 ARIMA 模型。

图论也是数据科学的另一个重要且不断发展的领域，本章对该系列知识进行了细致总结，我希望能够提供一组多样化且具有代表性的行业案例。对于在大数据中使用图形算法特别感兴趣的读者，我建议查看 Apache Spark Graphx(https://spark.apache.org/graphx)，它使用非常灵活的 API 实现了许多图形算法。

第 10 章　数据分析的未来与拓展技能的途径

我在本书的结尾部分给出了一个简短的总结，并解释了我对德鲁·康威的维恩图的看法。之后，我将介绍人工智能和数据科学的未来，以及企业如何为人工智能和数据科学革命做好准备。此外，我列出了一些有价值的参考资料，以供读者进一步学习。

附录　PixieApp 快速参考

这是一份开发人员快速参考指南，它提供了所有 PixieApp 属性的摘要，通过适当示例介绍各种注解(annotation)、自定义 HTML 属性和方法。

关于导言的内容已经足够多了，下面让我们从第 1 章“编程和数据科学——一个新的工具集”开始我们的旅程吧。

如何充分利用这本书

- 遵循这个示例所需的大多数软件都是开源的，因此可以免费下载。本书提供了完整的说明，从安装 Anaconda 开始，包括 Jupyter Notebook 服务器。

• 在第 7 章中，示例应用程序需要使用 IBM Watson 云服务，包括 NLU 和 Streams Designer。这些服务附带了一个免费层级(free tier)计划，足以满足该示例的需要。

下载示例代码文件

你可以用你的账户从 `http://www.packtpub.com` 下载本书的示例代码文件。如果你是从其他途径购买的本书，可以访问 `http://www.packtpub.com/support` 并注册，我们将通过电子邮件把文件发送给你。

你可以通过以下步骤下载示例代码文件：

1. 登录或注册 `http://www.packtpub.com`。
2. 选择 **SUPPORT**(客户支持)标签。
3. 单击 **Code Downloads & Errata**(代码下载与勘误)按钮。
4. 在 **Search**(搜索框)中输入书名并根据屏幕提示操作。

下载文件后，请确保用以下软件的最新版来解压文件：

• Wondows：WinRAR / 7－Zip for Windows
• Mac：Zipeg / iZip / UnRarX for Mac
• Linux：7－Zip /PeaZip for Linux

本书的代码包也可以在 GitHub 上获得，网址是 `https://github.com/PacktPublishing/Data-Analysis-with-Python`。另外，我们在 `https://github.com/PacktPublishing` 上还有其他书的代码包和视频，请有需要的读者自行下载。

下载本书中的彩图

我们也为你提供了一份 PDF 文件，里面包含了书中的截屏和图表等彩图，下载地址为 `http://www.packtpub.com/sites/default/files/downloads/DataAnalysiswithPython_ColorImages.pdf`。彩图能帮助你更好地理解输出的变化。

排版约定

本书使用了许多排版约定。

codeintext：表示文本中的代码、数据库表名、文件夹名、文件名、文件扩展名、路径名、伪 URL、用户输入和 Twitter 账号。例如："可以使用{% if ...%}...{%elif ...%}...{%else%}...{%endif%}标识符有条件地输出文本。"

代码块设置如下：

```
import pandas
data_url = "https://data.cityofnewyork.us/api/views/e98g- f8hy/rows. csv?
accessType= DOWNLOAD"
building_df = pandas.read_csv(data_url)
building_df
```

当我们希望提请你注意代码块的特定部分时，相关行或项以黑体设置：

```
import pandas
data_url = "https://data.cityofnewyork.us/api/views/e98g- f8hy/rows. csv?
accessType= DOWNLOAD"
building_df = pandas.read_csv(data_url)
building_df
```

任何命令行的输入或输出形式如下：

```
jupyter notebook - - generate- config
```

Bold：表示一个新的术语、一个重要的词或屏幕上看到的词，例如菜单或对话框中的词，也会出现在文本中。例如："下一步是创建一个获取用户值并返回结果的新路由。此路由将由 **Submit Query** 按钮调用。"

警告或重要注释这样显示。

提示和技巧这样显示。

联系我们

欢迎读者提供反馈信息。

一般反馈：给 feedback@ packtpub.com 发邮件，并在邮件主题中加入这本书的书名。如果你对本书内容存有疑问，不管是哪个方面的，都可以通过 questions@packtpub.com 联系我们。

勘误:虽然我们已尽力确保本书内容正确,但出错仍旧在所难免。如果你在书中发现错误,希望能告知我们,我们将不胜感激。请访问 http://www.packtpub.com/submit- errata,选择本书,单击 **Errata Submission Form**(勘误提交表单)链接,并输入详细说明。

盗版:如果你发现我们的作品在互联网上被非法复制,不管是什么形式的,都请立即为我们提供相关网址或网站名称,我们将不胜感激。请把可疑盗版材料的链接发到 copyright@packtpub.com。

如果你有兴趣成为一名作者:如果你有一个擅长的主题,并且有兴趣写一本书或者为一本书撰写部分内容,请访问 http://authors.packtpub.com。

评论

欢迎留下评论。一旦你阅读并使用了这本书,为什么不在你购买它的网站上留下一个评论呢?潜在的读者看到你无偏见的意见,会据此做出购买决定,而我们可以感受到你对我们产品的想法,书籍作者同样可以看到你对他们的书的反馈。非常感谢!

关于 Packt 出版社的更多信息,请访问 packtpub.com。

1

编程和数据科学——一个新的工具集

“数据弥足珍贵，其寿命比系统本身还要长。”

——Tim Berners-Lee，万维网的发明者

(https://en.wikipedia.org/wiki/Tim_Berners-Lee)

在这个介绍性章节中，我首先会回答几个基本问题，希望这些问题能为本书的其余部分提供足够的上下文和清晰的说明：

- 什么是数据科学，为什么数据科学正在兴起？
- 为什么数据科学会长期存在？
- 为什么开发人员需要参与数据科学？

根据我作为一名开发人员和近年来作为数据科学实践者的经验，我将介绍一个我参与的具体数据管道项目，以及从该项目中衍生出的数据科学策略，该策略由三个支柱组成：数据、服务和工具。在本章最后，我将介绍 Jupyter Notebook，这是我在本书中提出的解决方案的核心。

什么是数据科学

如果你在网上搜索数据科学的定义，肯定会找到很多答案。显然，数据科学对不同的人而言有着不同的含义。对于数据科学家究竟做什么以及他们必须接受什么样的培训，目前还没有真正的共识，这一切都取决于他们需要完成的任务，例如数据收集和清理、可视化等。

现在，我尝试为它下一个普遍的、希望能得到一致认可的定义：数据科学是指分析大量数据以提取知识和洞察力，从而做出可执行决策的活动。不过，这么说仍然相当模糊，人们可能会问，我们谈论的是什么样的知识、洞察力和可执行决策？

为了引导谈话的方向，让我们把数据科学范围缩小到三个领域：

- **描述性分析(descriptive analytic)**：数据科学与信息检索和数据收集技术相关联，目的是重构过去的事件，以识别模式并找到有助于理解发生了什么以及发生原因的见解。这方面的一个例子是按地区查看销售数字和人口统计数据，从而对客户偏好进行分类。这类分析要求熟悉统计和数据可视化技术。
- **预测性分析(predictive analytic)**：数据科学是一种预测某些事件正在发生或将在未来发生的可能性的方法。在这类场景中，数据科学家会查看过去的数据，以找到解释变量并构建统计模型，这些模型可以应用于我们试图预测结果的其他数据点，例如预测信用卡交易实时欺诈的可能性。这部分通常与机器学习领域相关联。

指导性分析(prescriptive analytic)：在这类场景中，数据科学被视为做出更好决策，或者我应该说是数据驱动决策的一种方法。其思想是考虑多种选择方案并使用仿真技术，量化结果并使其最大化，例如通过最小化运营成本来优化供应链。

总之，描述性数据科学回答了是什么(what)的问题(数据告诉我的)，预测性数据科学回答了为什么(why)的问题(数据有某种行为方式)，而指导性数据科学回答了怎么样(how)的问题(我们是否为特定目标优化数据)。

数据科学会长期存在吗？

首先我得直截了当地说：我强烈认为答案是肯定的。

不过，情况并非总是如此。几年前，当我第一次听说数据科学这个概念时，一开始认为它只不过是另一个营销流行语，用来描述行业中已经存在的活动：**商业智能(Business Intelligence, BI)**。作为一个主要致力于解决复杂系统集成问题的开发人员和架构师，我很容易说服自己，我不需要直接参与数据科学项目，尽管它们的数量在明显上升，原因是开发人员传统上将数据管道作为黑箱处理，通过定义良好的 API 进行访问。

然而，在过去十年中，学术界和业界对数据科学的兴趣呈指数级增长，因此传统模式显然是不可持续的。

随着数据分析在公司的运营过程中扮演越来越重要的角色，开发人员的角色也在不断扩展，他们比之前更接近算法并构建将在生产环境中运行的算法基础设施。数据科学已经成为新一轮淘金热的另一个证据，是数据科学家职位数量的惊人增长，连续两年在Glassdoor(https://www.prnewswire.com/news-releases/glassdoor-reveals-the-50-best-jobs-in-america-for-2017-300395188.html)排名第一，而且一直是雇主们在Indeed上发布得最多的。猎头公司也在LinkedIn和其他社交媒体平台上四处搜寻，向任何具备数据科学技能的人发送大量招聘信息。

对这些新技术进行大量投资背后的主要原因之一，是希望这些新技术在业务中产生重大改进和更高效率。然而，虽然数据科学是一个不断发展的领域，但是在今天的企业中数据科学仍然局限于实验，而不像人们所期望的那样成为一项核心活动。这让很多人怀疑数据科学是否只是一种一时的流行，最终会消退，而一个技术泡沫最终破灭后，会留下很多人。

虽然这些都是不错的观点，但我很快意识到这不仅仅是一时的流行，我领导的项目越来越多地将数据分析集成到核心产品特性中。最终，随着IBM Watson问答(IBM Watson Question Answering)系统在《危险边缘》(*Jeopardy!*)游戏中战胜了两位经验丰富的冠军，我开始相信数据科学将会和云计算、大数据、**人工智能(AI)**一样长期存在，并最终改变我们对计算机科学的看法。

为什么数据科学正在兴起？

数据科学的迅速崛起涉及多种因素。

首先，被收集的数据量正在以指数级增长。根据IBM Marketing Cloud(https://www-01.ibm.com/common/ssi/cgi-bin/ssialias? htmlfid= WRL12345GBEN)最近的市场研究，每天都会创建大约2.5百万兆(quintillion，10的18次方)字节的数据(让你知道这个数据有多大，即250亿亿字节)，但是这些数据中只有很小一部分被分析过，因此留下了大量错失的机会。

其次，我们正处于几年前开始的认知革命中，几乎每个行业都在追赶人工智能的潮流，包括**自然语言处理(NLP)**和机器学习。尽管这些领域已经存在很长时间了，但它们最近重新受到了关注，因为它们现在是大学中最受欢迎的一类课程，并且在开源活动中占据最大份额。显然，企业要想生存下去，就必须变得更敏捷、更快速，并且转型为数字业务，而要想让用于决策的时间缩短到接近实时的状态，它们就必须变成完全由数据驱动。如果你还考虑到人工智能算法需要高质量的数据（以及大量的数据）才能正常工作这个事实，那么我们就可以理解数据科学家所扮演的关键角色了。

第三，随着云技术的进步和**平台即服务（Platform as a Service，PaaS）**的发展，访问海量计算引擎和存储相比之前都更加简单和便宜。运行大数据工作负载，曾经只是大公司的特权，现在也可以为有一张信用卡的小组织或个人所用，这反过来又推动了创新的全面增长。

由于这些原因的存在，使得我毫不怀疑，就像人工智能革命一样，数据科学将继续存在并且它的增长将会持续很长时间。但我们也不能忽视一个事实，即数据科学尚未充分发挥其潜力并产生预期的结果，特别是帮助企业转变为数据驱动的组织。最常见的挑战是进行下一步转化，即将数据科学和分析转化为核心业务活动，最终实现清晰的、明智的、更好的业务决策。

数据科学与开发人员有什么关系？

这是一个非常重要的问题，我们将在接下来的章节中花大量的时间进行论述。下面让我来回顾一下我的职业生涯。我的职业生涯中大部分时间都是作为一名开发人员度过的，可以追溯到 20 多年前，我在计算机科学方面做过许多工作。

我从构建各种工具开始我的职业生涯，这些工具通过将用户界面翻译成多种语言的过程自动化来帮助软件实现国际化。之后，我为 Eclipse 开发了一个 LotusScript（Lotus Notes 的脚本语言）编辑器，它直接与底层编译器接口。这个编辑器提供了一流的开发特性，如提供建议的内容辅助、实时语法错误报告等。之后，我花了几年时间为 Lotus Domino 服务器构建基于 Java EE 和 OSGi（https://www.osgi.org）的中间件组件。在此期间，我领导了一个团队，通过将 Lotus Domino 编程模型引入当时可用的最新技术，使其现代化。我熟悉软件开发的各个方面，前端、中间件、后端数据层、工具链路等，我就是一些人所说的全栈（full-stack）开发人员。

这种情况一直持续到了 2011 年，我看到 IBM Watson 问答系统的一个演示版在《危险边缘》游戏中击败了长期冠军布拉德·拉特(Brad Rutter)和肯·詹宁斯(Ken Jennings)！哇哦！这简直是开创性的，一个能够回答自然语言问题的计算机程序竟然能成功。我对此非常感兴趣，于是做了一些研究，认识了一些参与该项目的研究人员，并学习了用于构建该系统的技术，如NLP、机器学习和通用数据科学，我意识到如果应用于业务的其他部分，该技术将会有巨大的潜力。

几个月后，我有机会加入IBM新成立的Watson部门，领导一个工具团队，负责为Watson系统构建数据获取和精度分析能力。我们最重要的使命之一是确保工具容易被我们的客户使用。回顾过去，这就解释了为什么要将这类职责交给一个开发团队是正确的做法。从我的角度来看，开始那份工作既有挑战性又很充实。我将离开熟悉的领域，在那里我擅长基于众所周知的模式设计架构并实现前端、中间件或后端软件组件，而进入一个主要关注处理大量数据的领域，去获取数据、清理数据、分析数据、可视化数据和构建数据模型。在开始的6个月里，我对知识孜孜以求，努力阅读和学习自然语言处理、机器学习、信息检索和统计数据科学知识，让自己至少有足够的能力胜任工作。

正是在那时，我与研究团队互动，将这些算法推向市场，我渐渐意识到开发人员和数据科学家需要更好地协作，这是非常重要的事情。传统的做法都是让数据科学家孤立地解决复杂的数据问题，然后将结果"扔过隔离墙"给开发人员，让他们实现这些问题的解法，但这种做法是不可持续的，也是无法扩展的，因为要处理的数据量一直呈指数级增长，而产品所需的上市时间也在不断缩短。

我认为，他们的角色需要转变为一个团队，也就是说，数据科学家必须像软件开发人员一样工作和思考，反之亦然。其实，这点从理论上看起来非常好：一方面，数据科学家将受益于经过实践检验的软件开发方法，比如敏捷——它的快速迭代和频繁反馈方式，同时也受益于严格的软件开发生命周期，它确保了数据科学家对企业需求如安全性、代码审查、源代码控制等的遵从；另一方面，开发人员也开始以一种新的方式思考数据，因为分析意味着发现洞察力，而不仅仅是对数据库进行查询和**CRUD**(创建、读取、更新、删除的简称)。

将这些概念付诸实践

在担任Watson Core Tooling首席架构师为Watson问答系统构建自助服务工具4年之后，我加入了Watson数据平台(Watson Data Platform)组织的开发人员倡导团队

(Developer Advocacy team),该团队的任务是创建一个平台,将数据服务和认知服务(cognitive service)组合起来放到 IBM 公共云中。我们的任务相当简单:赢得开发人员的心并帮助他们在数据和 AI 项目上取得成功。

这项工作有多个层面:教育、布道和行动主义。前两个很简单,但行动主义的概念与这一讨论有关,值得更详细地解释。顾名思义,行动主义是指在需要变革的地方带来变革。对于我们的 15 人开发人员倡导团队来说,这意味着当他们试图处理数据时,无论他们只是刚刚开始还是已经在实施先进的算法,都要站在开发人员的立场上,感受他们的痛苦并找出应该解决的差异。我们为此制作并开源了大量具有真实应用场景的数据管道示例。

每个项目都至少需要满足三个要求:

- 用作输入的原始数据必须是公开的;
- 为在合理的时间内在云上部署数据管道提供明确的指导;
- 开发人员应该能够将项目作为类似场景的起点,也就是说,代码必须具有高度的可定制性和可重用性。

我们从这些练习中获得的经验和洞察力是非常宝贵的:

- 掌握了哪些数据科学工具最适合于哪种任务;
- 得到了编程框架和编程语言的最佳实践;
- 学会了用于部署和实施分析的最优架构。

指导我们选择的指标有精确性、可伸缩性、代码可重用性,但最重要的是,改进了数据科学家和开发人员之间的协作。

深入研究一个具体的示例

下面,我们将构建一个数据管道,通过对包含“#”标签的推文进行情感分析,从 Twitter 中提取洞察力,并将结果部署到实时仪表盘上。这个应用程序对我们来说是一个完美的起点,因为数据科学分析并不太复杂,并且应用程序涵盖了现实场景的许多方面:

- 高容量、高吞吐量的流式数据；
- 情感分析 NLP 的数据丰富；
- 基本数据聚合；
- 数据可视化；
- 部署到实时仪表盘中。

为了达成这些目标，首先要实现一个简单的 Python 应用程序，它使用 tweepy 库（Twitter 官方的 Python 库：https://pypi.python.org/pypi/tweepy）连接到 Twitter，并获取推文流和 textblob（用于基本 NLP 的简单 Python 库：https://pypi.python.org/pypi/textblob）来丰富情感分析。

然后将结果保存到 JSON 文件中进行分析。虽然这个原型是快速启动项目和试验的好方法，但是经过几次迭代之后，我们就会意识到我们需要认真对待并构建一个能够满足企业需求的体系结构。

数据管道蓝图

站在高层用户（高层：high level；面向硬件为底层：low level——译者注）角度，可以使用如图 1－1 所示的通用蓝图来描述数据管道。

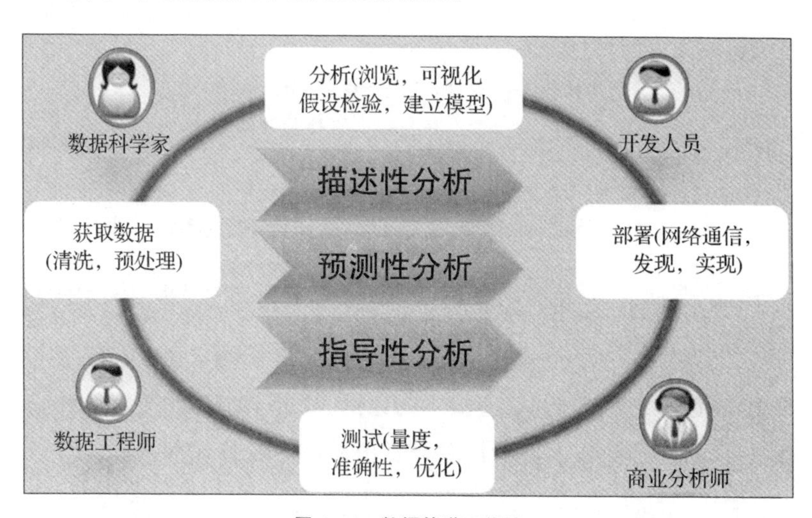

图 1－1 数据管道工作流

数据管道的主要目标是在可伸缩、可重复的过程中实施（即提供直接的商业价值）数据科学分析结果,并具有较高的自动化程度。分析的例子可以是吸引消费者购买更多产品的推荐引擎,例如 Amazon 的推荐列表,或者是显示关键性能指标(Key Performance Indicator, KPI)的仪表盘,这些指标可以帮助 CEO 为公司的未来做决策。

数据管道的构建会涉及多个角色:

- **数据工程师**:他们负责设计和运行信息系统。换句话说,数据工程师负责与数据源建立接口以获取原始形式的数据,然后对其进行处理(有些人称之为数据整理),直到准备好进行分析为止。在 Amazon 推荐系统示例中,他们实现了一个流式处理管道,该管道从电子商务记录系统中捕获并聚合特定的消费者交易事件,并将它们存储到数据仓库中。
- **数据科学家**:他们分析数据并建立分析方法来获得洞察力。在我们的 Amazon 推荐系统示例中,他们可以使用连接到数据仓库的 Jupyter Notebook 加载数据集,并使用如协同过滤算法(https://en.wikipedia.org/wiki/Collaborative_filtering)来构建推荐引擎。
- **开发人员**:他们负责将分析内容操作化为针对业务线用户(业务分析师、企业高管、最终用户等)的应用程序。同样,在 Amazon 推荐系统中,开发人员将在用户完成购买后或通过定期电子邮件呈现推荐产品列表。
- **业务线用户**:这包括使用数据科学分析结果的所有用户,例如,业务分析师分析仪表盘以监控业务的健康状况,或者最终用户使用提供下次购买建议的应用程序。

在现实生活中,同样的人扮演这里描述的多个角色并不少见,这可能意味着一个人在与数据管道交互时有多个不同的需求。

正如图 1-1 所示,构建数据科学管道本质上是迭代的并遵循一个定义良好的过程。

1. **获取数据**:此步骤包括从各种来源——结构化的(RDBMS、记录系统等)或非结构化的(网页、报表等)——获取原始形式的数据:

   - 数据清理:检查完整性、填充缺失的数据、修复不正确的数据和数据清除。
   - 数据准备:丰富数据、检测/删除异常值并应用业务规则。

2. **分析**:此步骤将描述性(理解数据)和指导性(构建模型)活动结合起来。

   - 探索:探索如中心趋势、标准差、概率分布和变量识别等统计特性,例如单变量和双变量分析、变量之间的相关性等。

∘可视化：可视化对于正确分析数据和表单假设极其重要。可视化工具应提供合理水平的交互性，以促进对数据的理解。

∘构建模型：应用推论统计来形成假设，例如为模型选择特征。这一步骤通常需要专家领域知识并且需要进行大量的解释。

3. **部署**：实施分析阶段的输出结果。

∘沟通：生成报告和仪表盘，清楚地传达分析结果，供业务线用户使用(企业高管、业务分析师等等)。

∘发现：设定一个业务结果目标，重点是发现新的洞察力和业务机会，从而实现新的收入来源。

∘实现：为最终用户创建应用程序。

4. **测试**：此活动确实应该包含在每个步骤中，但这里我们讨论的是从现场使用创建反馈循环。

∘创建度量模型精度的指标。

∘优化模型，例如获取更多数据、发现新功能等。

数据科学家应该具备什么技能?

在行业中，由于数据科学依然是很新的领域，因此很多公司还没有数据科学家的明确职业发展道路。你是如何被录用来担任数据科学家的职位的？你需要具备哪些技能？数学、统计学、机器学习、信息技术、计算机科学，还有什么呢？

答案可能是每件事都会一点，加上一个更关键的技能：特定领域的专门知识。

在没有深入理解数据集含义的情况下，将通用数据科学技术应用于任意数据集是否会弄巧成拙，导致业务出问题，存在着一定的争论。许多公司倾向于确保数据科学家拥有诸多领域的专业知识，其理由是，如果没有这些专业知识，你可能会在任何步骤无意中引入个人偏见，例如在数据清理阶段或功能选择过程中肆意操纵，最终构建的模型可能非常适合特定的数据集，但仍然是毫无价值的。想象一下，如果一个没有化学背景的数据科学家为一家制药公司研发新药，整天研究一些不需要的分子间相互作用。这些能解释为什么我们发现一些特定领域的统计学课程在成倍地增加，比如用于生物学的生物统计学，或者用于与供应链有关的运作管理分析的供应链分析等。

总而言之，数据科学家在理论上应该精通以下领域：

- 数据工程/信息检索；
- 计算机科学；
- 数学和统计学；
- 机器学习；
- 数据可视化；
- 商业智能；
- 特定领域的专业知识。

如果你正在考虑获得这些技能，但没有时间参加传统的课程，我强烈建议使用在线课程。

我特别推荐这门课程：https://www.coursera.org/learn/data-science-course。

经典的德鲁·康威的维恩图(图 1-2)提供了极好的可视化效果，展示了数据科学是什么以及数据科学家为什么看着有点四不像。

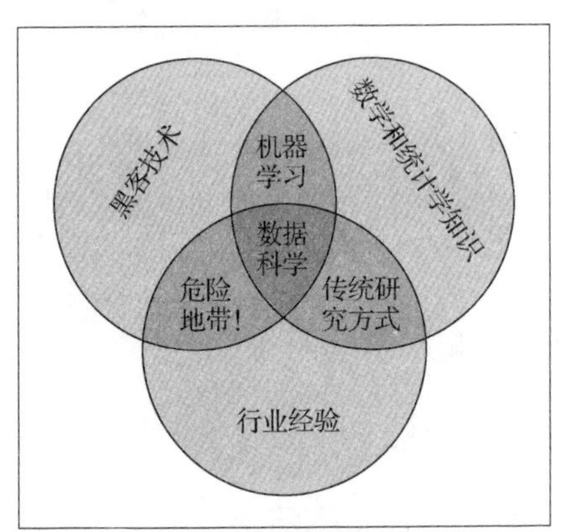

图 1-2 德鲁·康威的数据科学维恩图

现在我希望你能够清楚地知道，符合前面描述的完美的数据科学家与其说是一个常态，不如说是一个例外，而且最常见的情况是，这个角色其实涉及了多个人员。是的，没错，我想说的是，数据科学是一项团队运动，这个想法将是贯穿本书并且会反复出现的主题。

IBM Watson Deep QA

数据科学是一项团队运动的一个例证就是 IBM DeepQA 研究项目，该项目源自 IBM 的一个巨大挑战，即构建一个人工智能系统，能够针对预定的领域知识回答自然语言问题。问答(Question Answering, QA)系统应该足够好,能够在非常受欢迎的电视游戏节目《危险边缘》(*Jeopardy*!)中与人类选手竞争。

众所周知,这个被称为IBM Watson的系统在2011年战胜了两个最老练的《危险边缘》游戏冠军:肯·詹宁斯和布拉德·拉特。图1-3来自2011年2月游戏现场直播画面。

图1-3 IBM Watson在《危险边缘》游戏中战胜肯·詹宁斯和布拉德·拉特

来源:https://upload.wikimedia.org/wikipedia/en/q/qb/Watson_Jeopardy.jpg

在我与构建IBM Watson QA计算机系统的研究团队互动的那段时间里,我仔细查看了DeepQA项目的体系结构,亲身体会到实际使用了多少数据科学领域。

图1-4描述了DeepQA数据管道的高层体系结构。

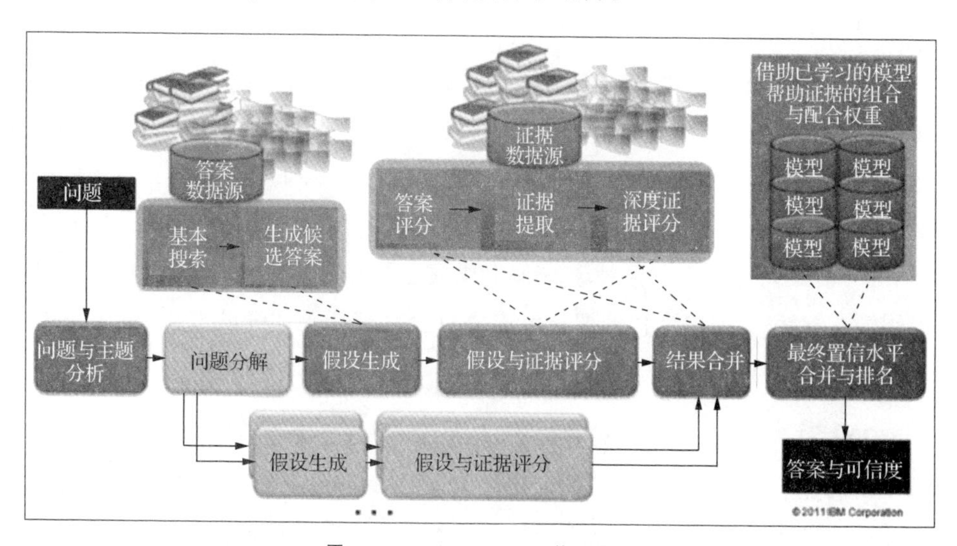

图1-4 Watson DeepQA体系结构

来源:https://researcher.watson.ibm.com/researcher/files/us-mike.barborak/DeepQA-Arch.PNG

正如图 1 - 4 所示，用于回答问题的数据管道由以下高层步骤组成：

1. **问题与主题分析(自然语言处理)**：这个步骤使用深层解析组件来检测组成问题的单词之间的依赖关系和层次结构，目的是更深入地理解问题并提取基本属性，例如：

∘ 关注点：问题是什么？

∘ 词汇答案类型(LAT)：预期答案的类型是什么，例如人物、地点等。此信息在候选答案的评分期间非常重要，因为它为不匹配 LAT 的答案提供了早期筛选。

∘ 命名实体解析：将实体解析为标准化名称，例如“大苹果”(Big Apple)是“纽约”(New York)的绰号。

∘ 回指消解：将代词与问题中的前几个词联系起来，例如，在句子“1715 年 9 月 1 日，路易十四死在这座城市里，他建造的一座神话般的宫殿(On Sept. 1, 1715 Louis XIV died in this city, site of a fabulous palace **he** built)”中，代词“he”(他)指的是路易十四(Louis XIV)。

∘ 关系检测：检测问题内部的关系，例如，“She divorced Joe DiMaggio in 1954”，其中的关系是“Joe DiMaggio Married X”。这些类型的关系(主语＞谓语＞宾语)可用于查询三重存储并生成高质量的候选答案。

∘ 问题类别：将问题映射到《危险边缘》游戏中使用的预定义类型之一，例如 factoid、multiple-choice、puzzle 等题型。

2. **基本搜索和假设生成(信息检索)**：该步骤主要依赖于问题分析步骤的结果来组合一组适合于可用的不同答案源的查询。答案源的一些示例包括各种全文搜索引擎，例如 Indri (`https://www.lemurproject.org/indri.php`) 和 Apache Lucene/Solr (`http://lucene.apache.org/solr`)，面向文档和面向标题的搜索(Wikipedia)、三元组存储(triple store)等。然后使用搜索结果生成候选答案。例如，面向标题的搜索结果将直接用作候选答案，而面向文档的搜索将需要对段落进行更详细的分析(再次使用 NLP 技术)，从而提取出可用的候选答案。

3. **假设与证据评分(NLP 和信息检索)**：对于每个候选答案，执行另一轮搜索以使用不同的评分技术来找到附加的支持证据。此步骤还用作预筛选测试，其中某些候选答案被删除，例如与步骤 1 计算出的 LAT 不匹配的答案。该步骤的输出是一组与发现的支持证据相对应的机器学习特征。这些特征将被用作一组机器学习模型的输入，用于给候选答案打分。

4. **最终合并和评分(机器学习)**:在这最后一步中,系统识别相同答案的变体并将它们合并在一起。它还使用机器学习模型,用步骤 3 中生成的特征,根据它们各自的分数排名选择最佳答案。这些机器学习模型已经针对预先摄入的文档语料库对一组具有代表性的问题进行了训练并给出了正确的答案。

当我们继续讨论数据科学和人工智能是如何改变计算机科学领域的时候,我认为研究最新技术是很重要的。IBM Watson 就是其中一个旗舰项目,自从在《危险边缘》游戏中击败了肯·詹宁斯和布拉德·拉特以来,它为我们取得更多进展铺平了道路。

回到 Twitter 带#标签的情感分析项目

我们构建的快速数据管道原型使我们对数据有了很好的理解,但随后我们需要设计一个更健壮的体系结构并使我们的应用程序企业做好准备。我们的主要目标仍然是获得构建数据分析的经验,而不是在数据工程部分花费太多的时间。这就是为什么我们试图尽可能多地利用开源工具和框架。

- **Apache Kafka**(`https://kafka.apache.org`):这是一个可伸缩的流处理平台,以可靠且容错的方式处理大量推文。
- **Apache Spark**(`https://spark.apache.org`):这是一个内存中的集群计算框架。Spark 提供了一个对并行计算复杂度进行抽象的编程接口。
- **Jupyter Notebook**(`http://jupyter.org`):这些基于 Web 的交互式文档(Notebook)允许用户远程连接到计算环境(内核)以创建高级数据分析。Jupyter 内核支持多种编程语言(Python、R、Java/Scala 等)和多个计算框架(Apache Spark、Hadoop 等)。

对于情感分析部分,我们决定用 Watson Tone Analyzer(语气分析)服务(`https://www.ibm.com/watson/services/tone-analyzer`)替换使用 TextBlob Python 库编写的代码,Watson Tone Analyzer 服务是一个基于云计算的 REST 服务,提供高级情感分析,包括情感、语言和社交语气的检测。尽管 Tone Analyzer 不是开源的,但 IBM Cloud(`https://www.ibm.com/cloud`)上提供了一个可用于开发和试用的免费版本。

我们的体系结构如图 1-5 所示。

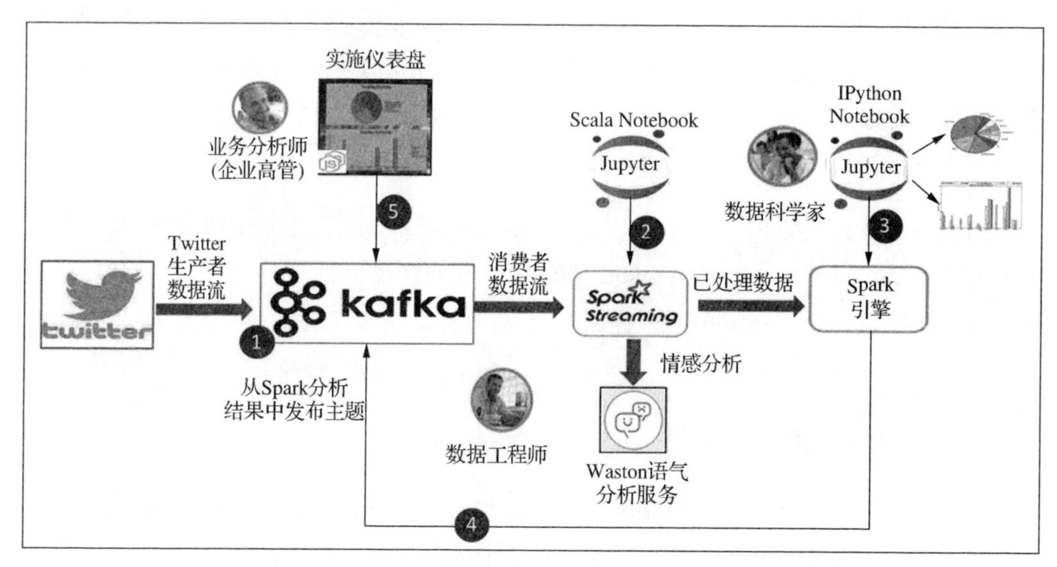

图 1－5　Twitter 情感分析数据管道体系结构

在上面的流程图中，我们可以将工作流分解为以下步骤：

1. 生成一个推文数据流并将其发布到一个 Kafka 主题，该主题可被看作一个将事件分组在一起的频道。反过来，接收器组件可以订阅此主题/频道来使用这些事件。

2. 用情感、语言和社交语气得分丰富推文：使用 Spark Streaming 订阅组件 1 中的 Kafka 主题，并将文本发送到 Watson 语气分析器服务。所得语气分数被添加到数据中以用于进一步的后续处理。这个组件是使用 Scala 实现的，为了方便起见，它使用 Jupyter Scala Notebook 运行。

3. 数据分析和探索：对于这一部分，我们决定使用 Python Notebook，仅仅是因为 Python 提供了一个更有吸引力的库生态系统，特别是围绕数据可视化。

4. 将结果发布回 Kafka。

5. 将实时仪表盘实现为 Node. js 应用程序。

作为一个三人团队，我们花了大约 8 周的时间让仪表盘处理实时的 Twitter 情感数据。这段时间似乎很长，但是有多种原因的：

• 一些框架和服务，如 Kafka 和 Spark Streaming，对我们来说是新的，我们必须学习如何使用它们的 API。

• 仪表盘前端使用 Mozaïk 框架(https://github.com/plouc/mozaik)为一个独立的 Node.js 应用程序,使得构建强大的实时仪表盘变得很容易。但是,我们发现代码有一些限制,这迫使我们深入到实现和编写补丁程序中,从而令整个进度有所延迟。

仪表盘结果如图 1-6 所示。

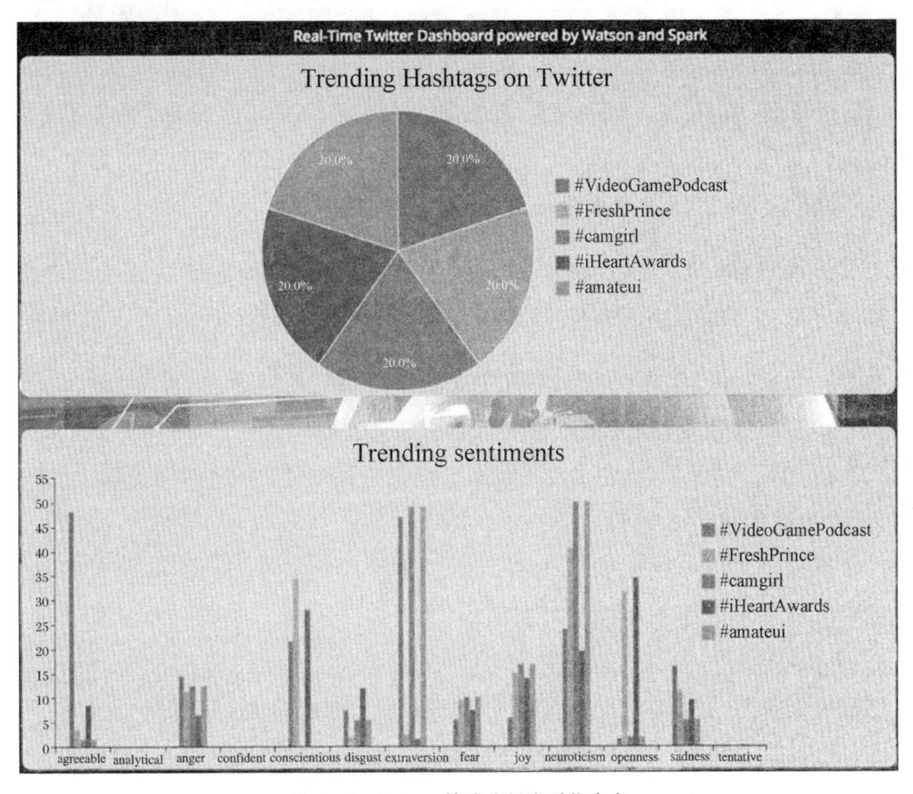

图 1-6 Twitter 情感分析实时仪表盘

从构建第一条企业级数据管道中汲取的经验教训

利用开源框架、库和工具肯定有助于我们更有效地实现数据管道。例如,Kafka 和 Spark 很容易部署和使用,而当我们遇到困难时,我们总是可以依靠开发者社区提供帮助,如使用 https://stackoverflow.com 这样的问答站点。

将基于云计算的托管服务用于情感分析步骤,例如 IBM Watson Tone Analyzer 服务(https://www.ibm.com/watson/services/tone-analyzer)是另一个积极因素。它使我们能够抽象出训练和部署模型的复杂度,使整个步骤比我们自己实现的更可靠，当然也更精确。

数据管道也非常容易集成，因为我们只需要提出一个 REST 请求（也称为 HTTP 请求，关于 REST 体系结构的更多信息请参阅 `https://en.wikipedia.org/wiki/Representational_state_transfer`）。大多数现代 Web 服务都符合 REST 体系结构，但是我们仍然需要知道每个 API 的规范，这可能需要很长时间才能正确。这一步骤通常通过使用 SDK 库来简化，而 SDK 库通常是免费提供的并且使用最流行的语言，如 Python、R、Java 和 Node.js。SDK 库通过抽象出生成 REST 请求的代码来提供对服务的高级编程访问。SDK 通常提供一个类来表示服务，其中每个方法将封装一个 REST API，同时负责用户身份验证和其他报头。

在工具方面，Jupyter Notebook 给我们留下了深刻的印象，它提供了出色的特性，比如协作和完全的交互性（稍后我们将更详细地介绍 Notebook）。

但并非一切都很顺利，因为我们在几个关键部分进行了斗争：

• 对于一些关键任务，如数据丰富和数据分析，应选择哪种编程语言。我们最终使用了 Scala 和 Python，尽管团队成员几乎没有经验，主要是因为它们在数据科学家中非常受欢迎，也因为我们想学习它们。

• 为数据探索创建可视化效果花费了太多时间。使用像 Matplotlib 或 Bokeh 这样的可视化库编写简单的图表需要编写太多的代码。这反过来又减缓了我们对快速实验的需求。

• 将分析结果实施到实时仪表盘中太难扩展了。如前所述，我们需要编写一个成熟的独立 Node.js 应用程序，该应用程序使用来自 Kafka 的数据并且需要能够像 Cloud Foundry 应用程序（`http://www.cloudfoundry.org`）那样部署在 IBM 云上。这是可以理解的，第一次完成这项任务需要相当长的时间，但我们发现它也很难更新。将数据写入 Kafka 的分析中的更改也需要与仪表盘应用程序中的更改同步。

数据科学策略

如果数据科学要继续发展并逐渐成为一项核心业务活动，公司必须找到一种方法来跨越组织的所有层进行扩展并克服我们前面讨论过的所有困难挑战。为了实现这一目标，我们确定了架构师规划数据科学策略时应该关注的三个重要支柱，即数据、服务和工具，如图 1-7 所示。

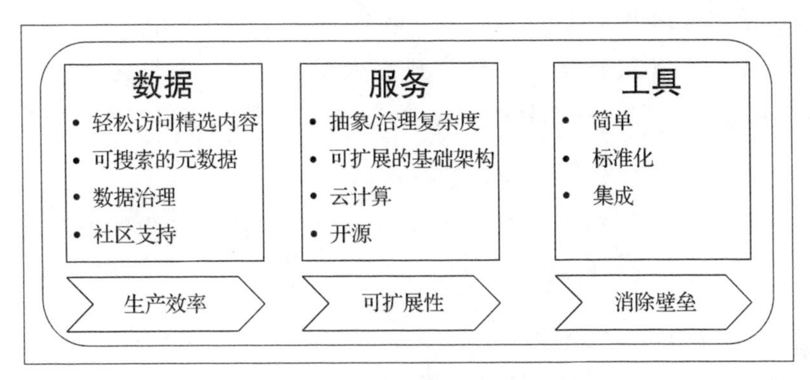

图 1－7 数据科学的三大支柱

• **数据是你最有价值的资源**：你需要一个适当的数据策略，以确保数据科学家能够轻松访问他们所需的精选内容。正确地对数据进行分类、设置适当的治理策略并使元数据可搜索，将减少数据科学家花在获取数据并请求使用数据的许可上的时间。这不仅会提高他们的生产效率，还会提高他们的工作满意度，因为他们将花更多的时间从事实际的数据科学工作。

设置数据策略，使数据科学家能够轻松访问与其相关的高质量数据，可提高生产效率和士气，并最终产生更高的成功率。

• **服务**：每个规划数据科学的架构师都应该考虑**面向服务的体系结构（Service-Oriented Architecture，SOA）**。与将所有功能捆绑到一个部署中的传统单体（monolithic）应用程序不同，面向服务的系统将功能分解为服务，这些服务被设计来做极少的事情，但是做得非常好，具有高性能和可伸缩性。然后，这些系统被相互独立地部署和维护，从而为整个应用程序基础架构提供可伸缩性和可靠性。例如，你可以有一个运行算法以创建深度学习模型的服务，另一个服务将模型持久化并让应用程序运行它从而对客户数据进行预测。

其优点是显而易见的：高重用性、易于维护、缩短上市时间、可伸缩性等。此外，这种方法非常适合云计算策略，当你的工作负载超出现有容量时，它将为你提供一条增长路径。你还希望尽可能优先考虑开源技术并对开放协议进行标准化。

将流程分解为更小的功能，将可伸缩性、可靠性和可重复性注入系统中。

• **工具真的很重要**！如果没有合适的工具，有些任务就会变得非常难以完成（至少这是我用来解释为什么我修不好房子周围设施的理由）。但是，你还希望保持工具的简单、标准化和合理集成,以便技术水平较低的用户可以使用它们(即使我得到了正确的工具,我也不确定我是否能够完成房屋修复任务,除非它使用起来足够简单)。一旦你降低了使用这些工具的学习曲线,非数据科学家用户使用它们时就会感觉更舒服。

使工具更易于使用有助于消除壁垒,并增强数据科学、工程和业务团队之间的协作。

Jupyter Notebook 是我们的战略核心

Notebook 本质上是由可编辑单元格组成的 Web 文档,这些单元格允许你以交互的方式对后端引擎运行命令。正如它们的名字所示,我们可以把它们想象成一个纸质便笺本的数字版本,用来写实验的笔记和结果。这个概念非常强大同时也很简单:用户以他/她选择的语言(大多数 Notebook 的实现支持多种语言,例如 Python、Scala、R 等)输入代码,运行单元格并以交互的方式在单元格下方的输出区域中获得结果,该输出区域成为文档的一部分。结果可以是任何类型的:文本、HTML 和图像,这对于绘制数据非常有用。这就像在类固醇上使用传统的 REPL(Read-Eval-Print Loop,读取—求值—输出循环)程序一样,因为 Notebook 可以连接到强大的计算引擎[如 Apache Spark(https://spark.apache.org)或 Python Dask(https://dask.pydata.org)集群],允许你在需要时尝试使用大数据。

在 Notebook 的单元格中创建的任何类、函数或变量都可以在下面的单元格中看到,这使你能够逐个编写复杂的分析,迭代测试你的假设并解决问题,然后再进入下一阶段。此外,用户还可以使用流行的 Markdown 语言编写富文本,或者使用 LaTeX(https://www.latex-project.org/)编写数学表达式,以描述他们的实验,供其他人阅读。

图 1-8 显示了示例 Jupyter Notebook 的一部分,其中有一个解释实验内容的 Markdown 单元格,一个用 Python 编写的用于创建 3D 图形的代码单元格,以及实际的 3D 图表结果。

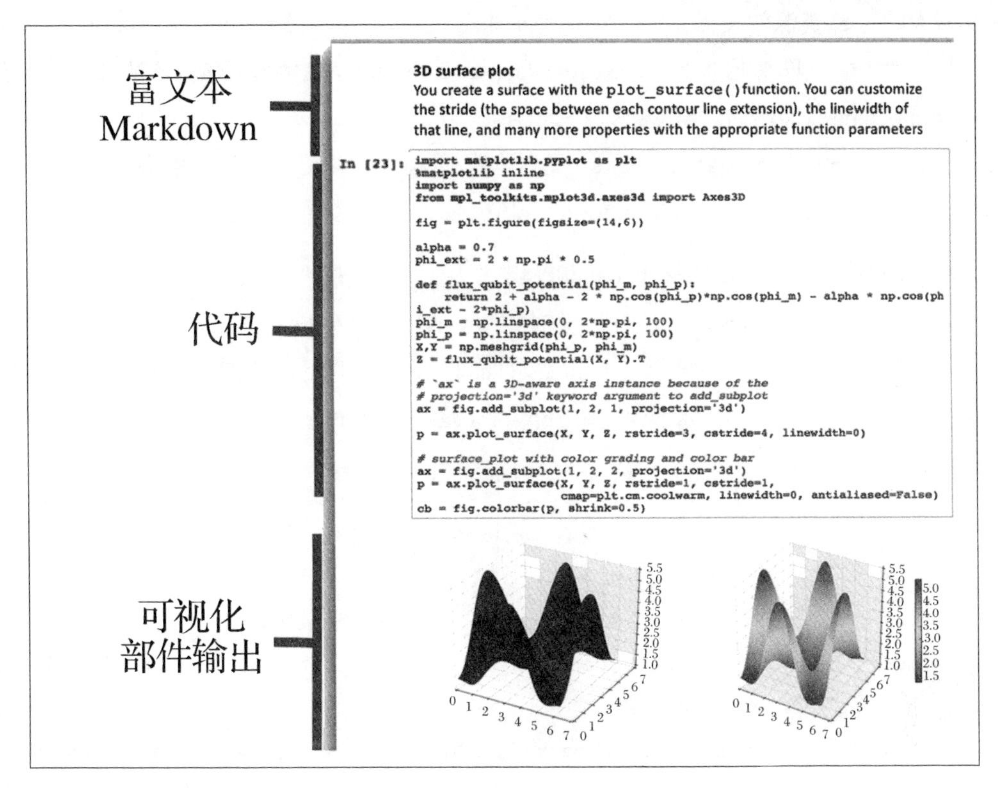

图 1-8　简单的 Jupyter Notebook

为什么 Notebook 这么流行?

在过去几年中,Notebook 作为数据科学相关活动的首选工具,受欢迎程度迅速增长。有多种原因可以解释,但我认为最主要的原因是它的多功能性,这不仅使它成为数据科学家不可缺少的工具,也使它成为构建数据管道涉及的大多数人不可缺少的工具,包括业务分析师和开发人员。

对于数据科学家来说,Notebook 是迭代实验的理想选择,因为它使他们能够快速加载、浏览和可视化数据。Notebook 也是一个很好的协作工具,它可被导出为 JSON 文件并可在整个团队中轻松共享,从而允许重复相同的实验并在需要时进行调试。此外,由于 Notebook 也是 Web 应用程序,因此它可以很容易地被集成到基于云的多用户环境中,从而提供更好的协作体验。

这些环境还可以通过使用 Apache Spark 等框架将 Notebook 与机器集群连接,从而提供对大型计算资源的按需访问。对这些基于云的 Notebook 服务器的需求正在迅速增长,因此我们看到越来越多的 **SaaS(Software as a Service,软件即服务)**解决方案,既有 IBM Data Science Experience(`https://datascience.ibm.com`)或 Databricks(`https://databricks.com/try-databricks`)这样的商业化解决方案,也有 JupyterHub(`https://jupyterhub.readthedocs.io/en/latest`)这样的开源解决方案。

对于业务分析师来说,Notebook 可以用作表示工具,在大多数情况下,Notebook 提供了足够的 Markdown 支持,以取代传统的 PowerPoint。生成的图表可直接用于有效地传达复杂分析的结果,不再需要复制和粘贴,而且算法中的更改会自动反映在最终演示文稿中。例如,一些 Notebook 实现,如 Jupyter,提供了单元格布局到幻灯片的自动转换,使整个体验更加无缝。

作为参考,以下是在 Jupyter Notebook 中生成幻灯片的步骤:

• 在 Notebook 中点击 **View** | **Cell Toolbar** | **Slideshow**,然后为每个单元格设置幻灯片类型:**Slide**,**Sub-Slide**,**Fragment**,**Skip** 或 **Notes**。

• 使用 `nbconvert jupyter` 命令将笔记本转换为 Reveal.js 驱动的 HTML 幻灯片放映:

```
jupyter nbconvert <pathtonotebook ipynb> - - to slides
```

• 另外,你也可以启动网络应用服务器在线访问这些幻灯片:

```
jupyter nbconvert <pathtonotebook.ipynb> - - to slides - post serve
```

对于开发人员来说,形势就不那么明朗了。一方面,开发人员喜欢 REPL 编程,而 Notebook 提供了交互式 REPL 的所有优点,并增加了它可以连接到远程后端的额外好处。由于在浏览器中运行,结果可以包含图形,并且由于它们可以被保存,所以 Notebook 的全部或部分可以在不同的场景中被重用。因此,对于开发人员来说,只要你选择的编程语言是可用的,那么 Notebook 就提供了一种尝试和测试的好方法,例如微调算法或集成新的 API。另一方面,开发人员很少采用 Notebook 来开展数据科学活动,这些活动可以补充数据科学家所做的工作,即使他们最终负责将分析结果实施为满足客户需求的应用程序。

为了改进软件开发生命周期并缩短价值实现的时间,他们(开发人员)需要开始使用与数据科学家相同的工具、编程语言和框架,包括 Python 及其丰富的库和 Notebook 生态系统,它们已经成为至关重要的数据科学工具。当然,开发人员不仅要在软件开发过程中满足数据科学家的需求，而且要跟上数据科学背后的理论和概念。根据我的经验，我强烈建议使用 **MOOC(Massive Open Online Courses，大规模开放在线课程)**，比如 Coursera (https://www.coursera.org)或 EdX (http://www.edx.org)，它们为每个层次提供了各种各样的课程。

然而，在广泛使用 Notebook 之后，很明显，Notebook 虽然功能强大，但主要是为数据科学家设计的，这给开发人员留下了一个陡峭的学习曲线。它们还缺乏对开发人员来说至关重要的应用程序开发功能。正如我们在“Twitter 带#标签的情感分析”项目中所看到的，基于以 Notebook 创建的分析结果来构建应用程序或仪表盘可能非常困难，并且需要一个难以实现且在基础设施上占用大量空间的体系结构。

正是为了解决这些问题，我决定创建 PixieDust(https://github.com/ibm-watson-data-lab/pixiedust)库并将其开源。正如我们将在接下来的章节中看到的，PixieDust 的主要目标是通过提供用于加载和可视化数据的简单 API 来降低新用户(无论是数据科学家还是开发人员)的入门成本。PixieDust 还提供了一个带有 API 的开发人员框架，用于轻松构建可以直接在 Notebook 中运行也可以作为 Web 应用程序部署的应用程序、工具和仪表盘。

本章小结

在这一章中，我作为一个开发人员给出了我对数据科学的看法，讨论了为什么我认为数据科学与人工智能和云计算具有定义下一个计算时代的潜力。我还讨论了在充分发挥其潜力之前必须解决的许多问题。虽然这本书并没有假装提供解决所有这些问题的灵丹妙药，但它确实试图回答数据科学民主化这一困难但却至关重要的问题，更具体地说，就是消除数据科学家和开发人员之间的壁垒。

在接下来的几章中，我们将深入研究 PixieDust 开源库，并了解它如何帮助 Jupyter Notebook 用户在处理数据时提高效率。我们还将深入研究 PixieApp 应用程序开发框架，该框架使开发人员能够利用 Notebook 中实现的分析来构建应用程序和仪表盘。

在剩下的章节中，我们将深入研究许多示例，它们展示了数据科学家和开发人员如何有效协作来构建端到端数据管道、迭代分析并在很短的时间内将它们部署到最终用户。示例应用程序将涵盖许多行业用例，如图像识别、社交媒体和金融数据分析，包括描述性分析、机器学习、自然语言处理和流式数据等数据科学用例。

我们不会深入讨论示例应用程序中涵盖的所有算法背后的理论(这超出了本书的范围,需要一本书以上的篇幅),而是强调如何利用开源生态系统来快速完成手头的任务(建模、可视化等),并将结果操作到应用程序和仪表盘中。

书中提供的示例应用程序大部分是用 Python 编写的并附带完整的源代码。这些代码已经过大量测试,可以在你自己的项目中重用和自定义。

2

Python 和 Jupyter Notebook 为数据分析提供动力

“最好的代码是你不需要编写的代码！”

——佚名

在上一章中，我根据实际经验给出了开发人员对数据科学的看法，并讨论了在企业中成功部署所需的三个战略支柱：数据、服务和工具。我还讨论了这样一种观点：数据科学不仅是数据科学家的专属领域，而且是一项团队运动，对开发人员具有特殊的作用。

在本章中，我将介绍一个基于 Jupyter Notebook、Python 和 PixieDust 开源库的解决方案，其关注于三个简单的目标：

- 通过降低非数据科学家的入门门槛，实现数据科学民主化；
- 加强开发人员和数据科学家之间的协作；
- 使数据科学分析更易于操作化。

该解决方案只关注工具支柱，并未关注数据和服务，它是可以单独实现的，我们会在第 6 章开始讨论示例应用程序时谈及其中的一些内容。

为什么选择 Python？

与许多开发人员一样，在构建数据密集型项目时，使用 Python 并不是我的首选。老实说，在使用 Java 这么多年之后，一开始 Scala 对我来说似乎更有吸引力，尽管其学习曲线非常陡峭。Scala 是一种非常强大的语言，它巧妙地结合了面向对象和函数式编程，这在 Java 中是非常缺乏的(至少在 Java 8 开始引入 lambda 表达式之前是如此)。

Scala 还提供了一种非常简洁的语法，可以转化为更少的代码行、更高的生产效率，并最终减少 bug。这点非常有用，尤其是当你的大部分工作是操作数据时。我喜欢 Scala 的另一个原因，是在使用 Apache Spark 等大数据框架时 Scala 的 API 覆盖率更高，而 Apache Spark 本身就是用 Scala 编写的。还有很多喜欢 Scala 的理由，比如它是一个强类型的系统，以及它的与 Java 的互操作性、在线文档和高性能。

因此，对于像我这样开始涉足数据科学的开发人员来说，Scala 似乎是一个更自然的选择，但是我们最终使用的却是 Python。这样的选择其实有多种原因：

• 作为一种编程语言，Python 本身也可以做许多事情。它是一种动态编程语言，具有与 Scala 类似的优点，例如函数式编程和简洁的语法等。

• 过去几年 Python 在数据科学家中迅速崛起，超过了长期竞争对手 R 语言，成为数据科学的首选语言，在 Google Trerds 中快速搜索词语 `Python Data Science`、`Python Machine Learning`、`R Data Science` 和 `R Machine Learning` 就可以证明这一点，如图 2-1 所示。

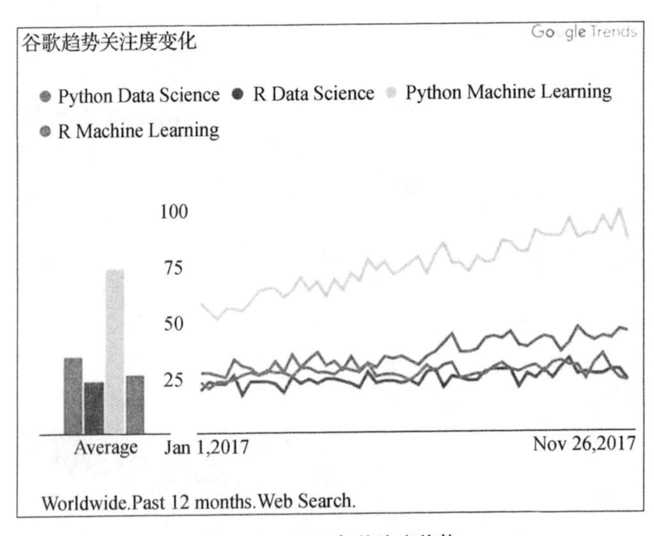

图 2-1　2017 年关注度趋势

Python 正处于一个良性循环中，其日益流行可以帮助一个庞大且不断增长的生态系统，其中包含各种各样的库，可以很容易地使用 pip Python 包安装程序导入到你的项目中。数据科学家现在可以访问许多强大的开源 Python 库,用于数据操作、数据可视化、统计、数学、机器学习和自然语言处理。

即使是初学者也可以使用流行的 scikit-learn 包(`http://scikit-learn.org`)快速构建机器学习分类器而无需成为机器学习专家,或者使用 Matplotlib(`https://matplotlib.org`)或 Bokeh(`https://bokeh.pydata.org`)快速绘制丰富的图表。

此外,正如 IEEE Spectrum 2017 调查(`https://spectrum.ieee.org/computing/software/the-2017-top-programming-languages`)所示,Python 也已经成为开发人员的顶级语言之一,如图 2-2 所示。

Language Rank	Types	Spectrum Ranking
1. Python		100.0
2. C		99.7
3. Java		99.5
4. C++		97.1
5. C#		87.7
6. R		87.7
7. JavaScript		85.6
8. PHP		81.2
9. Go		75.1
10. Swift		73.7

图 2-2　编程语言的使用统计

这一趋势在 GitHub 上也得到了证实,Python 现在在代码仓库总数中排名第三,仅次于 Java 和 JavaScript,如图 2-3 所示。

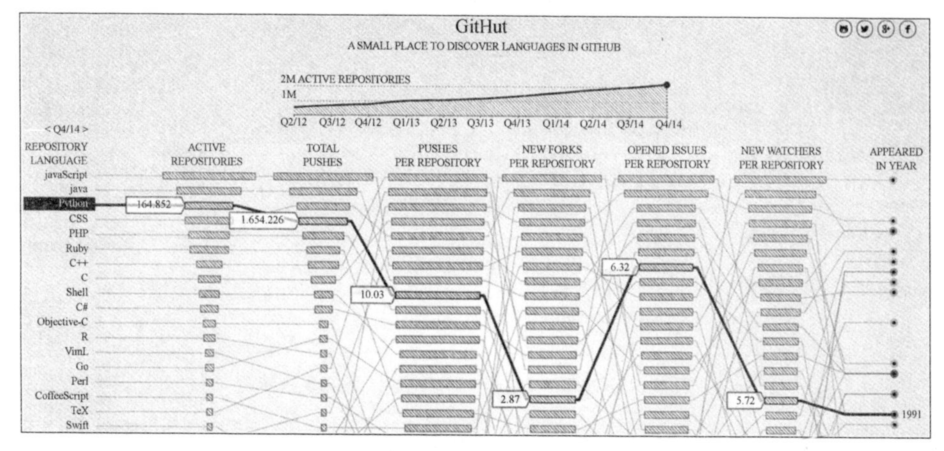

图 2-3　编程语言的 GitHub 代码仓库数量统计

前面的图表显示了一些有意思的统计信息，展示了 Python 开发者社区的活跃程度。在 GitHub 上活跃的与 Python 相关的代码仓库数量排名第三，每个代码仓库的代码推送和开放问题的总数同样也是健康的。

Python 在 Web 上也变得无处不在，用 Web 开发框架，如 Django（https://www.djangoproject.com）、Tornado（http://www.tornadoweb.org）和 TurboGears（http://turbogears.org），为许多知名网站提供了支持。最近有迹象表明，Python 也正在进入云服务领域，所有主要的云提供商都提供了 Python 支持。

Python 在数据科学领域显然有着光明的前景，特别是与强大的工具如 Jupyter Notebook 一起使用时，Jupyter Notebook 在数据科学家群体中非常流行。Jupyter Notebook 的价值主张是：它们非常容易创建并且适合快速进行数据实验。另外，Jupyter Notebook 还支持多种高保真的序列化数据格式，这些格式可以捕获用户指令、代码和结果，还可以被团队中的其他数据科学家非常容易地共享，或者作为开放源码供每个人使用。例如，我们在 GitHub 上看到的共享 Jupyter Notebook 的数量持续激增，目前已经超过 250 万份，而且这个数字还在不断增长。

图 2-4 所示的屏幕截图显示了在 GitHub 搜索扩展名为 .ipynb 的所有文件的结果，ipynb 是 Jupyter Notebook(JSON 格式)的最常用格式。

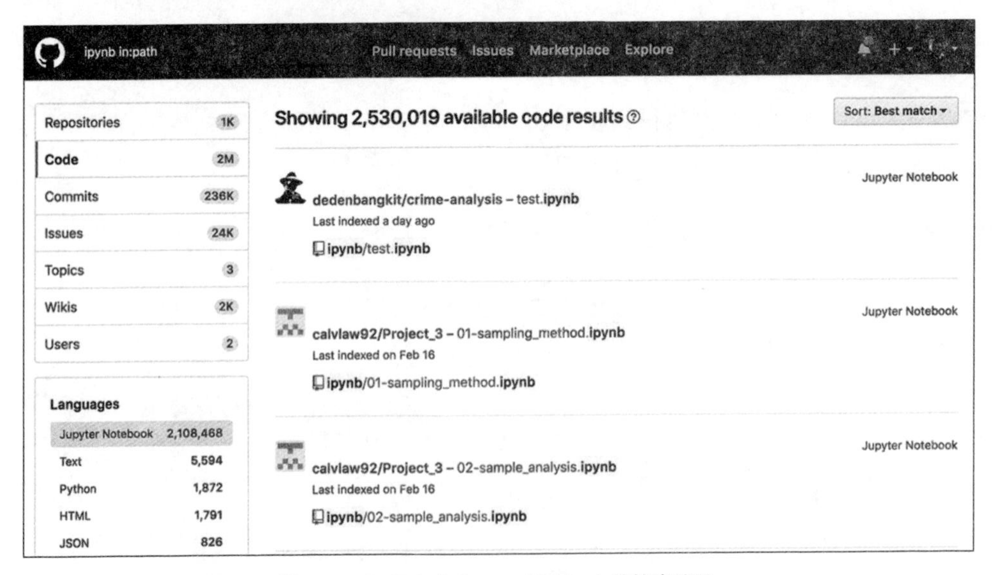

图 2-4 GitHub 上 Jupyter Notebook 的搜索结果

虽然GitHub上Jupyter Notebook的搜索结果非常多，但Jupyter Notebook通常只被视为数据科学家工具。在接下来的章节中，我们将看到它们可以做更多事情，并且它们还可以帮助不同类型的团队解决数据问题。例如，它们可以帮助业务分析师快速加载和可视化数据集，使开发人员能够直接在Notebook中与数据科学家合作，以利用他们的分析结果构建功能强大的仪表盘，或者允许开发人员毫不费力地将这些仪表盘部署到可伸缩的、企业级微服务中，这些微服务可以作为独立的Web应用程序或嵌入式组件运行。正是基于将数据科学的工具带给非数据科学家的愿景，PixieDust开源项目才得以创建。

PixieDust入门

趣闻

我经常被问到是如何想出PixieDust这个名字的，我的回答是想让Notebook变得简单，就像在魔法中一样，适合非数据科学家使用。

PixiedDust(`https://github.com/ibm-watson-data-lab/pixiedust`)是一个开源项目，它主要由三个组件组成，旨在实现本章开头所述的三个目标：

• 一个用来支持Jupyter Notebook的辅助Python库，它提供了简单的API将数据从各种源加载到各种流行的框架中，例如pandas和Apache Spark DataFrame，然后交互地对数据集进行可视化和浏览。

• 一个简单的基于Python的编程模型，它允许开发人员通过创建称为PixieApp的强大仪表盘，将分析直接“生产”到Notebook中。正如我们将在下一章看到的，PixieApp不同于传统的**BI(商业智能)**仪表盘，因为开发人员可以直接使用HTML和CSS创建任意复杂的布局。此外，它们还可以在业务逻辑中嵌入对Notebook中创建的任何变量、类或函数的访问。

• 一个名为PixieGateway的安全微服务Web服务器，它可以作为独立的Web应用程序或嵌入到任何网站中的组件来运行PixieApp。可以使用图形向导从Jupyter Notebook轻松部署PixieApp而不需要更改任何代码。此外，PixieGateway支持共享PixieDust创建的任何图表成为可嵌入的Web页面，从而使数据科学家能够轻松地在Notebook之外传递结果。

需要注意的是，PixieDust display() API 主要支持两种流行的数据处理框架：

- **pandas**(https://pandas.pydata.org)：目前为止最流行的 Python 数据分析包，它提供了两种主要的数据结构，即用于操作二维类表数据集的 DataFrame 和用于一维类列数据集的 Series。

目前，PixieDust display() 仅支持 pandas 的 DataFrames。

- **ApacheSparkDataFrame**（https://spark.apache.org/docs/latest/sql-programming-guide.html)：这是一个用于跨 Spark 集群操作分布式数据集的高级数据结构。Spark DataFrames 构建在底层 **RDD(Reslient Distributed DataSet，弹性分布式数据集**)之上，增加了支持 SQL 查询的功能。

PixieDust display() 支持的另一种不太常用的格式是 JSON 对象数组。在这种情况下，PixieDust 将使用值构建行，将键用作列，例如：

```
my_data = [
{"name": "Joe", "age": 24},
{"name": "Harry", "age": 35},
{"name": "Liz", "age": 18},
...
]
```

此外，PixieDust 在数据处理和数据渲染方面都是高度可扩展的。例如，你可以添加由可视化框架渲染的新数据类型，或者如果你想用你特别喜欢的绘图库，你也可以轻松地将其添加到 PixieDust 支持的渲染器列表中（详细内容请参阅下一章）。

你还会发现 PixieDust 包含一些与 Apache Spark 相关的额外实用工具，例如：

- **PackageManager**：允许你在 Python Notebook 中安装 Spark 包。
- **Scala Bridge**：允许你使用%%scala 魔法函数直接在 Python Notebook 中使用 Scala。变量会自动从 Python 传输到 Scala，反之亦然。
- **Spark Job Progress Monitor(Spark 作业进度监控器)**：通过在单元格输出中直接显示进度条来跟踪任何 Spark 作业的状态。

在深入研究这三个 PixieDust 组件之前，最好先访问 Jupyter Notebook，或者通过云计算平台注册托管解决方案（例如，位于 https://datascience.ibm.com 的 Watson

Studio)，或者在本地计算机上安装开发版本。

你可以按照此处的说明在本地安装 Notebook 服务：http://jupyter.readthedocs.io/en/latest/install.html。

要在本地启动 Notebook 服务，只需从终端运行以下命令：

```
jupyter notebook --notebook-dir=<<存储 notebook 的目录路径>>
```

Notebook 主页将在浏览器中自动打开。有许多配置选项用来控制 Notebook 服务的启动方式。这些选项可以添加到命令行，也可以保存在 Notebook 配置文件中。如果你想尝试所有可能的配置选项，可以使用--generate-config 选项生成一个配置文件，如下所示：

```
jupyter notebook --generate-config
```

这会生成以下 Python 文件，<根目录>/.jupyter/jupyter_notebook_config.py，里面包含了大量被禁用的文档自动化配置参数。例如，如果你不想在 Jupyter Notebook 启动时自动打开浏览器，可以找到包含 sc.NotebookApp.open_browser 变量的行，取消其注释，并将其设置为 False：

```
## Whether to open in a browser after starting. The specific browser used is
#  platform dependent and determined by the python standard library 'web
browser'
# module, unless it is overridden using the --browser (NotebookApp.browser)
# configuration option.
c.NotebookApp.open_browser = False
```

修改完之后，只需保存 jupyter_notebook_config.py 文件，再重新启动 Notebook 服务即可。

下一步是通过 pip 工具安装 PixieDust 库。

1. 在 Notebook 的单元格中输入以下命令：

```
! pip install pixiedust
```

注意:感叹号语法是 Jupyter Notebook 的特殊语法,表示命令的其余部分将作为系统命令执行。例如,可以使用`!ls`列出当前工作目录下的所有文件和目录。

2. 使用 **Cell | Run Cells(单元格|运行单元格)**菜单或工具栏上的 **Run(运行)**图标运行单元格。
    - *Ctrl*+*Enter*:运行当前选中单元格,光标保持在该单元格。
    - *Shift*+*Enter*:运行当前选中单元格,光标跳到下一个单元格。
    - *Alt*+*Enter*:运行当前选中单元格,在下面创建新单元格,光标跳到下一个单元格。

3. 重启内核以确保 `pixiedust` 库已经正确加载到内核中。

图 2-5 就是用 `pip` 第一次安装完 `pixiedust` 的结果。

```
  1 !pip install pixiedust
Collecting pixiedust
  Downloading https://files.pythonhosted.org/packages/e0/f4/aed791371240b6e325d0a68b9235d2c2ca4da7fcc6081be30b7da0bc7
a36/pixiedust-1.1.9.tar.gz (186kB)
    100% |████████████████████████████████| 194kB 1.9MB/s ta 0:00:01
Requirement already satisfied: mpld3 in /Users/dtaieb/.local/lib/python2.7/site-packages (from pixiedust)
Requirement already satisfied: lxml in /Users/dtaieb/.local/lib/python2.7/site-packages (from pixiedust)
Requirement already satisfied: geojson in /Users/dtaieb/.local/lib/python2.7/site-packages (from pixiedust)
Requirement already satisfied: astunparse in /Users/dtaieb/anaconda/envs/testPDConda/lib/python2.7/site-packages (fro
m pixiedust)
Requirement already satisfied: markdown in /Users/dtaieb/.local/lib/python2.7/site-packages (from pixiedust)
Requirement already satisfied: six<2.0,>=1.6.1 in /Users/dtaieb/anaconda/envs/testPDConda/lib/python2.7/site-packages
 (from astunparse->pixiedust)
Requirement already satisfied: wheel<1.0,>=0.23.0 in /Users/dtaieb/.local/lib/python2.7/site-packages (from astunpars
e->pixiedust)
Building wheels for collected packages: pixiedust
  Running setup.py bdist_wheel for pixiedust ... done
  Stored in directory: /Users/dtaieb/Library/Caches/pip/wheels/0a/5b/93/663556baf63f1e20d34fa1c23d43dd761ac9103db14cb
44339
Successfully built pixiedust
Installing collected packages: pixiedust
Successfully installed pixiedust-1.1.9
```

图 2-5 在 Jupyter Notebook 上安装 PixieDust 库

我强烈推荐使用 Anaconda(`https://anaconda.org`),它提供了出色的 Python 包管理功能。如果你像我一样喜欢尝试使用不同版本的 Python 和库依赖项,我建议你使用 Anaconda 虚拟环境。

Anaconda 提供了一种轻量级 Python 沙盒功能,很容易创建和激活虚拟环境(参见 `https://conda.io/docs/user-guide/tasks/manage-environments.html`):

- 创建新环境:`conda create --name env_name`。
- 列出所有环境:`conda env list`。
- 激活环境:**source activate env_name**。

我们现在已经准备好研究 PixieDust API 了，下一节从 `sampleData()` 开始。

SampleData——一个用于加载数据的简单 API

将数据加载到 Notebook 中是数据科学家能够完成的重复最多的任务之一，但是根据所使用的框架或数据源的不同，编写代码可能会很困难并且很耗时。

让我们举一个具体的例子，尝试将 CSV 文件从开放数据站点（例如 `https://data.cityofnewyork.us`）加载到 pandas 和 Apache Spark DataFrame 中。

注意：接下来所有代码都在 Jupyter Notebook 中运行。

如果使用 pandas，代码会非常简单，因为它有现成的 API 可以直接从 URL 加载：

```
import pandas
data_url = "https://data.cityofnewyork.us/api/views/e98g-f8hy/rows. csv? ac-
cessType= DOWNLOAD"
building_df = pandas.read_csv(data_url)
building_df
```

最后一句，调用 `building_df`，将在输出单元格中打印内容，这里不需要打印语句，因为 Jupyter 将调用变量单元格的最后一条语句解释为打印变量的指令。输出结果如图 2－6 所示。

	Permit BIN	Permit Application Job Number	Permit Application Document Number	Permit Application Job Type	Permit Type	Permit SubType	Permit Status Description	Permit Sequence Number	Permit Status Date	Permit Issuance Date	Permit Experation Date
0	1083687	102790106	2	A2	PL		PERMIT ISSUED	8	04/12/2011 12:00:00 AM	04/12/2011 12:00:00 AM	04/11/2012 12:00:00 AM
1	1083690	103338201	1	A2	PL		PERMIT ISSUED	7	04/12/2011 12:00:00 AM	04/12/2011 12:00:00 AM	04/11/2012 12:00:00 AM
2	1082870	102785960	2	A2	PL		PERMIT ISSUED	7	04/12/2011 12:00:00 AM	04/12/2011 12:00:00 AM	04/11/2012 12:00:00 AM
3	1083682	102901852	2	A2	PL		PERMIT ISSUED	9	04/12/2011 12:00:00 AM	04/12/2011 12:00:00 AM	04/11/2012 12:00:00 AM
4	1082862	103345337	1	A2	PL		PERMIT ISSUED	7	04/12/2011 12:00:00 AM	04/12/2011 12:00:00 AM	04/11/2012 12:00:00 AM
5	1005283	103878895	2	A2	PL		PERMIT ISSUED	3	04/12/2011 12:00:00 AM	04/12/2011 12:00:00 AM	04/11/2012 12:00:00 AM
6	1082869	102813822	2	A2	PL		PERMIT ISSUED	7	04/12/2011 12:00:00 AM	04/12/2011 12:00:00 AM	04/11/2012 12:00:00 AM

图 2－6 pandas DataFrame 的默认输出

但是，如果用 Apache Spark 实现，我们就需要先将数据下载到一个文件中，再用 Spark CSV 连接器将其加载到 DataFrame 中：

```
# 导入 Spark CSV
from pyspark.sql import SparkSession
try:
    from urllib import urlretrieve
except ImportError:
    # urlretrieve 包已经在 Python 3 被重构
    from urllib.request import urlretrieve

data_url = "https://data.cityofnewyork.us/api/views/e98g-f8hy/rows. csv? ac-
cessType= DOWNLOAD"
urlretrieve (data_url, "building.csv")

spark = SparkSession.builder.getOrCreate()
building_df = spark.read\
    .format('org.apache.spark.sql.execution.datasources.csv.
CSVFileFormat')\
    .option('header', True)\
    .load("building.csv")
building_df
```

输出结果不太一样，如图 2-7 所示，因为 building_df 现在是一个 Spark DataFrame。

```
DataFrame[Permit BIN: string, Permit Application Job Number: string, Permit Application Document Number: string, Perm
it Application Job Type: string, Permit Type: string, Permit SubType: string, Permit Status Description: string, Perm
it Sequence Number: string, Permit Status Date: string, Permit Issuance Date: string, Permit Experation Date: string]
```

图 2-7 Spark DataFrame 的默认输出

尽管这段代码不是很多，但它每次都必须重复，而且你很可能需要花费时间进行 Google 搜索才能记住正确的语法。数据的格式也可能不同，例如 JSON 文件，将需要为 pandas 和 Spark 调用不同的 API。数据的格式也可能不正确，可能在 CSV 文件中包含错误的行，或者有错误的 JSON 语法。不幸的是，所有这些问题并不少见，它们促成了数据科学的 80/20 规则，即数据科学家平均花费 80%的时间来获取、清理和加载数据，只有 20%的时间用于实际分析。

PixieDust 提供了一个简单的 sampleData API 来帮助改善这种情况。在没有参数的情况下调用时，它将显示一个已准备好用于分析的预先精选的数据集列表：

```
import pixiedust
pixiedust.sampleData()
```

结果如图 2-8 所示。

Id	Name	Topic	Publisher
1	Car performance data	Transportation	IBM
2	Sample retail sales transactions, January 2009	Economy & Business	IBM Cloud Data Services
3	Total population by country	Society	IBM Cloud Data Services
4	GoSales Transactions for Naive Bayes Model	Leisure	IBM
5	Election results by County	Society	IBM
6	Million dollar home sales in NE Mass late 2016	Economy & Business	Redfin.com
7	Boston Crime data, 2-week sample	Society	City of Boston

图 2-8 PixieDust 内置数据集

预构建的精选数据集列表可被自定义以满足业务组织需求，这是朝着我们的数据支柱迈出的良好一步，正如上一章所述。

然后，用户可以使用预构建的数据集的 ID 再次调用 `sampleData` API，如果 Jupyter 内核中的 Spark 框架可用，则获得 Spark DataFrame；如果不可用，则返回 pandas DataFrame。

在下面的示例中，我们在已经和 Spark 连接的 Notebook 上调用 `sampleData()`。我们还调用 `enablesParkJobProgressMonitor()` 来显示操作中所涉及的 Spark 作业的相关实时信息。

注意： Spark 作业是运行在 Spark 集群中的特定节点上，具有特定数据子集的进程。当从数据源加载大量数据时，每个 Spark 作业都有一个特定的子集要处理（实际大小取决于集群中的节点数和整个数据的大小），并与其他作业并行运行。

在一个单元格中运行以下代码可以启动 Spark 作业进度监控器：

```
pixiedust.enableSparkJobProgressMonitor()
```

结果如下所示：

```
Successfully enabled Spark Job Progress Monitor
```

然后调用 sampleData 加载 cars 数据集：

```
cars = pixiedust.sampleData(1)
```

结果如图 2-9 所示。

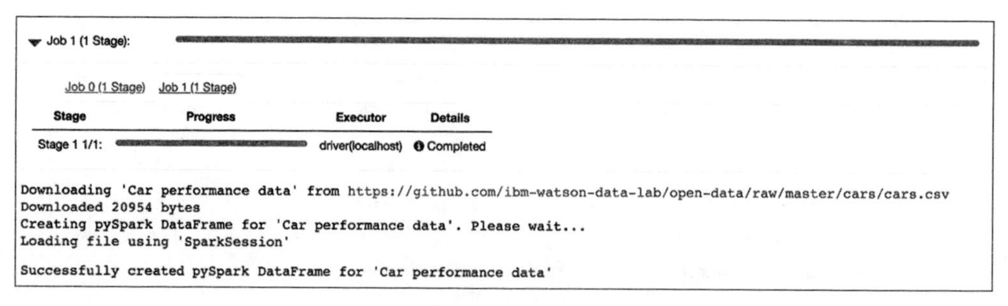

图 2－9 用 PixieDust sampleData API 加载内置数据集

用户还可以传递指向可下载文件的任意 URL，PixieDust 目前支持 JSON 和 CSV 文件。在这种情况下，PixieDust 将自动下载文件，将其缓存在临时区域中，检测格式，并根据 Notebook 中是否有 Spark 可用而将其加载到 Spark 或 pandas 的 DataFrame。需要注意的是，即使 Spark 可用，用户也可以使用 forcePandas 关键字参数，强制将数据加载到 pandas 中：

```
import pixiedust
data_url = "https://data.cityofnewyork.us/api/views/e98g-f8hy/rows.
csv? accessType= DOWNLOAD"
building_dataframe = pixiedust.sampleData(data_url, forcePandas= True)
```

结果如下：

```
Downloading 'https://data.cityofnewyork.us/api/views/e98g-f8hy/rows. csv? access-
Type= DOWNLOAD' from https://data.cityofnewyork.us/api/views/
e98g-f8hy/rows.csv? accessType= DOWNLOAD
Downloaded 13672351 bytes
Creating pandas DataFrame for 'https://data.cityofnewyork.us/api/
views/e98g-f8hy/rows.csv? accessType= DOWNLOAD'. Please wait...
Loading file using 'pandas'
Successfully created pandas DataFrame for 'https://data.cityofnewyork. us/api/
views/e98g-f8hy/rows.csv? accessType= DOWNLOAD'
```

sampleData() API 可以自动识别出指向 ZIP 和 GZ 类型的压缩文件的 URL。在这种情况下，它将自动解压缩原始二进制数据并加载归档中包含的文件。对于 ZIP 文件，它查看归档文件中的第一个文件；对于 GZ 文件，它只需解压缩内容，因为 GZ 文件不是归档文件，也不包含多个文件。然后，sampleData() API 将从解压缩文件中加载 DataFrame。

例如，我们可以直接从 London 开放数据网站提供的 ZIP 文件中加载区信息，并使用 display() API 将结果显示为饼图，如下所示：

```
import pixiedust
london_info = pixiedust.sampleData("https://files.datapress.com/
```

```
london/dataset/london-borough-profiles/2015-09-24T15:50:01/London-
borough-profiles.zip")
```

结果如下(假设你的 Notebook 连接到 Spark,否则将加载 pandas DataFrame):

```
Downloading 'https://files.datapress.com/london/dataset/london-
borough-profiles/2015- 09- 24T15:50:01/London- borough- profiles.zip'
from https://files.datapress.com/london/dataset/london- borough-
profiles/2015- 09- 24T15:50:01/London- borough- profiles.zip
Extracting first item in zip file...
File extracted: london- borough- profiles.csv
Downloaded 948147 bytes
Creating pySpark DataFrame for 'https://files.datapress.com/london/
dataset/london- borough- profiles/2015- 09- 24T15: 50: 01/London - borough -
profiles.zip'. Please wait...
Loading file using 'com.databricks.spark.csv'
Successfully created pySpark DataFrame for 'https://files.datapress. com/lon-
don/dataset/london- borough- profiles/2015- 09- 24T15:50:01/London- borough
- profiles.zip'
```

然后,我们对 `london_info` DataFrame 调用 `display()`,如下所示:

```
display(london_info)
```

在 **Chart** 菜单和 **Options** 对话框中选择 **Pie Chart**,然后在 **Keys** 区域拖放 **Area name** 列,在 **Value** 区域拖放 Crime rates per thousand population 2014/15,如图 2-10 所示.

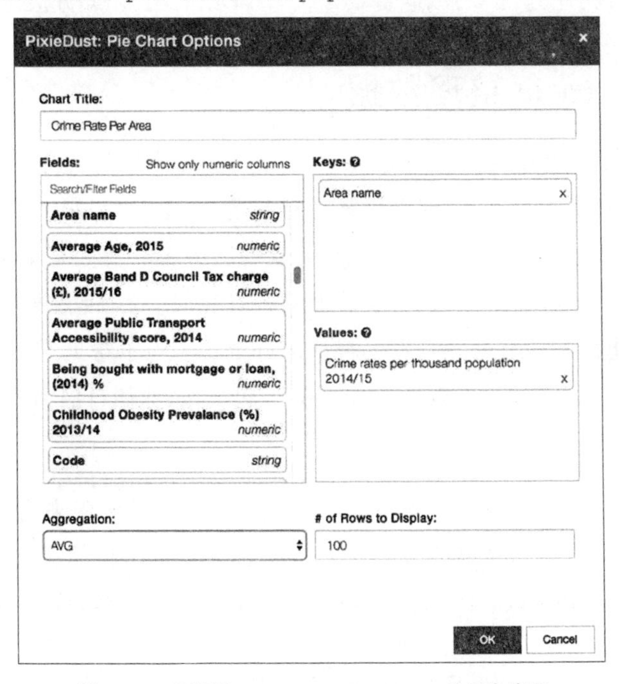

图 2-10 可视化 london_info DataFrame 的图表选项

单击 **Options** 对话框中的 **OK** 按钮后，将得到如图 2－11 所示的结果。

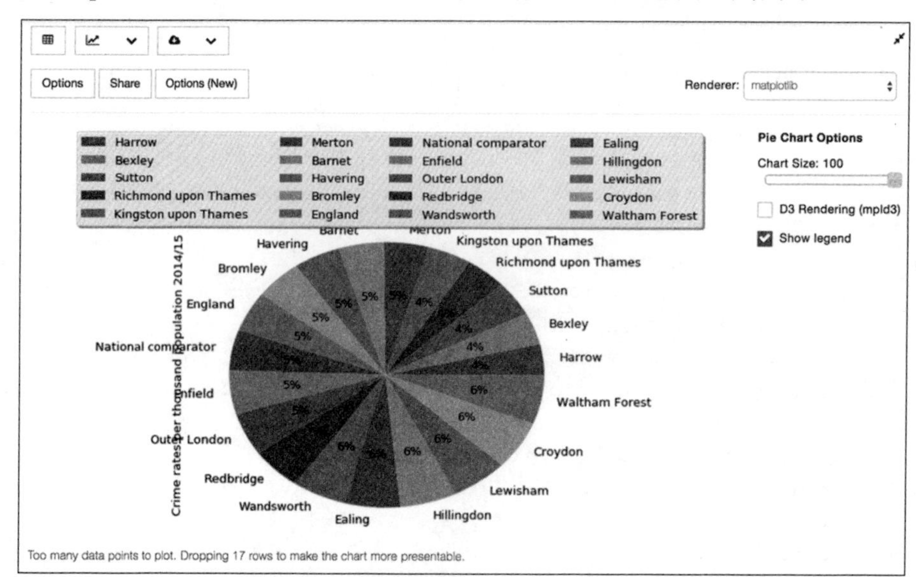

图 2－11　从指向压缩文件的 URL 创建的饼图

很多时候，你可能已经找到了一个很好的数据集，但是文件包含错误，或者对你很重要的数据存在格式错误，或者隐藏在一些非结构化文本中，需要被提取到它自己的列中。这个过程也称为**数据整理(data wrangling)**，可能非常耗时。在下一节中，我们将研究 PixieDust 的 `pixiedust_rosie` 扩展，它提供了一个 `wrangle_data` 方法，有助于这个过程。

用 pixiedust_rosie 整理数据

在大多数情况下，在受控实验中工作并不等同于在现实世界中工作。我的意思是，在开发过程中，我们通常会选择（或者应该说是制造）一个专门设计为能够正常工作的样本数据集，它的格式正确，符合模式规范，没有数据丢失等。目标是集中于验证假设和构建算法，而不是集中于数据清理，这可能非常痛苦且耗时。然而，在开发过程中尽早获得与实际情况尽可能接近的数据是有不可否认的好处的。为了帮助完成这项任务，我与两位 IBM 同事 Jamie Jennings 和 Terry Antony 一起工作，他们自愿为 PixieDust 构建一个名为 `pixiedust_rosie` 的扩展。

这个 Python 包实现了一个简单的 `wrangle_data()` 方法来自动清理原始数据。`pixiedust_rosie` 包目前虽然只支持 CSV 和 JSON 格式，但将来还会添加更多格式。底层数据处理引擎使用 **Rosie Pattern Language**（**RPL**）开源组件，这是一个专为开发人员设计的易于使用的正则表达式引擎，性能更高并可扩展到大数据。你可以在这里找到更多关于Rosie的信息：http://rosie-lang.org。

使用之前，你需要使用以下命令安装pixiedust_rosie包：

```
! pip install pixiedust_rosie
```

pixiedust_rosie包依赖于pixiedust和rosie，如果系统尚未安装则会自动下载它们。

rangle_data()方法与sampleData() API非常相似。在没有参数的情况下调用时，它将显示预先精选数据集的列表，如下所示：

```
import pixiedust_rosie
pixiedust_rosie.wrangle_data()
```

产生的结果如图2-12所示。

Id	Name	Topic	Publisher
1	Car performance data	Transportation	IBM
2	Sample retail sales transactions, January 2009	Economy & Business	IBM Cloud Data Services
3	Total population by country	Society	IBM Cloud Data Services
4	GoSales Transactions for Naive Bayes Model	Leisure	IBM
5	Election results by County	Society	IBM
6	Million dollar home sales in Massachusetts, USA Feb 2017 through Jan 2018	Economy & Business	Redfin.com
7	Boston Crime data, 2-week sample	Society	City of Boston

图2-12 可用于wrangle_data()的预先精选数据集的列表

你还可以通过ID或者URL链接调用预先精选数据集，如下所示：

```
url = "https://github.com/ibm-watson-data-lab/pixiedust_rosie/raw/master/sample-data/Healthcare_Cost_and_Utilization_Project_HCUP_-_National_Inpatient_Sample.csv"
pixiedust_rosie.wrangle_data(url)
```

在前面的代码中，我们对通过url变量引用的CSV文件调用wrangle_data()。该函数首先下载本地文件系统中的文件，对数据的子集执行自动数据分类，以推断数据模式(schema)。然后启动模式编辑器PixieApp，它提供了一组向导屏幕，让用户可以配置数据模式。例如，用户能够删除和重命名列，更重要的是，可以通过提供Rosie模式将现有列分解为新列。

工作流如图 2 - 13 所示。

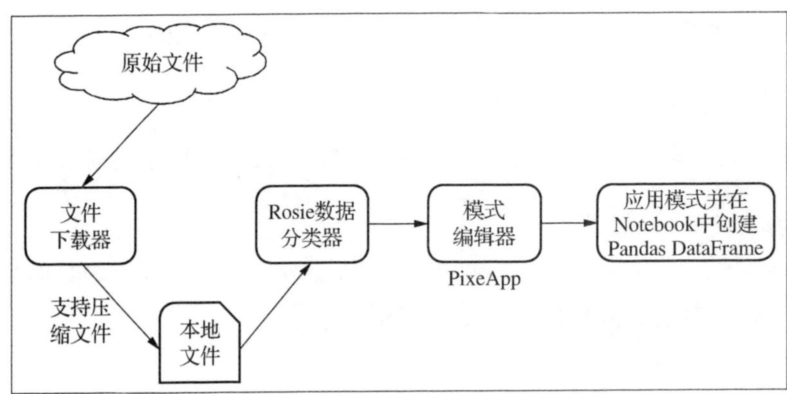

图 2 - 13 wrangle_data()工作流

`wrangle_data()`向导的第一屏显示了由 Rosie 数据分类器自动推断出的模式，如图 2 - 14 所示。

Wrangle Data: Schema

Schema

Column Name	Rosie Type	Column Type	Actions
Year	num.int	int	
IndicatorID	all.identifier	str	
BreakOutCategoryId	all.identifier	str	
Concentration	num.mantissa	float	

Sample Data

Year	IndicatorID	BreakOutCategoryId	Concentration
2004	HC101	BOC01	17.0
2004	HC101	BOC03	21.1
2006	HC103	BOC03	1.9
2006	HC103	BOC03	1.7
2006	HC103	BOC03	2.0
2006	HC103	BOC03	4.3
2004	HC201	BOC02	18.2

Finish

图 2 - 14 wrangle_data()模式编辑器

前面的 Schema 小部件显示了列名、Rosie 类型(Rosie Type，Rosie 特定的高级类型表示)和列类型(Column Type，映射到受支持的 pandas 类型)。每行还包含三个动作按钮：

- 删除列：将从数据模式中删除列。此列将不会出现在最终的 pandas DataFrame。
- 重命名列：更改列的名称。
- 转换列：通过将列分解为新列来转换列。

在任何时候，用户都能够预览数据(如前面的 SampleData 小部件所示)，以验证模式配置是否按预期的方式运行。

当用户单击转换列按钮时，将显示一个新屏幕，允许用户指定用于构建新列的模式。在某些情况下，数据分类器将能够自动检测模式，此时，将添加一个按钮来询问用户是否应该应用建议。

图 2-15 所示的屏幕截图显示了带有自动建议的 **Transform Selected Column(转换所选列)**屏幕。

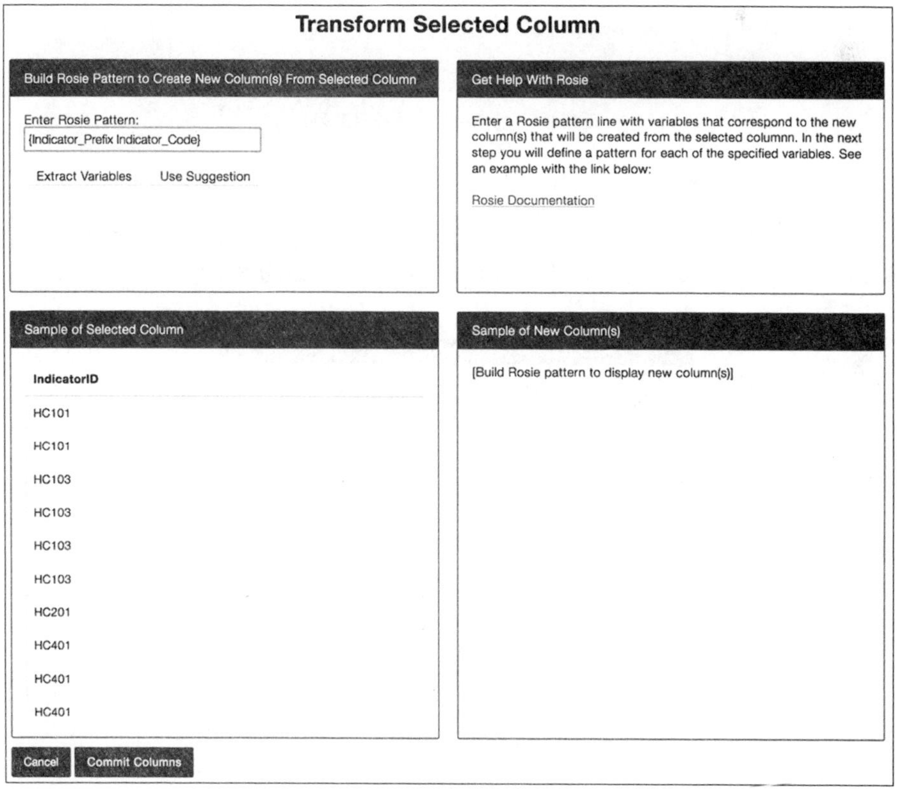

图 2-15　转换列的操作屏幕

这个屏幕显示了 4 个小部件，其中包含以下信息：

• Rosie Pattern 输入框中可以输入表示此列数据的自定义 Rosie Pattern。然后，使用 `Extract Variables`（提取变量）按钮告诉模式编辑器（schema editor）应该将模式的哪一部分提取到一个新列中（稍后将对此进行详细说明）。

• 一个提供到 RPL 文档的链接的 Help 小部件。
• 当前列的数据的预览。
• 应用了 Rosie Pattern 的数据的预览。

当用户单击 **Extract Variables** 按钮时，小部件更新如图 2-16 所示。

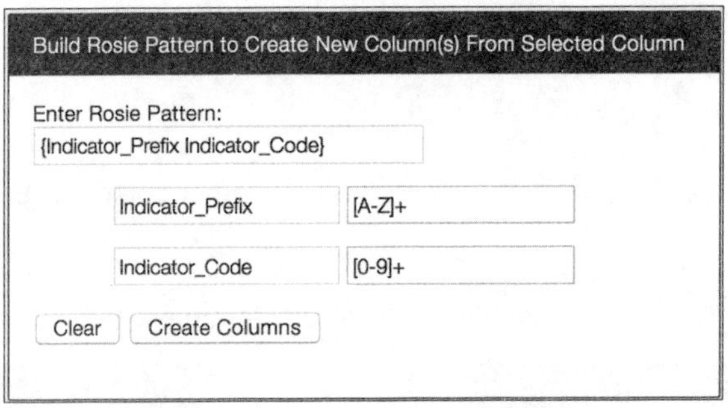

Build Rosie Pattern to Create New Column(s) From Selected Column

Enter Rosie Pattern:
{Indicator_Prefix Indicator_Code}

Indicator_Prefix [A-Z]+

Indicator_Code [0-9]+

Clear Create Columns

图 2-16 将 Rosie 变量提取到列中

此时，用户就可以选择编辑定义，再单击 **Create Columns（创建列）**按钮将新列添加到模式中。然后更新 **Sample of New Column(s)（新列示例）**小部件，以显示数据的预览。如果模式定义包含错误语法，则会在此小部件中显示错误，如图 2-17 所示。

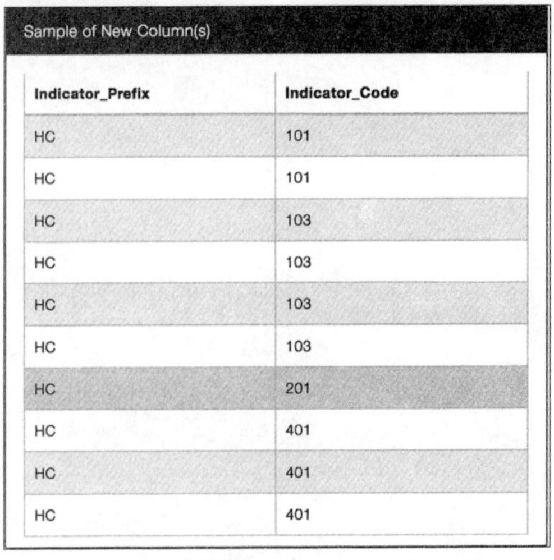

Sample of New Column(s)

Indicator_Prefix	Indicator_Code
HC	101
HC	101
HC	103
HC	103
HC	103
HC	103
HC	201
HC	401
HC	401
HC	401

图 2-17 应用模式定义之后的新列预览

当用户单击 **Commit Columns(提交新列)**按钮时,将再次显示添加了新列的主模式编辑器屏幕,如图 2-18 所示。

Wrangle Data: Schema

Schema

Column Name	Rosie Type	Column Type	Actions
Year	num.int	int	
IndicatorID	all.identifier	str	
Indicator_Prefix	Indicator_Prefix	str	
Indicator_Code	Indicator_Code	str	
CategoryID	all.identifier	str	
Concentration	num.mantissa	float	

Sample Data

Year	IndicatorID	Indicator_Prefix	Indicator_Code	CategoryID	Concentration
2004	HC101	HC	101	BOC01	17.0
2004	HC101	HC	101	BOC03	21.1
2006	HC103	HC	103	BOC03	1.9
2006	HC103	HC	103	BOC03	1.7
2006	HC103	HC	103	BOC03	2.0
2006	HC103	HC	103	BOC03	4.3
2004	HC201	HC	201	BOC02	18.2

Finish

图 2-18 添加了新列的模式编辑器

最后一步是单击 **Finish** 按钮,将模式定义应用于原始文件,并创建一个 pandas DataFrame,它将作为 Notebook 中的变量供用户使用。此时,用户将看到一个对话框,其中包含一个可以编辑的默认变量名,如图 2-19 所示。

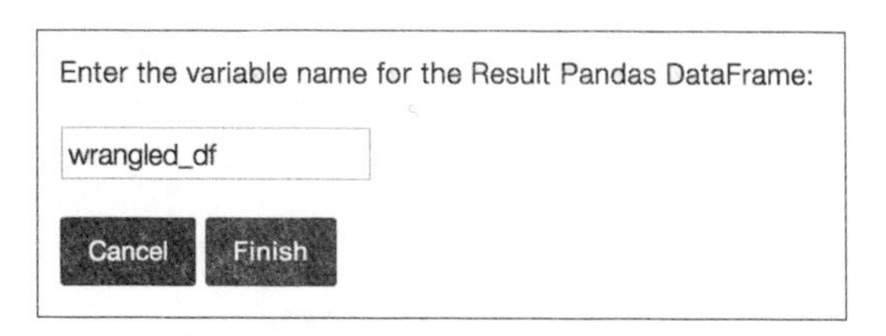

图 2-19 为 Result Pandas DataFrame 编辑变量名

单击 **Finish** 按钮后，pixiedust_rosie 将遍历整个数据集并应用模式定义。完成后，它将在当前单元格下方创建一个新单元格，生成的代码将调用新生成的 pandas DataFrame 上的 display() API，如下所示：

```
# pixiedust_rosie 生成的代码
display(wrangled_df)
```

运行前面的单元格就可以浏览新的数据集并进行可视化操作。

我们在本节中探讨的 wrangle_data() 功能是帮助数据科学家花费更少时间清理数据和更多时间分析数据的第一步。在下一节中，我们将讨论如何帮助数据科学家进行数据探索和可视化。

Display——一个简单的交互式数据可视化 API

数据可视化是另一项非常重要的数据科学任务，对于探索和形成假说是必不可少的。幸运的是，Python 生态系统有许多强大的库专门用于数据可视化，例如下面这些流行的示例：

- Matplotlib：http://matplotlib.org
- Seaborn：https://seaborn.pydata.org
- Bokeh：http://bokeh.pydata.org
- Brunel：https://brunelvis.org

但是，与数据加载和清理类似，在 Notebook 中使用这些库可能会很困难，而且很耗时。每个库都有自己的编程模型，API 并不总是很容易学习和使用，特别是如果你不是一个有经验的开发人员的话。另一个问题是，这些库没有到常用数据处理框架如 Pandas（可能除了 Matplotlib）或 Apache Spark 的高级接口，因此在绘制数据之前需要进行大量的数据准备。

为了解决这个问题，PixieDust 提供了一个简单的 display() API，使 Jupyter Notebook 用户能够使用交互式图形界面绘制数据，而无需任何必要的编码。这个 API 实际上并不创建图表，而是根据用户的选择，通过调用呈现器的 API 来完成在委托给渲染器之前所有准备数据的繁重工作。

display() API 支持多个数据结构（pandas、Spark 和 JSON）以及多个渲染器（Matplotlib、Seaborn、Bokeh 和 Brunel）。

作为演示，我们使用内置的汽车性能数据集，并通过调用 display() API 开始数据可视化：

```
import pixiedust
cars = pixiedust.sampleData(1, forcePandas= True) # car performance data dis-
play(cars)
```

第一次在单元格上调用该命令时将显示一个表格视图，当用户浏览菜单时，所选选项作为 JSON 存储在单元格元数据中，以便下次单元格运行时可以再次使用这些选项。所有可视化的输出布局都遵循相同模式（如图 2－20 所示）：

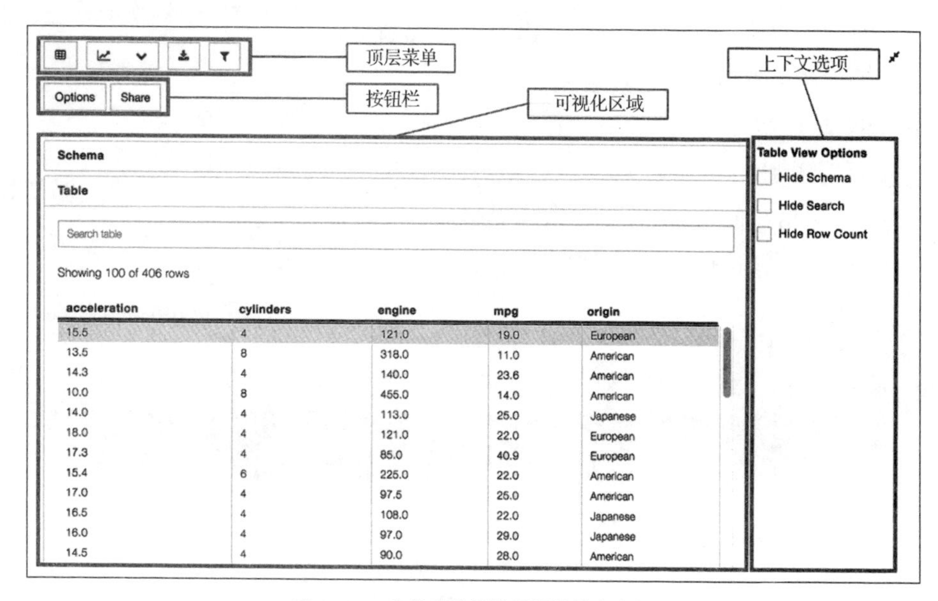

图 2－20　表格渲染器的可视化输出布局

- 一个可扩展的顶层菜单，用于在图表之间切换。
- 本地计算机中有一个下载菜单，用于下载文件。
- 一个过滤器切换按钮，使用户可以通过过滤数据来优化他们的浏览。我们将在“过滤”小节讨论过滤功能。
- 一个 Expand/Collapse PixieDust Output 按钮，用于折叠/扩展输出内容。
- 一个 **Options(选项)** 按钮，它调用一个对话框，其中包含特定于当前可视化的配置。
- 一个 **Share(共享)** 按钮，允许你在 Web 上发布可视化。

注意：只有部署了 PixieGateway 才能使用此按钮，我们将在第 4 章详细讨论。

- 可视化右侧有一组上下文选项。
- 有一个主可视化区域。

在开始创建图表之前，请首先在菜单中选择适当的类型。PixieDust 支持 6 种开箱即用的图表类型：**Bar Chart(条形图)**、**Line Chart(折线图)**、**Scatter Plot(散点图)**、**Pie Chart(饼图)**、**Map(地图)**和 **Histogram Chart(直方图)**，如图 2-21 所示。正如我们将在第 5 章中看到的，PixieDust 还提供 API 让你通过添加新菜单或向现有菜单添加选项来自定义这些菜单。

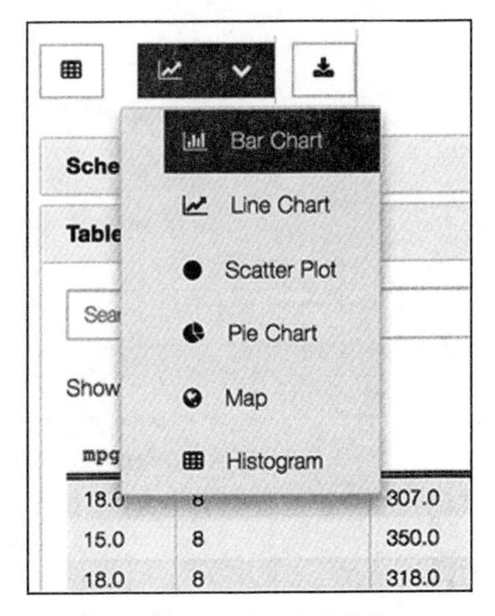

图 2-21　PixieDust 图表菜单

第一次调用图表菜单时，将显示选项对话框以配置一组基本配置选项，如用于 X 轴和 Y 轴的内容、聚合类型等。为了节省时间，该对话框将预先填充 PixieDust 从 DataFrame 中自动内省的数据模式。

在下面的示例中，我们将创建一个条形图，显示按马力计算的平均里程消耗量，如图 2-22 所示。

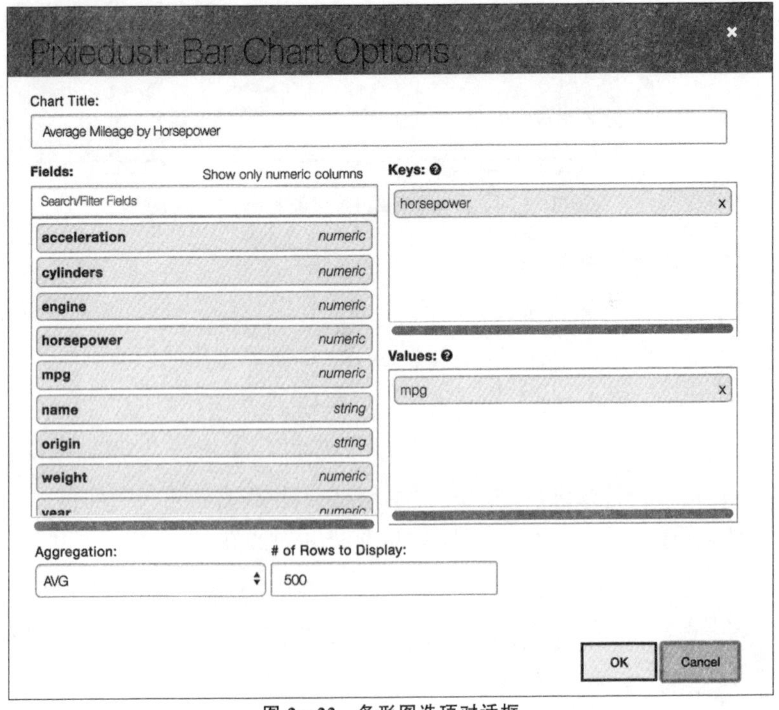

图 2-22　条形图选项对话框

单击 **OK** 按钮，在单元格输出区显示了交互界面，如图 2－23 所示。

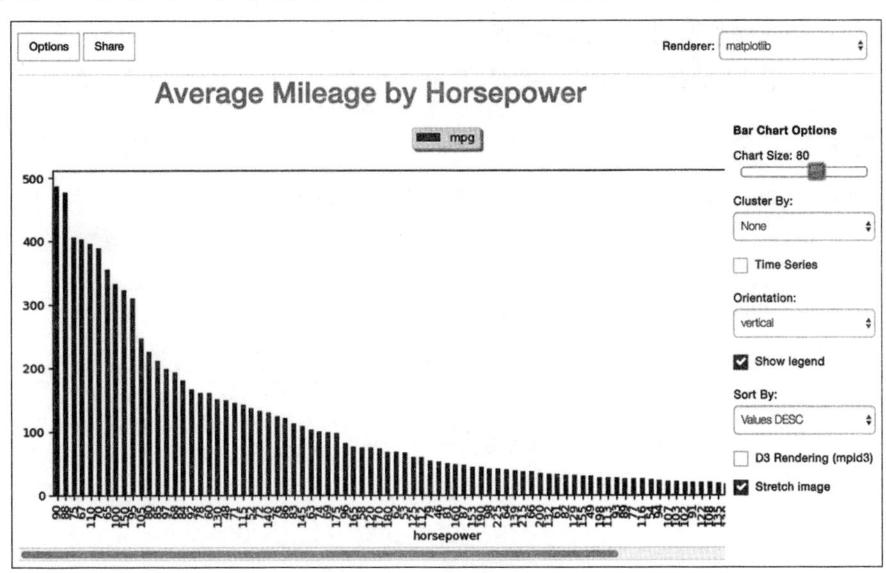

图 2－23　条形图可视化

图 2－23 显示了中心区域的图表以及右侧与所选图表类型相关的一些上下文选项。例如，我们可以在 **Cluster By**(按……聚类)下拉列表框中选择 **origin**(来源)字段，以显示按来源国分列的细目，如图 2－24 所示。

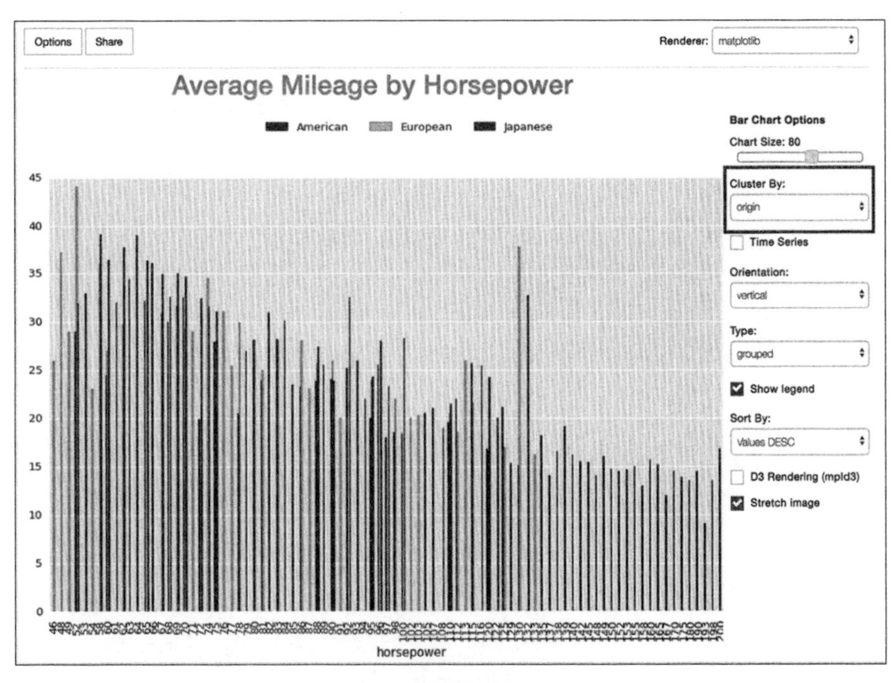

图 2－24　聚类条形图可视化

如前所述，PixieDust `display()`实际上并不创建图表，而是根据选择的选项准备数据，并使用正确的参数调用渲染器引擎的 API。这种设计的目的是使每种图表类型都支持多个渲染器，而不需要任何额外的编码，从而为用户提供尽可能多的浏览自由。

开箱即用，只要安装了相应的库，PixieDust 就支持以下渲染器。对于那些未安装的，将在 PixieDust 日志中生成警告并且相应的渲染器将不显示在菜单中。我们将在第 5 章中详细介绍 PixieDust 日志。

- Matplotlib(`https://matplotlib.org`)
- Seaborn(`https://seaborn.pydata.org`)

这个库需要使用的安装命令：`!pip install seaborn`。

- Boken(`https://bokeh.pydata.org`)

这个库需要使用的安装命令：`!pip install bokeh`。

- Brunel(`https://brunelvis.org`)

这个库需要使用的安装命令：`!pip install brunel`。

- Google Map(`https://developers.google.com/maps`)
- Mapbox(`https://www.mapbox.com`)

注意：Google Map 和 Mapbox 需要一个 API key，你可以在它们各自的站点上获取。

可以使用 **Renderer(渲染器)** 下拉列表框切换渲染器。例如，如果我们想要更多的交互性来浏览图表(例如缩放和平移),可以使用 Bokeh 渲染器而不是 Matplotlib,后者只给我们一个静态图像,如图 2-25 所示。

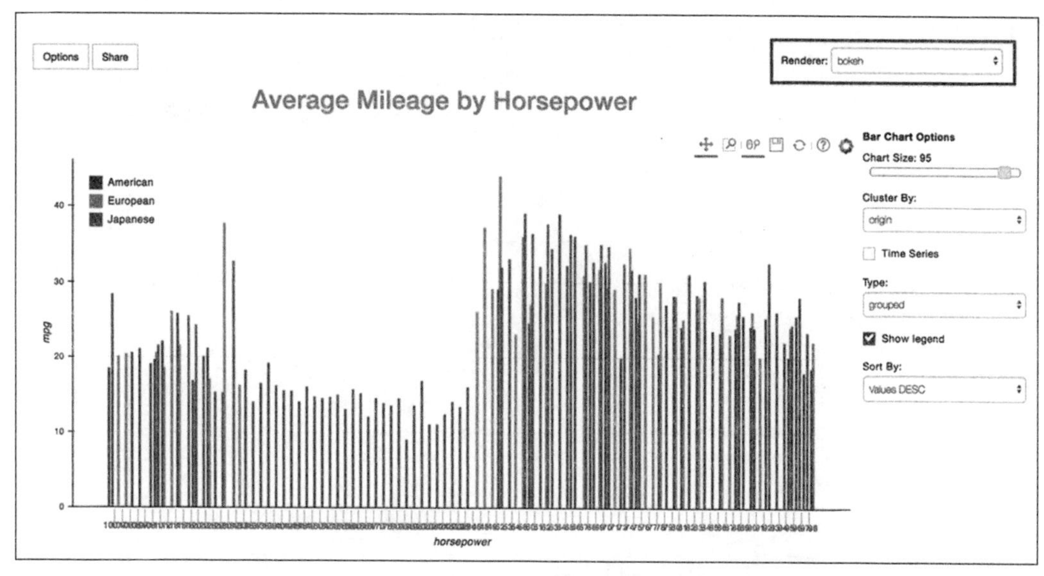

图 2-25 用 Bokeh 渲染器做聚类条形图

另一种值得一提的图表类型是 Map,它在数据包含地理空间信息如经度、纬度、国家/地区时会很有趣。PixieDust 支持多种类型的地理映射渲染引擎,包括流行的 Mapbox 引擎。

在使用 Mapbox 渲染器之前,建议从位于 https://www.mapbox.com/help/how-access-tokens-work 的 Mapbox 站点获取 API key。如果你没有,PixieDust 将提供一个默认 API key。

要创建地图,让我们使用 *Million-dollar home sales in NE Mass* 数据集,如下所示:

```
import pixiedust
homes = pixiedust.sampleData(6, forcePandas= True) # Million dollar home
sales in NE Mass
display(homes)
```

首先,在 **Chart(图表)**下拉按钮中选择 **Map(地图)**,然后在选项对话框中选择 `LONGITUDE` 和 `LATITUDE` 作为键,并在 `Mapbox Access Token` 输入框中输入 Mapbox 的 API key。你可以在 **Values(值)**区域中添加多个字段,它们将在地图上显示为工具提示,如图 2-26 所示。

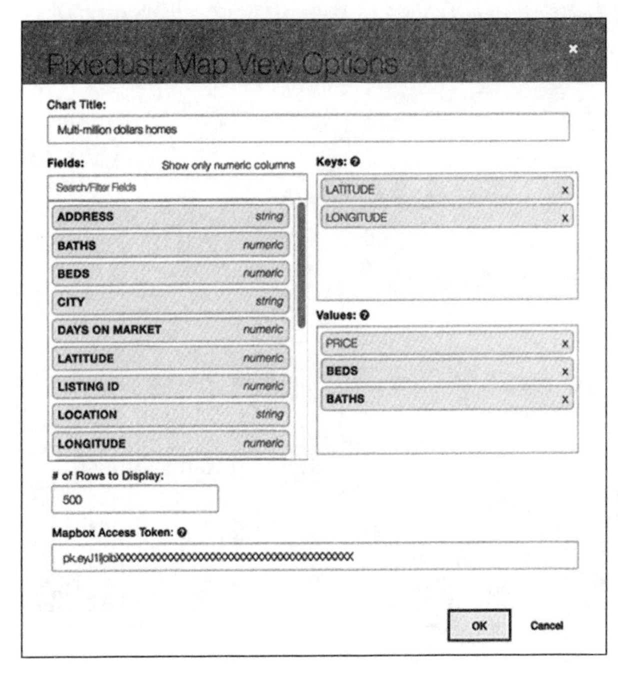

图 2-26　Mapbox 图表的选项对话框

单击 **OK** 按钮，你将获得一个交互式地图，可以使用样式（简单、等值域图或密度地图）、颜色和底图（亮、卫星、暗和室外）选项进行自定义，如图 2-27 所示。

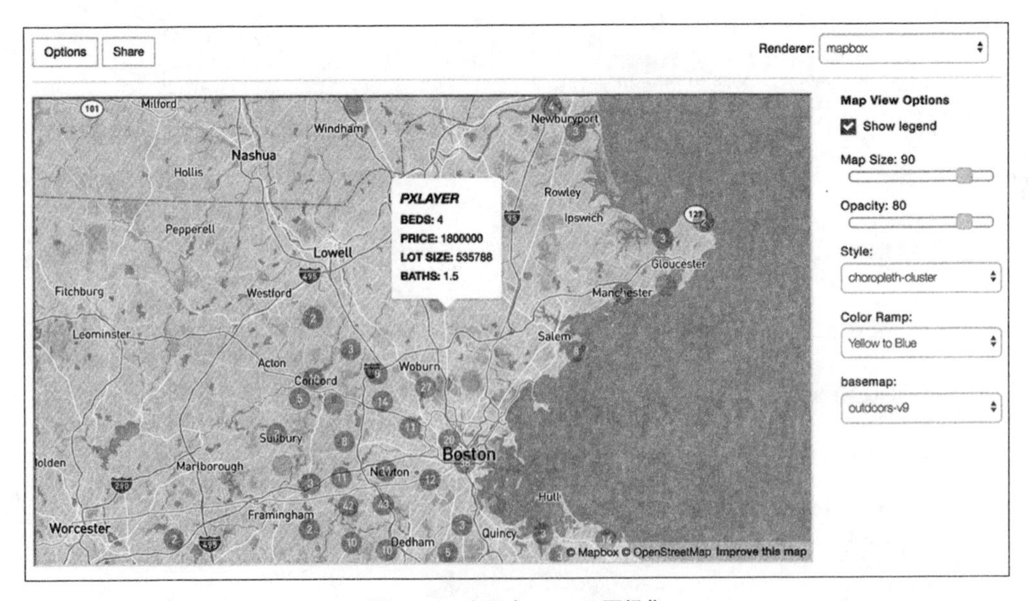

图 2-27　交互式 Mapbox 可视化

每种图表类型都有自己的上下文选项组，这些选项的作用是不言而喻的，我希望你尝试它们中的每一个。如果你发现了问题或有改进的想法，可以在 http://github.com/ibm-watson-data-lab/pixiedust/issues 上创建一个新问题，或者更好的做法是，提交一个包含代码更改的 pull 请求（有关如何做的更多信息，请参见 http://help.github.com/articles/creating-a-pull-request）。

为了避免每次单元格运行时重新配置图表，PixieDust 将图表选项存储为单元格元数据中的 JSON 对象，该元数据最终保存在 Notebook 中。你可以通过选择 **View | Cell Toolbar | Edit Metadata** 菜单来手动检查此数据，如图 2 - 28 所示。

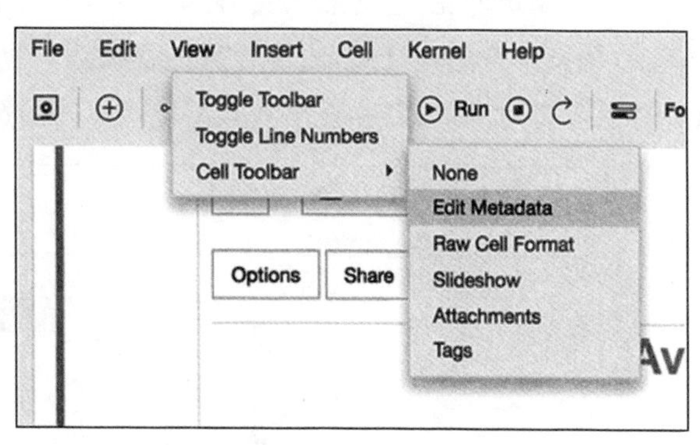

图 2 - 28　显示 Edit Metadata 按钮

Edit Metadata（编辑元数据）按钮将显示在单元格的顶部，单击该按钮时显示 PixieDust 配置，如图 2 - 29 所示。

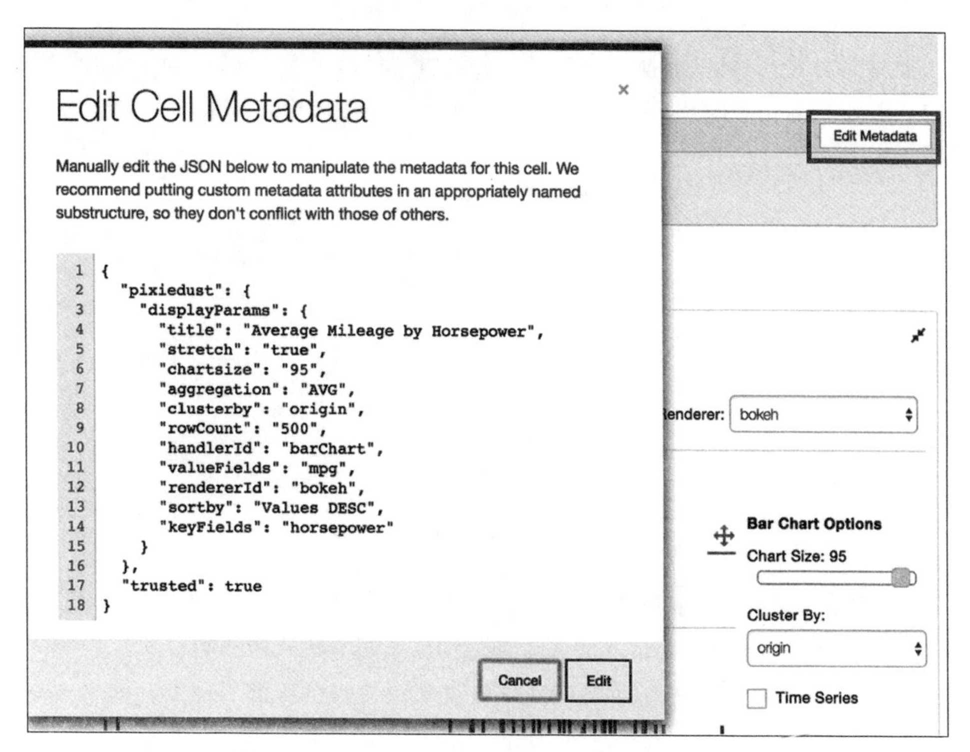

图 2 - 29　Edit Cell Metadata（编辑单元格元数据）对话框

当我们在下一节讨论 PixieApp 时，这种 JSON 配置将非常重要。

过滤

为了更好地探索数据，PixieDust 还提供了一个内置的简单图形界面，使你能够快速过滤正在可视化的数据。通过单击顶层菜单中的过滤器切换按钮，可以快速调用过滤器。为了简单起见，过滤器只支持基于单列构建谓词，这在大多数情况下足以验证简单假设(未来结合用户反馈，该特性可能被增强以同时支持多个谓词)。过滤器 UI 将自动让你选择要过滤的列，并根据其类型显示不同的选项：

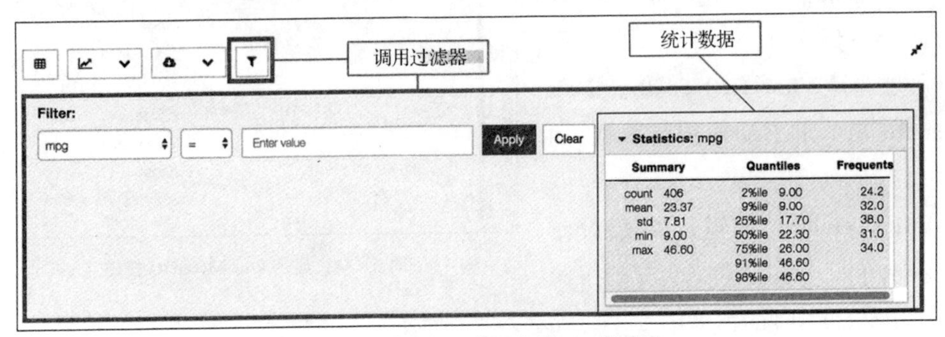

图 2-30　过滤 Cars 数据集的 mpg 数值列

• 数值类型：用户可以选择一个数学比较器并输入操作数的值。为了方便起见，UI 还将显示与所选列相关的统计值，这些值可以在选择操作数值时使用：

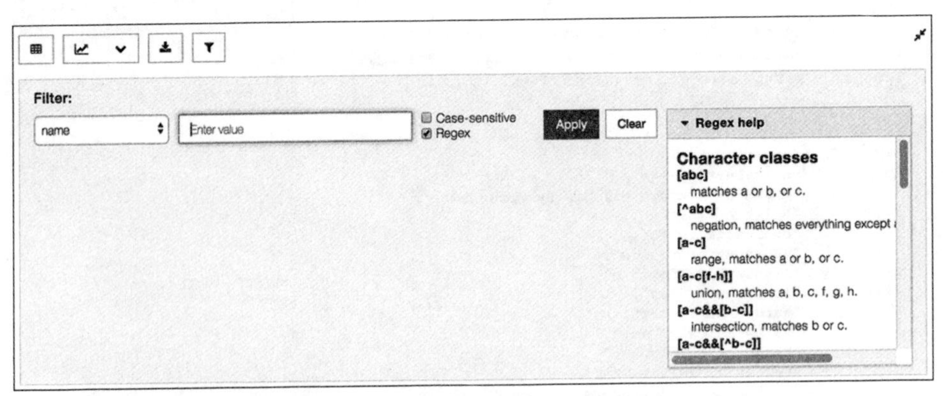

图 2-31　过滤 Cars 数据集的 name 字符串列

• 字符串类型：用户可以输入与列值匹配的表达式，可以是正则表达式，也可以是纯字符串。为了方便起见，UI 还显示了关于如何构建正则表达式的基本帮助：

单击 **Apply** 按钮时，将更新当前可视化以反映过滤器的配置。需要注意的是，过滤器不仅适用于当前可视化，而且适用于当前整个单元格。因此，在图表类型之间切换时，它将继续适用。由于过滤器配置也会保存在当前单元格元数据中，因此保存 Notebook 并重新运行单元格时过滤条件会被保留。

例如，图 2－32 所示的屏幕截图将 cars 数据集可视化为条形图，仅显示 mpg 大于 23 的行，从统计信息框可以看出，23 是数据集按年份进行汇总的平均值。在选项对话框中，我们选择 mpg 列作为键，origin 作为值：

在本节中，我们讨论了 PixieDust 如何帮助完成三项困难且耗时的数据科学任务：数据加载、数据整理和数据可视化。接下来，我们将了解 PixieDust 如何增强数据科学家和开发人员之间的协作。

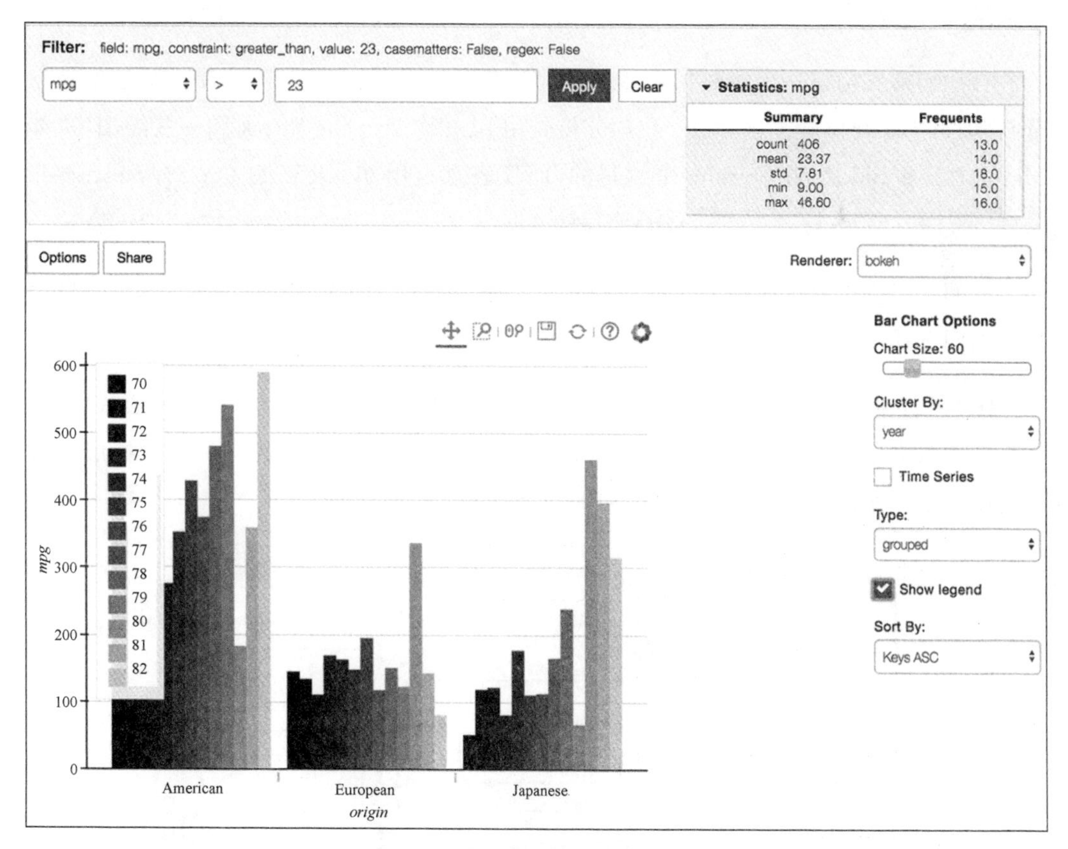

图 2－32 Cars 数据集的过滤条形图

用 PixieApp 消除开发人员和数据科学家之间的壁垒

解决困难的数据问题只是交给数据科学团队的任务的一部分。他们还需要确保数据科学的结果得到适当的操作，以向组织交付业务价值。操作化数据分析非常依赖于用例。例如，它可能意味着创建一个仪表盘来为决策者综合洞察力，或者将机器学习模型如推荐引擎集成到 Web 应用程序中。

在大多数情况下，这是数据科学与软件工程的交汇点（或者正如一些人所说的，是橡胶与道路的交汇点）。团队之间的持续协作——而不是一次性切换——是成功完成任务的关键。通常情况下，他们还必须应对不同的编程语言和平台，导致软件工程团队需要进行大量代码重写。

当我们需要构建一个实时仪表盘来可视化结果时，我们在“Twitter 带 # 标签的情感分析”项目中亲身体验了这一点。数据分析是用 pandas、Apache Spark 和一些绘图库（如 Matplotlib 和 Bokeh）在 Python 中编写的，而仪表盘是用 Node. js (https://nodejs.org) 和 D3 (https://d3js.org)编写的。

我们还需要在分析和仪表盘之间构建一个数据接口，因为我们需要系统是实时的，所以我们选择使用 Apache Kafka 来流式处理以分析结果格式化的事件。

图 2-33 概括了一种我称之为**切换模式（hand-off pattern）**的方法，在这种模式中，数据科学团队构建分析并在数据接口层中部署结果，然后应用程序使用结果。数据层通常由数据工程师处理，这是我们在第 1 章中讨论的角色之一。

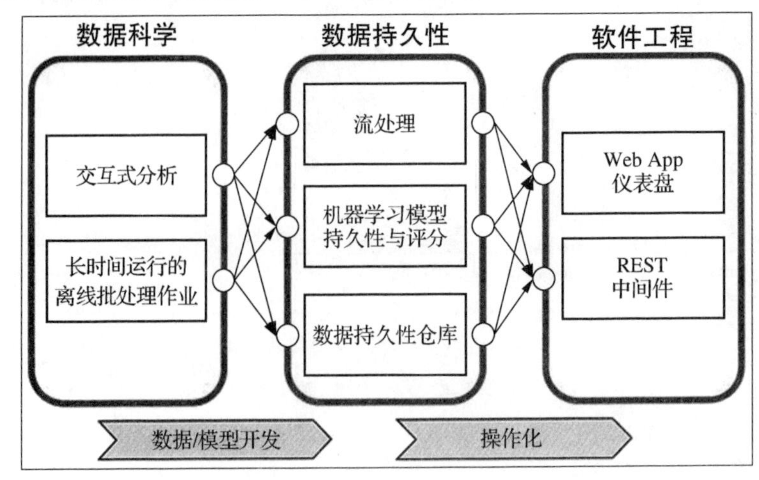

图 2-33 数据科学与工程之间的切换

这种切换模式的问题在于它不利于快速迭代。数据层中的任何更改都需要与软件工程团队同步,以避免应用程序中断。PixieApp 背后的思想是在尽可能靠近数据科学环境(在我们的情况中就是 Jupyter Notebook)的情况下构建应用程序。使用这种方法,分析就可以直接从运行在 Jupyter Notebook 中的 PixieApp 被调用,从而使数据科学家和开发人员能够轻松地协作和迭代以进行快速改进。

PixieApp 定义了一个简单的编程模型,用于构建直接访问 IPython Notebook 内核(运行 Notebook 代码的 Python 后端进程)的单页应用程序。本质上,PixieApp 是一个 Python 类,它封装了表示和业务逻辑。该表示由一组返回任意 HTML 片段的名为 route(路由)的特殊方法组成。每个 PixieApp 都有一个默认路由,它返回起始页的 HTML 片段。开发人员可以使用自定义 HTML 属性来调用其他路由并动态更新页面的全部或部分内容。例如,路由可以调用从 Notebook 内创建的机器学习算法,或者使用 PixieDust 显示框架生成图表。

图 2-34 显示了 PixieApp 如何与 Jupyter Notebook 客户端前端和 IPython 内核进行交互的高层架构。

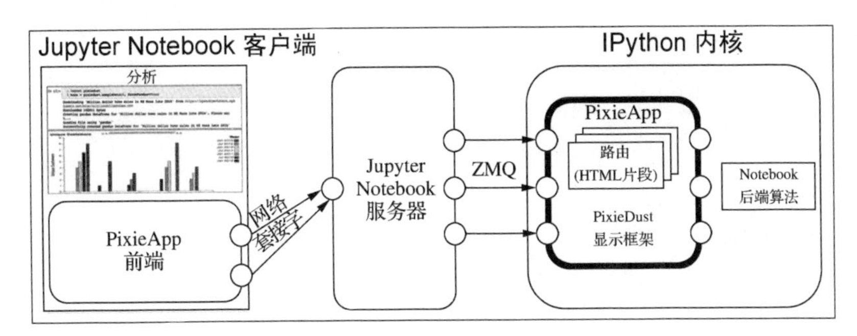

图 2-34 PixieApp 与 Jupyter 内核交互

为了预览 PixieApp 的样子,这里有一个 *Hello World* 示例应用程序,它有一个按钮,为我们在上一节中创建的汽车 DataFrame 显示一个条形图:

```
# 导入 pixieapp 装饰器
from pixiedust.display.app import *

# 将 cars dataframe 加载到 Notebook 中
cars =  pixiedust.sampleData(1)

@PixieApp #  装饰器使类成为 PixieApp
class HelloWorldApp():
    # 装饰器使方法成为路由(无参数表示默认路由)
    @route()
    def main_screen(self):
```

```
        return """
        < button type= "submit" pd_options= "show_chart= true" pd_ target=
"chart"> Show Chart< /button>
        < ! - - Placeholder div to display the chart- - >
        < div id= "chart"> < /div>
        """

    @route(show_chart= "true")
    def chart(self):
        # 用 pd_entity 属性返回 div 元素绑定到 cars dataframe
        # pd_entity 可以引用类变量或作用域为 Notebook 的全局变量
        return """
        < div pd_render_onload pd_entity= "cars">
            < pd_options>
                {
                "title": "Average Mileage by Horsepower",
                "aggregation": "AVG",
                "clusterby": "origin",
                "handlerId": "barChart",
                "valueFields": "mpg",
                "rendererId": "bokeh",
                "keyFields": "horsepower"
                }
            < /pd_options>
        < /div>
        """

# 实例化应用程序并运行
app =  HelloWorldApp()
app.run()
```

在 Notebook 的一个单元格中运行上面的代码后,我们会看到如图 2－35 所示的结果。

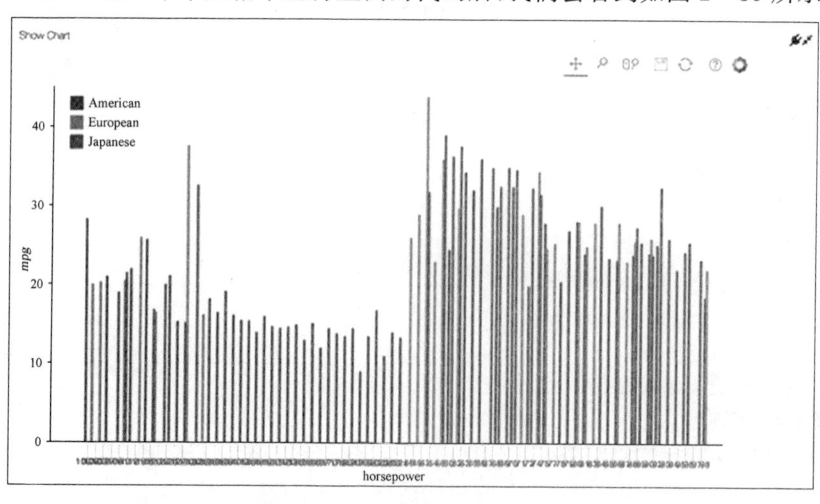

图 2－35　Hello World PixieApp

对于前面的代码你可能有很多问题，但是不要担心。在下一章，我们将介绍 PixieApp 所有的技术细节，包括如何在端到端管道中使用它们。

操作化数据科学分析的体系结构

在上一节中，我们看到了 PixieApp 如何与 PixieDust 显示框架相结合，提供了一种简单的方法来构建直接与数据分析连接的强大仪表盘，从而允许算法和用户界面之间的快速迭代。这对于快速原型制作非常有用，但是 Notebook 不适合在目标人物是业务线用户的生产环境中使用。一个显而易见的解决方案是使用传统的三层 Web 应用程序体系结构重写 PixieApp，如下所示：

- React（`https://reactjs.org`），用于表示层。
- Node.js，用于网络层。
- 面向 Web 分析层的数据访问库，用于机器学习评分或运行任何其他分析作业。

但是，这只会对现有流程提供很小的改进，在这种情况下，现有流程只包括使用 PixieApp 进行迭代实现的能力。

一个更好的解决方案是将 PixieApp 作为 Web 应用程序直接部署和运行，包括围绕着 Notebook 构建的诸多分析，并且在部署过程中不需要进行任何代码更改。

使用此模型，Jupyter Notebook 将成为简化开发生命周期的中心工具，如图 2 - 36 所示。

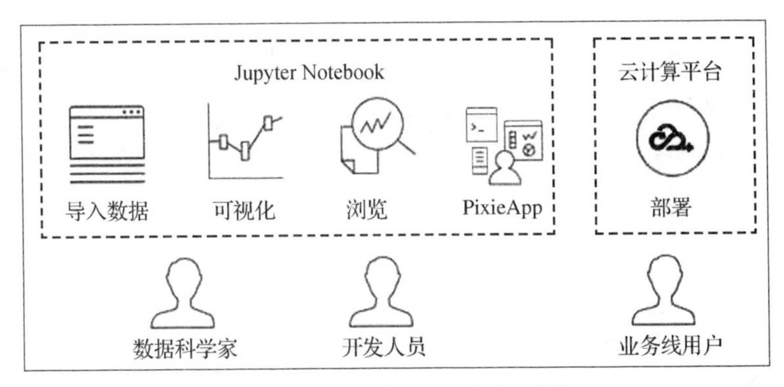

图 2 - 36 数据科学管道开发生命周期

1. 数据科学家使用 Python Notebook 加载、丰富和分析数据并创建分析工具（机器学习模型、统计信息等)。

2. 开发人员可以在通过一个 Notebook 创建 PixieApp 来实施这些分析。

3. 一旦准备就绪,开发人员就可以将 PixieApp 发布为 Web 应用程序,这样业务线用户很容易就可以交互地使用它,而无需访问 Notebook。

PixieDust 使用 PixieGateway 组件提供了该解决方案的实现。PixieGateway 是一个负责加载和运行 PixieApp 的 Web 应用程序服务器。它构建在 Jupyter 内核网关(https://github.com/jupyter/kernel_gateway)之上,而 Jupyter 内核网关本身构建在 Tornado Web 框架之上,因此遵循如图 2-37 所示的体系结构。

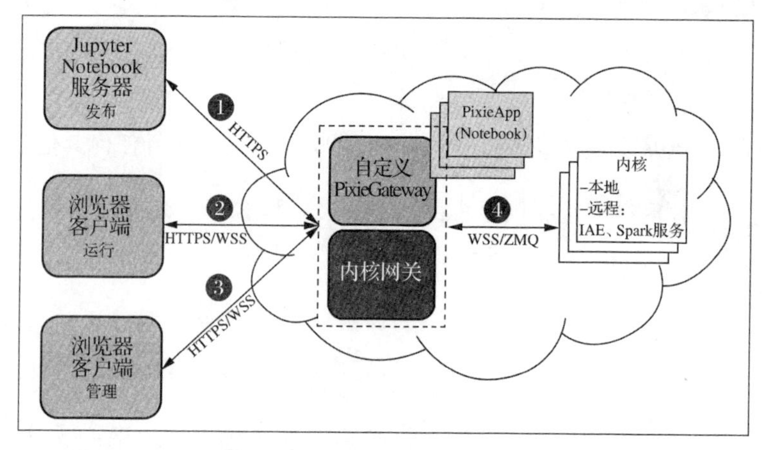

图 2-37 PixieGateway 体系结构图

1. PixieApp 直接从 Notebook 被发布到 PixieGateway 服务器并生成一个 URL。PixieGateway 会自动分配一个 Jupyter 内核来运行 PixieApp。PixieApp 可以根据配置与其他应用程序共享内核实例,也可以根据需要使用专用内核。PixieGateway 中间件可以通过管理多个内核实例的生命周期实现水平伸缩,这些内核本身可以是服务器的本地内核,也可以是集群上的远程内核。

注意:远程内核必须是 Jupyter 内核网关。

使用发布向导,用户可以为应用程序配置安全选项。可以使用多种选项,包括 Basic

Authentication、OAuth2.0 和 Bearer Token。

2. 业务线用户使用第 1 步生成的 URL 通过浏览器访问应用。

3. PixieGateway 提供了一个全面的管理控制台，用于管理服务器，包括配置应用程序、配置和监控内核、访问日志以进行故障排除等。

4. PixieGateway 管理每个活动用户的会话，并将请求分派到适当的内核，以便根据内核是本地的还是远程的，通过 WebSocket 或 ZeroMQ 使用 IPython 消息传递协议(http://jupyter-client.readthedocs.io/en/latest/messaging.html)。

在对分析进行产品化时，此解决方案比经典的三层 Web 应用程序体系结构有了重大改进，因为它将网络层和数据层折叠为一个网络分析层，如图 2－38 所示。

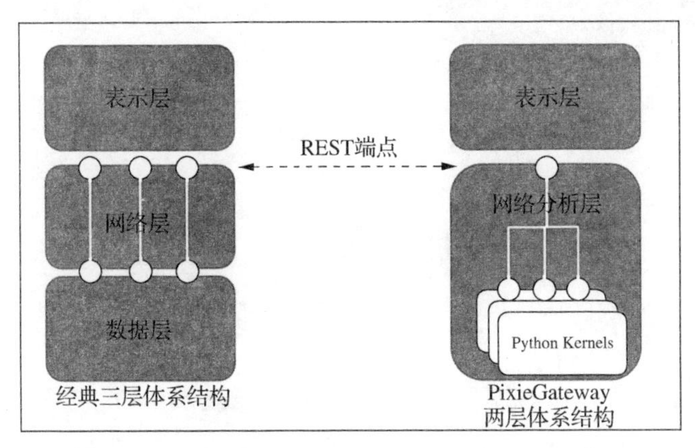

图 2－38　经典三层网络体系结构对比 PixieGateway 网络体系结构

在传统的三层体系结构中，开发人员必须维护多个 REST 端点，这些端点调用数据层中的分析并对数据进行处理，以符合正确显示数据的表示层要求。因此，必须为这些端点添加大量的工程代码，从而增加开发成本和代码维护成本。相反，在 PixieGateway 两层体系结构中，开发人员不必担心端点创建问题，因为服务器负责使用内置的泛型端点将请求分派到适当的内核。另一种解释是，PixieApp 的 Python 方法自动成为用于表示层的端点而不需要更改任何代码。这种模型有利于快速迭代，因为 Python 代码中的任何更改都会在重新发布后直接反映在应用程序中。

PixieApp 非常适合快速构建单页应用程序和仪表盘。但是，你可能还希望生成更简单的单页报表并与用户共享它们。为此，PixieGateway 还允许你使用 **Share** 按钮共享由 `display()` API 生成的图表，从而产生链接到包含图表的网页的 URL。另外，用户可以通过复制和粘贴为页面生成的代码来将图表嵌入网站或博客文章中。

注意:我们将在第 4 章中介绍 PixieGateway 的细节,包括如何在本地和云平台上安装一个新实例。

下面我们用前面创建的 cars DataFrame 演示这个功能,如图 2-39 所示。

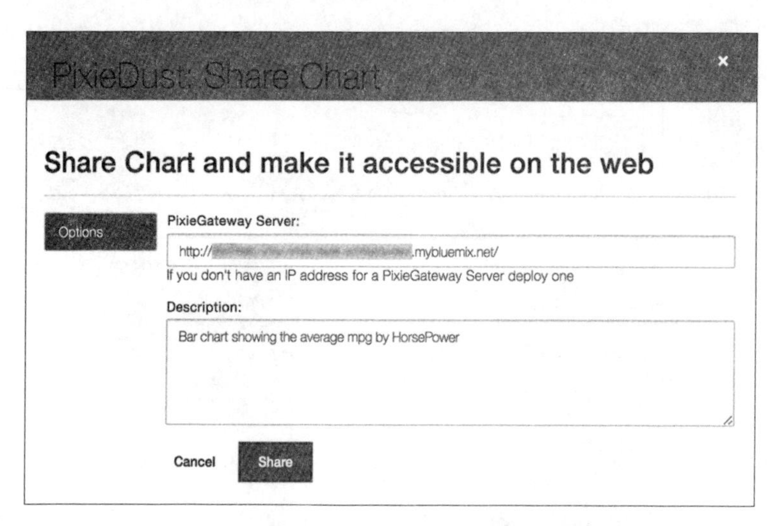

图 2-39 Share Chart 对话框

如果共享成功,则下一页将显示生成的 URL 和要嵌入 Web 应用程序或博客文章中的代码片段,如图 2-40 所示。

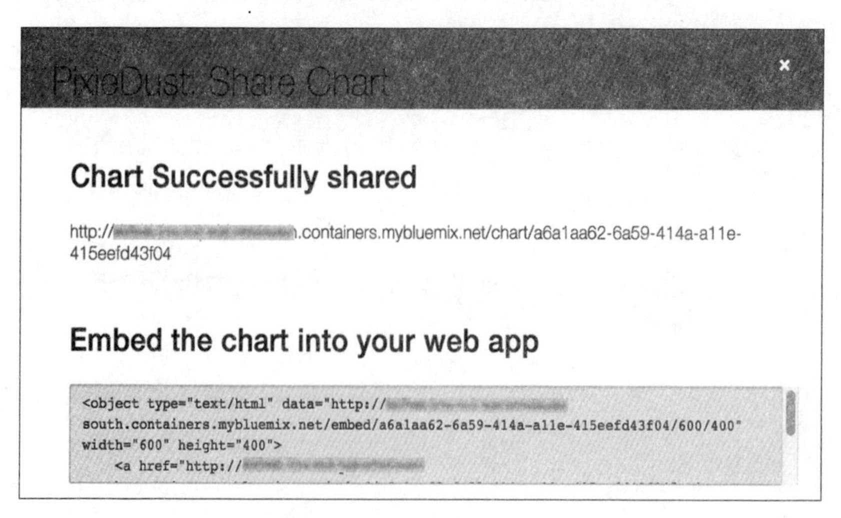

图 2-40 共享图表的确认信息

点击链接就会看到页面，如图 2-41 所示。

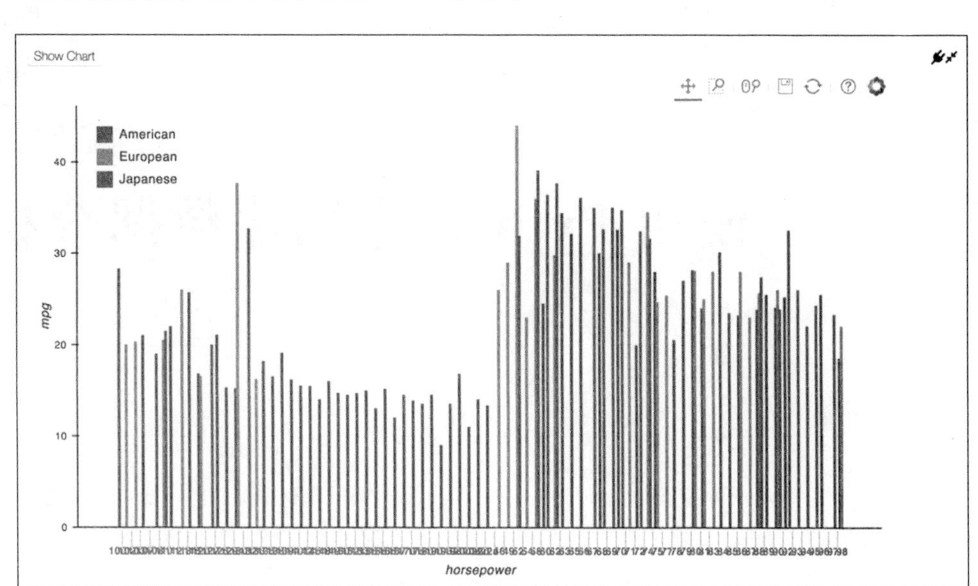

图 2-41　将图表显示为网页

本章小结

在本章中，我们讨论了为什么我们的数据科学工具策略以 Python 和 Jupyter Notebook 为中心。我们还介绍了 PixieDust 功能，这些功能通过以下特性提高用户的生产效率：

- 数据加载和清理；
- 无需任何编码即可实现数据可视化和浏览；
- 一个基于 HTML 和 CSS 的简单编程模型——PixieApp，用于构建直接与 Notebook 交互的工具和仪表盘；
- 点击机制可将图表和 PixieApp 直接发布到网络。

在下一章，我们将深入研究 PixieApp 编程模型，用大量的代码示例展示 API 的各个方面。

3

使用 Python 库加速数据分析

“每一个梦想都是一个笑话，直到第一个人实现它；一旦认识到这一点，它就变得司空见惯。”

——罗伯特·H. 戈达德(Robert H. Goddard)

在本章中，我们将深入研究 PixieApp 框架的技术。你可以用下面的信息作为入门教程和 PixieApp 编程模型的参考文档。

我们将首先对 PixieApp 的结构进行高层次描述，然后深入到它的基本概念中，比如路由和请求。为了帮助后续工作，我们将逐步构建一个“GitHub Tracking”示例应用程序，在引入这些功能和最佳实践时应用它们，从构建数据分析到将它们集成到 PixieApp 中。

在本章结束时，你应该能够将所学到的知识应用到你自己的用例中，包括编写你自己的 PixieApp。

注意：PixieApp 编程模型不需要任何 JavaScript 方面的经验，但是读者应该熟悉以下内容：

- Python(https://www.python.org)
- HTML5(https://www.w3schools.com/html)
- CSS3(https://www.w3schools.com/css)

PixieApp 深度剖析

本章的术语 **PixieApp** 表示 **Pixie Application(Pixie 应用程序)**,旨在强调它与 PixieDust 功能尤其是 `display()` API 的紧密集成。它的主要目标是使开发人员能够轻松地构建一个可以调用 Jupyter Notebook 中实现的数据分析的用户界面。

PixieApp 遵循**单页应用程序(Single-Page Application, SPA)**设计模式(`https://en.wikipedia.org/wiki/Single-page_application`),用户在这种模式下将看到一个欢迎屏幕,该屏幕可以动态更新以响应用户交互。更新可以是部分刷新,例如在用户单击控件后更新图形,也可以是全部刷新,例如多步骤进程中的新屏幕。在不同情况下,更新在服务器端由使用特定机制触发的路由控制,我们稍后将讨论。当用户请求触发时,路由执行处理请求的代码,然后发出一个 HTML 片段,该 HTML 片段应用于客户端的正确目标 DOM 元素(`https://www.w3schools.com/js/js_htmldom.asp`)。

图 3-1 中的顺序图显示了客户端和服务器端在运行 PixieApp 时的交互过程。

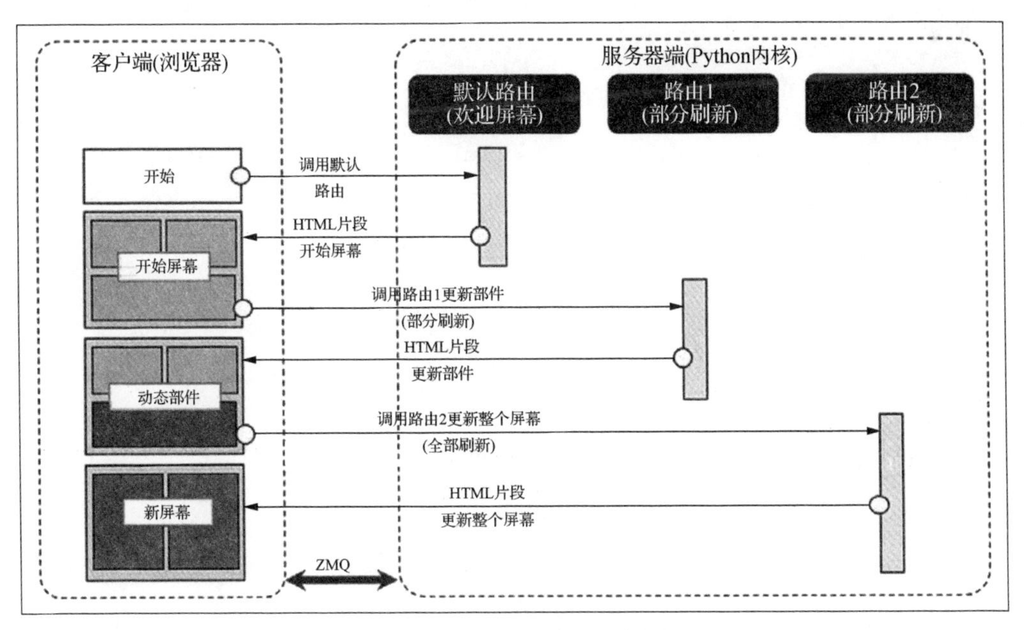

图 3-1 显示 PixieApp 信息流的顺序图

启动 PixieApp(通过调用 `run` 方法)时,将调用默认路由并返回相应的 HTML 片段。当用户与应用程序交互时,更多的请求会被执行,从而触发相关路由刷新 UI。

从实现的角度来看，PixieApp 只是一个用@ PixieApp 装饰器装饰的常规 Python 类。在遮盖之下，PixieApp 装饰器为目标类添加运行应用程序所需的方法和字段，例如 run 方法。

关于 Python 装饰器的更多内容请参考：

https://wiki.python.org/moin/PythonDecorators

下面让我们用一个简单的 *Hello World* PixieApp 开始：

```
# 导入 PixieApp 装饰器
from pixiedust.display.app import *

@PixieApp # 装饰器使类成为 PixieApp
class HelloWorldApp():
    @route() # 装饰器使方法成为路由(无参数表示默认路由)
    def main_screen(self):

        return """< div> Hello World< /div> """

# 实例化应用程序并运行
app = HelloWorldApp()
app.run()
```

源代码下载地址：

https://github.com/DTAIEB/Thoughtful-Data-Science/blob/master/chapter% 203/sampleCode1.py

前面的代码显示了 PixieApp 的结构、如何定义路由以及如何实例化和运行该应用程序。因为 PixieApp 是常规 Python 类，所以它们可以从其他类继承，包括其他 PixieApp，这对于大型项目来说，使代码模块化和可重用是非常方便的。

路由

路由用于动态更新客户端屏幕的全部或部分内容。只要按照以下规则，在任何类方法上使用@ route 装饰器，就可以轻松定义它们。

需要一个路由方法来返回一个表示用于更新的 HTML 片段的字符串。

注意:CSS 和 JavaScript 代码也可以出现在 HTML 片段中。

@route 装饰器可以有一个或多个关键字参数,这些参数必须是字符串类型的。这些关键字参数可被看作请求参数,PixieApp 框架在内部使用这些参数时,根据以下规则将请求分派到最匹配的路由:

- 参数最多的路由总是首先被评估是否匹配。
- 所有参数必须与要选择的路由匹配。
- 如果找不到路由,则选择默认路由作为后备路由。
- 可以使用通配符 * 配置路由,在这种情况下,状态参数的任何值都是匹配的。

示例如下:

```
@route(state1= "value1", state2= "value2")
```

• 一个 PixieApp 需要有一个并且只有一个默认路由,这是一个无参数路由,即@route()。

以不引起冲突的方式配置路由非常重要,尤其是在应用程序具有分层状态的情况下。例如,一个参数为 state1= "load"的路由负责加载数据,而另一个参数为(state1 = "load", state2= "graph")的路由负责绘制数据。在这种情况下,同时指定了 state1 和 state2 的请求将匹配第二个路由,因为路由评估是按从最具体到最不具体的顺序评估是否匹配,并在第一个匹配路由处停止。

为了说明这一点,图 3-2 显示了请求与路由的匹配方式。

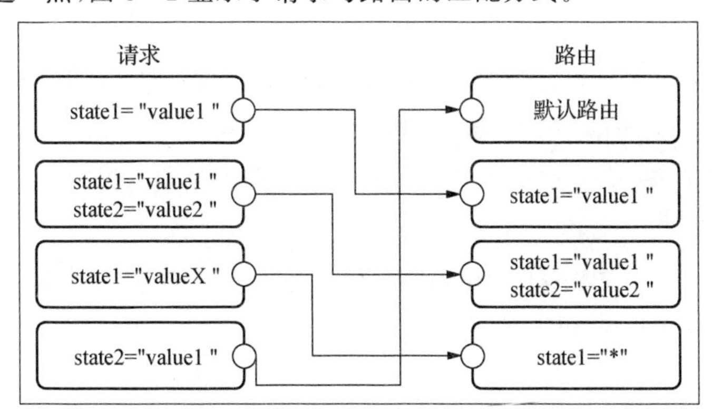

图 3-2 路由请求的匹配方式

一个方法如果被定义为路由，那么按约定预期会返回一个 HTML 片段，该 HTML 片段可以包含 Jinja2 模板构造。Jinja2 是一个功能强大的 Python 模板引擎，它提供了一组丰富的特性来动态生成文本，包括访问 Python 变量、方法和控制结构，例如 if...else 和 for 循环等。涵盖它的所有特性超出了本书的范围，但我们可以讨论几个经常使用的重要构造。

注意：如果你想了解更多关于 Jinja2 的信息，可以阅读下面的完整文档：

http://jinja.pocoo.org/docs/templates

- **变量**：可以使用两个大括号访问作用域中的变量，例如"< div> This is my variable {{my_var}}< /div> "。在渲染期间，my_var 变量将被替换为它的实际值。也可以使用.（点）符号来访问复杂对象，例如"< div> This is a nested value {{my_var.sub_value}}< /div> "。

- **for 循环**：可以使用{% for...% }...{endfor% }符号通过按顺序迭代每一项（列表、元组、字典等）来动态生成文本，如下所示：

```
{% for message in messages% }
< li> {{message}}< /li>
{% endfor% }
```

- **if 语句**：可以使用{% if ...% }...{% elif ...% }...{% else% }...{% endif% }符号按条件输出文本，如下所示：

```
{% if status.error% }
< div class= "error"> {{status.error}}< /div>
{% elif status.warning% }
< div class= "warning"> {{status.warning}}< /div>
{% else% }
< div class= "ok"> {{status.message}}< /div>
{% endif% }
```

还需要了解的一个重点是变量和方法如何进入路由返回的 JinJa2 模板字符串的作用域。PixieApp 自动提供对三种类型变量和方法的访问。

- **类变量和方法**：可以使用 this 关键字访问这些变量和方法。

注意：我们没有使用 Pythonic 的 self 关键字的原因是，很不幸，Jinja2 本身已经使用了它。

• **方法参数**:当路由参数使用 * 值并且你希望在运行时访问该值时,这很有用。在这种情况下,你可以使用与路由参数中定义的相同名称向方法本身添加参数,并且 PixieApp 框架将自动传递正确的值。

注意:参数的顺序实际上并不重要。你也不必使用路由中定义的每个参数,这样对只需要使用参数的一个子集会很方便。

变量也可以进入 Jinja2 模板字符串的作用域,示例代码如下:

```
@route(state1= "* ", state2= "* ")
def my_method(self, state1, state2):
    return "< div> State1 is {{state1}}. State2 is {{state2}}< /div> "
```

示例代码下载地址:

https://github.com/DTAIEB/Thoughtful-Data-Science/blob/master/chapter% 203/sampleCode2.py

• **方法的局部变量**:PixieApp 会自动将方法中定义的所有局部变量放在 Jinja2 模板字符串的作用域内,前提是你将 @ templateArgs 装饰器添加到方法中,如示例代码所示:

```
@route()
@templateArgs
def main_screen(self):
    var1 =  self.compute_something()
    var2 =  self.compute_something_else()
    return "< div> var1 is {{var1}}. var2 is {{var2}}< /div> "
```

示例代码下载地址:

https://github.com/DTAIEB/Thoughtful-Data-Science/blob/master/chapter% 203/sampleCode3.py

生成路由请求

如前所述,PixieApp 遵循 SPA 设计模式。加载第一个屏幕后,与服务器的所有后续交互都使用动态请求来完成,而不是像多页 Web 应用程序那样使用 URL 链接有三种方法。生成路由的内核请求：

• 使用 pd_options 自定义属性定义要传递到服务器的状态列表，如下例所示：

```
pd__options= "state1= value1; state2= value2;...;staten= valuen"
```

• 如果已经有一个包含 pd_options 值的 JSON 对象，如调用 display()，则必须将其转换为 pd_options HTML 属性所期望的格式，这可能很耗时。在这种情况下，更方便的做法是将 pd_options 指定为子元素，这样就可以将选项作为 JSON 对象直接传递（并避免转换数据这样的额外工作），如下例所示：

```
< div>
    < pd_options>
        {"state1":"value1","state2":"value2",..., "staten":"valuen"}
    < /pd_options>
< /div>
```

• 调用 invoke_route 方法，如下所示：

```
self.invoke_route(self.route_method, state1= 'value1', state2= 'value2')
```

注意：如果从一个 Jinja2 模板字符串调用此方法，请记住使用 this 而不是使用 self，因为 self 已被 Jinja2 自己使用了。

当需要根据用户选择动态地计算 pd_options 中传递的状态值时，用$ val(arg) 特殊指令，该指令充当宏的角色，会在执行内核请求时被解析。

$ val(arg) 指令采用一个参数，该参数可以是以下任意一种形式：

• 页面上 HTML 元素的 ID，如输入框或下拉列表框，如下例所示：

```
< div>
    < pd_options>
      {"state1":"$ val(my_element_id)","state2":"value2"}
    < pd_options>
< /div>
```

• 必须返回指定数值的 JavaScript 函数，如下例所示：

```
< script>
    function resValue(){
              return "my_query";
    }
< /script>
...
< div pd_options= "state1= $ val(resValue)"> < /div>
```

注意:大多数 PixieDust 自定义属性都支持使用$ val 指令的动态值。

GitHub 项目跟踪示例程序

让我们将到目前为止所学到的知识应用于实现示例应用程序。为了试用,我们希望使用 GitHub REST API(https://developer.github.com/v3)来搜索项目并将结果加载到 pandas DataFrame 中进行分析。

初始代码显示了欢迎屏幕,其中有一个简单的输入框用于输入 GitHub 查询,还有一个按钮用于提交请求:

```
from pixiedust.display.app import *

@PixieApp
class GitHubTracking():
    @route()
    def main_screen(self):
        return """
<style>
    div.outer-wrapper {
        display: table;width:100%;height:300px;
    }
    div.inner-wrapper {
        display: table-cell;vertical-align: middle;
        height:100%;width: 100%;
    }
</style>
<div class="outer-wrapper">
    <div class="inner-wrapper">
        <div class="col-sm-3"></div>
        <div class="input-group col-sm-6">
          <input id="query{{prefix}}" type="text"
          class="form-control"
          placeholder="Search projects on GitHub">
          <span class="input-group-btn">
            <button class="btn btn-default"
              type="button">Submit Query</button>
          </span>
        </div>
```

```
    < /div>
< /div>
"""
app =  GitHubTracking()
app.run()
```

示例代码下载地址：

https://github.com/DTAIEB/Thoughtful-Data-Science/blob/master/chapter% 203/sampleCode4.py

前面的代码中需要注意以下几点：

• Jupyter Notebook 提供了 Bootstrap CSS 框架(`http://getbootstrap.com/docs/3.3`)和 jQuery JS 框架(`http://jquery.com`)。我们可以很容易地在代码中使用它们而不需要安装它们。

• 默认情况下，Notebook 中还提供了 Font Awesome 图标(`http://fontawesome.com`)。

• PixieApp 代码可以在 Notebook 的多个单元格中执行。因为我们依赖于 DOM 元素 ID，所以确保两个元素没有相同的 ID 是很重要的，具有相同的 ID 会导致不希望的副作用。为此，建议始终包含 PixieDust 框架提供的唯一标识符`{{prefix}}`，例如`"query{{prefix}}"`。

结果显示在如图 3-3 所示的屏幕截图中。

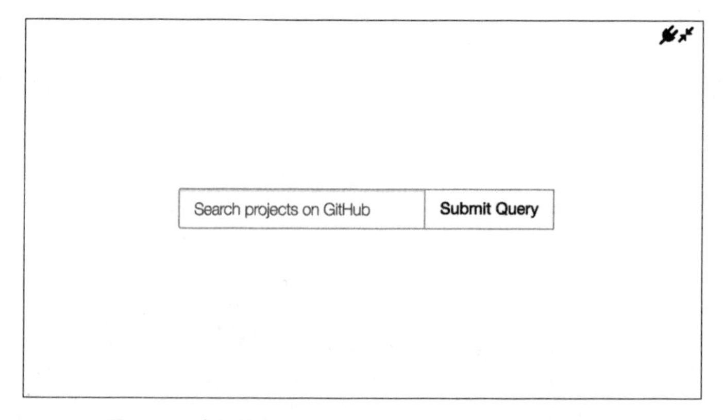

图 3-3　我们的"GitHub Tracking"应用程序的欢迎屏幕

下一步是创建一个接受用户值并返回结果的新路由。此路由将由 **Submit Query** 按钮调用。

为了简单起见，下面的代码不使用 Python 库与 GitHub 接口，例如 PyGithub（http://pygithub.readthedocs.io/en/latest），而是直接调用 GitHub 网站中的 REST API：

注意：当你看到[[GitHubTracking]]符号时，说明这些代码要被添加到 GitHubTracking PixieApp 类中，并且为了避免一遍又一遍地重复大段代码，我将那些代码省略了。当有疑问时，你可以参考本节末尾详细说明的完整 Notebook。

```
import requests
import pandas
[[GitHubTracking]]
@route(query= "* ")
@templateArgs
def do_search(self, query):
    response = requests.get( "https://api.github.com/search/
repositories? q= {}".format(query))
    frames = [pandas.DataFrame(response.json()['items'])]
    while response.ok and "next" in response.links:
        response = requests.get(response.links['next']['url'])
        frames.append(pandas.DataFrame(response.json()['items']))

    pdf = pandas.concat(frames)
    response = requests.get( "https://api.github.com/search/
repositories? q= {}".format(query))
    if not response.ok:
        return "< div> An Error occurred: {{response.text}}< /div> "
    return """< h1> < center> {{pdf|length}} repositories were found< /
center> < /h1> """
```

示例代码下载地址：

https://github.com/DTAIEB/Thoughtful-Data-Science/blob/master/chapter% 203/sampleCode5.py

在前面的代码中，我们创建了一个名为 do_search 的路由，它接受一个名为 query 的参数，我们使用该参数构建到 GitHub 的 API URL。使用 requests Python 模块（http://docs.python- requests.org）向这个 URL 发出 GET 请求，得到一个 JSON 有效负载，并将其转换为一个 pandas DataFrame。根据 GitHub 文档，Search API 使用存储在链接的请求头中的下一页进行分页。代码使用 while 循环遍历每个链接并

将下一页加载到一个新的 DataFrame 中。然后，我们将所有 DataFrame 连接到一个名为 pdf 的 DataFrame 中。最后，我们构建 HTML 片段来显示结果。这个片段使用 Jinja2 符号{{...}}访问定义为局部变量的 pdf 变量，这只适用于在 do_search 方法中使用 @templateArgs 装饰器的情况。注意，我们还使用一个名为 length 的 Jinja2 过滤器来显示找到的代码仓库的数量：{{pdf|length}}。

关于过滤器的更多信息请参考：

http://jinja.pocoo.org/docs/templates/# filters

当用户单击 Submit Query 按钮时，我们仍然需要调用 do_search 路由。为此，我们将 pd_options 属性添加到< button> 元素中，如下所示：

```
< div class= "input- group col- sm- 6">
    < input id= "query{{prefix}}" type= "text"
      class= "form- control"
      placeholder= "Search projects on GitHub">
    < span class= "input- group- btn">
          < button class= "btn btn- default"
            type= "button"
            pd_options= "query= $ val(query{{prefix}})">
                Submit Query
          < /button>
    < /span>
< /div>
```

我们使用 pd_options 属性中的$ val()指令动态检索 ID 等于"query{{prefix}}"的输入框的值并将其存储在查询参数中。

在表格中显示搜索结果

前面的代码一次加载所有数据，这是不推荐的，因为我们可能会有大量的点击。类似地，一次显示所有这些会使 UI 变得迟缓和不实用。值得庆幸的是，我们可以使用以下步骤轻松构建分页表：

1. 创建一个名为 do_retrieve_page 的路由，该路由将 URL 作为参数并返回表体的 HTML 片段。

2. 将第一个、上一个、下一个和最后一个 URL 维护为 PixieApp 类中的字段。

3. 使用 First、Prev、Next 和 Last 按钮创建分页小部件(我们将使用 Bootstrap，因为它支持分页小部件)。

4. 创建一个具有要显示的列标题的表占位符。

我们将更新 do_search 的代码，如下所示：

注意:下面的代码引用了 do_retrieve_page 方法，稍后我们将对其进行定义。在添加 do_retrieve_page 方法之前，请不要尝试按原样运行此代码。

```
[[GitHubTracking]]
@route(query= "* ")
@templateArgs
def do_search(self, query):
    self.first_url = "https://api.github.com/search/
repositories? q= {}".format(query)
    self.prev_url = None
    self.next_url = None
    self.last_url = None

    response = requests.get(self.first_url)
    if not response.ok:
        return "< div> An Error occurred: {{response.text}}< /div> "

    total_count = response.json()['total_count']
    self.next_url = response.links.get('next', {}).get('url',None)
    self.last_url = response.links.get('last', {}).get('url',None)
    return """
< h1> < center> {{total_count}} repositories were found< /center> < /h1>
< ul class= "pagination">
    < li> < a href= "# " pd_options= "page= first_url"
      pd_target= "body{{prefix}}"> First< /a> < /li>
    < li> < a href= "# " pd_options= "page= prev_url"
      pd_target= "body{{prefix}}"> Prev< /a> < /li>
    < li> < a href= "# " pd_options= "page= next_url"
      pd_target= "body{{prefix}}"> Next< /a> < /li>
    < li> < a href= "# " pd_options= "page= last_url"
      pd_target= "body{{prefix}}"> Last< /a> < /li>
< /ul>
< table class= "table">
    < thead>
```

```
        < tr>
            < th> Repo Name< /th>
            < th> Lastname< /th>
            < th> URL< /th>
            < th> Stars< /th>
        < /tr>
    < /thead>
    < tbody id= "body{{prefix}}">
        {{this.invoke_route(this.do_retrieve_page, page= 'first_url')}}
    < /tbody>
< /table>
"""
```

示例代码下载地址：

https://github.com/DTAIEB/Thoughtful-Data-Science/blob/master/chapter%203/sampleCode6.py

前面的代码示例展示了 PixieApp 的一个非常重要的特性，就是你可以简单地将数据存储到类变量中，这样就可以在应用程序的整个生命周期中维护状态。在本例中，我们使用 self.first_url、self.prev_url、self.next_url 和 self.last_url。这些变量为分页小部件中的每个按钮使用 pd_options 属性并在每次调用 do_retrieve_page 路由时更新。do_search 返回的 HTML 片段现在返回一个表格，其中包含一个由 body{{prefix}}标识的表体占位符，这个表体占位符成为每个按钮的 pd_target。我们还使用 invoke_route 方法来确保在第一次显示表时获得第一个页面。

我们之前已经看到，路由返回的 HTML 片段用于替换整个页面，但是在前面的代码中，我们使用 pd_target= "body{{prefix}}"属性表示 HTML 片段将被注入具有 body{{prefix}}ID 的表体元素中。如果需要，还可以为用户动作定义多个目标，方法是创建一个或多个< target> 元素作为可单击源元素的子元素。每个< target> 元素本身都可以使用所有 PixieApp 自定义属性来配置内核请求。

下面是一个例子：

```
< button type= "button"> Multiple Targets
    < target pd_target= "elementid1"
      pd_options= "state1= value1"> < /target>
    < target pd_target= "elementid2"
      pd_options= "state2= value2"> < /target>
```

```
< /button>
```

回到我们的 GitHub 示例程序，do_retrieve_page 方法应该像下面这样：

```
[[GitHubTracking]]
@route(page= "* ")
@templateArgs
def do_retrieve_page(self, page):
    url = getattr(self, page)
    if url is None:
        return "< div> No more rows< /div> "
    response = requests.get(url)
    self.prev_url = response.links.get('prev', {}).get('url',None)
    self.next_url = response.links.get('next', {}).get('url',None)
    items = response.json()['items']
    return """
{%for row in items%}
< tr>
    < td> {{row['name']}}< /td>
    < td> {{row.get('owner',{}).get('login', 'N/A')}}< /td>
    < td> < a href= "{{row['html_url']}}"
      target= "_blank"> {{row['html_url']}}< /a> < /td>
    < td> {{row['stargazers_count']}}< /td>
< /tr>
{% endfor%}
          """
```

示例代码下载地址：

https://github.com/DTAIEB/Thoughtful-Data-Science/blob/master/chapter% 203/sampleCode7.py

page 参数是一个字符串，其中包含要显示的 url 类变量的名称。我们使用标准的 Python 函数 getattr(https://docs.python.org/2/library/functions.html# getattr)从页面获取 url 值。然后，我们对 GitHub API url 发出一个 GET 请求来以 JSON 格式检索有效负载，并将其传递给 Jinja2 模板以生成一组将被插入表中的行。为此，我们使用 Jinja2 (http://jinja.pocoo.org/docs/templates/# for)中提供的{% for...%}循环控制结构生成一个< tr> 和< td> HTML 标记的序列。

图 3-4 所示的屏幕截图显示了查询的搜索结果：pixiedust。

49 repositories were found

First | Prev | Next | Last

Repo Name	Lastname	URL	Stars
pixiedust	ibm-watson-data-lab	https://github.com/ibm-watson-data-lab/pixiedust	304
pixiedust	nutterb	https://github.com/nutterb/pixiedust	123
PixieDust	PixieEngine	https://github.com/PixieEngine/PixieDust	10
pixiedust	mixu	https://github.com/mixu/pixiedust	13
pixiedust-facebook-analysis	IBM	https://github.com/IBM/pixiedust-facebook-analysis	13
pixiedust_incubator	ibm-watson-data-lab	https://github.com/ibm-watson-data-lab/pixiedust_incubator	9
pixiedust_node	ibm-watson-data-lab	https://github.com/ibm-watson-data-lab/pixiedust_node	19
pixiedust-traffic-analysis	IBM	https://github.com/IBM/pixiedust-traffic-analysis	7

图 3-4 通过查询获得的 GitHub 代码仓库结果列表

在第 1 部分中，我们展示了如何创建 GitHubTracking PixieApp，调用 GitHub Query REST API，并使用分页将结果显示在表中。你可以在这里找到完整的 Notebook 和源代码：

https://github. com/DTAIEB/Thoughtful-Data-Science/blob/master/chapter% 203/GitHub% 20Trac king% 20 Application/GitHub% 20Sample% 20Appli cation% 20- % 20 Part% 201.ipynb

在下一节中，我们将探索更多的 PixieApp 特性，这些特性将允许用户深入到特定的代码仓库中，可视化有关代码仓库的各种统计信息，从而帮助我们改进应用程序。

第一步是向搜索结果表的每一行添加一个按钮，该按钮触发一个用于可视化所选代码仓库统计信息的新路由。

下面的代码是 do_search 函数的一部分并在表头中添加了一个新列：

```
< thead>
    < tr>
        < th> Repo Name< /th>
        < th> Lastname< /th>
        < th> URL< /th>
        < th> Stars< /th>
        < th> Actions< /th>
```

```
    < /tr>
< /thead>
```

为了完成该表，我们更新 do_retrieve_page 方法以添加一个包含< button> 元素的新单元格，带有与新路由匹配的 pd_options 参数：analyse_repo_owner 和 analyse_repo_name。这些参数的值提取自用于迭代从 GitHub 请求接收的有效负载的 row 元素：

```
{% for row in items%}
< tr>
    < td> {{row['name']}}< /td>
    < td> {{row.get('owner',{}).get('login', 'N/A')}}< /td>
    < td> < a href= "{{row['html_url']}}"
      target= "_blank"> {{row['html_url']}}< /a> < /td>
    < td> {{row['stargazers_count']}}< /td>
    < td>
        < button pd_options=
          "analyse_repo_owner= {{row["owner"]["login"]}};
            analyse_repo_name= {{row['name']}}"
          class= "btn btn- default btn- sm" title= "Analyze Repo">
            < i class= "fa fa- line- chart"> < /i>
        < /button>
    < /td>
< /tr>
{% endfor%}
```

简单修改代码之后，再次运行单元格以重新启动 PixieApp，现在可以看到用于每个代码仓库的按钮，即使我们还没有实现相应的路由，我们将在接下来实现它们。这里需要提个醒，如果找不到匹配的路由，则触发默认路由。

图 3－5 所示的屏幕截图显示了添加了按钮的表。

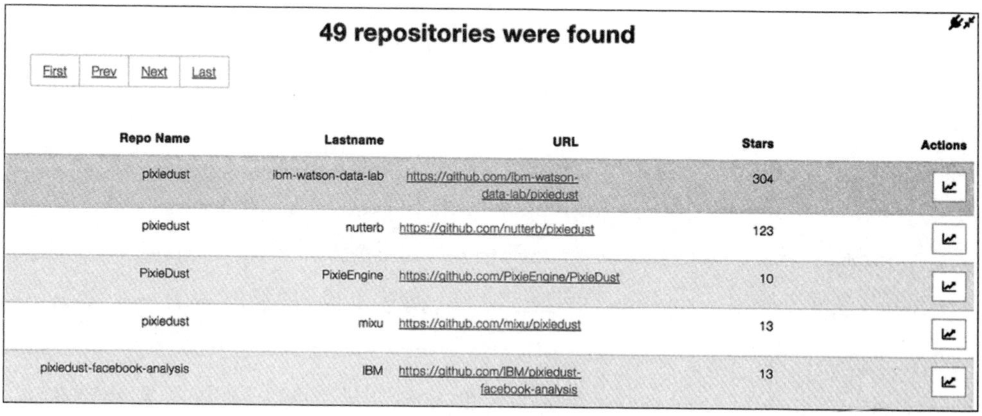

49 repositories were found

First Prev Next Last

Repo Name	Lastname	URL	Stars	Actions
pixiedust	ibm-watson-data-lab	https://github.com/ibm-watson-data-lab/pixiedust	304	
pixiedust	nutterb	https://github.com/nutterb/pixiedust	123	
PixieDust	PixieEngine	https://github.com/PixieEngine/PixieDust	10	
pixiedust	mixu	https://github.com/mixu/pixiedust	13	
pixiedust-facebook-analysis	IBM	https://github.com/IBM/pixiedust-facebook-analysis	13	

图 3－5　为每一行添加动作按钮

下一步是创建与 Repo Visualization 页面关联的路由。此页面的设计非常简单：用户从下拉列表中选择要在页面上可视化的数据类型。GitHub REST API 提供了对多种类型数据的访问，但是对于这个示例应用程序，我们将使用提交（commit）活动数据，这是 Statistics（统计）类别的一部分（请参阅 http://developer.gitHub.com/v3/repos/statistics/# get-the-last-year-of-commit-activity-data 上关于此 API 的详细说明）。

作为练习，你可以通过为其他类型的 API 如 Traffic API（http://developer.github.com/v3/repos/traffic）添加可视化来改进此示例应用程序。

还需要注意的是，尽管大多数 GitHub API 可以在没有身份验证的情况下工作，但是如果你不提供访问凭证，服务器可能会阻挡请求响应。若要对请求进行身份验证，你需要使用你的 GitHub 密码或通过选择 GitHub **Settings（设置）**页面上的 **Developer settings（开发人员设置）**菜单生成个人访问令牌，然后单击 **Personal access tokens（个人访问令牌）**菜单，再单击 **Generate new token（生成新令牌）**按钮。

新建一个 Notebook 单元格，然后为 GitHub 用户 ID 和令牌创建两个变量：

```
github_user = "dtaieb"
github_token = "XXXXXXXXXX"
```

稍后将使用这些变量对请求进行身份验证。请注意，尽管这些变量是在它们自己的单元格中创建的，但它们对整个 Notebook 都是可见的，包括 PixieApp 代码。

为了实现更好的代码模块性和重用性，我们将在一个新类中实现 Repo Visualization 页面，并让我们的主 PixieApp 类继承它并自动重用它的路由。当你开始拥有大型项目并希望将其分解为多个类时，需要记住这种模式。

Repo Visualization 页面的主路由返回一个 HTML 片段，该片段具有下拉菜单和一个用于可视化的< div> 占位符。下拉菜单使用 Bootstrap 的 dropdown 类（http://www.w3schools.com/bootstrap/bootstrap_dropdowns.asp）创建。为了使代码更易于维护，菜单项使用一个 Jinja2 {% for...%} 循环生成，该循环遍历一个名为 analyses 的元组数组（http://docs.python.org/3/tutorial/datastructures.html# tuples- and- sequences），其中包含一个描述和一个用于将数据加载到

pandas DataFrame 中的函数。与之前类似，我们在数组自己的单元格中创建这个数组，它将在 PixieApp 类中被引用：

```
analyses = [("Commit Activity", load_commit_activity)]
```

注意：load_commit_activity 函数将在本节后面进行讨论。

对于此示例应用程序，数组只包含一个与提交活动相关的元素，但是 UI 将自动拾取你将来可能添加的任何元素。

do_analyse_repo 路由有两个参数：analyse_repo_owner 和 analyse_repo_name，它们应该足以访问 GitHub API。我们还需要将这些参数保存为类变量，因为在生成可视化的路由中需要它们：

```
@PixieApp
class RepoAnalysis():
    @route(analyse_repo_owner= "* ", analyse_repo_name= "* ")
    @templateArgs
    def do_analyse_repo(self, analyse_repo_owner, analyse_repo_name):
        self._analyse_repo_owner =  analyse_repo_owner
        self._analyse_repo_name =  analyse_repo_name
        return """
< div class= "container- fluid">
  < div class= "dropdown center- block col- sm- 2">
    < button class= "btn btn- primary dropdown- toggle"
    type= "button" data- toggle= "dropdown">
        Select Repo Data Set
        < span class= "caret"> < /span>
    < /button>
    < ul class= "dropdown- menu"
      style= "list- style:none;margin:0px;padding:0px">
        {%for analysis,_ in this.analyses%}
          < li>
              < a href= "# "
                pd_options= "analyse_type= {{analysis}}"
                pd_target= "analyse_vis{{prefix}}"
                style= "text- decoration: none;background-
color:transparent">
                    {{analysis}}
              < /a>
          < /li>
        {% endfor% }
    < /ul>
  < /div>
```

```
    < div id= "analyse_vis{{prefix}}" class= "col- sm- 10"> < /div>
< /div>
"""
```

示例代码下载地址：

https://github.com/DTAIEB/Thoughtful-Data-Science/blob/master/chapter% 203/sampleCode8.py

在前面的代码中需要注意以下两点：

• Jinja2 模板使用 this 关键字引用 Analysis 数组，即使 analyses 变量未被定义为类变量。这是因为另一个重要的 PixieApp 特性：Notebook 中定义的任何变量都可以被引用，就像它们是 PixieApp 的类变量一样。

• 我在这里将 analyse_repo_owner 和 analyse_repo_name 存储为具有不同名称的类变量，例如 _analyse_repo_owner 和 _analyse_repo_name。这一点很重要，因为使用相同的名称会对路由匹配算法产生副作用，路由匹配算法还会查看类变量以查找参数。使用相同的名称将导致始终找到此路由，而这并不是所需的效果。

动作按钮链接由< a> 标记定义，并使用 pd_options 访问具有一个名为 analyse_type 的参数的路由，以及指向"analyse_vis{{prefix}}"占位符< div> 的 pd_target，定义在同一 HTML 片段中。

使用 pd_entity 属性调用 PixieDust display()API

当使用 pd_options 属性创建内核请求时，PixieApp 框架使用当前的 PixieApp 类作为目标。但是，你可以通过指定 pd_entity 属性来更改此目标。例如，你可以指向另一个 PixieApp，或者更有趣的是，指向 display() API 支持的数据结构，例如一个 pandas 或 Spark DataFrame。在这种情况下，如果按照 display() API 的要求获得正确的选项，生成的输出结果就是图表(在 Matplotlib 的情况中是图像，在 Mapbox 的情况中是 Iframe，在 Bokeh 的情况中是 SVG)。获得正确选项的一个简单方法是在 display() API 自己的单元格中调用它，使用菜单根据需要配置图表，然后通过单击 **Edit Metadata(编辑元数据)**按钮复制可用的单元格元数据 JSON 片段。[你可能首先必须使用 **View(视图)**|**Cell Toolbar(单元格工具栏)**|**Edit Metadata(编辑元数据)**菜单来启用该按钮。]

你还可以在没有任何值的情况下指定 pd_entity。在这种情况下，PixieApp 框架将实体作为第一个参数传递给 run 方法以启动 PixieApp 应用程序。例如，带 cars 参数的 my_pixieapp.run(cars) 是由 pixiedust.sampleData() 方法创建的 pandas 或 Spark DataFrame。pd_entity 的值也可以是返回实体的函数调用。当你想要在呈现实体之前动态地计算它时，这是很有用的。与其他变量一样，pd_entity 的作用域可以是 PixieApp 类，也可以是 Notebook 中声明的任何变量。

例如，我们可以在函数自己的单元格中创建一个函数，以一个前缀作为参数并返回一个 pandas DataFrame。然后，我们将其作为 PixieApp 中的 pd_entity 值使用，如以下代码所示：

```
def compute_pdf(key):
  return pandas.DataFrame([
    {"col{}".format(i): "{}{}-{}".format(key,i,j) for i in range(4)}
for j in range(10)
  ])
```

示例代码下载地址：

https://github.com/DTAIEB/Thoughtful-Data-Science/blob/master/chapter%203/sampleCode9.py

在前面的代码中，我们使用 Python 列表解析式(https://docs.python.org/2/tutorial/datastructures.html#list-comprehensions)根据 key 参数快速生成模拟数据。

Python 列表解析式是 Python 语言中我最喜欢的特性之一，因为它允许你使用更具表达力和更简洁的语法创建、转换和提取数据。

然后，我就可以创建一个 PixieApp，它使用 compute_pdf 函数作为 pd_entity 来将数据渲染为表格：

```
from pixiedust.display.app import *
@PixieApp
class TestEntity():
    @route()
    def main_screen(self):
        return"""
```

```
        < h1> < center>
            Simple PixieApp with dynamically computed dataframe
        < /center> < /h1>
        < div pd_entity= "compute_pdf('prefix')"
          pd_options= "handlerId= dataframe"
          pd_render_onload> < /div>
        """
test =  TestEntity()
test.run()
```

示例代码下载地址：

https://github.com/DTAIEB/Thoughtful-Data-Science/blob/master/chapter% 203/sampleCode10.py

在前面的代码中，为了简单起见，我将键硬编码为'prefix'，这里留一个练习题，用一个输入控件和$val()指令让键成为用户可定义的形式。

另一个需要注意的重要事项是，在显示图表的 div 中 pd_render_onload 属性的使用。这个属性告诉 PixieApp，将元素加载到浏览器 DOM 之后，立即执行该元素定义的内核请求。

前述 PixieApp 的结果显示在图 3－6 所示的屏幕截图中。

Simple PixieApp with dynamically computed dataframe

Schema

Table

Search table

Showing 10 of 10

col0	col1	col2	col3
prefix0-0	prefix1-0	prefix2-0	prefix3-0
prefix0-1	prefix1-1	prefix2-1	prefix3-1
prefix0-2	prefix1-2	prefix2-2	prefix3-2
prefix0-3	prefix1-3	prefix2-3	prefix3-3
prefix0-4	prefix1-4	prefix2-4	prefix3-4
prefix0-5	prefix1-5	prefix2-5	prefix3-5
prefix0-6	prefix1-6	prefix2-6	prefix3-6
prefix0-7	prefix1-7	prefix2-7	prefix3-7
prefix0-8	prefix1-8	prefix2-8	prefix3-8
prefix0-9	prefix1-9	prefix2-9	prefix3-9

图 3－6　在 PixieApp 中创建动态 DataFrame

回到我们的"GitHub Tracking"应用程序，现在让我们将 pd_entity 值应用到从 GitHub Statistics API 加载的 DataFrame 里面。我们创建一个名为 load_commit_activity 的方法，负责将数据加载到 pandas DataFrame 中，并将其与显示图表所需的 pd_options 一起返回：

```
from datetime import datetime
import requests
import pandas
def load_commit_activity(owner, repo_name):
    response = requests.get(
        "https://api.github.com/repos/{}/{}/stats/commit_activity".
format(owner, repo_name),
        auth= (github_user, github_token)
      ).json()
      pdf = pandas.DataFrame([
          {"total": item["total"],
           "week":datetime.fromtimestamp(item["week"])} for item in response
      ])
      return {
          "pdf":pdf,
          "chart_options": {
          "handlerId": "lineChart",
          "keyFields": "week",
          "valueFields": "total",
          "aggregation": "SUM",
          "rendererId": "bokeh"
      }
}
```

示例代码下载地址：

https://github.com/DTAIEB/Thoughtful-Data-Science/blob/master/chapter% 203/sampleCode11.py

前面的代码向 Github 发送一个 GET 请求，并使用在 Notebook 开头设置的 github_user 和 github_token 变量进行身份验证。请求的响应是一个 JSON 有效负载，我们将使用它来创建一个 pandas DataFrame。在创建 DataFrame 之前，我们需要将 JSON 有效负载转换为正确的格式。目前，有效负载如下所示：

```
[
{"days":[0,0,0,0,0,0,0],"total":0,"week":1485046800},
{"days":[0,0,0,0,0,0,0],"total":0,"week":1485651600},
{"days":[0,0,0,0,0,0,0],"total":0,"week":1486256400},
```

```
{"days":[0,0,0,0,0,0,0],"total":0,"week":1486861200}
...
]
```

我们需要删除 days 键,因为显示图表不需要它,而为了正确显示图表,我们需要将 week 键的值(一个 Unix 时间戳)转换为一个 Python DateTime 对象。转换使用 Python 列表解析式以一行简单的代码完成:

```
[{"total": item["total"],"week":datetime.fromtimestamp(item["week"])}
for item in response]
```

在当前实现中,load_commit_activity 函数是在它自己的单元格中定义的,但是我们也可以将它定义为 PixieApp 的成员方法。作为最佳实践,使用它自己的单元格非常方便,因为我们可以对函数进行单元测试并快速迭代,而不需要每次运行完整应用程序而增加资源开销。

要获得 pd_options 值,我们可以简单地使用一个示例代码仓库信息来运行函数,然后在一个单独的单元格中调用 display() API,如图 3-7 所示。

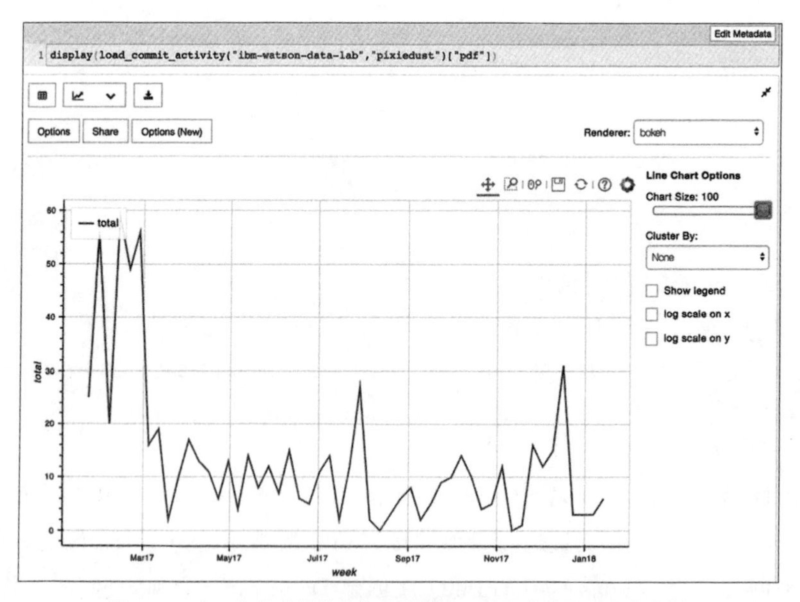

图 3-7 在一个单独的单元格中使用 display()来获取可视化配置

若要获取前面的图表,需要选择 **Line Chart(折线图)**,然后在 **Options** 对话框中,将 week 列拖放到 **Keys(键)**框,将 total 列拖放到 **Value(值)**框。还需要选择 Bokeh 作为渲染器。完成后,注意 PixieDust 将自动检测 x 轴是否为日期并将相应地调整呈现。

使用 **Edit Metadata(编辑元数据)**按钮，我们现在可以复制图表选项 JSON 片段，如图 3－8 所示。

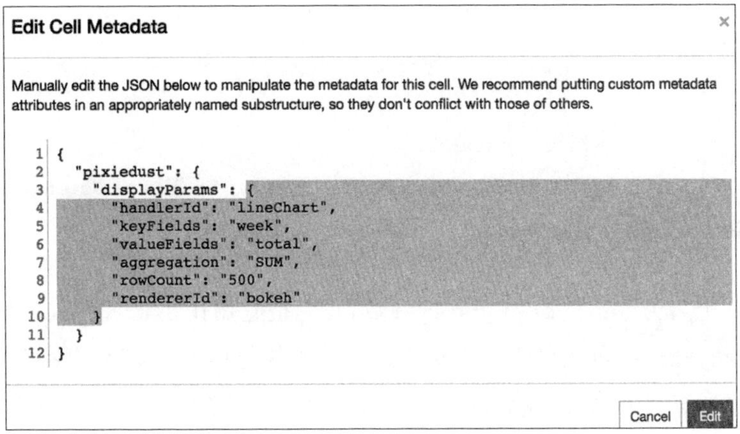

Edit Cell Metadata

Manually edit the JSON below to manipulate the metadata for this cell. We recommend putting custom metadata attributes in an appropriately named substructure, so they don't conflict with those of others.

```
{
  "pixiedust": {
    "displayParams": {
      "handlerId": "lineChart",
      "keyFields": "week",
      "valueFields": "total",
      "aggregation": "SUM",
      "rowCount": "500",
      "rendererId": "bokeh"
    }
  }
}
```

Cancel Edit

图 3－8　display()的 JSON 配置截图

然后在 load_commit_activity 有效负载内返回：

```
return {
        "pdf":pdf,
        "chart_options": {
            "handlerId": "lineChart",
            "keyFields": "week",
            "valueFields": "total",
            "aggregation": "SUM",
            "rendererId": "bokeh"
        }
    }
```

现在，我们准备在 RepoAnalysis 类中实现 do_analyse_type 路由，代码如下所示：

```
[[RepoAnalysis]]
@route(analyse_type= "*")
@templateArgs
def do_analyse_type(self, analyse_type):
    fn = [analysis_fn for a_type,analysis_fn in analyses if a_type == analyse_
type]
    if len(fn) == 0:
        return "No loader function found for {{analyse_type}}"
    vis_info = fn[0](self._analyse_repo_owner,
                         self._analyse_repo_name)
    self.pdf = vis_info["pdf"]
```

```
    return """
    < div pd_entity= "pdf" pd_render_onload>
        < pd_options> {{vis_info["chart_options"] | tojson}}< /pd_
options>
    < /div>
    """
```

示例代码下载地址：

https://github.com/DTAIEB/Thoughtful-Data-Science/blob/master/chapter% 203/sampleCode12.py

路由有一个名为 analyse_type 的参数，我们把它用作在 analyses 数组中查找加载函数的键(请注意，我再次使用列表解析式来快速执行搜索)。然后，我们调用这个函数传递代码仓库所有者和名称，以获取 vis_info JSON 有效负载，并将 pandas DataFrame 存储到名为 pdf 的类变量中。返回的 HTML 片段之后将使用 pdf 作为 pd_entity 值并使用 vis_info["chart_options"]作为 pd_options。在这里，我使用 Jinja2 的 tojson 过滤器(http://jinja.pocoo.org/docs/templates/# list - of - builtin- filters)来确保它在生成的 HTML 中进行适当转义。我还可以继续使用 vis_info 变量，即使它是在堆栈中声明的，因为我为函数使用了@templateArgs 装饰器。

在测试改进后的应用程序之前，最后要做的事情是确保主 GitHubTracking PixieApp 类从 RepoAnalysis PixieApp 继承：

```
@PixieApp
class GitHubTracking(RepoAnalysis):
    @route()
    def main_screen(self):
        < < Code omitted here> >

    @route(query= "* ")
    @templateArgs
    def do_search(self, query):
        < < Code omitted here> >

    @route(page= "* ")
    @templateArgs
    def do_retrieve_page(self, page):
        < < Code omitted here> >

app = GitHubTracking()
app.run()
```

示例代码下载地址：

https://github.com/DTAIEB/Thoughtful-Data-Science/blob/master/chapter%203/sampleCode13.py

Repo Analysis(代码仓库分析)页的屏幕截图如图 3-9 所示。

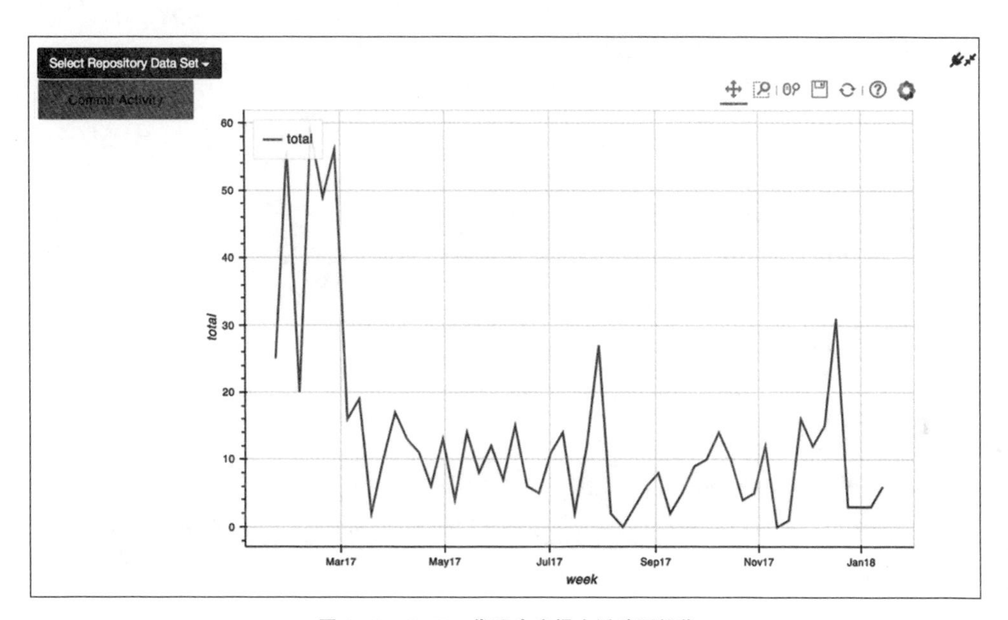

图 3-9 GitHub 代码仓库提交活动可视化

如果你想进一步试验，可在以下地址找到“GitHub Tracking”应用程序第 2 部分的完整 Notebook：

https://github.com/DTAIEB/Thoughtful-Data-Science/blob/master/chapter%203/GitHub%20Tracking%20Application/GitHub%20Sample%20Application%20-%20Part%202.ipynb

使用 pd_script 调用任意 Python 代码

在本节中，我们将研究 pd__script 自定义属性，它允许你在触发内核请求时运行任意 Python 代码。有几条规则控制如何执行 Python 代码：

- 代码可以使用 self 关键字以及 Notebook 中定义的任何变量、函数和类访问 PixieApp 类，如下例所示：

```
< button type= "submit" pd_script= "self.state= 'value'"> Click me< /button>
```

• 如果指定了 pd_target，则任何使用 print 函数的语句都将在 target 元素中输出。如果不存在 pd_target，那么情况会发生变化。换句话说，你不能使用 pd_script 进行整页刷新（你必须改用 pd_options 属性），如下例所示：

```
from pixiedust.display.app import *

def call_me():
        print("Hello from call_me")
@PixieApp
class Test():
    @route()
    def main_screen(self):
        return"""
        < button type= "submit" pd_script= "call_me()"
          pd_target= "target{{prefix}}"> Click me< /button>

        < div id= "target{{prefix}}"> < /div>
        """
Test().run()
```

示例代码下载地址：

https://github.com/DTAIEB/Thoughtful-Data-Science/blob/master/chapter% 203/sampleCode14.py

• 如果代码包含多行，建议使用 pd_script 子元素，它允许你使用多行来编写 Python 代码。使用此表单时，请确保代码遵循 Python 语言的缩进规则，如下例所示：

```
@PixieApp
class Test():
    @route()
    def main_screen(self):
        return"""
        < button type= "submit"
          pd_script= "call_me()"
          pd_target= "target{{prefix}}">
            < pd_script>
                    self.name= "some value"
                    print("This is a multi- line pd_script")
            < /pd_script>
            Click me
        < /button>
```

```
        < div id= "target{{prefix}}"> < /div>
        """
Test().run()
```

示例代码下载地址：

https://github.com/DTAIEB/Thoughtful-Data-Science/blob/master/chapter% 203/sampleCode15.py

pd_script 的一个常见用例是在触发内核请求之前更新服务器上的某些状态。让我们将此技术应用于“GitHub Tracking”应用程序，方法是添加一个复选框(checkbox)，以在折线图和数据的汇总统计之间切换可视化。

在 do_analyse_repo 返回的 HTML 片段中，我们添加了用于在图表和统计数据汇总之间切换的 checkbox 元素：

```
[[RepoAnalysis]]
...
return """
< div class= "container- fluid">
    < div class= "col- sm- 2">
      < div class= "dropdown center- block">
        < button class= "btn btn- primary
          dropdown- toggle" type= "button"
          data- toggle= "dropdown">
              Select Repo Data Set
              < span class= "caret"> < /span>
        < /button>
        < ul class= "dropdown- menu"
          style= "list- style:none;margin:0px;padding:0px">
              {%for analysis,_ in this.analyses %}
                < li>
                    < a href= "# "
                      pd_options= "analyse_type= {{analysis}}"
                      pd_target= "analyse_vis{{prefix}}"
                       style = " text -  decoration: none; background -  color:
transparent">
                            {{analysis}}
                    < /a>
                < /li>
              {%endfor%}
        < /ul>
      < /div>
      < div class= " checkbox">
```

```
        < label>
            < input id= "show_stats{{prefix}}" type= "checkbox"
              pd_script= "self.show_stats= ('$ val(show_
stats{{prefix}})' = =  'true')">
              Show Statistics
        < /label>
      < /div>
  < /div>
  < div id= "analyse_vis{{prefix}}" class= "col- sm- 10"> < /div>
< /div> """
```

在 checkbox 元素中，我们包含了一个 pd_script 属性，根据 checkbox 元素状态调整服务器上的变量状态。我们使用$ val()指令检索 show_stats_{{prefix}}元素的值，并将其与字符串 true 进行比较。当用户单击复选框时，状态将立即在服务器上更改，下次用户单击菜单时，将显示状态而不是图表。

现在，我们需要更改 do_analyse_type 路由，以动态配置 pd_entity 和 chart_options：

```
[[RepoAnalysis]]
@route(analyse_type= "* ")
@templateArgs
def do_analyse_type(self, analyse_type):
    fn = [analysis_fn for a_type,analysis_fn in analyses if a_type = =
analyse_type]
    if len(fn) = =  0:
        return "No loader function found for {{analyse_type}}"
    vis_info =  fn[0](self._analyse_repo_owner,
                      self._analyse_repo_name)
    self.pdf =  vis_info["pdf"]
    chart_options =  {"handlerId":"dataframe"} if self.show_stats else
vis_info["chart_options"]
    return """
    < div pd_entity= "get_pdf()" pd_render_onload>
        < pd_options> {{chart_options | tojson}}< /pd_options>
    < /div>
    """
```

示例代码下载地址：

https://github.com/DTAIEB/Thoughtful-Data-Science/blob/master/chapter% 203/sampleCode16.py

chart_options 现在是一个局部变量，如果 show_stats 为 true，则包含显示为表的选项；否则，包含常规折线图选项。

pd_entity 现在设置为 get_pdf() 方法，负责基于 show_stats 变量返回适当的 DataFrame：

```
def get_pdf(self):
    if self.show_stats:
        summary = self.pdf.describe()
        summary.insert(0,"Stat", summary.index)
        return summary
    return self.pdf
```

示例代码下载地址：

https://github.com/DTAIEB/Thoughtful-Data-Science/blob/master/chapter% 203/sampleCode17.py

我们使用 pandas 的 description() 方法（https://pandas.pydata.org/pandas- docs/stable/generated/pandas.DataFrame.description.html）返回包含汇总统计信息的 DataFrame，如计数、平均值、标准差等。我们还需要确保此 DataFrame 的第一列包含统计信息的名称。

我们需要做的最后一个更改是初始化 show_stats 变量，因为如果我们不初始化，那么在第一次检查它时，我们将得到一个 AttributeError 异常。

由于使用@ PixieApp 装饰器的内部机制，你不能使用 __init__ 方法初始化变量；相反，PixieApp 编程模型要求你使用名为 setup 的方法，保证在应用程序启动时调用该方法：

```
@ PixieApp
class RepoAnalysis():
    def setup(self):
        self.show_stats = False
    ...
```

注意：如果你有一个从其他 PixieApp 继承的类，那么 PixieApp 框架将自动调用所有 setup 函数，按照基类使用它们的顺序。

代码仓库的统计汇总信息如图 3-10 所示。

Select Repo Data Set ▾

Show Statistics

Schema

Table

Search table

Showing 8 of 8

Stat	total
count	52.0
mean	12.7692307692
std	13.9910551041
min	0.0
25%	4.0
50%	10.0
75%	14.25
max	59.0

图 3-10　GitHub 代码仓库的统计汇总信息

你可以在以下地址找到“GitHub Tracking”应用程序第 3 部分的完整 Notebook：

https://github.com/DTAIEB/Thoughtful-Data-Science/blob/master/chapter% 203/GitHub% 20Tracking% 20 Application/GitHub% 20Sample% 20Application% 20- % 20Part% 203.ipynb

用 pd_refresh 让应用程序更具响应性

我们希望 `Show Statistics` 按钮直接显示统计表，而不需要用户再次单击菜单，从而改善用户体验。与加载提交活动的菜单类似，我们可以将 `pd_options` 属性添加到复选框中，其中 `pd_target` 属性指向 `analyse_vis{{prefix}}`元素。这么做与之前在触发新显示的每个控件中重复 `pd_options` 不同，我们只需要一次性将它添加到 `analyse_vis{{prefix}}`中，然后使用 `pd_refresh` 属性更新它即可。

图 3-11 显示了两种设计之间的差异。

在这两种情况下，步骤 1 都是更新服务器端的某些状态。在步骤 2 中 **Control（控件）** 调用路由的情况下，请求规范被存储在控件中，之后触发步骤 3，即生成 HTML 片段并将其注入目标元素。使用 `pd_refresh`，控件不需要知道如何调用路由的 `pd_ options`，只需要使用 `pd_refresh` 向目标元素发出信号，目标元素反过来将调用路由。在这种设计中，我们只需要（在目标元素中）指定一次请求，用户控件只需要在触发刷新之前更新状态即可。这使得实现更易于维护。

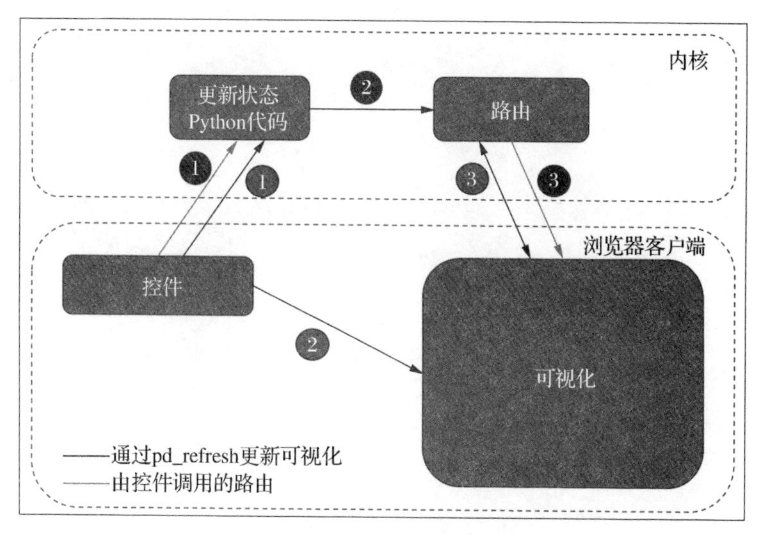

图 3－11　带和不带 pd_refresh 的顺序图

为了更好地理解这两种设计之间的差异，让我们在 RepoAnalysis 类中比较这两种实现。

对于 **Analysis（分析）**菜单，更改如下：

之前，控件触发 analyse_type 路由，将{{analysis}}选择作为内核请求的一部分传递，目标是 analyse_vis{{prefix}}：

```
< a href= "#"pd_options= "analyse_type= {{analysis}}"
            pd_target= "analyse_vis{{prefix}}"
            style= "text- decoration: none;background-
color:transparent">
        {{analysis}}
< /a>
```

之后，控件将选择状态存储为一个类字段并要求 analyses_vis{{prefix}}元素刷新自己：

```
< a href= "# "pd_script= "self.analyse_type= '{{analysis}}'"
  pd_refresh= "analyse_vis{{prefix}}"
  style= "text- decoration: none;background- color:transparent">
    {{analysis}}
< /a>
```

类似地，**Show Statistics(显示统计信息)**复选框的更改如下：

之前，复选框只在类中设置 show_stats 状态，用户必须再次单击菜单才能获得可视化：

```
< div class= "checkbox">
    < label>
        < input type= "checkbox"
          id= "show_stats{{prefix}}"
pd_script= "self.show_stats= '$ val(show_stats{{prefix}})'= = 'true'">
        Show Statistics
    < /label>
< /div>
```

之后，一旦选中复选框，可视化就会更新，因为使用了 pd_refresh 属性：

```
< div class= "checkbox">
    < label>
        < input type= "checkbox"
          id= "show_stats{{prefix}}"
pd_script= "self.show_stats= '$ val(show_stats{{prefix}})'= = 'true'"
          pd_refresh= "analyse_vis{{prefix}}">
          Show Statistics
    < /label>
< /div>
```

最后，analyses_vis{{prefix}}元素的更改如下所示：

在此之前，元素不知道如何更新自己，它依赖于其他控件将请求定向到适当的路由：

```
< div id= "analyse_vis{{prefix}}" class= "col- sm- 10"> < /div>
```

之后，该元素携带内核配置以更新自身，任何控件现在都可以更改状态并调用刷新：

```
< div id= "analyse_vis{{prefix}}" class= "col- sm- 10"
      pd_options= "display_analysis= true"
      pd_target= "analyse_vis{{prefix}}">
< /div>
```

你可以在以下地址找到“GitHub Tracking”应用程序第 4 部分的完整的 Notebook：

https://github.com/DTAIEB/Thoughtful-Data-Science/blob/mas ter/chapter%203/GitHub%20Tracking%20 Application/Gi tHub%20Sample%20Application%20-%20 Part%204.ipynb

创建可重用的小部件

PixieApp 编程模型提供了一种机制，用于将复杂 UI 构造的 HTML 和逻辑打包到可以从其他 PixieApp 轻松调用的小部件中。创建小部件的步骤如下：

1. 创建一个包含小部件的 PixieApp 类。
2. 创建一条具有特定 `widget` 属性的路由，如示例所示：

```
@ route(widget= "my_widget")
```

它将是小部件的起始路由。

3. 创建一个从小部件 PixieApp 类继承的 consumer PixieApp 类。
4. 使用 `pd_widget` 属性从 `< div>` 元素调用小部件。

下面的例子演示了如何创建一个小部件和 consumer PixieApp：

```
from pixiedust.display.app import *

@ PixieApp
class WidgetApp():
    @ route(widget= "my_widget")
    def widget_main_screen(self):
        return "< div> Hello World Widget< /div> "

@ PixieApp
class ConsumerApp(WidgetApp):
    @ route()
    def main_screen(self):
        return """< div pd_widget= "my_widget"> < /div> """

ConsumerApp.run()
```

示例代码下载地址：

https://github.com/DTAIEB/Thoughtful-Data-Science/blob/master/chapter% 203/sampleCode18.py

本章小结

在本章中，我们介绍了 PixieApp 编程模型的基础构建块，它令你可直接在 Notebook 中创建功能强大的工具和仪表盘。

我们还展示了如何构建一个“GitHub Tracking”示例应用程序，以此来说明PixieApp 的概念和技术，同时提供了详细的代码示例。PixieApp 的最佳实践和更高级的概念将在第 5 章中介绍，包括事件、流数据处理和调试。

现在，通过 Jupyter Notebook、PixieDust 和 PixieApp 在同一工具如 Jupyter Notebook 中协作，你应该对它们如何帮助消除数据科学家和开发人员之间的壁垒有了更全面的了解。

在下一章中，我们将演示如何从 Notebook 中释放 PixieApp 并使用 PixieGateway 微服务的服务器将其发布为 Web 应用程序。

用 PixieApp 工具发布数据分析结果

“我认为，数据是讲故事最有力的方法之一。我收集了大量的数据，努力用它们讲故事。”

——史蒂文·莱维特(Steven Levitt)，《怪诞经济学》(*Freakonomics*)合著者

在上一章中，我们讨论了 Jupyter Notebook 和 PixieDust 如何使用简单的 API 加速数据科学项目，这些 API 让你无需编写大量代码就能加载、清理和可视化数据，并且支持数据科学家和使用 PixieApp 开发人员之间的协作。在本章中，我们将展示如何通过使用 PixieGateway 服务器将来自 Jupyte Notebook 的 PixieApp 和相关联的数据分析发布为 Web 应用程序。Notebook 的这种可操作化对于希望使用 PixieApp 但非数据科学家或开发人员的业务线用户(业务分析师、企业高管等)特别有吸引力，他们使用 Jupyter Notebook 可能会不太习惯。相反，他们更愿意将其作为经典的 Web 应用程序来访问，或者类似于 YouTube 视频，将其嵌入博客文章或 GitHub 页面中。使用网站或博客文章，从你的数据分析中提取的有价值的见解和其他结果将更容易交流。

到本章结束时，你将能够在本地安装和配置 PixieGateway 服务器实例以进行测试，或者在云平台上的 Kubernetes 容器中安装和配置以进行生产。对于那些不熟悉 Kubernetes 的读者，我们将在下一节中介绍相关基础知识。

本章将介绍的 PixieGateway 服务器的另一个主要功能是，能够轻松共享使用 PixieDust `display()` API 创建的图表。我们将展示如何将其发布为你的团队只需单击一次按钮即可访问的网页。最后，我们将介绍 PixieGateway 管理控制台，它允许你管理应用程序、图表、内核、服务器日志，另外还有一个针对内核执行即时代码(ad-hoc code)请求

的 Python 控制台。

注意:PixieGateway 服务器是 PixieDust 的一个子组件,它的源代码可以在这里找到:

`https://github.com/pixiedust/pixiegateway`

Kubernetes 概述

Kubernetes(`https://kubernetes.io`)是一个可伸缩的开源系统,用于自动化和协调容器化应用程序的部署和管理,这些应用程序在云服务提供商中非常流行。它经常与 Docker 容器(`https://www.docker.com`)一起使用,尽管也支持其他类型的容器。在开始使用之前,你需要访问一组已经配置为 Kubernetes 集群的计算机,你可以在 `https://kubernetes.io/docs/tutorials/kubernetes-basics` 找到有关如何创建这样一个集群的教程。

如果你没有计算机资源,一个好的解决方案是使用提供 Kubernetes 服务的公共云提供商,例如 Amazon AWS EKS(`https://aws.amazon.com/eks`)、Microsoft Azure(`https://azure.microsoft.com/en-us/services/container-service/kubernetes`)或 IBM Cloud Kubernetes Service(`https://www.ibm.com/cloud/container-service`)。

为了更好地理解 Kubernetes 集群的工作原理,让我们看看如图 4-1 所示的高层体系结构。

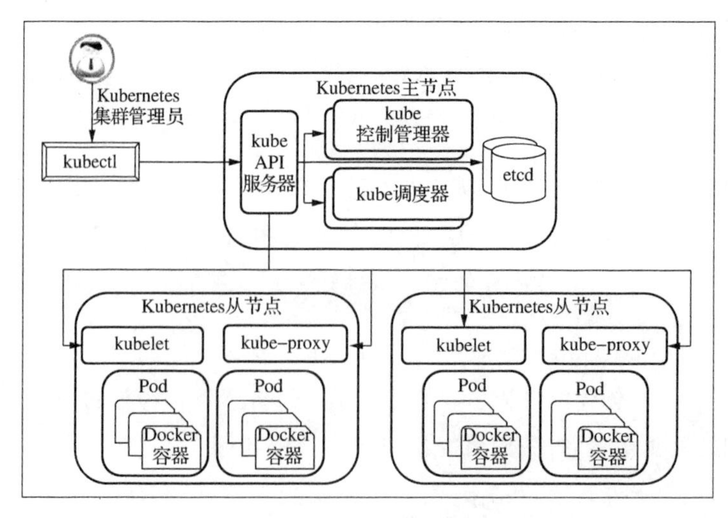

图 4-1 Kubernetes 高层体系结构

在体系结构的顶部，我们有 kubectl 命令行工具，用户可以通过它向 **Kubernetes 主节点**发送命令来管理 Kubernetes 集群。kubectl 命令使用以下语法：

```
kubectl [command] [TYPE] [NAME] [flags]
```

其中：

- command：指定具体操作，例如 create、get、describe 和 delete；
- TYPE：指定资源类型，例如 pods、nodes 和 services；
- NAME：指定资源名称；
- flags：指定特定于操作的可选标签。

有关如何使用 kubectl 的更多信息，请访问以下网址：

https://kubernetes.io/docs/reference/kubectl/overview

从节点中的另一个重要组件是 **kubelet**，它通过从 **kube API 服务器**读取 pod（pod 是 Kubernetes 集群中能够被创建和管理的最小部署单元——译者注）配置来控制 pod 的生命周期。它还负责与主节点的通信。kube－proxy 根据主节点中指定的策略提供所有 pod 之间的负载均衡性能，从而确保整个应用程序的高可用性。

在下一节中，我们将讨论安装和配置 PixieGateway 服务器的不同方法，包括使用 Kubernetes 集群的一种方法。

安装和配置 PixieGateway 服务器

在深入研究技术细节之前，最好部署一个 PixieGateway 服务器实例来进行测试。

主要有两种类型的安装可以尝试：本地安装和服务器安装。

本地安装：使用此方法进行测试和开发。

对于这一部分，我强烈建议使用 Anaconda 虚拟环境（https://conda.io/docs/user- guide/tasks/manage- environments.html），因为它们提供了环境之间的良好隔离，让你能够试验 Python 包的不同版本和配置。

如果要管理多个环境，可以使用以下命令获取所有可用环境的列表：

```
conda env list
```

首先,从终端使用以下命令来选择你的环境:

```
source activate < < my_env> >
```

你应该在终端中看到环境的名称,表明你已经正确地激活了它。

接下来,通过运行以下命令从 PyPi 安装 pixiegateway 包:

```
pip install pixiegateway
```

注意:你可以在 PyPi 上找到有关 pixiegateway 包的更多信息:
https://pypi.python.org/pypi/pixiegateway

安装完所有依赖项后,就可以启动服务器了。假设你要使用 8899 端口,可以使用以下命令启动 PixieGateway 服务器:

```
jupyter pixiegateway - - port= 8899
```

示例输出应如下所示:

```
(dashboard) davids- mbp- 8:pixiegateway dtaieb$  jupyter pixiegateway
- - port= 8899
Pixiedust database opened successfully
Pixiedust version 1.1.10
[PixieGatewayApp] Jupyter Kernel Gateway at http://127.0.0.1:8899
```

注意:要停止 PixieGateway 服务器,只需从终端使用 Ctrl+C 即可。

你现在可以通过 http://localhost:8899/admin 打开 PixieGateway 管理控制台。

注意:遇到问题时,请使用 admin 作为用户名,密码为空(无密码)。我们将在本章后面的"PixieGateway 服务器配置"一节中讨论如何配置安全性和其他特性。

使用 Kubernetes 和 Docker 进行服务器安装:如果你需要在生产环境中运行 PixieGateway,希望通过 Web 将部署的 PixieApp 的访问权授予多个用户,请使用此安装方法。

以下说明将使用 IBM Cloud Kubernetes Service，但它们可以很容易地适应其他提供商。

1. 如果你还没有 IBM Cloud 账户，那么创建一个 IBM Cloud 账户，并从目录创建一个容器服务实例。

注意：Lite 版本计划可用于免费测试。

2. 下载并安装 Kubernetes CLI（`https://kubernetes.io/docs/tasks/tools/install-kubectl`）和 IBM Cloud CLI（`https://console.bluemix.net/docs/cli/reference/bluemix_cli/get_started.html#getting-started`）。

注意：关于 Kubernetes 容器的另一篇入门文章可以在这里找到：`https://console.bluemix.net/docs/containers/container_index.html#container_index`

3. 登录到 IBM Cloud，然后瞄准 Kubernetes 实例所在的组织和空间，安装并初始化 `container-service` 插件：

```
bx login -a https://api.ng.bluemix.net
bx target -o <YOUR_ORG> -s <YOUR_SPACE> </YOUR_SPACE>
bx plugin install container-service -r Bluemix
bx cs init
```

4. 检查集群是否已创建，如果未创建，则创建一个集群：

```
bx cs clusters
bx cs cluster-create --name my-cluster
```

5. 下载将由 `kubectl` 命令使用的集群配置，该配置稍后将在你的本地机器上执行：

```
bx cs cluster-config my-cluster
```

前面的命令将生成一个临时 YML 文件，其中包含集群信息和环境变量导出语句，在开始使用 `kubectl` 命令之前必须运行该语句，如下例所示：

```
export KUBECONFIG=/Users/dtaieb/.bluemix/plugins/container-service/clusters/davidcluster/kube-config-hou02-davidcluster.yml
```

注意:YAML 是一种非常流行的数据序列化格式,通常用于系统配置。你可以在此处找到更多信息:

http://www.yaml.org/start.html

6. 现在可以使用 kubectl 为 PixieGateway 服务器创建部署和服务。为了方便起见,PixieGateway GitHub 代码仓库已经有了可以直接引用的 deployment.yml 和 service.yml 的通用版本。我们将在本章后面的"PixieGateway 服务器配置"一节中介绍如何为 Kubernetes 配置这些文件:

```
kubectl create - f https://github.com/ibm- watson- data- lab/pixiegateway/
raw/master/etc/deployment.yml
kubectl create - f https://github.com/ibm- watson- data- lab/pixiegateway/
raw/master/etc/service.yml
```

7. 最好使用 kubectl get 命令验证集群的状态:

```
kubectl get pods
kubectl get nodes
kubectl get services
```

8. 最后,你需要服务器的公共 IP 地址,你可以通过查看在终端中使用以下命令返回的输出的 Public IP 列来找到它:

```
bx cs workers my- cluster
```

9. 如果一切顺利,现在可以打开位于 http://< server_ip> > :32222/admin 的管理控制台来测试你的部署。这次管理控制台的默认凭证是 admin/changeme,我们将在下一节中展示如何更改它们。

在 Kubernetes 安装说明中使用的 deployment.yml 文件引用了一个 Docker 镜像,其中预安装并配置了 Pixiesateway 二进制文件及其所有依赖项。PixieGateway Docker 镜像在 https://hub.docker.com/r/dtaieb/pixiegateway- python35 上可以找到。

当在本地工作时,推荐的方法是遵循前面描述的本地安装步骤。但是,对于喜欢使用 Docker 镜像的读者来说,可以在不使用 Kubernetes 的情况下在本地试用 PixieGateway Docker 镜像,方法是使用一个简单的 Docker 命令将其直接安装到本地笔记本电脑上:

```
docker run - p 9999:8888 dtaieb/pixiegateway- python35
```

前面的命令假定你已经安装了 Docker,并且它当前正在本地计算机上运行。如果没有，你可以从以下链接下载安装程序：https://docs.docker.com/engine/installation。

如果不存在 Docker 镜像，则会自动拉取该映像并启动容器，在 8888 本地端口启动 PixieGateway 服务器。命令中的-p 开关将 8888 本地端口映射到容器，将 9999 本地端口映射到主机。使用给定的配置，你可以通过以下 URL 访问 PixieGateway 服务器的 Docker 实例：http://localhost:9999/admin。

有关 Docker 命令行的更多信息，请参见：

https://docs.docker.com/engine/reference/commandline/cli

注意：使用此方法的另一个原因是为 PixieGateway 服务器提供你自己的自定义 Docker 镜像。如果你已经为 PixieGateway 构建了一个扩展，并且希望将其作为已经配置的 Docker 映像提供给你的用户，那么这将非常有用。关于如何从基本图像构建 Docker 镜像的讨论超出了本书的范围，但你可以在此处找到详细信息：

https://docs.docker.com/engine/reference/commandline/image_build

PixieGateway 服务器配置

配置 PixieGateway 服务器与配置 Jupyter 内核网关非常相似。大多数选项都是使用 Python 配置文件配置的，要开始，可以使用以下命令生成模板配置文件：

```
jupyter kernelgateway --generate-config
```

jupyter_kernel_gateway_config.py 模板文件将在~/.jupyter 目录下生成（~ 表示用户主目录）。你可以在这里找到有关标准 Jupyter 内核网关选项的更多信息：http://jupyter-kernel-gateway.readthedocs.io/en/latest/config-options.html。

当你在本地工作时，使用 jupyter_kernel_gateway_config.py 文件很方便，并且可以很容易地访问文件系统。使用 Kubernetes 安装时，建议将选项配置为环境变量，你可以使用预定义的 env 分类直接在 deployment.yml 文件中设置这些环境变量。

现在让我们看看 PixieGateway 服务器的每个配置选项。这里使用 Python 和 Environment 方法提供了一个清单。

注意：Python 方法表示在 Python 配置文件 `jupyter_kernel_gateway_config.py` 中设置参数，而 Environment 方法表示在 Kubernetes 的 `deployment.yml` 中设置参数。

- **管理控制台凭证**：为管理控制台配置用户 ID/密码：
  - **Python**：`PixieGatewayApp.admin_user_id`, `PixieGatewayApp.admin_password`
  - **Environment**：`ADMIN_USERID` 和 `ADMIN_PASSWORD`

- **存储连接器**：为各种资源配置提供持久存储，例如图表和 Notebook。默认情况下，PixieGateway 使用本地文件系统，例如它会将已经发布的 Notebook 存储在~ `/pixiedust/gateway` 目录下。对于本地测试环境，使用本地文件系统可能没有问题，但是当使用 Kubernetes 安装时，你将需要显式地使用持久性卷(`https://kubernetes.io/docs/concepts/storage/persistent-volumes`)，这可能很难使用。如果没有设置持久性策略，那么当容器重新启动时，持久性文件将被删除，所有你发布的图表和 PixieApp 都将消失。PixieGateway 提供了另一个选项，即配置一个存储连接器，让你能够使用所选的机制和后端持久化数据。

若要为图表配置存储连接器，必须在以下任一配置变量中指定完全限定的类名：

- **Python**：`SingletonChartStorage.chart_storage_class`
- **Environment**：`PG_CHART_STORAGE`

引用的连接器类必须从 `pixiegateway.chartsManager` 包中定义的 `ChartStorage` 抽象类继承(可在此处找到实现：`https://github.com/ibm-watson-data-lab/pixiegateway/blob/master/pixiegateway/chartsManager.py`)。

PixieGateway 提供了一个到 Cloudant/CouchDB NoSQL 数据库(`http://couchdb.apache.org`)的开箱即用的连接器。要使用此连接器，你需要将连接器类设置为 `pixiegateway.chartsManager.CloudantChartStorage`。你还需要指定辅助配置变量来指定服务器和凭证信息(我们展示了 Python/Environment 表单)：

- `CloudantConfig.host /PG_CLOUDANT_HOST`

  - CloudantConfig.port /PG_CLOUDANT_PORT
  - CloudantConfig.protocol /PG_CLOUDANT_PROTOCOL
  - CloudantConfig.username /PG_CLOUDANT_USERNAME
  - CloudantConfig.password /PG_CLOUDANT_PASSWORD

- **远程内核**:指定远程 Jupyter 内核网关的配置。

目前,此配置选项仅在 Python 模式中得到支持。你需要使用的变量名是 ManagedClientPool.remote_gateway_config。还有一个包含服务器信息的 JSON 对象,可以通过两种方式指定:

  - protocol、host 以及 port
  - notebook_gateway 设置到服务器的完全限定 URL

根据内核配置,还可以使用两种方式提供安全性:

  - auth_token
  - user 和 password

这可以在以下示例中看到:

```
c.ManagedClientPool.remote_gateway_config= {
    'protocol': 'http',
    'host': 'localhost',
    'port': 9000,
    'auth_token':'XXXXXXXXXX'
}
c.ManagedClientPool.remote_gateway_config= {
    'notebook_gateway': 'https://YYYYY.us- south.bluemix.net:8443/
gateway/default/jkg/',
    'user': 'clsadmin',
    'password': 'XXXXXXXXXXX'
}
```

请注意,在前面的示例中,你需要在变量名前加上 c.。这是底层 Jupyter/IPython 配置机制的要求。

下面以使用 Python 和 Kubernetes Environment 变量格式的完整配置示例文件作为参考。

- 以下是 jupyter_kernel_gateway_config.py 的内容:

```
c.PixieGatewayApp.admin_password = "password"
c.SingletonChartStorage.chart_storage_class = "pixiegateway.
chartsManager.CloudantChartStorage"
c.CloudantConfig.host= "localhost"
c.CloudantConfig.port= 5984
c.CloudantConfig.protocol= "http"
c.CloudantConfig.username= "admin"
c.CloudantConfig.password= "password"
c.ManagedClientPool.remote_gateway_config= {
    'protocol': 'http',
    'host': 'localhost',
    'port': 9000,
    'auth_token':'XXXXXXXXXX'
}
```

• 以下是 deployment.yml 的内容：

```
apiVersion: extensions/v1beta1
kind: Deployment
metadata:
  name: pixiegateway- deployment
spec:
  replicas: 1
  template:
      metadata:
        labels:
          app: pixiegateway
      spec:
        containers:
            - name: pixiegateway
                image: dtaieb/pixiegateway- python35
                imagePullPolicy: Always
                env:
                    - name: ADMIN_USERID
                      value: admin
                    - name: ADMIN_PASSWORD
                      value: changeme
                    - name: PG_CHART_STORAGE
                      value: pixiegateway.chartsManager.
CloudantChartStorage
                    - name: PG_CLOUDANT_HOST
                      value: XXXXXXXX- bluemix.cloudant.com
                    - name: PG_CLOUDANT_PORT
                      value: "443"
                    - name: PG_CLOUDANT_PROTOCOL
```

```
        value: https
      - name: PG_CLOUDANT_USERNAME
        value: YYYYYYYYYYY- bluemix
      - name: PG_CLOUDANT_PASSWORD
        value: ZZZZZZZZZZZZZ
```

PixieGateway 体系结构

现在可能是重新回顾第 2 章中介绍的 PixieGateway 体系结构图的好时机。PixieGateway 服务器是 PixieGateway 内核网关的自定义扩展(称作个性化)实现(https://github.com/jupyter/kernel_gateway)。

反过来,PixieGateway 服务器提供了扩展点来自定义一些行为,我们将在本章后面讨论这些行为。

PixieGateway 服务器的高层体系结构图如图 4-2 所示。

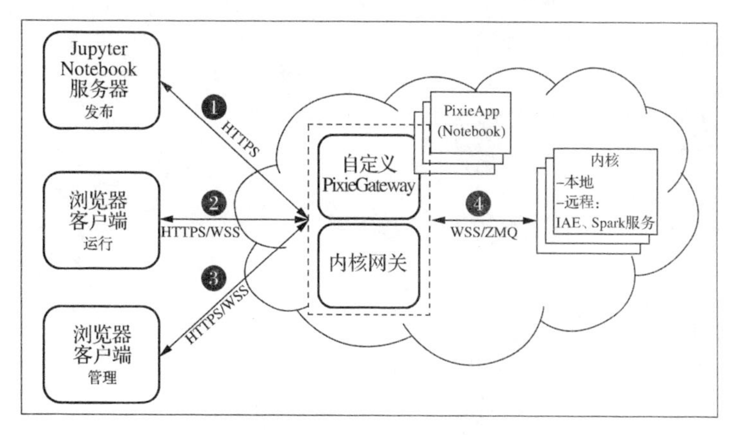

图 4-2 PixieGateway 体系结构图

如图 4-2 所示,PixieGateway 为三种类型的客户端提供了 REST 接口:

• **Jupyter Notebook 服务器**:调用一组专用的 REST API,用于共享图表并将 PixieApp 发布为 Web 应用程序。

• **运行 PixieApp 的浏览器客户端**:一个特殊的 REST API,用于管理相关内核中 Python 代码的执行。

• **运行管理控制台的浏览器客户端**:一组专用的 REST API,用于管理各种服务器资源和状态,例如 PixieApp 和内核实例。

在后端,PixieGateway 服务器管理负责运行 PixieApp 的一个或多个 Jupyter 内核实例的生命周期。在运行时，每个 PixieApp 都使用一组特定的步骤部署在内核实例上。图 4 - 3 显示了服务器上运行的所有 PixieApp 用户实例的典型拓扑结构。

在服务器上部署 PixieApp 时，Jupyter Notebook 的每个单元格中包含的代码都会被分析并拆分为两部分：

- **预热代码**：这是在主 PixieApp 定义上面的所有单元格中定义的代码。当 PixieApp 应用程序首次在内核上启动时，此代码只运行一次，并且在内核重新启动或在运行代码显式调用内核之前不会再次运行。这点很重要，因为它将帮助你更好地优化性能；例如，你应该将需要加载大量数据的代码放入预热部分，这些数据不会经常变化或者可能需要很长时间来初始化。

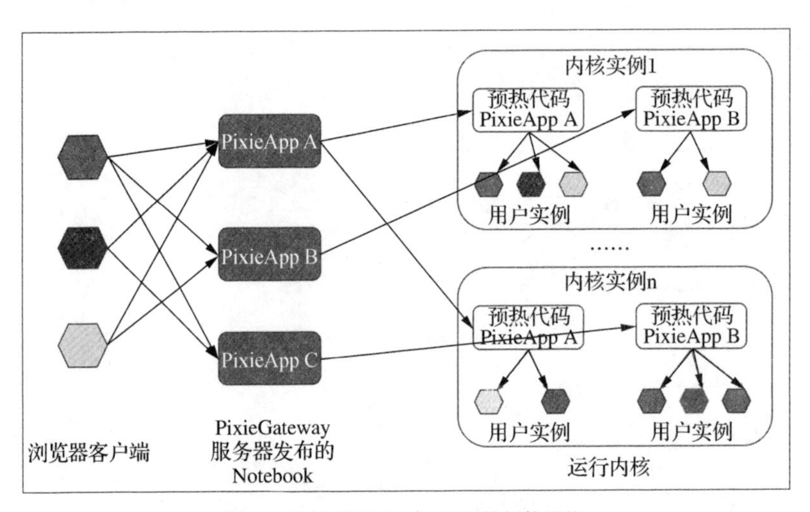

图 4 - 3　运行 PixieApp 实例的拓扑结构

- **运行代码**：这是将在其自身的实例中为每个用户会话运行的代码。运行代码通常从包含 PixieApp 类声明的单元格中提取。发布器通过对 Python 代码进行静态分析并特别查找以下两个必须同时满足的条件来自动发现这个单元格：
    - 单元格包含一个具有`@ PixieApp`注释的类
    - 单元格实例化类并调用其`run()`方法

例如，以下代码必须位于其自己的单元格中，才能符合运行代码的条件：

```
@ PixieApp
class MyApp():
    @ route()
    def main_screen(self):
    return "< div> Hello World< /div> "
```

```
app =  MyApp()
app.run()
```

正如我们在第 3 章中看到的,可以在同一个 Notebook 中声明多个 PixieApp,它们将作为子 PixieApp 或主 PixieApp 的基类。在这种情况下,我们需要确保它们是在自己的单元格中定义的,并且不会对它们进行实例化和调用它们的 run() 方法。

规则是只能为一个主 PixieApp 类调用 run() 方法,并且包含此代码的单元格被 PixieGateway 视为运行代码。

注意:在 PixieGateway 服务器进行静态分析期间,未标记为代码的单元格将被忽略,如 Markdown、Raw NBConvert 或 Heading。因此,将它们保存在 Notebook 中是安全的。

对于每个客户端会话,PixieGateway 将使用运行代码(在前面的图中表示为六角形)实例化主 PixieApp 类的实例。PixieGateway 根据当前负载决定在特定内核实例中应该运行多少 PixieApp,如果需要的话,它将自动生成一个新内核以服务于额外的用户。例如,如果五个用户使用同一个 PixieApp,则可能有三个实例正在特定的内核实例中运行,而其余两个实例将在另一个内核实例中运行。PixieGateway 不断监视使用模式,通过在多个内核之间 PixieApp 实例的负载均衡来优化工作负载分布。

为了更容易理解 Notebook 代码是如何分解的,图 4-4 体现了如何从 Notebook 中提取预热代码和运行代码并对其进行转换,以确保多个实例在同一内核中和平共处。

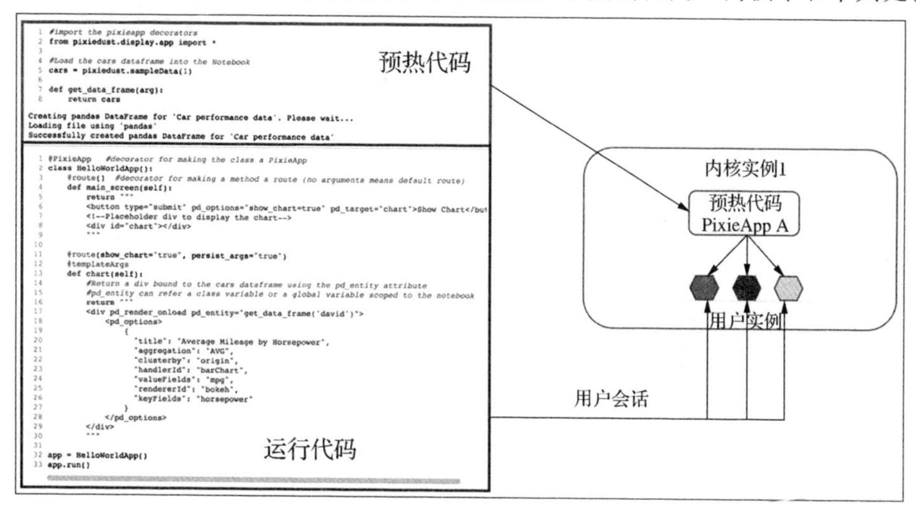

图 4-4 PixieApp 生命周期:预热代码和运行代码

还得提个醒,包含主 PixieApp 的单元格中必须具有实例化 PixieApp 并调用 `run()` 方法的代码。

由于一个给定的内核实例可以承载多个 Notebook 及其主 PixieApp,因此我们需要确保在执行两个主 PixieApp 的预热代码时不会发生意外的名称冲突。例如,两个 `title` 变量可以在两个 PixieApp 中使用,如果不使用命名空间,第二个 `title` 变量的值将覆盖第一个 `title` 变量的值。为了避免这种冲突,预热代码中的所有变量名都通过注入一个命名空间而变成唯一的。

`title = 'some string'` 语句在发布后变为 `ns1_title = 'some string'`。PixieGateway 发布器还将更新整个代码中对 `title` 的所有引用以反映新变量名。所有重命名都是在运行时自动完成的,开发人员不需要做任何特定的操作。

稍后在我们介绍管理控制台的 PixieApp 详细信息页面时将展示真实的代码示例。

如果你已经将主 PixieApp 的代码打包为导入 Notebook 的 Python 模块,则仍然需要声明继承自它的包装器 PixieApp 的代码。这是因为 PixieGateway 执行静态代码分析,查找 `@ PixieApp` 注释,如果找不到,将无法正确识别主 PixieApp。

例如,假设你从 `awesome` 包导入了一个名为 `AwesomePixieApp` 的 PixieApp。在此情况下,你可以在它的单元格中放置以下代码:

```
from awesome import AwesomePixieApp
@PixieApp
class WrapperAwesome(AwesomePixieApp):
    pass
app = WrapperAwesome()
app.run()
```

发布应用程序

在本节中,我们将在第 3 章中创建的"GitHub Tracking"应用程序发布到一个 PixieGateway 实例中。

你可以从以下 GitHub 地址使用已完成的 Notebook：

https://github.com/DTAIEB/Thoughtful-Data-Science/blob/master/chapter%203/GitHub%20Tracking%20Application/GitHub%20Sample%20Application%20-%20Part%204.ipynb

像往常一样从 Notebook 运行应用程序，并使用位于单元格输出右上角的发布（Publish）按钮启动该进程，如图 4－5 所示。

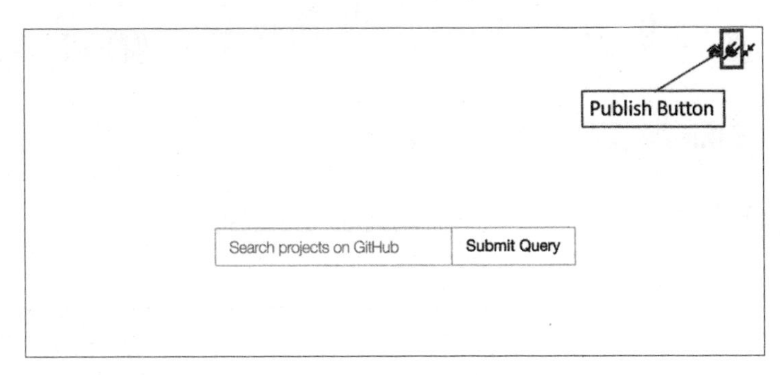

图 4－5　调用发布对话框

发布对话框具有多个选项卡菜单：

- **Options**：
  - PixieGateway 服务器：例如，`http://localhost:8899`。
  - 页面标题：在浏览器中显示时用作页面标题的简短描述。
- **Security**：通过 Web 访问时配置 PixieApp 安全性：
  - 无安全保障。
  - 令牌：必须将安全令牌作为查询参数添加到 URL，例如 `http://localhost:8899/GitHubTracking? toke n= 941b3990d5c0464586d67e48705b9deb`。

注意：目前 PixieGateway 不提供任何身份验证/授权机制。未来将添加第三方授权，如 OAuth2.0（`https://oauth.net/2`）、JWT（`https://jwt.io`）等。

- **Imports**：显示 PixieDust 发布器自动检测到的 Python 包依赖项列表。如果还没安装的话，这些导入的包将自动安装在运行应用程序的内核上。当检测到特定的依赖性时，PixieDust 查看当前系统以获取版本和安装位置，例如，PyPi 或自定义安装 URL 如

GitHub 代码仓库。

• **Kernel Spec**：这是为你的 PixieApp 选择内核规范的地方。默认情况下，PixieDust 选择 PixieGateway 服务器上可用的默认内核，但如果你的 Notebook 依赖于 Apache Spark，则你应该能够选择支持它的内核。在使用管理控制台部署 PixieApp 之后，也可以更改此选项。

图 4－6 是 PixieApp 发布对话框的屏幕截图示例。

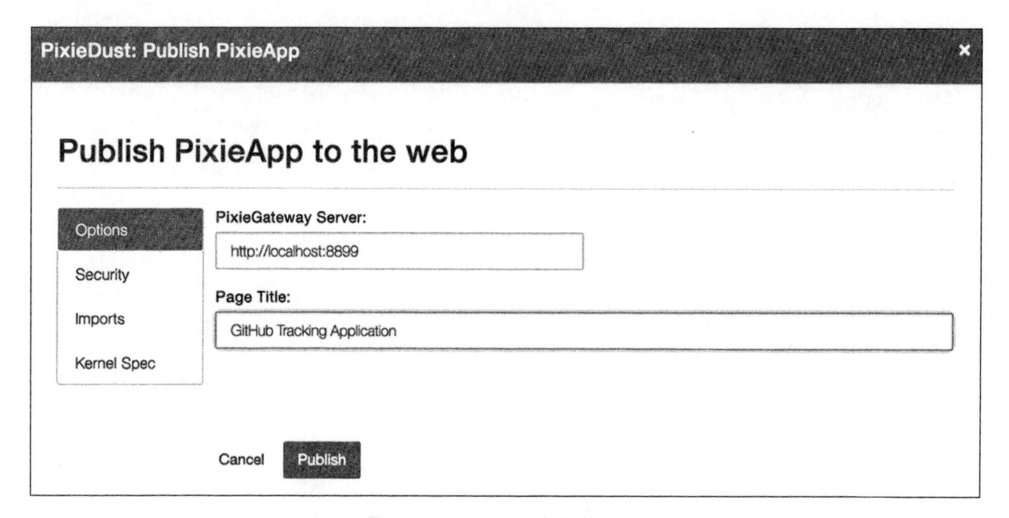

图 4－6　PixieApp 发布对话框

单击发布按钮将启动发布过程。完成后(根据 Notebook 的大小这是非常快的)，你将看到如图 4－7 所示的屏幕。

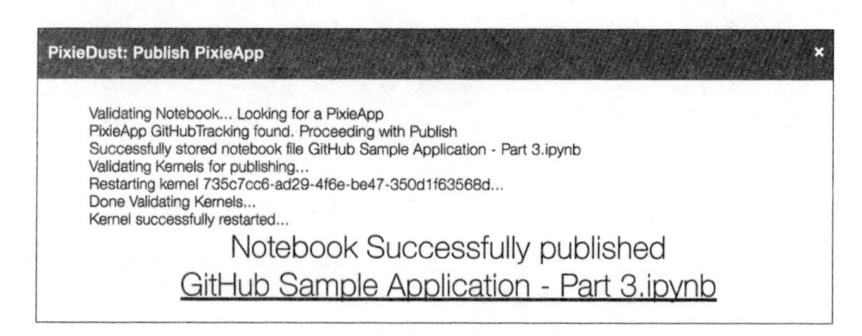

图 4－7　发布成功的屏幕

然后，你可以通过单击提供的链接来测试应用程序，你可以复制该链接并与团队中的用户共享。图 4－8 所示的屏幕截图显示了在 PixieGateway 上作为 Web 应用程序运行的“GitHub Tracking”应用程序的三个主屏幕。

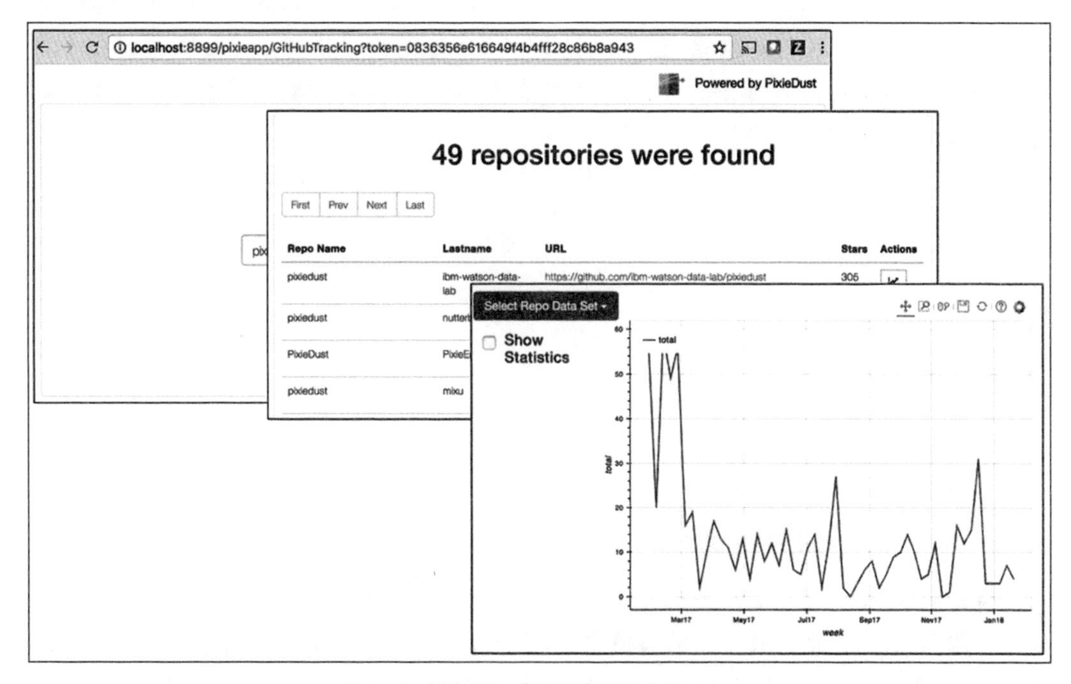

图 4-8 作为 Web 应用程序运行的 PixieApp

现在你已经知道如何发布 PixieApp,那么让我们回顾一下一些开发人员的最佳实践和规则,它们将帮助你优化计划作为 Web 应用程序发布的 PixieApp。

• 为每个用户会话创建一个 PixieApp 实例,因此为了提高性能,需要确保它不包含长时间运行或加载大量静态数据(不经常更改的数据)的代码。相反,将其放在预热代码部分并根据需要从 PixieApp 中引用它。

• 不要忘记在同一个单元格中添加运行 PixieApp 的代码。如果不是这样,那么在 Web 上运行时将以一个空白页结束。一个好的实践建议是,将 PixieApp 实例分配到它自己的变量中。例如,将以下代码:

```
app =  GitHubTracking()
app.run()
```

替换为以下代码:

```
GitHubTracking().run()
```

• 你可以在同一个 Notebook 中声明多个 PixieApp 类,如果你使用的是子 PixieApp 或 PixieApp 继承,则需要使用这些类。但是,其中只有一个可以是主 PixieApp,Pixie-

Gateway 将运行它。它包含实例化并运行 PixieApp 的额外增加代码。

• 在 PixieApp 类中添加一个 Docstring(https://www.python.org/dev/peps/pep-0257)是一个不错的主意,它可以提供应用程序的简短描述。正如我们将在本章后面的"PixieGateway 管理控制台"小节中看到的,此文档字符串将显示在 PixieGateway 管理控制台中,如下例所示:

```
@PixieApp
class GitHubTracking(RepoAnalysis):
    """
    GitHub Tracking Sample Application
    """
    @route()
    def main_screen(self):
        return """
    ...
```

PixieApp URL 中的编码状态

在某些情况下,你可能希望捕获 URL 中 PixieApp 的状态作为查询参数,以便它可以被收藏和/或与其他人共享。解决思路是,当使用查询参数时,PixieApp 不是从主屏幕开始,而是自动激活与参数相对应的路由。例如,在"GitHub Tracking"应用程序里,可以使用 http://localhost:8899/pixieapp/GitHubTracking?query=pixiedust 绕过初始屏幕,直接跳转到显示与给定查询匹配的代码仓库列表的表。

当路由被激活时,可以通过向路由添加 persist_args 特殊参数将查询参数自动添加到 URL 中。

do_search()路由如下所示:

```
@route(query="*",persist_args='true')
@templateArgs
def do_search(self, query):
    self.first_url = "https://api.github.com/search/
repositories?q={}".format(query)
    self.prev_url = None
    self.next_url = None
    self.last_url = None
    ...
```

你可以在以下地址找到代码文件：

https://github.com/DTAIEB/Thoughtful-Data-Science/blob/master/chapter% 204/sampleCode1.py

persist_args 关键字参数不影响路由的激活方式。它只在被激活时才会自动将正确的查询参数添加到 URL 中。你可以尝试在 Notebook 中做简单更改，将 PixieApp 重新发布到 PixieGateway 服务器，然后再感受一下。只要单击第一个屏幕上的提交按钮，你就会注意到 URL 会自动更新以包含查询参数。

注意：persist_args 参数在 Notebook 中运行时也可以使用，不过实现方法不同，因为我们没有用 URL，而是使用 pixieapp 键将参数添加到单元格元数据中，如图 4－9 所示。

Edit Cell Metadata　×

Manually edit the JSON below to manipulate the metadata for this cell. We recommend putting custom metadata attributes in an appropriately named substructure, so they don't conflict with those of others.

```
1 {
2   "trusted": true,
3   "pixiedust": {
4     "displayParams": {},
5     "pixieapp": {
6       "query": "pixiedust"
7     }
8   }
9 }
```

Cancel　Edit

图 4－9　显示 PixieApp 参数的单元格元数据

如果你使用 persist_args 特性，你可能会发现，在进行迭代开发时，转到单元格元数据来删除参数会变得很麻烦。PixieApp 框架在右上角的工具栏中添加了一个 Home 按钮作为一个快捷方式，只需单击它一下就可以重置参数。

作为替代方案，在 Notebook 中运行时，你还可以避免将路由参数保存在单元格元数据中（但在 Web 上运行时仍然保存这些参数）。为此，你需要使用 web 作为 persist_args 参数的值，而不是用 true：

```
@ route(query= "* ",persist_args= 'web')
...
```

通过将图表发布为网页来共享它们

在本节中,我们将展示如何轻松地共享 display() API 创建的图表并将它发布为网页。

我们使用第 2 章中的示例演示,首先加载汽车性能数据集,并使用 display() 创建一个图表:

```
import pixiedust
cars = pixiedust.sampleData(1, forcePandas= True) # 汽车性能数据
display(cars)
```

你可以在以下地址找到代码文件:

https://github.com/DTAIEB/Thoughtful-Data-Science/blob/master/chapter% 204/sampleCode2.py

在 PixieDust 输出界面中,选择 **Bar Chart(条形图)**菜单,然后在选项对话框中,为 **Keys(键)**选择 horsepower,为 **Values(值)**选择 mpg,如图 4-10 所示。

图 4-10 PixieDust 图表选项

然后,我们使用 **Share** 按钮来调用图表共享对话框,如图 4-11 所示,使用 Bokeh 作为渲染器。

注意：图表共享可以与任何渲染器一起使用，鼓励你尝试使用其他渲染器，如 Matplotlib 和 Mapbox。

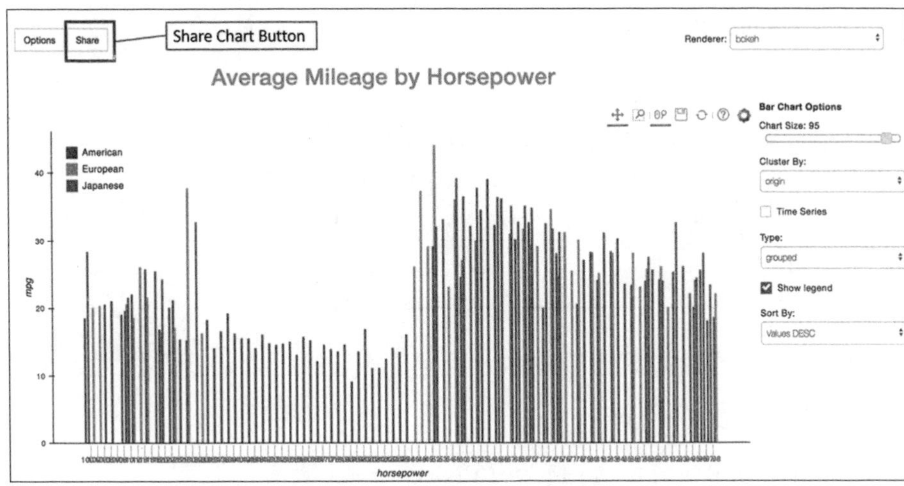

图 4-11 调用 Share Chart 对话框

在 **Share Chart(共享图表)**对话框中，可以指定 PixieGateway 服务器和图表的可选说明，如图 4-12 所示。

请注意，为了方便起见，PixieDust 会自动记住最后使用的那个。

图 4-12 Share Chart 对话框

单击 **Share(共享)**按钮将启动发布过程，该过程将图表内容带到 PixieGateway，然后返回一个到网页的唯一 URL。与 PixieApp 类似，你可以与团队共享此 URL，如图 4-13 所示。

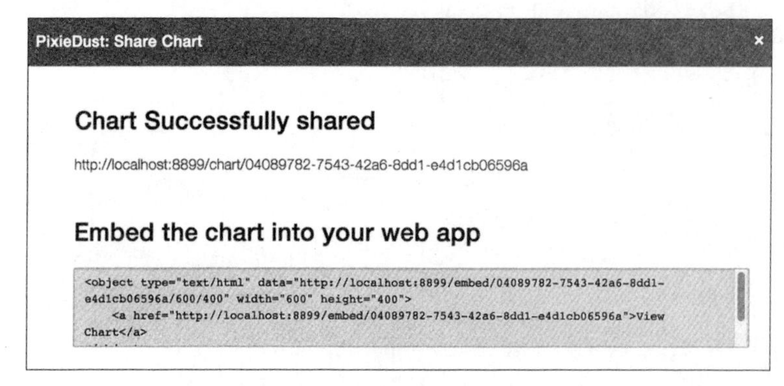

图 4-13　图表共享确认对话框

确认对话框包含图表的唯一 URL 和一个 HTML 片段，通过 HTML 片段可以将图表嵌入你自己的网页中，例如博客文章和仪表盘。

单击该链接将显示如图 4-14 所示的 PixieGateway 页面。

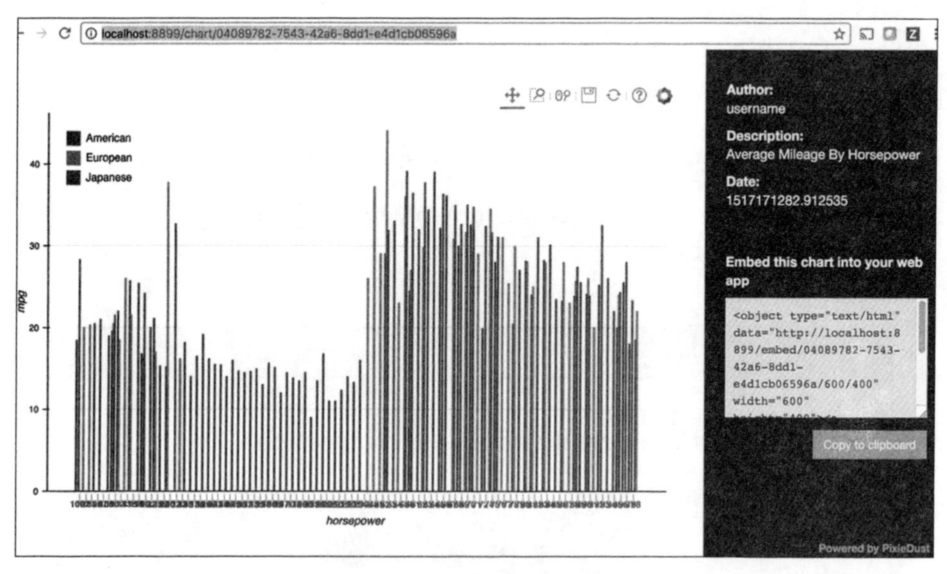

图 4-14　图表页面

上面的页面显示了有关图表的元数据，例如 **Author(作者)**、**Description(说明)**和 **Date(日期)**，以及嵌入的 HTML 片段。请注意，如果图表具有交互性（如 Bokeh、Brunel 或 Mapbox 的情况），那么也会保留在 PixieGateway 页面中。

例如，在前面的屏幕截图中，用户仍然可以使用滚轮缩放、框缩放和平移来浏览图表或将图表作为 PNG 文件下载。

将图表嵌入你自己的页面中也非常容易。只需将嵌入的 HTML 片段复制到你的 HTML 中的任何位置，如下例所示：

```
< ! DOCTYPE html>
< html>
    < head>
        < meta charset= "utf- 8">
        < title> Example page with embedded chart< /title>
    < /head>
    < body>
        < h1>  Embedded a PixieDust Chart in a custom HTML Page< /h1>
        < div>
            < object type= "text/html" width= "600" height= "400"
                data= "http://localhost:8899/embed/04089782- 7543- 42a6-
8dd1- e4d1cb06596a/600/400">
                < a href= "http://localhost:8899/embed/04089782- 7543-  42a6-
8dd1- e4d1cb06596a"> View Chart< /a>
            < /object>
        < /div>
    < /body>
< /html>
```

你可以在以下地址找到代码文件：

https://github.com/DTAIEB/Thoughtful-Data-Science/blob/master/chapter% 204/sampleCode3.html

嵌入的图表对象必须使用与浏览器相同或更高级别的安全性。如果没有，浏览器将抛出一个混合内容(Mixed Content)错误。例如，如果主页是通过 HTTPS 加载的，那么嵌入的图表也必须通过 HTTPS 加载，这意味着你需要在 PixieGateway 服务器中启用 HTTPS。你还可以访问 http://jupyter-kernel- gateway. readthedocs. io/en/latest/config-options. html 为 PixieGateway 服务器配置 SSL/TLS 证书。另一个更容易维护的解决方案是为支持 TLS 终止的 Kubernetes 集群配置入口(Ingress)服务。

为了方便起见，我们在这里为 PixieGateway 服务提供了一个模板入口 YAML 文件：https://github.com/ibm-watson-data-lab/pixie-gateway/blob/master/etc/ingress.yml。你将需要使用 TLS 主机和你的提供商提供的机密更新此文件。例如，如果你使用的是 IBM Cloud Kubernetes 服务，那么只需在< your cluster name> 占位符中输入集群名称。有关如何将 HTTP 重定向到 HTTPS 的更多信息，请参见 https://console.bluemix.net/docs/containers/cs_annotations.html#redirect-to-https。入口服务是提高安全性、可靠性和防止 DDoS 攻击的一个很好的方法。例如，你可以设置各种限制，如每秒允许的对每个唯一 IP 地址的请求/连接数或允许的最大带宽。更多相关信息请参见 https://kubernetes.io/docs/concepts/services-networking/ingress。

PixieGateway 管理控制台

管理控制台是一个很好的工具，可以管理你的资源并对其进行故障排除。你可以使用/admin URL 访问它。请注意，你需要使用你配置的用户/密码进行身份验证（有关如何配置用户/密码的说明，请参阅本章中的“PixieGateway 服务器配置”一节，默认情况下，用户为 admin，密码为空）。

管理控制台的用户界面由多个针对特定任务的菜单组成。让我们逐一看一看：

- **PixieApps**，如图 4-15 所示。

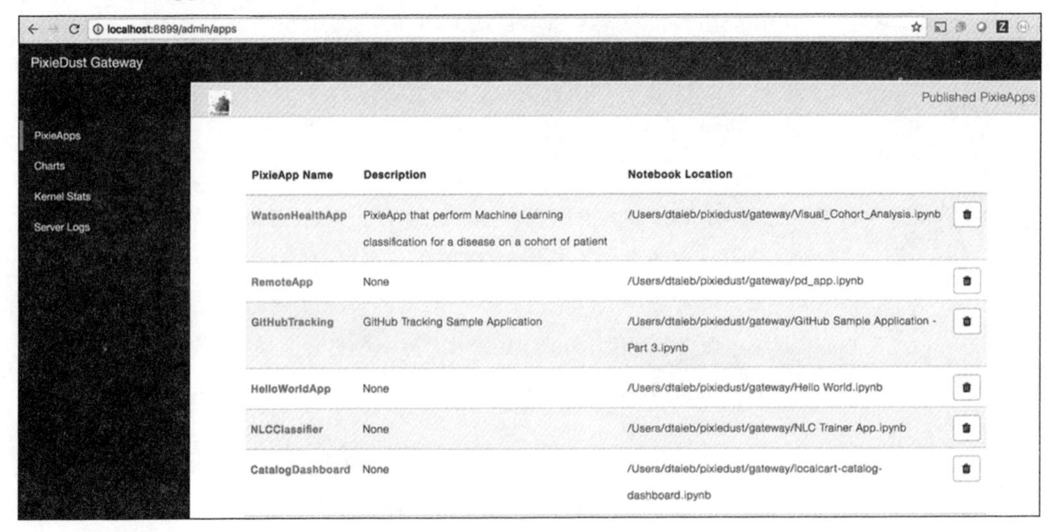

图 4-15 管理控制台 PixieApp 管理页面

- 有关所有已部署 PixieApp 的信息：URL、说明等；
- 安全管理；
- 操作，例如删除和下载。

• **Charts(图表)**，如图 4－16 所示。

- 有关所有已发布图表的信息：链接、预览等；
- 操作，例如删除、下载和嵌入片段。

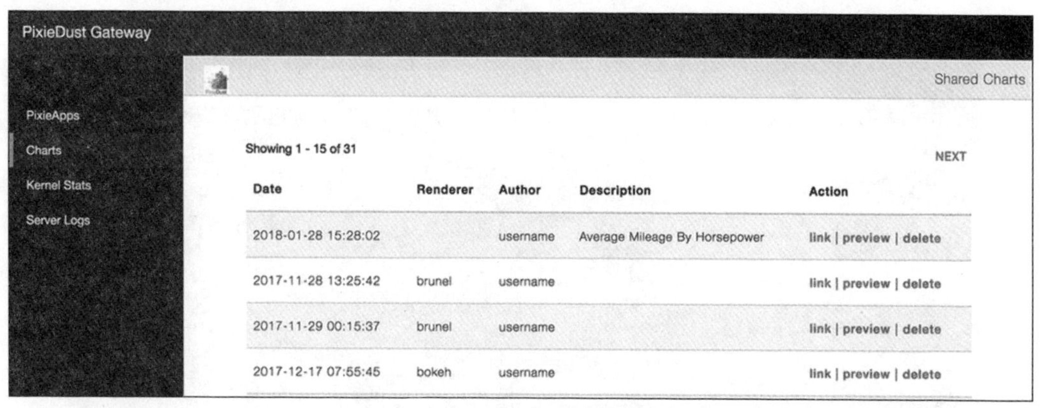

图 4－16　管理控制台图表管理页面

• **Kernel Stats(内核统计信息)**，如图 4－17 所示的屏幕截图显示了 **Kernel Stats** 页面。

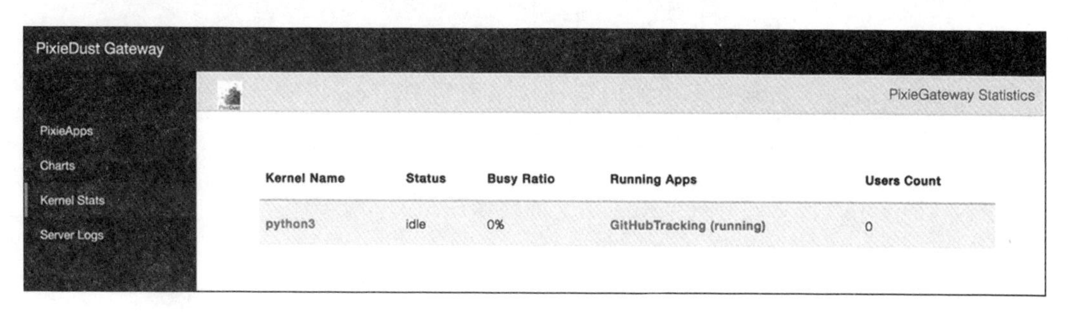

图 4－17　管理控制台内核统计信息页面

此页面显示当前在 PixieGateway 中运行的所有内核的实时列表。每行包含以下信息：

- **Kernel Name(内核名称)**：这是带有下钻链接的内核名称，显示内核详情、日志和 Python 控制台。
- **Status(状态)**：这将状态显示为 `idle`(空闲)或 `busy`(忙碌)。
- **Busy Ratio(忙碌率)**：这是一个介于 0 和 100％之间的值，表示内核自启动以来的利用率。

◦ **Running Apps(正在运行的应用程序)**：这是一个正在运行的 PixieApp 的列表。每个 PixieApp 都是一个支持下钻的链接，显示 PixieApp 的预热代码和运行代码。这对于排除错误非常有用，因为你可以看到 PixieGateway 正在运行什么代码。

◦ **Users Count(用户数)**：这是在此内核中具有打开会话的用户数。

• **Server Logs(服务器日志)**：访问 Tornado 服务器后台日志以进行故障排除，如图 4－18 所示。

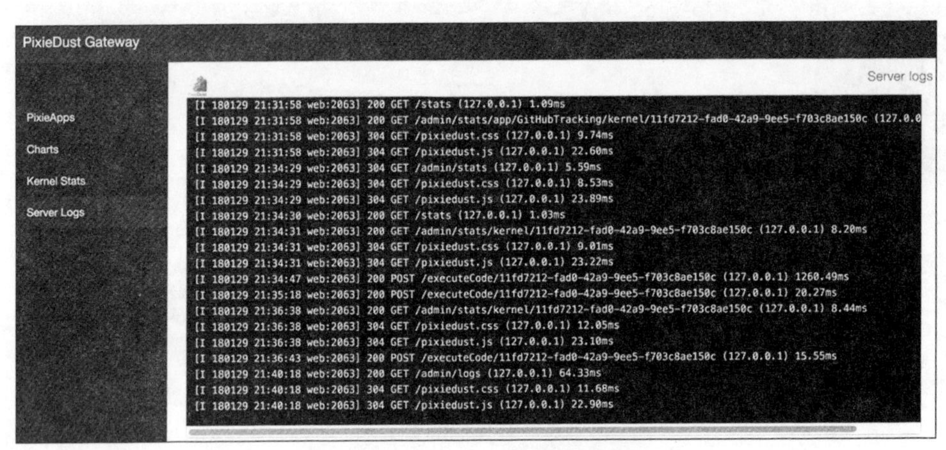

图 4－18　管理控制台服务器日志页面

Python 控制台

通过单击 **Kernel Stats** 屏幕中的内核链接来调用 Python 控制台。管理员可以使用它对内核执行任何代码，这对于排除故障很有用。

例如，图 4－19 所示的屏幕截图显示了如何调用 PixieDust 日志。

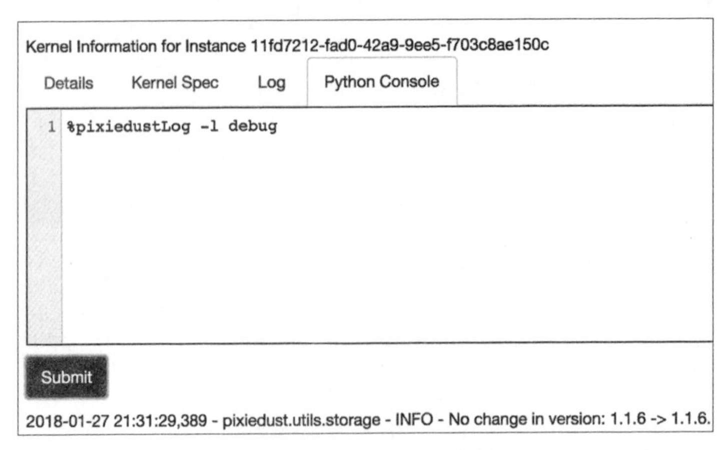

图 4－19　从 PixieGateway 管理 Python 控制台显示 PixieDust 日志

显示 PixieApp 的预热和运行代码

当加载页面发生执行错误时，PixieGateway 将在浏览器中显示完整的 Python 回溯。但是，错误可能很难找到，因为其根本原因可能是在 PixieApp 启动时执行一次的预热代码中。一个重要的调试技术就是查看 PixieGateway 执行的预热和运行代码以发现任何异常。

如果错误仍然不明显，例如，你可以将预热和运行代码复制到一个临时 Notebook 中，然后尝试从那里运行代码，希望可以重现错误并发现问题。

你可以通过单击 **Kernel Stats** 屏幕上的 PixieApp 链接来访问预热和运行代码，该链接将带你进入如图 4-20 所示的屏幕。

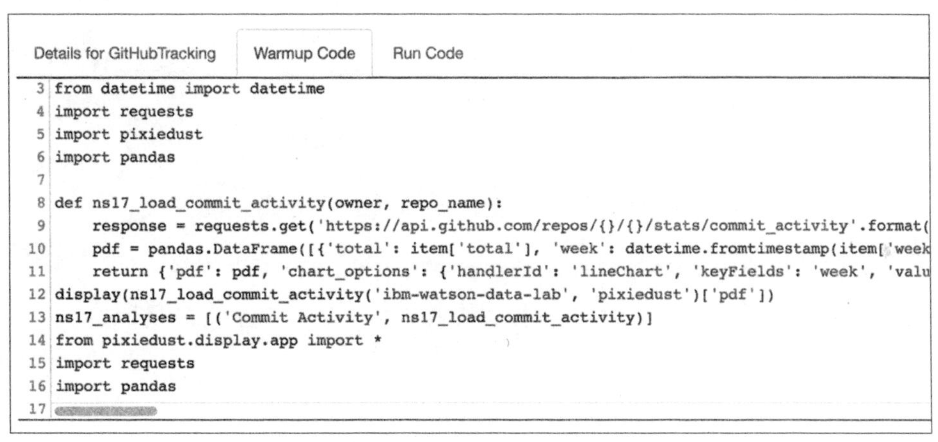

图 4-20 显示预热和运行代码

请注意，预热和运行代码不包含原始代码格式，因此很难阅读。你可以复制并粘贴代码到临时 Notebook 中，重新格式化它来缓解此问题。

本章小结

阅读本章之后，你应该能够安装、配置和管理 PixieGateway 微服务服务器，将图表发布为网页，并将 PixieApp 从 Notebook 部署到 Web 应用程序。无论你是在 Jupyter Notebook 中从事分析工作的数据科学家，还是编写和部署面向业务线用户的应用程序的开发人员，我们在本章中都展示了 PixieDust 如何帮助你更有效地完成任务并缩短分析操作所需的时间。

在下一章中，我们将研究与 PixieDust 和 PixieApp 编程模型相关的高级主题和最佳实践，这在后面的章节中介绍行业用例和示例数据管道时将非常有用。

5

Python 和 PixieDust 最佳实践与高级概念

“我们只信赖上帝，其他人请用数据。”

——W. 爱德华・戴明（W. Edwards Deming）

在本书的剩余章节中，我们将深入探讨行业用例的体系结构，包括示例数据管道的实现，这些用例大量应用了我们迄今为止所学到的技术。在开始查看代码之前，让我们用一些最佳实践和高级 PixieDust 概念来完成我们的工具箱，它们将有助于实现示例应用程序：

- 使用`@captureOutput`装饰器调用第三方 Python 库。
- 增加你的 PixieApp 的模块化和代码重用。
- PixieDust 中的流式数据支持。
- 添加带有 PixieApp 事件的仪表盘下钻（drill-down）功能。
- 使用自定义显示渲染器扩展 PixieDust。
- 调试：
    - 使用 pdb 在 Jupyter Notebook 上运行逐行 Python 代码调试；
    - 使用 PixieDebugger 进行可视化调试；
    - 使用 PixieDust 日志框架解决问题；
    - 客户端 JavaScript 调试技巧。
- 在 Python Notebook 中运行 Node.js。

使用@captureOutput 装饰器集成第三方 Python 库的输出

假设你想在已经使用了一段时间的第三方库中重用你的 PixieApp，以便执行特定的任务，例如使用 scikit－learn 机器学习库（`http://scikit-learn.org`）计算集群并将它们显示为图形。问题是，大多数情况下，你调用的是一个高级方法，它不返回数据，而是直接在单元格输出区域绘制某些内容，例如图表或报表。从 PixieApp 路由调用此方法将不起作用，因为路由的约定方式是返回将由框架处理的 HTML 片段字符串。在这种情况下，该方法很可能不返回任何内容，因为它将结果直接写入单元格输出中。解决方案是在路由方法中使用`@ captureOutput`装饰器，那是 PixieApp 框架的组成部分。

使用@captureOutput 创建词云图像

为了更好地说明前面描述的`@ captureOutput`场景，让我们举一个具体的例子，我们希望构建一个 PixieApp，它使用`wordcloud` Python 库（`https://pypi.python.org/pypi/wordcloud`）从用户通过 URL 提供的文本文件生成词云（word cloud）图像。

我们首先通过在`wordcloud`库自己的单元格中运行以下命令来安装`wordcloud`库：

```
!pip install wordcloud
```

注意：确保在`wordcloud`库安装完成后重新启动内核。

PixieApp 的代码如下所示：

```
from pixiedust.display.app import *
import requests
from wordcloud import WordCloud
import matplotlib.pyplot as plt

@PixieApp
class WordCloudApp():
    @ route()
    def main_screen(self):
        return """
        < div style= "text- align:center">
```

```
            < label> Enter a url: < /label>
            < input type= "text" size= "80" id= "url{{prefix}}">
            < button type= "submit"
                pd_options= "url= $ val(url{{prefix}})"
                pd_target= "wordcloud{{prefix}}">
                Go
            < /button>
        < /div>
        < center> < div id= "wordcloud{{prefix}}"> < /div> < /center>
        """

    @route(url= "* ")
    @captureOutput
    def generate_word_cloud(self, url):
        text = requests.get(url).text
        plt.axis("off")
        plt.imshow(
            WordCloud(max_font_size= 40).generate(text),
            interpolation= 'bilinear'
        )

app = WordCloudApp()
app.run()
```

你可以在以下地址找到代码：

https://github.com/DTAIEB/Thoughtful-Data-Science/blob/master/chapter%205/sampleCode1.py

请注意，只需将@captureOutput 装饰器添加到 generate_word_cloud 路由，就不再需要返回 HTML 片段字符串了。我们可以简单地调用 Matplotlib imshow()函数，它将图像发送到系统输出。PixieApp 框架将负责捕获输出并将其打包为一个 HTML 片段字符串，该字符串将被注入正确的 div 占位符中。结果如图 5-1 所示。

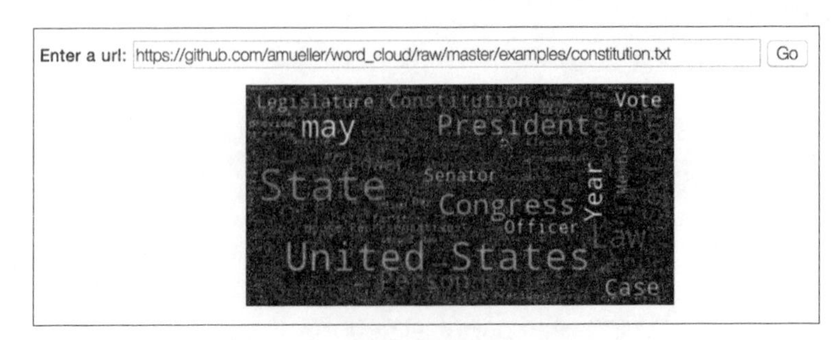

图 5-1　从文本生成词云的简单 PixieApp

注意：我们使用来自 GitHub 上 wordcloud 代码仓库的以下输入 URL：https://github.com/amueller/word_cloud/blob/master/examples/constitution.txt

另一个可用链接是：https://raw.githubusercontent.com/amueller/word_cloud/master/examples/a_new_hope.txt

任何直接绘制到单元格输出的函数都可以与@captureOutput 装饰器一起使用。例如，可以将 Matplotlib show()方法或 IPython display()方法与 HTML 或 JavaScript 类一起使用。你甚至可以使用 display_markdown()方法，以 Markdown 标记语言(https://en.wikipedia.org/wiki/Markdown)输出格式化富文本，如下所示：

```
from pixiedust.display.app import *
from IPython.display import display_markdown

@PixieApp
class TestMarkdown():
    @route()
    @captureOutput
    def main_screen(self):
        display_markdown("""
# Main Header:
# # Secondary Header with bullet
1.item1
2.item2
3.item3

Showing image of the PixieDust logo
! [alt  text] (https://github. com/pixiedust/pixiedust/raw/master/docs/_static/PixieDust% 202C% 20\(256x256\).png "PixieDust Logo")
    """, raw= True)

TestMarkdown().run()
```

这会产生如图 5-2 所示的结果。

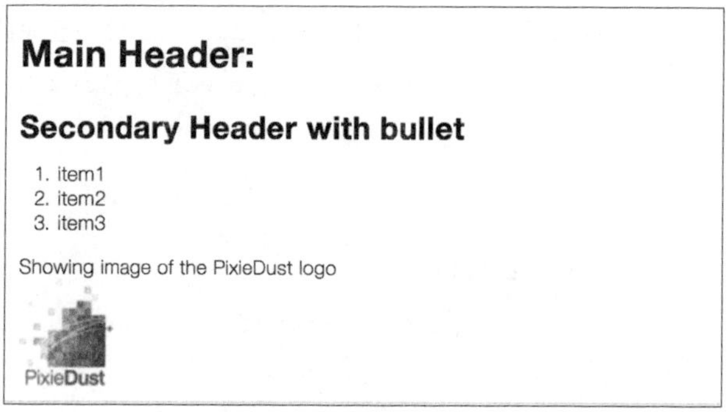

Main Header:

Secondary Header with bullet

1. item1
2. item2
3. item3

Showing image of the PixieDust logo

图 5-2　使用@captureOutput 和 Markdown 的 PixieApp

增加模块化和代码重用

将应用程序分解为较小的、自包含的组件始终是一种良好的开发实践，因为它使代码可重用并且易于维护。PixieApp 框架提供了两种创建和运行可重用组件的方法：

- 以 pd_app 属性动态调用其他 PixieApp
- 将应用程序的一部分打包为可重用的小部件

使用 pd_app 属性，你可以通过完全限定的类名去动态地调用另一个 PixieApp（从现在起我们将其称为子 PixieApp）。子 PixieApp 的输出通过 runInDialog= true 选项被放置在主机 HTML 元素（通常是一个 div 元素）或对话框中。你还可以使用 pd_options 属性初始化子 PixieApp，在这种情况下，框架将调用相应的路由。

为了更好地理解 pd_app 是如何工作的，让我们重写我们的 WordCloud 应用程序，方法是重构在它自己的 PixieApp（我们称之为 WCChildApp）中生成 WordCloud 图像的代码。

下面的代码将 WCChildApp 实现为常规的 PixieApp，但请注意，它不包含默认路由。它只有一个名为 generate_word_cloud 的路由，该路由应该由另一个 PixieApp 使用 url 参数调用：

```
from pixiedust.display.app import *
import requests
from wordcloud import WordCloud
import matplotlib.pyplot as plt

@PixieApp
class WCChildApp():
```

```
    @route(url='*'
    @captureOutput
    def generate_word_cloud(self, url):
        text = requests.get(url).text
        plt.axis("off")
        plt.imshow(
            WordCloud(max_font_size=40).generate(text),
            interpolation='bilinear'
        )
```

你可以在以下地址找到代码文件：

https://github.com/DTAIEB/Thoughtful-Data-Science/blob/master/chapter%205/sampleCode2.py

现在，我们可以构建主 PixieApp，当用户在指定 URL 之后单击 **Go** 按钮时，该主 PixieApp 将调用 WCChildApp：

```
@PixieApp
class WordCloudApp():
      @route()
      def main_screen(self):
          return """
          <div style="text-align:center">
            <label>Enter a url: </label>
            <input type="text" size="80" id="url{{prefix}}">
            <button type="submit"
                pd_options="url=$val(url{{prefix}})"
                pd_app="WCChildApp"
                pd_target="wordcloud{{prefix}}">
                Go
            </button>
          </div>
          <center><div id="wordcloud{{prefix}}"></div></center>
          """
app = WordCloudApp()
app.run()
```

你可以在以下地址找到代码文件：

https://github.com/DTAIEB/Thoughtful-Data-Science/blob/master/chapter%205/sampleCode3.py

在前面的代码中，Go 按钮具有以下属性：

• pd_app= "WCChildApp":使用子 PixieApp 的类名。请注意,如果你的子 PixieApp 位于之前导入的 Python 模块中,那么需要使用完全限定名称。

• pd_options= "url= $ val(url{{prefix}})":将用户输入的 URL 存储为子 PixieApp 的初始化选项。

• pd_target= "wordcloud{{prefix}}":告诉 PixieDust 将子 PixieApp 的输出放在 ID 为 wordcloud{{prefix}}的 div 中。

pd_app 属性是一种通过封装组件的逻辑和表示来模块化代码的强大方法。pd_widget 属性提供了另一种实现类似结果的方法,但组件不是从外部调用的,而是通过继承调用的。

每种方法都有优缺点:

• 由于 pd_widget 技术是作为路由实现的,自然比 pd_app 更轻量,后者需要创建一个全新的 PixieApp 实例。请注意,pd_widget 和 pd_app(通过 parent_pixieapp 变量)都可以访问主机应用程序中包含的所有变量。

• pd_app 属性实现了组件之间更清晰的分离且比 pd_widget 更灵活。例如,你可以有一个按钮,它可以根据不同用户选择动态调用多个 PixieApp。

注意:正如我们将在本章后面看到的,这实际上是 PixieDust 显示用于选项对话框的内容。

如果你发现自己需要在一个 PixieApp 中拥有相同组件的多个副本,请先考虑该组件是否需要在类变量中维护其状态。如果是这种情况,最好使用 pd_app,但如果不是,那么使用 pd_widget 也可以。

使用 pd_widget 创建小部件

要创建小部件,可以使用以下步骤:

1. 创建一个 PixieApp 类,它包含一个用名为 widget 的特殊参数标记的路由。

2. 使主类从 PixieApp 小部件继承。

3. 使用 div 元素上的 pd_widget 属性调用小部件。

作为示例，让我们再用小部件重写 WordCloud 应用程序：

```
from pixiedust.display.app import *
import requests
from word cloud import WordCloud
import matplotlib.pyplot as plt

@PixieApp
class WCChildApp():
    @route(widget= 'wordcloud')
    @captureOutput
    def generate_word_cloud(self):
        text =  requests.get(self.url).text if self.url else ""
        plt.axis("off")
        plt.imshow(
            WordCloud(max_font_size= 40).generate(text),
            interpolation= 'bilinear'
        )
```

你可以在以下地址找到代码文件：

https://github.com/DTAIEB/Thoughtful-Data-Science/blob/master/chapter% 205/sampleCode4.py

请注意，在前面的代码中，url 被引用为类变量，因为我们假设基类会提供它。代码必须测试 url 是否为 None，在应用程序启动时可能会出现这种情况。我们之所以用这种方式实现它，是因为 pd_widget 是一个不能轻易动态生成的属性（你必须使用一个生成带有 pd_widget 属性的 div 片段的辅助路由）。

主 PixieApp 类现在如下所示：

```
@PixieApp
class WordCloudApp(WCChildApp):
    @route()
    def main_screen(self):
        self.url= None
        return """
        < div style= "text- align:center">
            < label> Enter a url: < /label>
            < input type= "text" size= "80" id= "url{{prefix}}">
            < button type= "submit"
                pd_script= "self.url =  '$ val(url{{prefix}})'"
                pd_refresh= "wordcloud{{prefix}}">
                Go
            < /button>
```

```
        </div>
        <center><div pd_widget="wordcloud"
                id="wordcloud{{prefix}}"></div></center>
        """
app = WordCloudApp()
app.run()
```

你可以在以下地址找到代码文件：

https://github.com/DTAIEB/Thoughtful-Data-Science/blob/master/chapter%205/sampleCode5.py

包含 pd_widget 属性的 div 在启动时被渲染，但由于 url 仍然为 None，因此实际上不会生成任何词云。Go 按钮有一个 pd_script 属性，它将 self.url 设置为用户提供的值。它还有一个 pd_refresh 属性设置为 pd_widget div，该属性将再次调用 wordcloud 小部件，但这次 URL 将初始化为正确的值。

在本节中，我们看到了两种将代码模块化以供重用的方法，以及这两种方法的优缺点。我强烈建议你使用这些代码来了解每种技术的使用场景。不要担心，即使你觉得现在仍然有点模糊，但当我们在前面章节的示例代码中使用这些技术时，它可能就会变得更加清晰。

在下一节中，我们将讨论 PixieDust 中的流式数据支持。

PixieDust 中的流式数据支持

随着物联网(Internet of Things,IOT)设备的兴起，分析和可视化实时数据流的能力变得越来越重要。例如，你可以在机器中安装像温度计这样的传感器或像起搏器这样的便携式医疗设备，连续地将数据流到诸如 Kafka 这样的流式服务中。PixieDust 通过向 PixieApp 和 display()框架提供简单的集成 API，使得在 Jupyter Notebook 中处理实时数据变得更加容易。

在可视化方面，PixieDust 使用 Bokeh (https://bokeh.pydata.org)支持高效的数据源更新，将流式数据绘制到实时图表中(请注意，目前只支持线条图和散点图，但将来还会添加更多)。display()框架还支持使用 Mapbox 渲染引擎对流式数据进行地理空间可视化。

要激活流式可视化，需要使用从 StreamingDataAdapter 继承的类，Streaming-

DataAdapter 是一个抽象类,是 PixieDust API 的一部分。该类充当流式数据源和可视化框架之间的通用桥梁。

注意:我建议你在此处花点时间查看 StreamingDataAdapter 的代码:https://github.com/pixiedust/pixiedust/blob/0c536b45c9af681a4da160170d38879298aa87cb/pixiedust/display/streaming/__init__.py

图 5-3 显示了 StreamingDataAdapter 数据结构如何适应 display()框架。

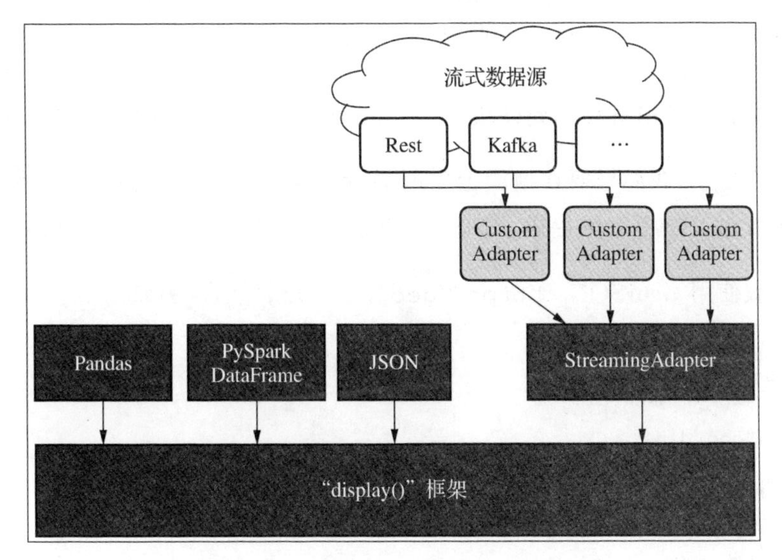

图 5-3 StreamingDataAdapter 体系结构

实现 StreamingDataAdapter 的子类时,必须覆盖(override)基类提供的 doGetNextData()方法,它将被重复调用以获取新数据来更新可视化。你还可以选择性地覆盖 getMetadata()方法以将上下文传递到渲染引擎(稍后我们将使用此方法配置 MapBox 渲染)。

doGetNextData()的抽象实现如下所示:

```
@ abstractmethod
def doGetNextData(self):
  """Return the next batch of data from the underlying stream.
  Accepted return values are:
  1. (x,y): tuple of list/numpy arrays representing the x and y axis
  2. pandas dataframe
```

```
  3. y: list/numpy array representing the y axis. In this case, the x axis is au-
tomatically created
  4. pandas serie: similar to # 3
  5. json
  6. geojson
  7. url with supported payload (json/geojson)
  """
  Pass
```

你可以在以下地址找到代码文件：

https://github.com/DTAIEB/Thoughtful-Data-Science/blob/master/chapter% 205/sampleCode6.py

前面的文档字符串解释了允许从 doGetNextData()返回的不同类型的数据。

作为一个例子，我们想要在地图上实时显示一架虚拟无人机在地球上徘徊的位置。它的当前位置由 REST 服务提供，网址为：https://wanderdrone.appspot.com。

有效负载使用 GeoJSON (http://geojson.org)格式，例如：

```
{
    "geometry": {
        "type": "Point", "
        "coordinates": [
            - 93.824908715741202, 10.875051131034805
        ]
    },
    "type": "Feature",
    "properties": {}
}
```

你可以在以下地址找到代码文件：

https://github.com/DTAIEB/Thoughtful-Data-Science/blob/master/chapter% 205/sampleCode7.json

为了实时渲染无人机位置，我们创建了一个从 StreamingDataAdapter 继承的 DroneStreamingAdapter 类，只需在 doGetNextData()方法中返回无人机位置服务 URL，如下所示：

```
from pixiedust.display.streaming import *
class DroneStreamingAdapter(StreamingDataAdapter):
```

```
    def getMetadata(self):
        iconImage = "rocket- 15"
        return {
            "layout": {"icon- image": iconImage, "icon- size":1.5},
            "type": "symbol"
        }
    def doGetNextData(self):
        return "https://wanderdrone.appspot.com/"
adapter = DroneStreamingAdapter()
display(adapter)
```

你可以在以下地址找到代码文件：

https://github.com/DTAIEB/Thoughtful-Data-Science/blob/master/chapter% 205/sampleCode8.py

在 getMetadata() 方法中，我们返回使用火箭 Maki 图标（https://www.mapbox.com/maki- icons）作为无人机符号的 MapBox 特定样式属性（如此文所述：https://www.mapbox.com/maki- icons）。

通过几行代码，我们能够创建一个无人机位置的实时地理空间可视化，结果如图 5 - 4 所示。

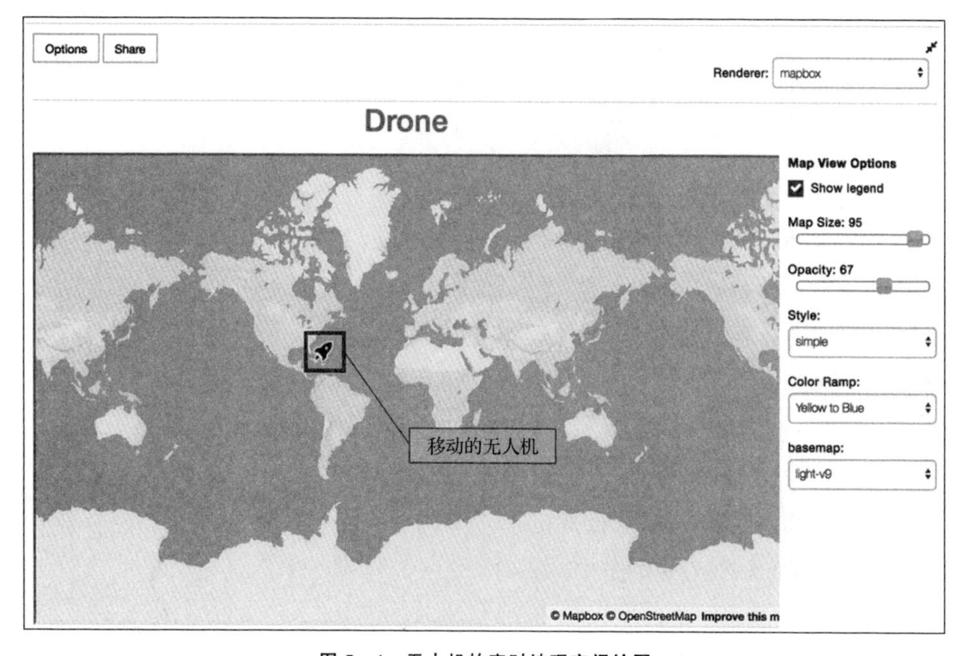

图 5 - 4　无人机的实时地理空间绘图

你可以在位于以下地址的 PixieDust 代码仓库中找到此示例的完整 Notebook：

https://github.com/pixiedust/pixiedust/blob/master/notebook/pixieapp- streaming/Mapbox% 20Streaming.ipynb

向 PixieApp 添加流处理功能

在下一个示例中，我们将展示如何使用 PixieDust 提供的 MessageHubStreamingApp PixieApp 可视化来自 Apache Kafka 数据源的流式数据（https://github.com/pixiedust/pixiedust/blob/master/pixiedust/apps/messageHub/message HubApp.py。）

注意：MessageHubStreamingApp 与名为 Message Hub（https://console.bluemix.net/docs/services/MessageHub/index.html#messagehub）的 IBM Cloud Kafka 服务一起工作，但它可以轻松地适应任何其他 Kafka 服务。

如果你不熟悉 Apache Kafka，不要担心，因为我们将在第 7 章中讨论这方面的内容。

这个 PixieApp 允许用户选择与服务实例关联的 Kafka 主题并实时显示事件。假设来自所选主题的事件有效负载使用 JSON 格式，它将提供一个从事件数据采样中推断出的模式。然后，用户可以选择一个特定字段（必须为数字）并显示一个实时图表，展示了该字段随时间的平均值，如图 5-5 所示。

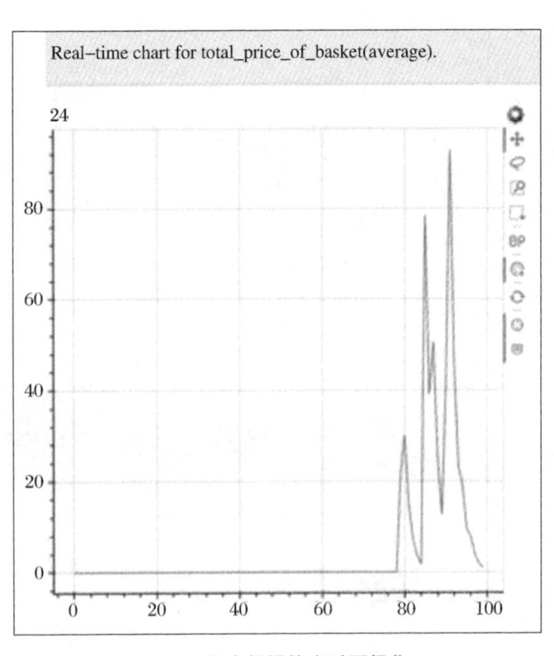

图 5-5　流式数据的实时可视化

提供流处理功能所需的关键 PixieApp 属性是 pd_refresh_rate，它以指定的时间间隔（拉模式）执行特定的内核请求。在前面的应用程序中，我们使用它来更新实时图表，如以下 showChart 路由返回的 HTML 片段所示：

```
@route(topic= "*",streampreview= "*",schemaX= "*")
def showChart(self, schemaX):
    self.schemaX = schemaX
    self.avgChannelData = self.streamingData.
getStreamingChannel(self.computeAverages)
    return """
< div class= "well" style= "text- align:center">
    < div style= "font- size:x- large"> Real- time chart for {{this. schemaX}}
(average).< /div>
< /div>

< div pd_refresh_rate= "1000" pd_entity= "avgChannelData"> < /div>
      """
```

你可以在以下地址找到代码文件：

https://github.com/DTAIEB/Thoughtful-Data-Science/blob/master/chapter%205/sampleCode9.py

前面的 div 通过 pd_entity 属性绑定到 avgChannelData 实体，负责创建每秒更新一次的实时图表(pd_refresh_rate= 1000 ms)。另外，avgChannelData 实体是通过调用 getStreamingChannel()创建的，该实体被传递给 self 属性。computeAverage 函数负责更新所有流数据的平均值。需要注意的是，avgChannelData 是从 StreamingDataAdapter 继承的类，因此可以传递给 display()框架以构建实时图表。

最后一个问题是让 PixieApp 返回 display()框架所需的 displayHandler。这是通过覆盖 newDisplayHandler()方法完成的，如下所示：

```
def newDisplayHandler(self, options, entity):
    if self.streamingDisplay is None:
        self.streamingDisplay = LineChartStreamingDisplay(options,entity)
    else:
        self.streamingDisplay.options = options
    return self.streamingDisplay
```

你可以在以下地址找到代码文件：

https://github.com/DTAIEB/Thoughtful-Data-Science/blob/master/chapter%205/sampleCode10.py

在前面的代码中，我们使用它创建 pixiedust.display.streaming.bokeh 包中的 PixieDust 提供的 LineChartStreamingDisplay(https://github.com/pixie-dust/pixiedust/blob/master/pixiedust/display/streaming/bokeh/line-ChartStreamingDisplay.py)的实例，传递 avgChannelData 实体。

如果你希望看到此应用程序的运行状态，则需要在 IBM Cloud 上创建一个 Message Hub 服务实例(https://console.bluemix.net/catalog/services/message-hub)，并通过其凭证在 Notebook 中使用以下代码调用此 PixieApp：

```
from pixiedust.apps.messageHub import *
MessageHubStreamingApp().run(
    credentials= {
        "username": "XXXX",
        "password": "XXXX",
        "api_key" : "XXXX",
        "prod": True
    }
)
```

如果你有兴趣了解更多关于 PixieDust 流处理的知识，可以在以下地址找到其他流式应用程序示例：

• 一个简单的 PixieApp，演示了如何从随机生成的数据创建流式可视化：https://github.com/pixiedust/pixiedust/blob/master/notebook/pixieapp-streaming/PixieApp%20Streaming-Random.ipynb。

• PixieApp，演示如何构建股票行情的实时可视化：https://github.com/pixie-dust/pixiedust/blob/master/notebook/pixieapp-streaming/PixieApp%20Streaming- Stock%20Ticker.ipynb。

下一个主题将介绍让你可以在应用程序的不同组件之间添加交互性的 PixieApp 事件。

添加带有 PixieApp 事件的仪表盘下钻功能

PixieApp 框架支持使用浏览器中可用的发布-订阅模式在不同组件之间发送和接收事件。使用这个借鉴了松散耦合模式(https://en.wikipedia.org/wiki/Loose_coupling)的模型的最大优点是允许发送组件和接收组件彼此之间保持无关性。因此，它们的实现可以彼此独立地执行并且对需求的变化不敏感。当你的 PixieApp 使用来自不同团队构建的不同 PixieApp 的组件，或者当事件来自与图表交互的用户（例如，单击地图），并且希望实现向下钻取功能时，这可能非常有用。

每个事件都可以携带任意键和值的 JSON 有效负载。有效负载必须至少具有以下键中的一个（或两个）：

- `targetDivId`：一个标识发送事件的元素的 DOM ID。
- `type`：一个标识事件类型的字符串。

发布器通过以下两种方式触发事件：

- **声明式（Declarative）**：使用 `pd_event_payload` 属性指定有效负载内容。此属性遵循与 `pd_options` 相同的规则：
    - 必须使用 `key= value` 符号对每个键/值对进行编码
    - 此事件将由单击或更改事件触发
    - 必须为 `$ val()` 指令提供支持以便动态注入用户输入
    - 使用 `< pd_event_payload>` 子元素输入原始 JSON

示例如下：

```
< button type= "submit" pd_event_payload= "type= topicA; message= Button
clicked">
    Send event A
< /button>
```

或者，我们可以使用以下代码：

```
< button type= "submit">
    < pd_event_payload>
    {
        "type":"topicA",
        "message":"Button Clicked"
    }
    < /pd_event_payload>
    Send event A
< /button>
```

你可以在以下地址找到代码文件：

https://github.com/DTAIEB/Thoughtful-Data-Science/blob/master/chapter% 205/sampleCode11.html

- **程序式(Programmatic)**:在某些情况下,你可能希望通过 JavaScript 直接触发事件。此时,可以使用 pixiedust 全局对象的 sendEvent(payload, divId)方法。divId 是一个可选参数,用于指定事件的起源。如果省略 divId 参数,则默认为当前发送事件的元素的 divId。因此,你应该始终使用 pixiedust.sendevent,而不需要来自如点击、悬停等用户事件的 JavaScript 处理程序的 divId。

示例如下:

```
< table
onclick= "pixiedust.sendEvent({type:'topicB',text:event.srcElement.
innerText})">
    < tr> < td> Row 1< /td> < /tr>
    < tr> < td> Row 2< /td> < /tr>
    < tr> < td> Row 3< /td> < /tr>
< /table>
```

你可以在以下地址找到代码文件:

https://github.com/DTAIEB/Thoughtful-Data-Science/blob/master/chapter% 205/sampleCode12.html

订阅器可以通过声明< pd_event_handler> 元素来侦听事件,该元素可以接受任何 PixieApp 内核执行属性,例如 pd_options 和 pd_script。它还必须使用 pd_source 属性来筛选要处理的事件。pd_source 属性可以包含以下任意值:

- targetDivId:仅接受源自具有指定 ID 的元素的事件。
- type: 仅接受指定类型的事件。
- "* ":表示接受任意事件。

示例如下:

```
< div class= "col- sm- 6" id= "listenerA{{prefix}}">
    Listening to button event
    < pd_event_handler
        pd_source= "topicA"
        pd_script= "print(eventInfo)"
        pd_target= "listenerA{{prefix}}">
    < /pd_event_handler>
< /div>
```

你可以在以下地址找到代码文件：

https://github.com/DTAIEB/Thoughtful-Data-Science/blob/master/chapter% 205/sampleCode13.html

图 5-6 显示了组件之间的交互方式。

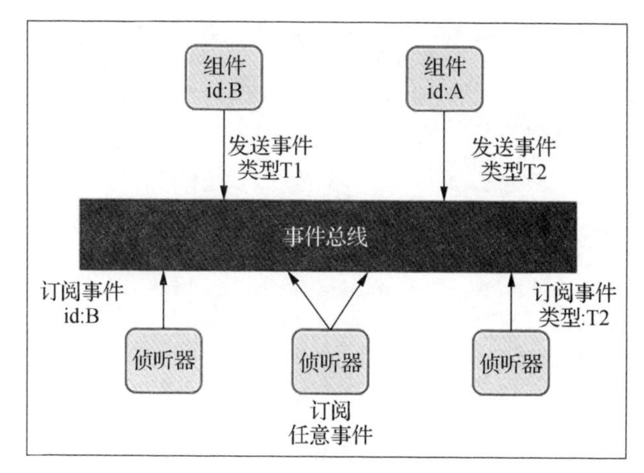

图 5-6 组件间发送/接收事件

在下面的代码示例中，我们通过构建两个发布器——一个按钮元素和一个表，来说明 PixieDust 事件系统，其中每一行都是一个事件源。我们还有两个实现为 div 元素的侦听器：

```
from pixiedust.display.app import *
@PixieApp
class TestEvents():
    @route()
    def main_screen(self):
        return """
<div>
    <button type= "submit">
          <pd_event_payload>
          {
              "type":"topicA",
              "message":"Button Clicked"
          }
          </pd_event_payload>
          Send event A
    </button>
    <table onclick= "pixiedust.sendEvent({type:'topicB',text:event.
```

```
srcElement.innerText})">
        < tr> < td> Row 1< /td> < /tr>
        < tr> < td> Row 2< /td> < /tr>
        < tr> < td> Row 3< /td> < /tr>
    < /table>
< /div>
< div class= "container" style= "margin- top:30px">
    < div class= "row">
        < div class= "col- sm- 6" id= "listenerA{{prefix}}">
          Listening to button event
          < pd_event_handler pd_source= "topicA" pd_
          script= "print(eventInfo)" pd_target= "listenerA{{prefix}}">
          < /pd_event_handler>
      < /div>
      < div class= "col- sm- 6" id= "listenerB{{prefix}}">
          Listening to table event
          < pd_event_handler pd_source= "topicB" pd_
script= "print(eventInfo)" pd_target= "listenerB{{prefix}}">
          < /pd_event_handler>
      < /div>
  < /div>
< /div>
      """
app = TestEvents()
app.run()
```

你可以在以下地址找到代码文件：

https://github.com/DTAIEB/Thoughtful-Data-Science/blob/master/chapter% 205/sampleCode14.py

上述代码产生如图 5 - 7 所示的结果。

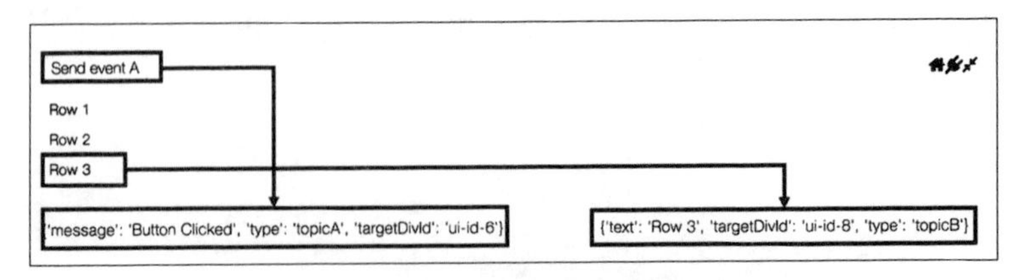

图 5 - 7　PixieApp 事件的用户交互流

PixieApp 事件让你能够创建具有下钻功能的复杂仪表盘。另外，你还可以利用为由 `display()` 框架生成的某些图表自动发布的事件。例如，内置的渲染器(如 Google Maps、Mapbox 和 Table)将在用户单击图表上的某处时自动生成事件。这对于快速构建具有下钻功能的各种交互式仪表盘非常有用。

在下一个主题中，我们将讨论如何使用 PixieDust 可扩展性 API 创建自定义可视化。

扩展 PixieDust 可视化

PixieDust 被设计为高度可扩展的框架。根据要显示的实体，可以在调用它时创建自己的可视化和控件。PixieDust 框架提供了多个可扩展层。最基础也最强大的一个可让你创建自己的 `Display` 类。但是，大多数可视化都具有许多共同的属性，例如标准选项（聚合、最大行数、标题等），或者缓存机制以防止在用户只选择了一个不需要重新处理数据的次要选项时重新计算所有内容。

为了防止用户每次都重新发明轮子，PixieDust 提供了第二个可扩展性层 **renderer（渲染器）**，其中包括前面介绍过的所有工具。

图 5－8 展示了不同的层。

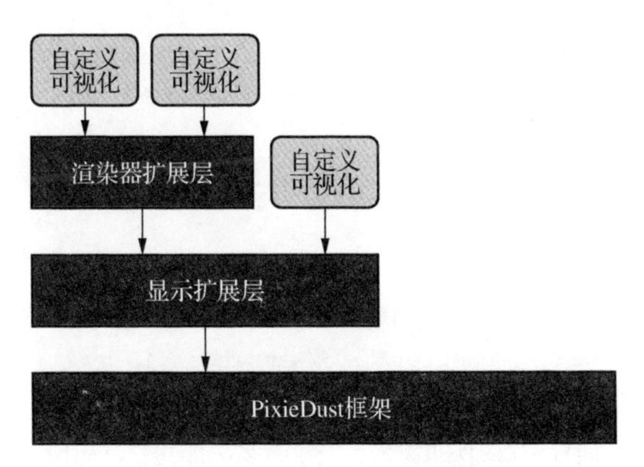

图 5－8 PixieDust 扩展层

为了使用显示扩展层，你需要通过创建一个继承自 `pixieDust.display.DisplayHandlerMeta` 的类来在菜单中呈现你的可视化。该类包含两个需要覆盖的方法：

- `getMenuInfo(self,entity,dataHandler)`：如果不支持作为参数传递的实体，则返回空数组，否则返回包含一组带有菜单相关信息的 JSON 对象的数组。每个 JSON 对象必须包含以下信息：
  - `id`：标识工具的唯一字符串；
  - `categoryId`：标识菜单类别或组的唯一字符串，稍后将提供所有内置类别的完整列表；

  - title：描述菜单的任意字符串；
  - icon：font—awesome 图标名称或图像的 URL。

- newDisplayHandler(self,options,entity)：当用户激活菜单时，将调用 newDisplayHandler()方法。这个方法必须返回一个继承自 pixieDust.display.display.contract 的类实例，这个类实现了一个 doRender()方法，负责创建可视化。

让我们以创建一个用于 pandas DataFrame 的自定义表渲染为例。首先创建配置菜单和工厂方法的 DisplayHandlerMeta 类：

```
from pixiedust.display.display import *
import pandas
@PixiedustDisplay()
class SimpleDisplayMeta(DisplayHandlerMeta):
    @addId
    def getMenuInfo(self,entity,dataHandler):
        if type(entity) is pandas.core.frame.DataFrame:
            return [
                {"categoryId": "Table", "title": "Simple Table", "icon": "fa-
table", "id": "simpleTest"}
            ]
        return []
    def newDisplayHandler(self,options,entity):
        return SimpleDisplay(options,entity)
```

你可以在以下地址找到代码文件：

https://github.com/DTAIEB/Thoughtful-Data-Science/blob/master/chapter% 205/sampleCode15.py

请注意，前面的 SimpleDisplayMeta 类需要用@ PixieDustDisplay 装饰，这是将该类添加到插件的内部 PixieDust 注册表所必需的。在 getMenuInfo()方法中，我们首先检查实体类型是否为 pandas DataFrame，如果不是，则返回一个空数组，表示该插件不支持当前实体，因此不会对菜单贡献任何内容。如果类型正确，则返回一个数组，里面有一个包含菜单信息的 JSON 对象。

工厂方法 newDisplayHandler()将选项和实体作为参数传递。options 参数是一个键/值对字典，包含用户所作的各种选择。正如我们稍后将看到的，可视化可以定义反映其功能的任意键/值对，PixieDust 框架会自动将它们保存在单元格元数据中。

例如，你可以添加一个选项用于将 HTTP 链接显示为 UI 中可单击的样式。在示例中，我们返回此处定义的一个 SimpleDisplay 实例：

```
class SimpleDisplay(Display):
    def doRender(self, handlerId):
        self._addHTMLTemplateString("""
< table class= "table table- striped">
    < thead>
        {% for column in entity.columns.tolist() %}
        < th> {{column}}< /th>
        {%endfor%}
    < /thead>
    < tbody>
        {% for _, row in entity.iterrows() %}
        < tr>
            {% for value in row.tolist() %}
            < td> {{value}}< /td>
            {% endfor%}
        < /tr>
        {% endfor%}
    < /tbody>
< /table>
        """)
```

你可以在以下地址找到代码文件：

https://github.com/DTAIEB/Thoughtful-Data-Science/blob/master/chapter% 205/sampleCode16.py

如前所述，SimpleDisplay 类必须从 Display 类继承并实现 doRender() 方法。在此方法的实现中，你可以访问 self.entity 和 self.options 变量，以调整信息在屏幕上的渲染方式。在前面的示例中，我们使用 self._addHTMLTemplateString() 方法创建将渲染可视化的 HTML 片段。与 PixieApp 路由一样，传递给 self._addHTMLTemplateString() 的字符串可以利用 Jinja2 模板引擎并自动访问变量，例如 entity 等。如果你不想硬编码 Python 文件中的模板字符串，可以将其解压缩到它自己的文件中，你必须将此文件放在一个名为 templates 的目录中，该目录必须与调用 Python 文件位于同一个目录中。然后你需要使用 self._addHtmlTemplate() 方法，它将文件名作为参数(不指定 templates 目录)。

将 HTML 片段外化到它自己的文件中的另一个优点是，你不必每次进行更改时都重新启动内核，这可以节省大量时间。由于 Python 的工作方式，如果 HTML 片段被嵌入源代码中，则不能这样。在这种情况下，对于 HTML 片段中所做的任何更改，你都必须重新启动内核。

还必须注意，self._addHTMLTemplate()和 self._addHTMLTemplateString()接受将被传递给 Jinja2 模板的关键字参数。例如：

```
self._addHTMLTemplate('simpleTable.html', custom_arg = "Some value")
```

我们现在可以运行一个单元格，它显示 cars 数据集(举例)，如图 5-9 所示。

注意：Simple Table(简易表)扩展只适用于 pandas DataFrame，不适用于 Spark DataFrame。因此，如果你的 Notebook 连接到 Spark，则需要在调用 sampleData()时使用 forcePandas= True。

```
1 import pixiedust
2 cars = pixiedust.sampleData(1)
3 display(cars)
```

```
Creating pandas DataFrame for 'Car performance data'. Please wait...
Loading file using 'pandas'
Successfully created pandas DataFrame for 'Car performance data'
```

Table.Next

Simple Table

	ylinders	engine	horsepower	weight	acceleration	year	origin	name
	8	307.0	130	3504	12.0	70	American	chevrolet chevelle malibu
15.0	8	350.0	165	3693	11.5	70	American	buick skylark 320
18.0	8	318.0	150	3436	11.0	70	American	plymouth satellite
16.0	8	304.0	150	3433	12.0	70	American	amc rebel sst
17.0	8	302.0	140	3449	10.5	70	American	ford torino

图 5-9　在 pandas DataFrame 上运行一个自定义可视化插件

如 PixieDust 扩展层体系结构图所示，你还可以使用渲染器扩展层(Renderer Extension Layer)来扩展 PixieDust，该扩展层比显示扩展层(Display Extension Layer)更具说明性(prescriptive)，但提供了更多开箱即用的功能，例如选项管理和临时数据计算缓存。从用户界面的角度来看，用户可以使用图表区右上角的 **Renderer(渲染器)** 下拉列表在渲染器之间切换。

PixieDust 附带了一些内置的渲染器，例如 Matplotlib、Seaborn、Bokeh、Mapbox、Brunel 和 Google Maps，但它没有声明对底层可视化库，包括 Bokeh、Brunel 或 Seaborn 的任何硬依赖。因此，用户需要手动安装它们，否则它们不会出现在菜单中。

图 5-10 所示的屏幕截图演示了在给定图表的渲染器之间切换的机制。

添加一个新的渲染器类似于添加一个显示可视化（它使用相同的 API），只不过更简单，因为你只需要构建一个类（不需要构建元数据类）。以下是你需要遵循的步骤：

1. 创建从专用的 `BaseChartDisplay` 类继承的 `Display` 类。实现所需的 `dorEnderChart()` 方法。

2. 使用 `@PixieDustRenderer` 装饰器注册 `rendererId`（它在所有渲染器中必须是唯一的）和要渲染的图表类型。

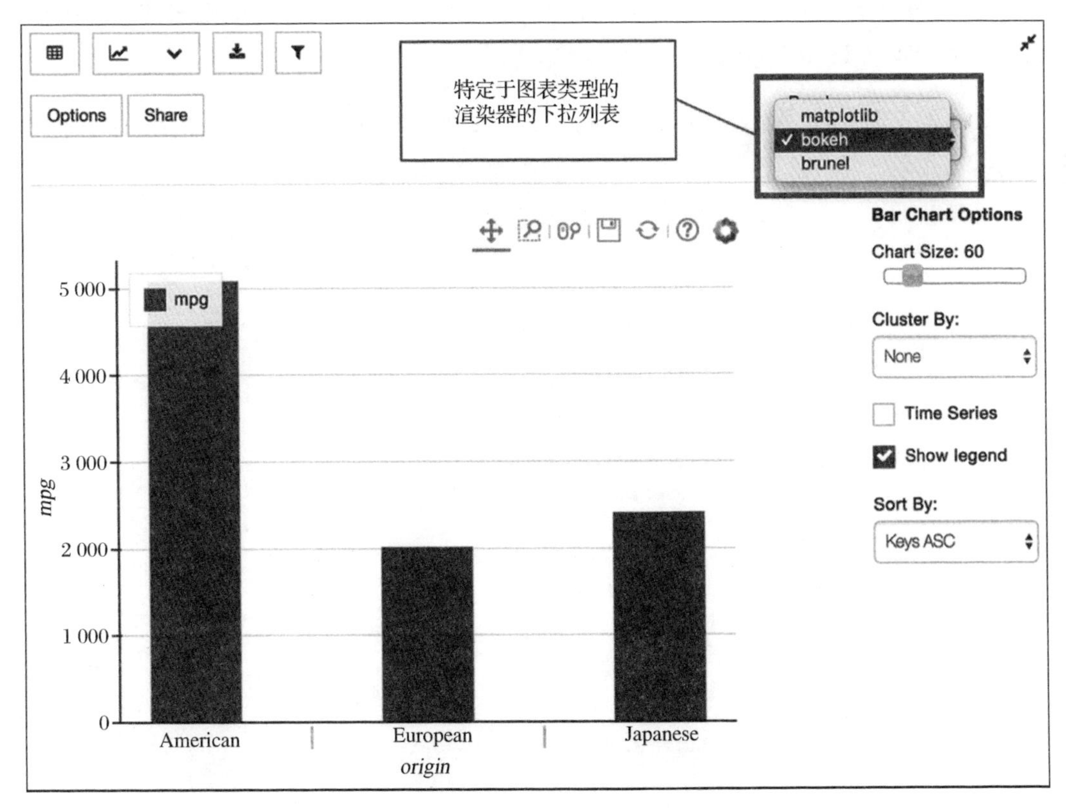

图 5-10 渲染器之间的切换

请注意，可以对渲染器中包含的所有图表重用相同的 rendererId。PixieDust 提供了一组核心图表类型：

- tableView
- barChart
- lineChart
- scatterPlot
- pieChart
- mapView
- histogram

3. (可选)使用@commonChartOptions 装饰器创建一组动态选项。

4. (可选)通过覆盖 get_options_dialog_pixieapp()方法来自定义选项对话框，以返回从 pixiedust.display.chart.options.baseOptions 包中的 BaseOptions 类继承的 PixieApp 类的完全限定名。

下面举个例子，让我们使用渲染器扩展层重写前面的自定义 SimpleDisplay 表可视化：

```
from pixiedust.display.chart.renderers import PixiedustRenderer
from pixiedust.display.chart.renderers.baseChartDisplay import
BaseChartDisplay

@PixiedustRenderer(rendererId= "simpletable", id= "tableView")
class SimpleDisplayWithRenderer(BaseChartDisplay):
    def get_options_dialog_pixieapp(self):
        return None # 不需要选项

    def doRenderChart(self):
        return self.renderTemplateString("""
< table class= "table table- striped">
    < thead>
        {% for column in entity.columns.tolist() %}
        < th> {{column}}< /th>
        {% endfor%}
    < /thead>
    < tbody>
        {% for _, row in entity.iterrows() %}
        < tr>
            {% for value in row.tolist() %}
            < td> {{value}}< /td>
            {% endfor%}
```

```
            < /tr>
            {% endfor% }
        < /tbody>
    < /table>
            """)
```

你可以在以下地址找到代码文件：

https://github.com/DTAIEB/Thoughtful-Data-Science/blob/master/chapter% 205/sampleCode17.py

我们用@ PixiedustRenderer 装饰器修饰类，指定一个名为 simpletable 的唯一 rendererId，并将其与 PixieDust 框架定义的 tableView 图表类型相关联。我们让 get_options_dialog_pixieapp()方法返回 None，表示该扩展不支持自定义选项。因此，**options(选项)**按钮将不显示。在 doRenderChart()方法中，我们返回 HTML 片段。因为我们想要使用 Jinja2，所以我们需要使用 self.renderTemplateString 方法来渲染它。

现在我们可以使用 cars 数据集测试这个新的渲染器。

同样，在运行代码时，请确保将 cars 数据集加载为 pandas DataFrame。如果你已经运行了 **Simple Table** 的第一个实现并且正在重用 Notebook，那么你仍然可能会看到旧的 **Simple Table** 菜单。如果是这种情况，你将需要重新启动内核，然后重试。

图 5－11 所示的屏幕截图将简单的表格可视化显示为一个渲染器。

```
1 display(cars)
```

Share

Renderer: table / ✓ simpletable

mpg	cylinders	engine	horsepower	weight	acceleration	year	origin	name
18.0	8	307.0	130	3504	12.0	70	American	chevrolet chevelle malibu
15.0	8	350.0	165	3693	11.5	70	American	buick skylark 320
18.0	8	318.0	150	3436	11.0	70	American	plymouth satellite
16.0	8	304.0	150	3433	12.0	70	American	amc rebel sst
17.0	8	302.0	140	3449	10.5	70	American	ford torino
15.0	8	429.0	198	4341	10.0	70	American	ford galaxie 500

图 5－11　测试 Simple Table 的渲染器实现

有关此主题的更多信息，请访问 https://pixiedust.github.io/pixiedust/develop.html。希望到目前为止，你已经对可以编写的定制类型有了很好的了解，以便在 display()框架中集成你自己的可视化。

在下一节中，我们将讨论一个对开发人员非常重要的主题：调试。

调试

能够快速调试应用程序对于项目的成功至关重要。如果不能快速调试，那么通过打破数据科学和工程之间的壁垒，我们在生产力和协作方面所取得的大部分(如果不是全部的话)成果将会丢失。还必须注意，我们的代码运行在不同的位置，即服务器端的 Python 和客户端的 JavaScript，调试必须在这两个位置进行。对于 Python 代码，让我们看看两种解决编程错误的方法。

使用 pdb 调试 Jupyter Notebook

pdb(https://docs.python.org/3/library/pdb.html)是一个交互式命令行 Python 调试器，它是每个 Python 发行版的标准配置。

有多种方法可以调用调试器：

- 启动时，从命令行：

python - m pdb < script_file>

- 以编程方式，在代码中：

```
import pdb
pdb.run("< insert a valid python statement here> ")
```

- 通过以 set_trace()方法在代码中设置一个显式断点：

```
import pdb
def my_function(arg1, arg2):
    pdb.set_trace()
    do_something_here()
```

你可以在以下地址找到代码文件：

https://github.com/DTAIEB/Thoughtful-Data-Science/blob/master/chapter% 205/sampleCode18.py

• 在发生异常之后，通过调用 pdb.pm()进行 post-mortem(事后)调试。

一旦进入交互式调试器，你就可以调用命令、检查变量、运行语句、设置断点等。

调试命令的完整列表可在此处找到：

https://docs.python.org/3/library/pdb.html

好消息是 Jupyter Notebook 为交互式调试器提供了一流的支持。要调用调试器，只需使用%pdb 单元格魔法命令(magic command)将其打开/关闭，如果触发了异常，调试器将在出错行自动停止执行。

魔法命令(http://ipython.readthedocs.io/en/stable/interactive/magics.html)是特定于 IPython 内核的构造。它们是语言无关的，因此理论上可以在内核支持的任何语言(例如，Python、Scala 和 R)中使用。

有两种类型的魔法命令：

• **行魔法**：语法是%<魔法命令名称> [可选参数]。例如，%matplotlib inline，它将 Matplotlib 的图表输出内嵌到 Notebook 单元格中。

它们可以在单元格代码中的任何位置被调用，甚至可以返回分配给 Python 变量的值，例如：

```
# 调用 pwd 行魔法函数获取当前工作目录
# 并将结果分配给 Python 变量 pwd
pwd = %pwd
print(pwd)
```

你可以在这里找到所有行魔法的列表：

http://ipython.readthedocs.io/en/stable/interactive/magics.html#line-magics

• **单元格魔法**：语法为%%<魔法命令名称> [可选参数]。例如，我们调用 HTML 单元格魔法命令在输出单元格上显示 HTML：

```
%%html
<div>Hello World</div>
```

单元格魔法必须位于单元格顶部，在任何其他位置都会导致执行错误。单元格魔法下面的所有内容都作为参数被传递给处理程序，以便根据单元格魔法命令规范进行解释。例如,HTML 单元格魔法希望单元格内容的其余部分是 HTML。

图 5－12 所示的代码示例调用引发 ZeroDivisionError 异常的函数,同时激活 pdb 自动调用。

注意:一旦打开 pdb,它将在笔记本会话期间保持打开状态。

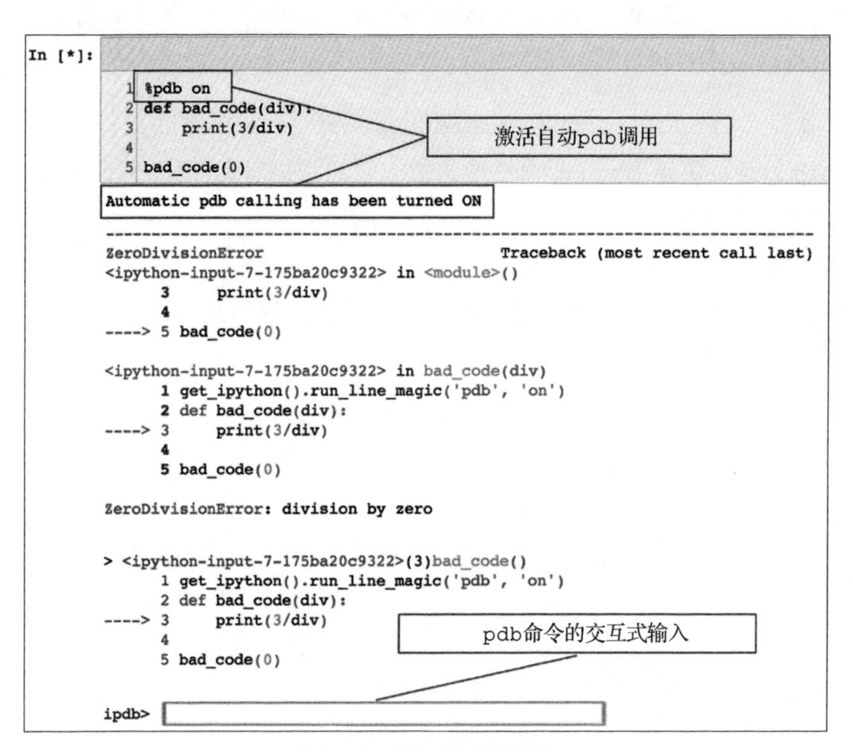

图 5－12　交互式命令行调试

以下是一些重要的 pdb 命令,可用于排除故障:

• s(tep):单步执行被调用函数并在下一行语句停止。

• n(ext):继续到下一行,不要进入嵌套函数。

• l(list):列出当前行周围的代码。

• c(ontinue):继续运行程序并在下一个断点处停止,或者在引发另一个异常时停止。

• d(own):向下移动堆栈帧。

• u(p):向上移动堆栈帧。

• < 任意表达式> :在当前堆栈帧的上下文中计算和显示表达式。例如,可以使用 locals()来获取当前堆栈帧中的所有局部变量的列表。

如果发生异常并且未设置自动 pdb 调用,你仍可以在事后通过在另一个单元格中使用%debug 魔法调用调试器,如图 5-13 所示。

```
In [*]:
      1 %debug

> <ipython-input-8-175ba20c9322>(3)bad_code()
      1 get_ipython().run_line_magic('pdb', 'on')
      2 def bad_code(div):
----> 3     print(3/div)
      4
      5 bad_code(0)

ipdb>
```

图 5-13 使用%debug 执行 post-mortem 调试会话

与常规 Python 脚本类似,你还可以使用 pdb.set_trace()方法以编程方式显式设置断点。但是,建议使用由提供语法着色的 IPython 核心模块提供的增强版本的 set_trace(),如图 5-14 所示。

```
In [*]:
      1 from IPython.core.debugger import set_trace
      2 def do_something():
      3     set_trace()
      4     print("something")
      5
      6 do_something()

> <ipython-input-1-139f27a9a72d>(4)do_something()
      2 def do_something():
      3     set_trace()
----> 4     print("something")
      5
      6 do_something()

ipdb>
```

图 5-14 显式断点

在下一个主题中,我们将研究 PixieDust 提供的 Python 调试器的增强版本。

使用 PixieDebugger 进行可视化调试

使用面向命令行的标准 Python pdb 来调试代码是一个不错的选择，但它有两个主要限制：

- 它是面向命令行的，这意味着必须手动输入命令并将结果按顺序附加到单元格输出中，这使得高级调试变得不切实际。
- 它对 PixieApp 不起作用。

PixieDebugger 功能解决了这两个问题。你可以将它与运行在 Jupyter Notebook 单元格中的任何 Python 代码一起使用，以可视化方式调试代码。要在单元格中调用 PixieDebugger，只需在单元格顶部添加`%%pixie_debugger`单元格魔法。

注意：如果尚未导入 PixieDust，请不要忘记在尝试使用`%%pixie_debugger`之前始终将 PixieDust 导入单独的单元格中。

例如，下面的代码计算 `cars` 数据集中有多少辆车的名称为 chevrolet（雪佛兰）：

```
%%pixie_debugger
import pixiedust
cars = pixiedust.sampleData(1, forcePandas= True)

def count_cars(name):
    count = 0
    for row in cars.itertuples():
        if name in row.name:
            count + = 1
    return count

count_cars('chevrolet')
```

你可以在以下地址找到代码文件：

https://github.com/DTAIEB/Thoughtful-Data-Science/blob/master/chapter%205/sampleCode19.py

使用前面的代码运行单元格将触发可视化调试器，如图 5－15 所示。图形用户界面让你可以逐行单步执行代码，并能够检查局部变量、计算 Python 表达式和设置断点。代码执行工具栏提供了用于管理代码执行的按钮：恢复执行、单步跳过当前行、单步执行特定函数的代码、运行到当前函数的末尾以及上下显示堆栈帧。

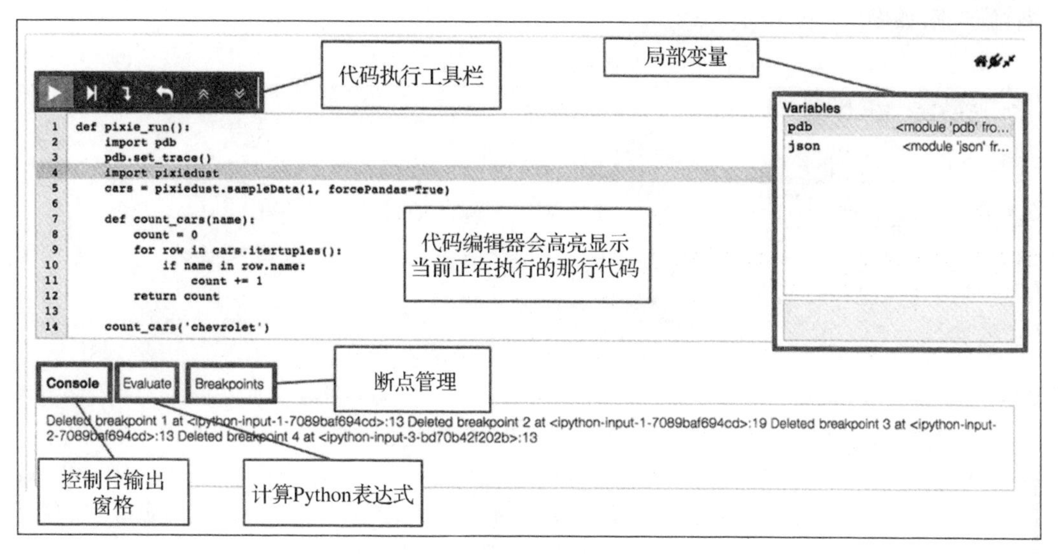

图 5-15 正在运行的 PixieDebugger

在没有参数的情况下，pixie_debugger 单元格魔法命令将在代码中的第一条可执行语句处停止。但是，你可以使用 -b 开关轻松地将其配置为在特定位置上停止，开关后面是断点列表，这些断点可以是行号或方法名。

从前面的示例代码开始，让我们在 count_cars() 方法和第 **11** 行添加断点：

```
%%pixie_debugger -b count_cars 11
import pixiedust
cars = pixiedust.sampleData(1, forcePandas= True)

def count_cars(name):
    count = 0
    for row in cars.itertuples():
        if name in row.name:
            count + = 1
    return count

count_cars('chevrolet')
```

你可以在以下地址找到代码文件：

https://github.com/DTAIEB/Thoughtful-Data-Science/blob/master/chapter%205/sampleCode20.py

现在运行前面的代码将触发 PixieDebugger 在 count_cars() 方法的第一条可执行语句处停止。它还在第 11 行添加了一个断点，如果用户恢复运行代码，该断点将导致执行流停止，如图 5-16 所示。

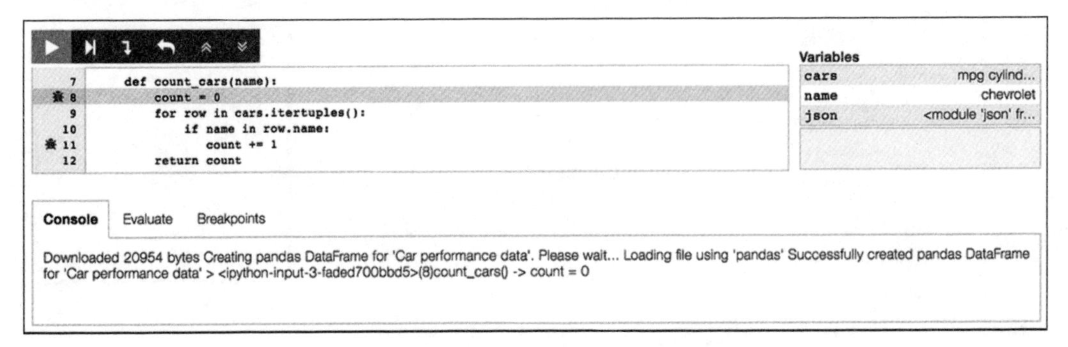

图 5-16 具有预定义断点的 PixieDebugger

注意：要在不设置显式断点的情况下运行到特定代码行，只需将鼠标悬停在左侧窗格的行号上，然后单击出现的图标即可。

与`%debug`行魔法命令一样，你还可以使用`%pixie_debugger`行魔法来调用 Pixie Debugger 进行 post-mortem 调试。

使用 PixieDebugger 调试 PixieApp 路由

PixieDebugger 完全集成到 PixieApp 框架中。每当触发路由而发生异常时，都会使用两个额外的按钮来增强所产生的回溯(traceback)：

- **Post Mortem**：调用 PixieDebugger 来启动 post-mortem 故障诊断会话，让你可以检查变量并分析堆栈帧。
- **Debug Route**：回放在 PixieDebugger 中第一条可执行语句处停止的当前路由。

例如，让我们考虑以下代码来实现一个 PixieApp，它允许用户通过提供一个列名和一个搜索查询来搜索 `cars` 数据集：

```
from pixiedust.display.app import *

import pixiedust
cars = pixiedust.sampleData(1, forcePandas=True)

@PixieApp
class DisplayCars():
    @route()
    def main_screen(self):
        return """
```

```
        < div>
            < label> Column to search< /label>
            < input id= "column{{prefix}}" value= "name">
            < label> Query< /label>
            < input id= "search{{prefix}}">
            < button type= "submit" pd_options= "col= $ val(column{{prefix}
}); query= $ val(search{{prefix}})"
                pd_target= "target{{prefix}}">
                Search
            < /button>
        < /div>
        < div id= "target{{prefix}}"> < /div>
        """
    @route(col= "* ", query= "* ")
    def display_screen(self, col, query):
        self.pdf = cars.loc[cars[col].str.contains(query)]
        return """
        < div pd_render_onload pd_entity= "pdf">
            < pd_options>
            {
                "handlerId": "tableView",
                "table_noschema": "true",
                "table_nosearch": "true",
                "table_nocount": "true"
            }
            < /pd_options>
        < /div>
        """
app = DisplayCars()
app.run()
```

你可以在以下位置找到代码文件：

https://github.com/DTAIEB/Thoughtful-Data-Science/blob/master/chapter% 205/sampleCode21.py

搜索列的默认值为 name，但如果用户输入了不存在的列名，则会生成如图 5 - 17 所示的回溯。

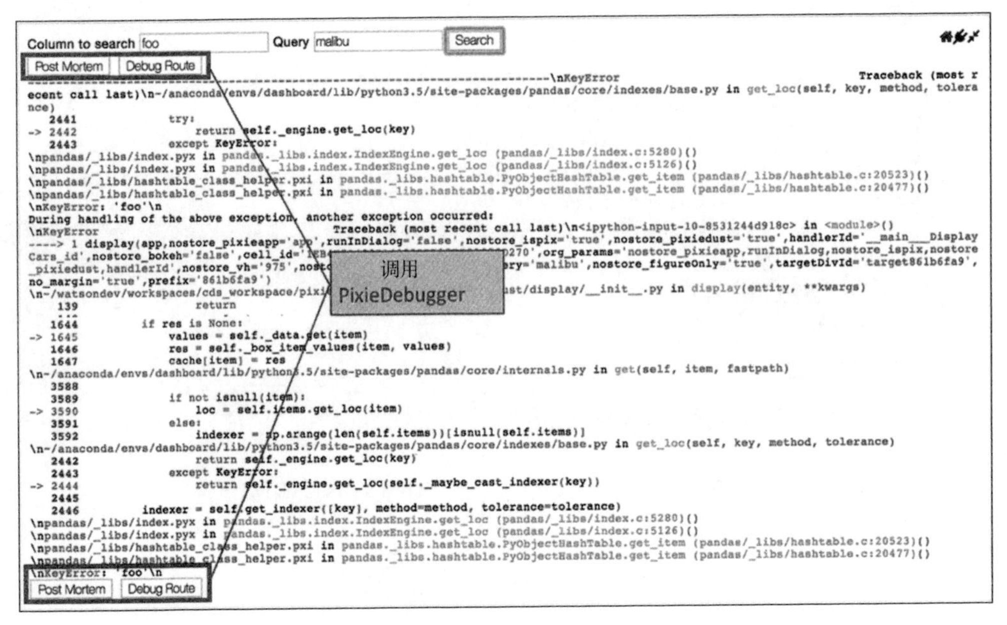

图 5-17　带有用于调用 PixieDebugger 的按钮的增强回溯

单击 **Debug Route(调试路由)**按钮将自动启动 PixieDebugger 并在路由的第一条可执行语句处停止，如图 5-18 所示。

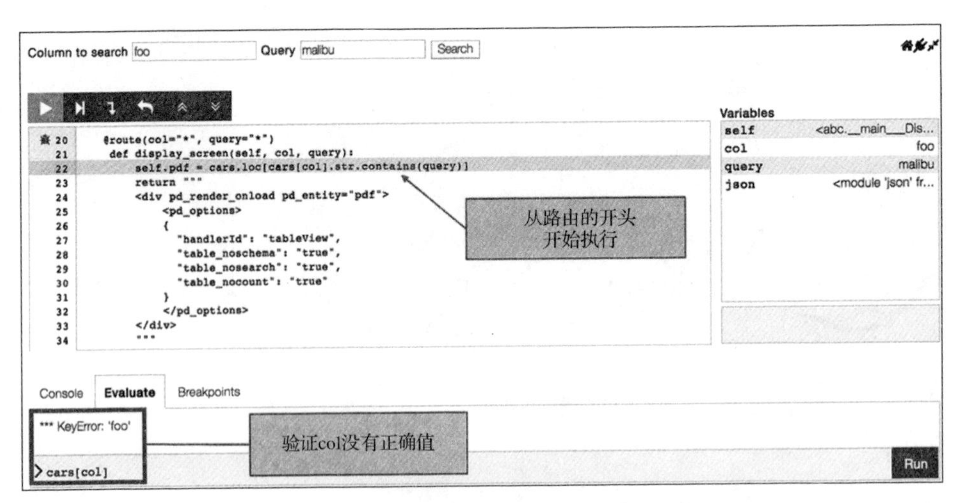

图 5-18　调试一条 PixieApp 路由

你还可以通过使用 `run` 方法的 `debug_route` 关键字参数，故意让 PixieDebugger 停止在 `display_screen()` 路由，而不需要等待回溯：

```
...
```

```
app = DisplayCars()
app.run(debug_route= "display_screen")
```

PixieDebugger 是 Jupyter Notebook 的第一个可视化 Python 调试器，提供了 Jupyter 用户社区长期以来渴望的特性。但是，实时调试并不是开发人员使用的唯一工具。在下一节中，我们将学习通过检查日志消息来调试。

使用 PixieDust 日志记录排除问题

用日志消息检测代码始终是一种很好的做法，PixieDust 框架提供了一种直接从 Jupyter Notebook 创建和读回日志消息的简单方法。首先，你需要调用 getLogger() 方法来创建一个日志记录器，如下所示：

```
import pixiedust
my_logger = pixiedust.getLogger(_name_)
```

你可以在以下地址找到代码文件：

https://github.com/DTAIEB/Thoughtful-Data-Science/blob/master/chapter% 205/sampleCode22.py

可以将任何内容用作 getLogger() 方法的参数。但是，为了更好地标识特定消息的来源，建议使用_name_变量，它返回当前模块的名称。my_logger 变量是一个标准 Python 日志记录器对象，它提供了不同级别的日志记录方法：

- debug(msg, * args, * * kwargs)：记录 DEBUG 级别的消息。
- info(msg, * args, * * kwargs)：记录 INFO 级别的消息。
- warning(msg, * args, * * kwargs)：记录 WARNING 级别的消息。
- error(msg, * args, * * kwargs)：记录 ERROR 级别的消息。
- critical(msg, * args, * * kwargs)：记录 CRITICAL 级别的消息。
- exception(msg, * args, * * kwargs)：记录 EXCEPTION 级别的消息。此方法只能从异常处理程序中被调用。

注意：你可以在此处找到有关 Python 日志记录框架的更多信息：https://docs.python.org/2/library/logging.html

然后，你可以使用%pixiedustLog 单元格魔法直接从 Jupyter Notebook 查询日志消息，它采用以下参数：

- -l：按日志级别过滤，例如，CRITICAL、FATAL、ERROR、WARNING、INFO 以及

DEBUG。

- \- f：过滤包含给定字符串(例如,EXCEPTION)的消息。
- \- m：返回的日志消息的最大行数。

在图 5-19 所示的示例中,我们使用%pixiedustLog 魔法命令来显示所有调试消息,将这些消息限制为最后 5 条消息。

```
1 %pixiedustLog -l debug -m 5

2018-02-09 15:21:37,341 - pixiedust.display.display.Display - DEBUG - Value Fields: ['mpg']
2018-02-09 15:21:37,341 - pixiedust.utils.template - DEBUG - Template already qualified pixiedust.display.chart.rende
rers.baseChartDisplay:baseChartOptionsDialogBody.html
2018-02-09 15:21:37,359 - pixiedust.display.chart.renderers.baseChartDisplay - DEBUG - Found cache data for 285AC18D1
1294C348C072F891FE5A8D1. Validating integrity...
2018-02-09 15:21:37,359 - pixiedust.display.chart.renderers.baseChartDisplay - DEBUG - Cache data not validated for k
ey filter_options. Expected Value is {'constraint': 'greater_than', 'value': '46', 'field': 'mpg', 'regex': 'False',
'case_matter': 'False'}. Got {'constraint': 'greater_than', 'value': '45', 'field': 'mpg', 'regex': 'False', 'case_ma
tter': 'False'}. Destroying it!...
2018-02-09 15:21:37,480 - pixiedust.display.display.Display - DEBUG - getWorkingPandasDataFrame returns:    accelerat
ion  cylinders  engine  horsepower   mpg
0          17.9          4    86.0          65  46.6
```

图 5-19　显示最后 5 条日志消息

为了方便起见,在使用 Python 类时,你还可以使用@Logger 装饰器,它使用类名作为标识符自动创建日志记录器。

下面是使用@Logger 装饰器的代码示例:

```
from pixiedust.display.app import *
from pixiedust.utils import Logger

@PixieApp
@Logger()
class AppWithLogger():
    @route()
    def main_screen(self):
        self.info("Calling default route")
        return "< div> hello world< /div> "

app =  AppWithLogger()
app.run()
```

你可以在以下地址找到代码文件:

https://github.com/DTAIEB/Thoughtful-Data-Science/blob/master/chapter%205/sampleCode23.py

在单元格中运行前面的 PixieApp 后,可以调用%pixiedustLog 魔法命令来显示消息,如图 5-20 所示。

```
1 %pixiedustLog -l info -f Calling
2018-02-10 22:13:06,358 - __main__.AppWithLogger - INFO - Calling default route
```

图 5-20 使用特定术语查询日志

到这里我们关于服务器端调试的讨论就完成了。在下一节中,我们将介绍一种用于执行客户端调试的技术。

客户端调试

PixieApp 编程模型的设计原则之一是尽量减少开发人员编写 JavaScript 的需求。该框架将通过监听用户输入事件(例如单击或更改事件)自动触发内核请求。但是,在某些情况下,编写一点点 JavaScript 是不可避免的。这些 JavaScript 代码片段通常是特定路由 HTML 片段的一部分并且被动态地注入浏览器中,这使得调试变得非常困难。

一种流行的技术是在 JavaScript 代码中四处添加 console.log 语句,以便将消息打印到浏览器开发者工具控制台。

注意:每种浏览器都有自己的调用开发者控制台的方式。例如,在 Google Chrome 中,你可以使用 **View** | **Developer** | **JavaScript Console** 或 *Command*+*Alt*+*J* 快捷键。

我特别喜欢的另一种调试技术是,使用 `debugger;`语句以编程方式在 JavaScript 代码中插入断点。除非浏览器开发者工具是开放的并且启用了源代码调试,否则此语句无效,在这种情况下,执行将在 `debugger;`语句处自动中断。

下面的 PixieApp 示例使用 JavaScript 函数解析 `$ val()`指令引用的一个动态值:

```
from pixiedust.display.app import *

@PixieApp
class TestJSDebugger():
    @route()
    def main_screen(self):
        return """
< script>
function FooJS(){
    debugger;
    return "value"
}
< /script>
< button type= "submit" pd_options= "state= $ val(FooJS)"> Call route< /
button>
```

```
        """

    @route(state= "*")
    def my_route(self, state):
        return "< div> Route called with state < b> {{state}}< /b> < /div> "
app = TestJSDebugger()
app.run()
```

你可以在以下地址位置找到代码文件：

https://github.com/DTAIEB/Thoughtful-Data-Science/blob/master/chapter% 205/sampleCode24.py

在前面的代码中，按钮使用包含调试器语句的 FooJS JavaScript 函数动态设置状态值。当开发者工具打开时，执行应用程序并单击按钮将自动在浏览器上启动调试会话，如图 5-21 所示。

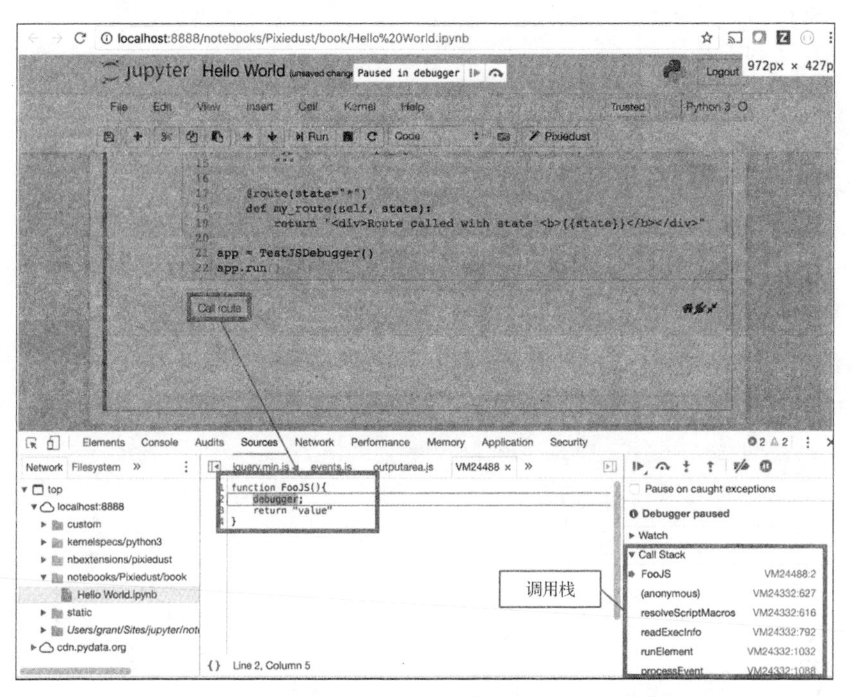

图 5-21　使用 debugger;语句在客户端调试 JavaScript 代码

在 Python 笔记本中运行 Node.js

尽管我在本书的开篇明确指出,Python 已经成为数据科学领域的一个明显的领导者,但它仍然很少被开发人员社区使用,在那里,传统语言仍然是首选的,例如 Node.js。对于一些开发人员来说,学习一种新的语言(如 Python)是进入数据科学领域的一个前提,这要求可能太高了,我与 IBM 同事 Glynn Bird 合作,构建了一个名为 pixiedust_node(https://github.com/pixiedust/pixiedust_node)的 PixieDust 扩展库,让开发人员在 Python Notebook 的单元格内运行 Node.js/JavaScript 代码。这个库的目标是通过允许开发人员重用他们最喜欢的 Node.js 库,例如从现有的数据源加载和处理数据,以方便他们进入 Python 世界。

要安装 pixiedust_node 库,只需在单元格中运行以下命令:

```
! pip installpixiedust_node
```

注意:安装完成后不要忘记重新启动内核。

重要提示:你需要确保 Node.js 运行时版本为 6 或更高版本,并且与 Jupyter Notebook 服务器安装在同一台计算机上。

内核重新启动后,我们导入 pixiedust_node 模块:

```
import pixiedust_node
```

你应该在输出中看到有关 PixieDust 和 pixiedust_node 的信息,如图 5-22 所示。

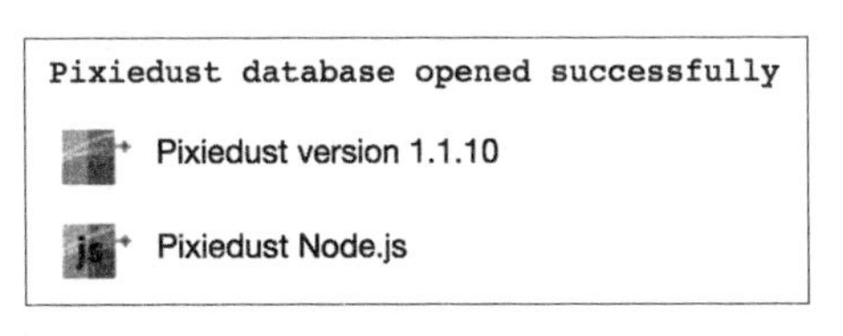

图 5-22　pixiedust_node 欢迎输出

导入 pixiedust_node 时,将从 Python 端创建一个 Node 子进程,同时创建一个特殊线程,该线程读取子进程的输出并将其传递给 Python 端,以显示在 Notebook 中当前执行的单元格中。此子进程负责启动 REPL 会话(https://en.wikipedia.org/wiki/Read-eval-print_loop),该会话将执行从笔记本发送的所有脚本,并使任何创建的类、函数和变量在所有执行过程中都可重用。

它还定义了一组被设计用来与 Notebook 和 PixieDust display() API 交互的函数：

- print(data)：输出 Notebook 中当前执行的单元格中的数据值。
- display(data)：以从数据转换而来的 pandas DataFrame 调用 PixieDust display() API。如果无法将数据转换为 pandas DataFrame，则默认使用 print 方法。
- html(data)：将数据显示为 Notebook 中当前正在执行的单元格中的 HTML。
- image(data)：希望数据是图像的 URL 并将其显示在 Notebook 中当前正在执行的单元格中。
- help()：显示前面所有方法的列表。

此外，pixiedust_node 在 Notebook 中提供两个全局可用的变量，名为 npm 和 node：

- node.cancel()：停止 Node.js 子进程中代码的当前执行。
- node.clear()：重置 Node.js 会话，将删除所有现有变量。
- npm.install(package)：安装 npm 包并使其可用于 Node.js 会话。包在会话之间保持不变。
- npm.uninstall(package)：从系统和当前 Node.js 会话中删除 npm 包。
- npm.list()：列出当前安装的所有 npm 包。

pixiedust_node 创建一个单元格魔法命令，允许你运行任意 JavaScript 代码。只需在单元格顶部使用%%node 魔法命令，然后像往常一样运行它。代码之后将在 Node.js 子进程 REPL 会话中执行。

下面的代码使用 JavaScript Date 对象（https://www.w3schools.com/Jsref/jsref_obj_date.asp）显示包含当前日期时间的字符串：

```
%%node
var date =  new Date()
print("Today's date is " +  date)
```

输出结果如下：

```
"Today's date is Sun May 27 2018 20:36:35 GMT- 0400 (EDT)"
```

图 5-23 说明了前面单元格的执行流程。

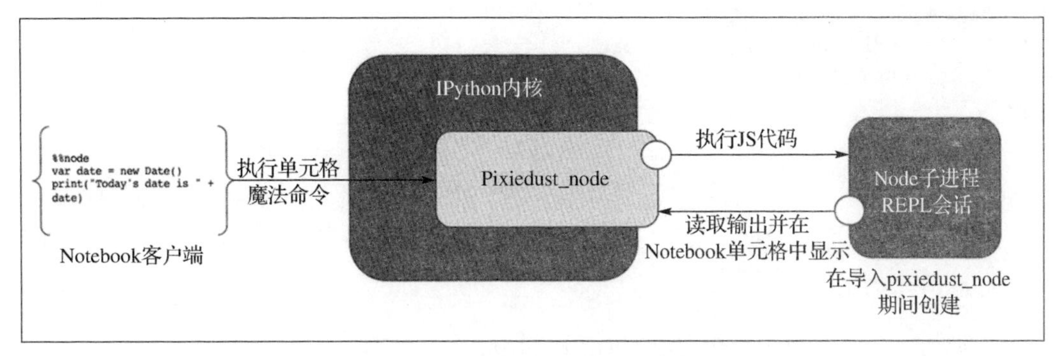

图 5-23　Node.js 脚本执行的生命周期

JavaScript 代码由 `pixiedust_node` 魔法命令处理并被发送到 Node 子进程以执行。在执行代码时，它的输出由特殊线程读取并显示在 Notebook 中当前正在执行的单元格中。请注意，JavaScript 代码可能进行异步调用，在这种情况下，执行将在异步调用完成之前立即返回。此时，Notebook 会立即指示单元格代码已完成，即使稍后异步代码可能会生成更多输出。总之，无法确定异步代码何时完成。因此，开发人员有责任仔细管理这种状态。

`pixiedust_node` 还能够在 Python 端和 JavaScript 端之间共享变量，反之亦然。因此，你可以声明一个 Python 变量(例如一个整数数组)，在 JavaScript 中应用转换(可以使用你最喜欢的库)，然后在 Python 中处理它。

图 5-24 中的代码在两个单元格中运行，一个在声明整数数组的纯 Python 中运行，另一个在将每个元素乘以 2 的 JavaScript 中运行。

```
1 python_ar = [x for x in range(10)]
2 print(python_ar)

[0, 1, 2, 3, 4, 5, 6, 7, 8, 9]

1 %%node
2 for (var i = 0; i < python_ar.length; i++ ){
3     python_ar[i] *= 2;
4 }
5 print(python_ar)

... ...
[0, 2, 4, 6, 8, 10, 12, 14, 16, 18]
```

图 5-24　在两个单元格中运行代码

反过来也是一样的。下面的代码首先在节点单元格中的 JavaScript 中创建一个 JSON 变量，然后在 Python 单元格中创建并显示一个 pandas DataFrame：

```
%%node
```

```
data = {
    "name": ["Bob","Alice","Joan","Christian"],
    "age": [20, 25, 19, 45]
}
print(data)
```

结果如下：

```
{"age": [20, 25, 19, 45], "name": ["Bob", "Alice", "Joan",
"Christian"]}
```

然后，在 Python 单元格中，我们使用 PixieDust display()：

```
df = pandas.DataFrame(data)
display(df)
```

使用如图 5－25 所示的选项。

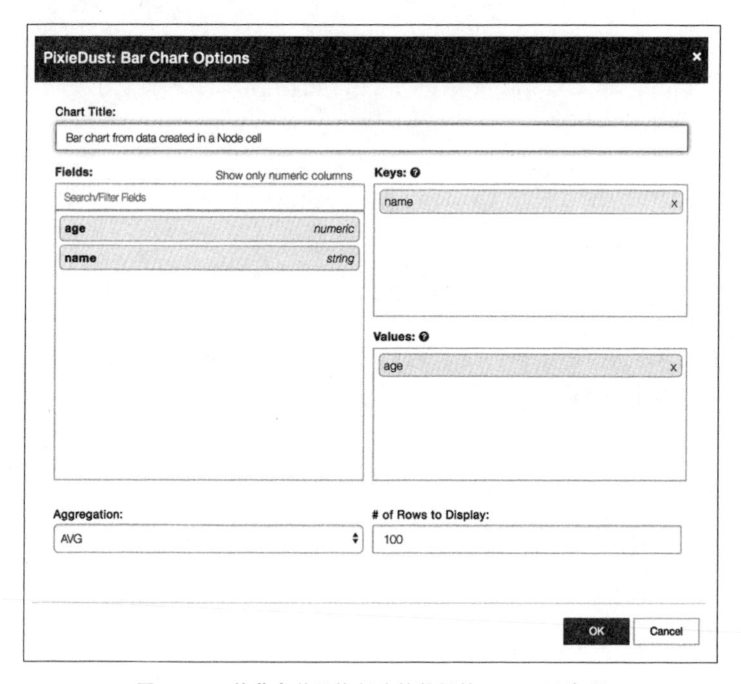

图 5－25　从节点单元格创建的数据的 display()选项

得到如图 5－26 所示的结果。

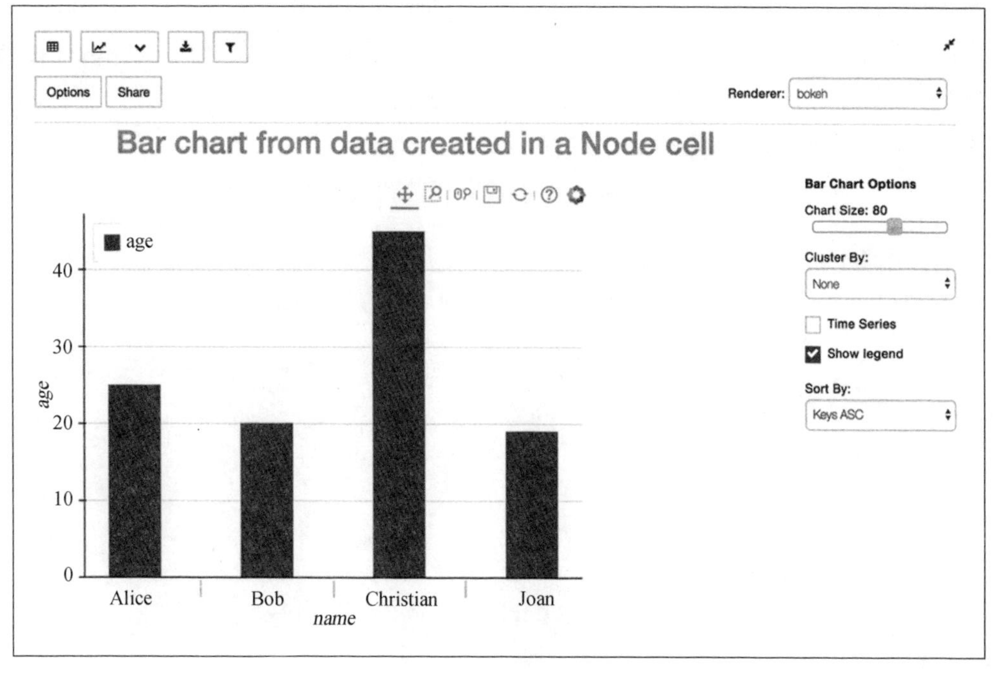

图 5-26 在节点单元格中创建的数据的条形图

我们还可以使用 pixiedust_node 提供的 display() 方法从 Node 单元直接获得相同的结果，如以下代码所示：

```
%%node
data = {
    "name": ["Bob","Alice","Joan","Christian"],
    "age": [20, 25, 19, 45]
}
display(data)
```

如果你有兴趣了解更多关于 pixiedust_node 的信息，我强烈推荐以下博客文章：https://medium.com/ibm-watson-data-lab/nodebooks-node-js-data-science-notebooks-aa140bea21ba。像往常一样，我一直鼓励读者参与到这些工具的改进中来，可以贡献代码，也可以提出改进的想法。

本章小结

在本章中，我们探讨了各种高阶概念、工具和最佳实践，它们为我们的工具箱添加了更丰富的工具，从 PixieApp 的高级技术(流处理、如何通过将第三方库与@captureOutput 集成来实现路由、PixieApp 事件和 pd_app 的更好模块化)到像 PixieDebugger 这样的基本开发人员工具。我们还详细介绍了如何使用 PixieDust display() API 创建你自己的自定义可视化。另外，我们讨论了 pixiedust_node，它是 PixieDust 框架的扩展，允许更熟悉 JavaScript 的开发人员使用他们最喜欢的语言来处理数据。

在本书接下来的章节中，我们将通过构建行业用例数据管道来很好地利用所有这些经验教训，首先从第 6 章中的深度学习可视化识别应用程序开始。

本书末尾的附录中提供了 PixieApp 编程模型的开发者快速参考指南。

6

分析案例:人工智能与 TensorFlow 图像识别

“人工智能、深度学习、机器学习,如果你还不理解它,那么你该做的就是——学习它。否则,你会在 3 年内变成一只恐龙。”

——马克·库班(Mark Cuban)

从本章开始,我们将展开一系列示例应用程序的学习,涵盖了目前流行的行业用例,我从一个与机器学习相关的案例开始,更具体地说,是通过一个图像识别示例应用的深度学习,这并非巧合。我们看到人工智能(AI)领域在过去几年中飞速发展,许多实践应用正在成为现实,例如自动驾驶汽车和具有高级自动语音识别功能的聊天机器人,对于某些任务来说,它们完全能够取代人工操作员,而从学术界到工业界,越来越多的人开始参与其中。然而,有一种看法是,进入该领域的成本非常高,掌握机器学习的基本数学概念是一个先决条件。在这一章中,我们试图通过举例说明情况并非如此。

我们将从机器学习以及它的一个叫作深度学习的子集的简单介绍开始。然后,我们将介绍一个非常流行的深度学习框架,称为 TensorFlow,我们将使用它来构建一个图像识别模型。在本章的第二部分中,我们将展示如何通过实现一个示例 PixieApp 来实施我们构建的模型,该示例 PixieApp 允许用户输入到网站的链接,抓取所有图像并用作模型的输入以进行分类。

在本章的最后,你应该确信,在没有机器学习的博士学位的情况下构建有意义的应用程序并使其运行也是可能的。

什么是机器学习？

我认为一个很好地捕捉了机器学习背后的直觉的定义来自斯坦福大学的副教授 Andrew Ng，他在 Coursera 上的机器学习课(https://www.coursera.org/learn/machine- learning)上对机器学习的定义如下：

机器学习是一门无需显式编程就能让计算机学习的科学。

上面的定义中的关键词是“学习”，在这个上下文中，其含义与我们人类的学习方式非常相似。为了继续这种类比，我们从小就被教导如何通过例子或通过反复试验来完成一项任务。广义地说，机器学习算法可以分为两种类型，分别对应于人类学习的两种方式：

- 监督学习：该算法从正确标记的示例数据中学习。这种数据也被称为训练数据，有时也被称为真实数据(ground truth)。
- 无监督学习：该算法能够从未标记的数据中自主学习。

对于监督学习和无监督学习，图 6－1 给出了这两种类型各自最常用的机器学习算法及其解决的问题类型的概述。

	连续型输出	离散型输出
监督学习	• 回归 —线性 —岭 —Lasso —保序 • 决策树 • 随机森林 • 梯度提升树	• 分类 —线性回归 —支持向量机 —朴素贝叶斯 • 决策树 • 随机森林 • 梯度提升树 • K-近邻
无监督学习	• 聚类 —K均值 —高斯混合 • 降维 —主成分分析 —奇异值分解	• FP-增长

图 6－1　机器学习算法列表

这些算法的输出被称为模型，用于对以前未见过的新输入数据进行预测。构建和部署这些模型的整个端到端流程在不同类型的算法之间是非常一致的。

图 6－2 展示了此流程的高层工作流。

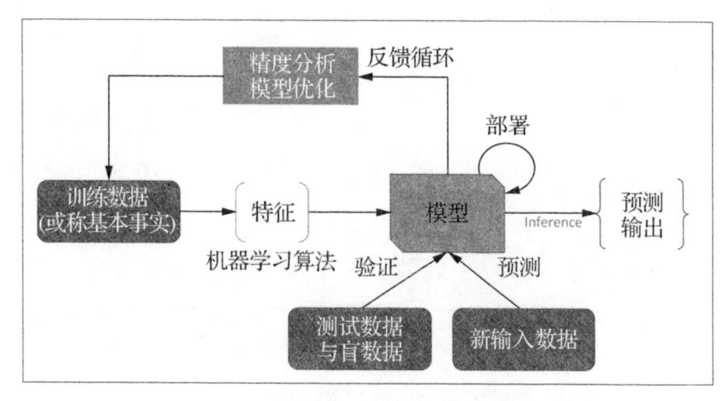

图 6-2 机器学习模型工作流

工作流程仍然是从数据开始。在监督学习的情况下，数据将被用作训练样例，因此必须用正确的答案来正确地标注。然后对输入数据进行处理以提取称为特征的内在属性，我们可以将特征理解为表示输入数据的数值。接下来，这些特征被输入到一个构建模型的机器学习算法中。在典型设置中，原始数据分为训练、测试和盲数据（blind data）。在模型构建阶段使用测试数据和盲数据来验证和优化模型，以确保不与训练数据过拟合。当模型参数过于接近训练数据时，就会发生过拟合现象，当使用新数据时就会导致误差。当模型达到期望的精度（accuracy）水平时，它就被部署到生产环境中，并根据宿主应用程序的需要用于新数据的预测。

在本节中，我们将对机器学习进行一个高层次的介绍，其中包括一个简化的数据管道工作流，以直观地说明模型是如何构建和部署的。再说一次，如果你是一个初学者，我强烈推荐 Andrew Ng 在 Coursera 上的机器学习课程（我仍然不时地重温这个课程）。在下一节中，我们将介绍机器学习的一个称为深度学习的分支，我们将使用它来构建图像识别示例应用。

什么是深度学习？

让计算机学习、推理和思考（做出决策）是一门通常被称为**认知计算**（**cognitive computing**）的科学，其中机器学习和深度学习是很重要的一部分。图 6-3 所示的维恩图显示了这些领域与 AI 的关联关系。

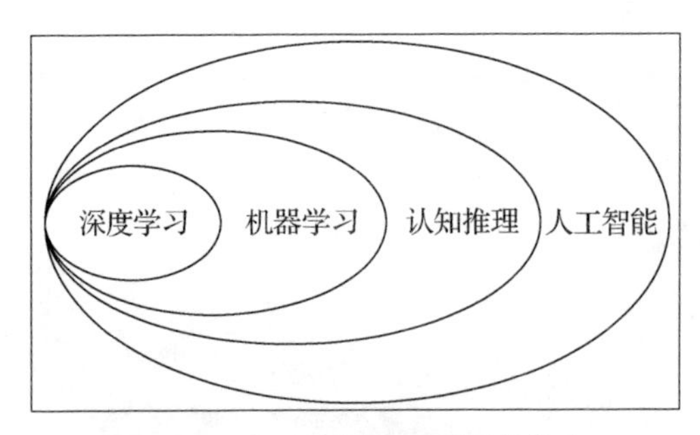

图 6-3　人工智能与深度学习的关系

如图所示，深度学习是机器学习算法的一种。或许不为人所知的是，深度学习领域已经存在了相当长的一段时间，但直到最近才真正得到广泛应用。最近几年，计算机、云和存储技术的突飞猛进推动了人工智能的飞速发展，开发了许多新的深度学习算法，每一种算法都最适合于解决一个特定的问题。

正如我们将在本章后面讨论的，深度学习算法特别擅长学习复杂的非线性假设。深度学习的设计实际上受到人脑工作方式的启发，例如，输入数据流经多层计算单元，以便在将结果传递到下一层之前，将复杂的模型表示（例如图像）分解为更简单的模型表示，依此类推，直到到达负责输出结果的最终层。这些层的集合也称为**神经网络**（**neural network**），组成一个层的计算单元称为**神经元**（**neuron**）。本质上，一个神经元负责接收多个输入并将其转换为单个输出，该输出之后被馈送到下一层的其他神经元。

图 6-4 表示了一个用于图像分类的多层神经网络。

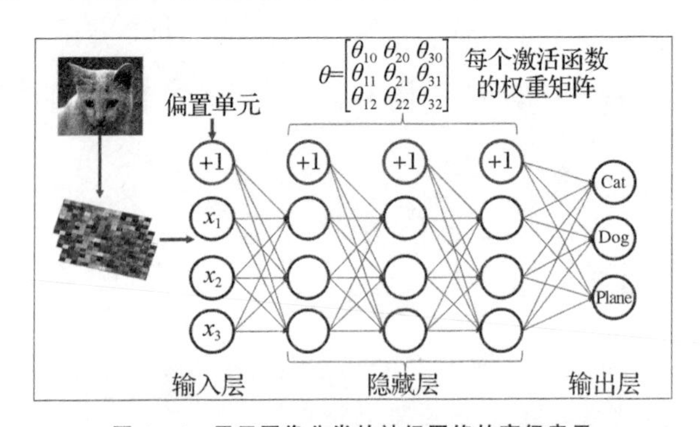

图 6-4　用于图像分类的神经网络的高级表示

前面的神经网络也称为**前馈**（**feed-forward**）网络，因为每个计算单元的输出从输入层开始用作下一层的输入。中间层称为**隐藏层**（**hidden layer**），包含由网络自动学习的中间功能。在我们的图像示例中，某些神经元可能负责检测角点，而某些其他神经元可能关注边缘。最终输出层负责为每个输出类分配置信度(分数)。

一个重要的问题是神经元输出是如何从它的输入中产生的?我们不会深入研究其中涉及的数学,每个神经元对其输入的加权和应用一个激活函数 $g(x)$,以决定是否应该触发。

下面的公式计算加权和:

$$A = \sum_{j} \theta^{i} \times input_{j} + bias$$

其中,θ^{i} 是层 i 和层 $i+1$ 之间的权重矩阵。这些权重是在训练阶段计算的,稍后我们将简要讨论。

注意:上式中的 *bias* 表示偏置神经元的权重,偏置神经元是添加到每层的一个 x 值为$+1$ 的额外神经元。偏置神经元是特殊的,因为它为下一层提供输入,但它不连接到前一层。然而,它的权重仍然像其他神经元一样被正常学习。偏置神经元背后的直觉是,它在线性回归方程中提供常数项 b:

$$Y = mx + b$$

当然,在 A 上应用神经元激活函数 $g(x)$ 不能简单地产生一个二进制(0 或 1)值,因为如果多个类的得分为 1,我们就不能正确地对最终候选答案进行排序。取而代之的是,我们使用激活函数来提供介于 0 和 1 之间的非离散分数,并设置阈值(例如 0.5)来决定是否激活神经元。

最常用的激活函数之一是 Sigmoid 函数:

$$g(x) = \frac{1}{1+e^{-x}}$$

图 6-5 显示了如何使用 Sigmoid 激活函数由神经元的输入和权重计算神经元的输出。

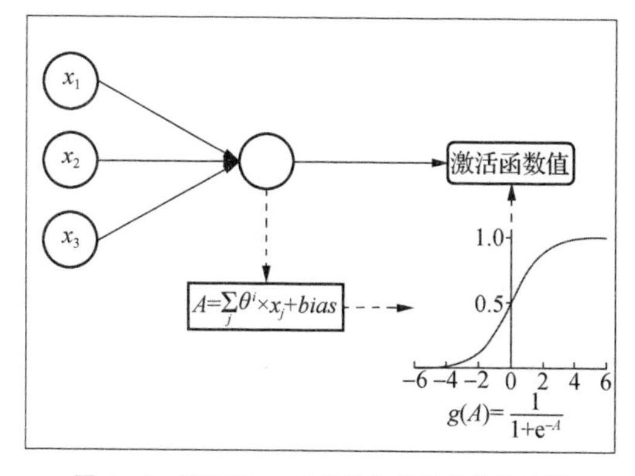

图 6-5 使用 Sigmoid 函数的神经元输出计算

其他常用的激活函数包括双曲正切 tanh (x)和**修正线性单元**(**Rectified Linear unit**, **ReLu**): max (0, x)。当有很多层时,ReLu 的效果更好,因为它提供了稀疏的放电神经元,从而降低了噪声并获得了更快的学习速度。

在对模型进行评分时使用前馈传播,但在训练神经网络的权重矩阵时,一种常用的方法称为**反向传播**(**backpropagation**)(`https://en.wikipedia.org/wiki/Backpropagation`)。

以下步骤描述了训练的工作原理:

1. 随机初始化权重矩阵(最好使用较小的值,例如[$-\varepsilon$, $+\varepsilon$])

2. 使用前面在所有训练示例中描述的正向传播,以你选择的激活函数计算每个神经元的输出。

3. 为神经网络实现一个成本函数。成本函数量化了相对于训练示例的误差。反向传播算法可以使用多个成本函数,例如均方误差(`https://en.wikipedia.org/wiki/Mean_squared_error`)和交叉熵(`https://en.wikipedia.org/wiki/Cross_entropy`)。

4. 使用反向传播最小化成本函数并计算权重矩阵。反向传播背后的思想是从输出层的激活值开始,计算相对于训练数据的误差,并将它们的误差向后传递到隐藏层。然后调整这些误差以使在步骤 3 中实现的成本函数最小化。

注意:详细解释这些成本函数以及如何对它们进行优化超出了本书的范围。想要更深入的学习,我强烈推荐阅读麻省理工学院出版社出版的《深度学习》(*Deep Learning*)一书(Ian Goodfellow、Yoshua Bengio 和 Aaron Courville)。

在本节中,我们讨论了神经网络的工作原理以及如何对其进行训练。当然,我们只触及了这项激动人心的技术的表面,但希望你对它们的工作原理有所了解。在下一节中,我们将开始研究 TensorFlow,它是一个编程框架,有助于抽象实现神经网络的底层复杂性。

开始使用 TensorFlow

除了 TensorFlow(`https://www.tensorflow.org`)之外,我还可以为这个示例应

用程序选择多个开源深度学习框架。

一些最流行的框架如下：

• PyTorch (http://pytorch.org)

• Caffee2 (https://caffe2.ai)

• MXNet (https://mxnet.apache.org)

• keras(https://keras.io)：一个高级的神经网络抽象 API，能够运行其他深度学习框架，如 TensorFlow、CNTK (https://github.com/Microsoft/cntk) 和 Theano(https://github.com/Theano/Theano)。

TensorFlow API 有多种语言：Python、C++、Java、Go 以及最近的 JavaScript。我们可以区分两类 API：高级 API 和低级 API，如图 6-6 所示。

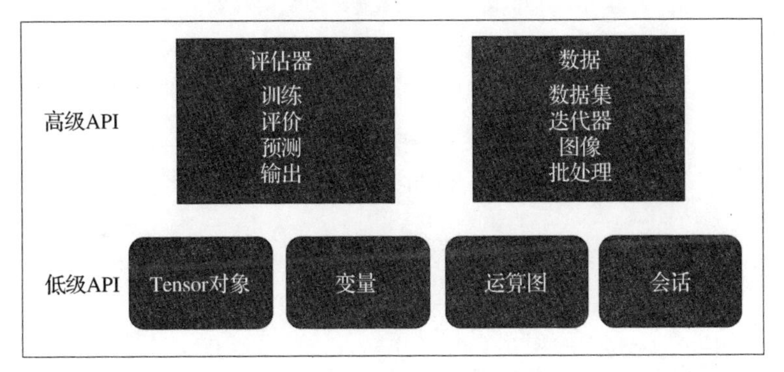

图 6-6　TensorFlow API 体系结构

为了开始使用 TensorFlow API，让我们构建一个简单的神经网络来学习异或(XOR)转换。

这里需要提示一下，异或运算符只有以下 4 个训练示例：

X	Y	Result
0	0	0
0	1	1
1	0	1
1	1	0

有趣的是，线性分类器(https://en.wikipedia.org/wiki/Linear_classifier)不能学习异或(XOR)变换。然而，我们可以通过一个简单的神经网络来解决这个问题，该神经网络在输入层具有两个神经元，隐藏层具有两个神经元，而输出层具有一个

神经元(二元分类),如图 6－7 所示。

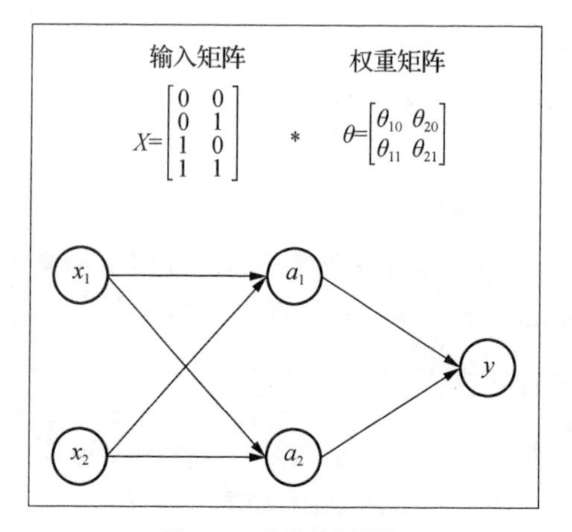

图 6－7　异或神经网络

注意:你可以使用以下命令直接从 Notebook 安装 TensorFlow:

!pip install tensorflow

和往常一样,安装成功后不要忘记重新启动内核。

要创建输入层和输出层张量(tensor),我们使用 `tf.placeholder API`,如下所示:

```
import tensorflow as tf
x_input = tf.placeholder(tf.float32)
y_output = tf.placeholder(tf.float32)
```

然后,我们使用 `tf.Variable API()`(`https://www.tensorflow.org/programmers_guide/variables`)初始化对应于隐藏层和输出层的矩阵 θ_1 和 θ_2 的随机值:

```
eps = 0.01
W1 = tf.Variable(tf.random_uniform([2,2], - eps, eps))
W2 = tf.Variable(tf.random_uniform([2,1], - eps, eps))
```

对于激活函数,我们使用 Sigmoid 函数,如下所示:

注意:为了简单起见,我们省略了引入偏置。

```
layer1 = tf.sigmoid(tf.matmul(x_input, W1))
output_layer = tf.sigmoid(tf.matmul(layer1, W2))
```

对于成本函数，我们使用**均方误差**（**Mean Square Error，MSE**）：

```
cost = tf.reduce_mean(tf.square(y_output - output_layer))
```

在图中放置了所有张量之后，我们现在可以使用 tf.train.GradientDescentOptimizer 进行训练，学习速率为 0.05，以最小化我们的成本函数：

```
train = tf.train.GradientDescentOptimizer(0.05).minimize(cost)
training_data = ([[0,0],[0,1],[1,0],[1,1]], [[0],[1],[1],[0]])
with tf.Session() as sess:
    sess.run(tf.global_variables_initializer())
    for i in range(5000):
        sess.run(train,
            feed_dict= {x_input: training_data[0], y_output:
            training_data[1]})
```

你可以在以下地址找到代码文件：

https://github.com/DTAIEB/Thoughtful-Data-Science/blob/master/chapter% 206/sampleCode1.py

前面的代码首次引入了 TensorFlow Session 的概念，它是框架的基础部分。本质上，任何 TensorFlow 操作都必须在 Session 的上下文中使用其 run 方法来执行。Session 还维护需要使用 close 方法显式释放的资源。为了方便起见，Session 类通过提供__enter__和__exit__方法来支持上下文管理协议。这允许调用方使用 with 语句（https://docs.python.org/3/whatsnew/2.6.html#pep-343-the-with-statement）来调用 TensorFlow 操作并自动释放资源。

下面的伪代码显示了一个 TensorFlow 执行的典型结构：

```
with tf.Session() as sess:
    with-block statement with TensorFlow operations
```

在本节中，我们快速探索了低级 TensorFlow API，以构建一个学习 XOR 变换的简单神经网络。在下一节中，我们将探讨在低级 API 之上提供抽象层的高级估计器 API。

用 DNNClassifier 进行简单分类

注意:本节讨论示例 PixieApp 的源代码。如果你希望继续,在以下地址下载完整的 Notebook:

https://github.com/DTAIEB/Thoughtful-Data-Science/blob/master/chapter%206/TensorFlow%20classification.ipynb

在我们研究使用低级 TensorFlow API 中的张量、图形和会话之前,最好熟悉 Estimators 包中提供的高级 API。在本节中,我们构建了一个简单的 PixieApp,它以 pandas DataFrame 为输入,并用分类输出训练分类模型。

注意:基本上有两种分类输出:绝对(categorical)输出和连续输出。在绝对分类器模型中,只能从具有或不具有逻辑顺序的有限预定义值的列表中选择输出。我们通常称二元分类为仅包含两个类的分类模型。另一方面,连续输出可以具有任何数值。

首先要求用户选择一个要预测的数值列,然后对 DataFrame 中存在的所有其他数值列训练分类模型。

注意:此示例应用程序的部分代码是从 https://github.com/tensorflow/models/tree/master/samples/core/get_started 改编的。

对于这个示例,我们将使用内置的样本数据集 #7:Boston Crime(波士顿犯罪)数据,两周的样本,但是你可以使用任何其他数据集,只要它有足够的数据和数值列。

提醒一下,你可以使用以下代码浏览 PixieDust 内置数据集:

```
import pixiedust
pixiedust.sampleData()
```

结果如图 6-8 所示。

以下代码使用 sampleData() API 加载 Boston Crime 数据集:

```
import pixiedust
crimes = pixiedust.sampleData(7, forcePandas= True)
```

Id	Name	Topic	Publisher
1	Car performance data	Transportation	IBM
2	Sample retail sales transactions, January 2009	Economy & Business	IBM Cloud Data Services
3	Total population by country	Society	IBM Cloud Data Services
4	GoSales Transactions for Naive Bayes Model	Leisure	IBM
5	Election results by County	Society	IBM
6	Million dollar home sales in Massachusetts, USA Feb 2017 through Jan 2018	Economy & Business	Redfin.com
7	Boston Crime data, 2-week sample	Society	City of Boston

图 6－8　PixieDust 中的内置数据集列表

像往常一样，我们首先使用 display()命令来浏览数据。这里的目标是寻找一个合适的列来预测：

```
display(crimes)
```

结果如图 6－9 所示。

Table

Search table

Showing 100 of 13557 rows

oup	domestic	type	offense_description	district	nonviolent	source	updated	times
tance	0	3006	SICK/INJURED/MEDICAL - PERSON	E13	1	Boston	1476914401241	
t	0	802	ASSAULT SIMPLE - BATTERY	B2	1	Boston	1472940001293	
›s	0	3301	VERBAL DISPUTE	B2	1	Boston	1477087201415	
	0	3410	TOWED MOTOR VEHICLE	B3	1	Boston	1473372001627	
ssault	0	423	ASSAULT - AGGRAVATED	B2	0	Boston	1472149593608	
›onse	0	3802	M/V ACCIDENT - PROPERTY �DAMAGE	D14	1	Boston	1472940001290	
d	0	3207	PROPERTY - FOUND	D4	1	Boston	1480802401272	
ssault	0	423	ASSAULT - AGGRAVATED	C11	0	Boston	1480370401321	
	0	3410	TOWED MOTOR VEHICLE	A15	1	Boston	1477692001136	
›perty	0	3114	INVESTIGATE PROPERTY	A1	1	Boston	1475013600916	
›onse	0	3803	M/V ACCIDENT - PERSONAL INJURY	nan	1	Boston	1478383200907	

图 6－9　犯罪数据集的表视图

nonviolent(非暴力)似乎是一个很好的二元分类候选。现在，让我们用条形图来确保该列的数据分布良好，如图 6－10 所示。

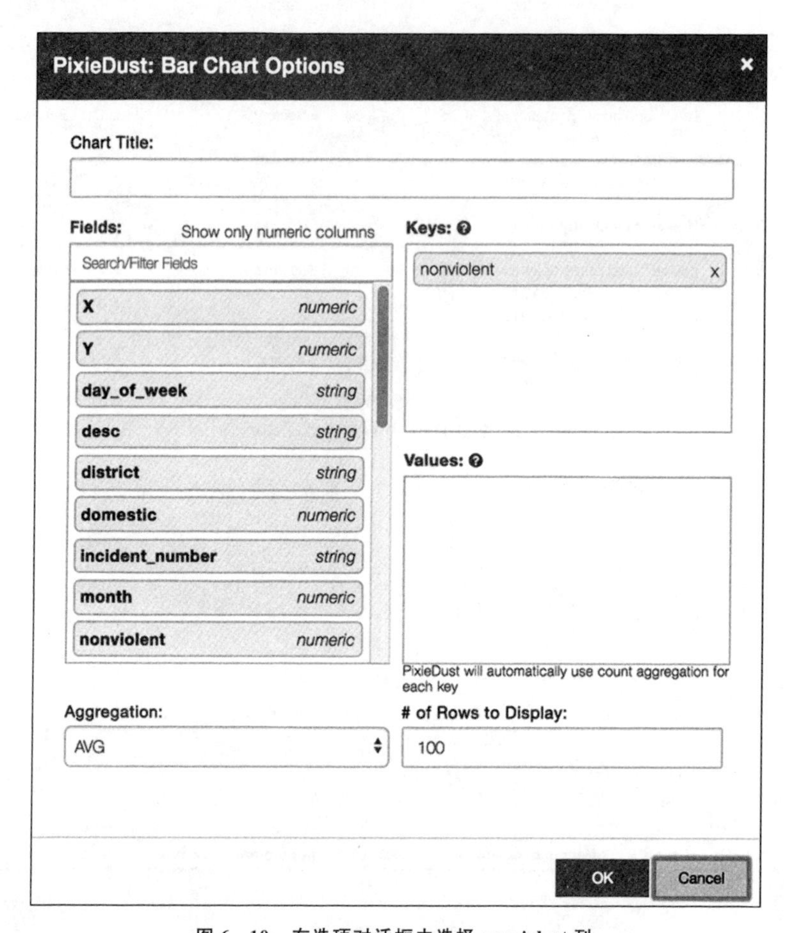

图 6－10　在选项对话框中选择 nonviolent 列

单击 **OK** 按钮将生成如图 6－11 所示的图表。

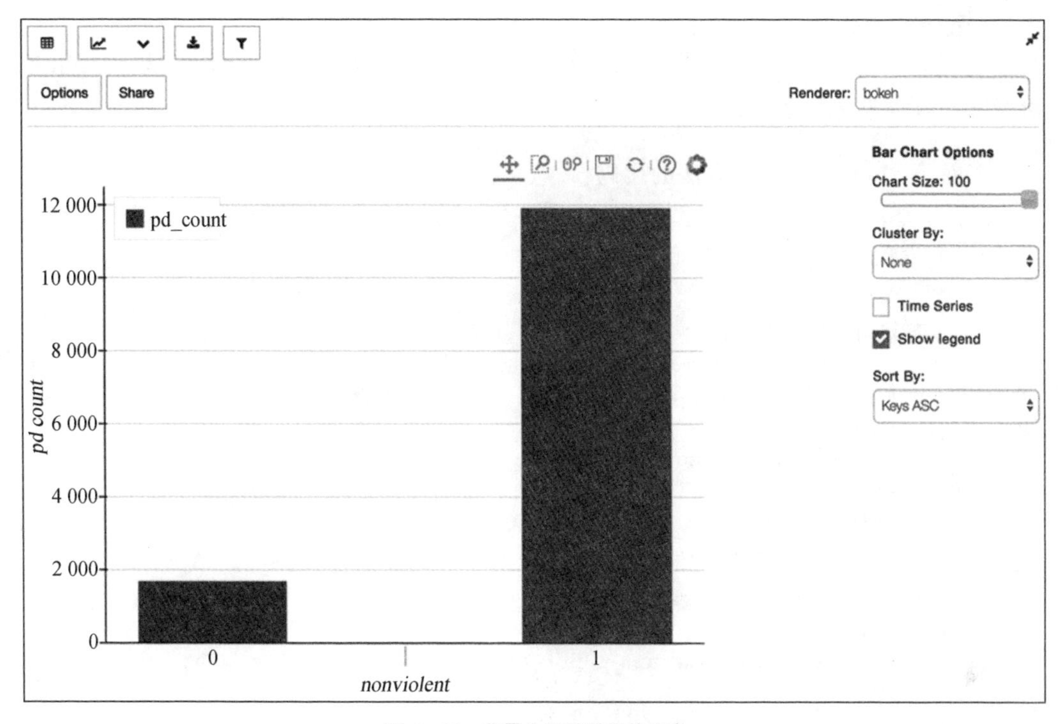

图 6-11 非暴力犯罪数据的分布

不幸的是,数据倾向于非暴力犯罪,但我们有近 2 000 个暴力犯罪数据点,对于本示例应用而言,应该是可以的。

现在,我们已经准备好创建将使用 `tf.estimator.DNNClassifier` 创建分类模型的 `do_training` 方法。

注意:你可以在此处找到有关 `DNNClassifier` 和其他高级 TensorFlow 估计器的更多信息:

https://www.tensorflow.org/api_docs/python/tf/estimator

`DNNClassifier` 构造函数接受许多可选参数。在我们的示例应用中,我们只使用其中的三个参数,但我建议你查看文档中的其他参数:

- `feature_columns`: `feature_column._FeatureColumn` 模型输入的一个可迭代对象(iterable)。在我们的例子中,我们可以使用 Python 列表解析式从 pandas DataFrame 的数值列中创建一个数组。
- `hidden_units`: 每单元的隐藏层数的一个可迭代对象。在这里,我们只使用两个层,每个层有 10 个节点。

• n_classes:标签类的数目。我们将通过对预测器列上的 DataFrame 进行分组并对行进行计数来推断这个数字。

下面是 do_training 方法的代码:

```
def do_training(train, train_labels, test, test_labels, num_classes):
    # 设置 TensorFlow 日志记录级别为 INFO
    tf.logging.set_verbosity(tf.logging.INFO)
    # 构建两个分别带 10, 10 个单元的隐含层 DNN
    classifier = tf.estimator.DNNClassifier(
        # 利用列表解析式从 dataframe 的键计算 feature_columns
        feature_columns =
            [tf.feature_column.numeric_column(key= key) for key in
train.keys()],
        hidden_units= [10, 10],
        n_classes= num_classes)
    # 训练模型
    classifier.train(
        input_fn= lambda:train_input_fn(train, train_labels,100),
        steps= 1000
    )
    # 评估模型
    eval_result =  classifier.evaluate(
        input_fn= lambda:eval_input_fn(test, test_labels,100)
    )
    return (classifier,eval_result)
```

你可以在以下地址找到代码文件:

https://github.com/DTAIEB/Thoughtful-Data-Science/blob/master/chapter%206/sampleCode2.py

classifier.train 方法使用 train_input_fn 方法,该方法负责提供作为小批量(minibatch)的训练输入数据(也称为真实数据),返回 tf.data.DataSet 或(features, labels)元组。我们的代码还使用 classifier.evaluate 执行模型评估,根据测试数据集对模型评分并比较给定标签中的结果来验证精度。结果将作为函数输出的一部分返回。

此方法需要一个类似于 train_input_fn 的 eval_input_fn 方法,但我们不能在评估期间重复数据集。由于这两个方法共享大部分相同的代码，因此我们使用一个名为 input_fn 的辅助方法，它被上述两个方法使用适当的标志调用：

```
def input_fn(features, labels, batch_size, train):
    # 将输入转换为 Dataset 并打乱顺序
    dataset = tf.data.Dataset.from_tensor_slices((dict(features), labels)).
shuffle(1000)
    if train:
        # 只在训练时重复
        dataset = dataset.repeat()
    # 分批次返回结果
    return dataset.batch(batch_size)

def train_input_fn(features, labels, batch_size):
    return input_fn(features, labels, batch_size, train= True)

def eval_input_fn(features, labels, batch_size):
    return input_fn(features, labels, batch_size, train= False)
```

你可以在以下地址找到代码文件：

https://github.com/DTAIEB/Thoughtful-Data-Science/blob/master/chapter% 206/sampleCode3.py

下一步是构建 PixieApp，它将从作为输入传递给 run 方法的 pandas DataFrame 创建分类器。主屏幕将所有数值列的列表构建到下拉控件中，并要求用户选择将用作分类器输出的列。这是在下面的代码中完成的，使用 Jinja2 {% for ...%}循环迭代作为输入传递的 DataFrame，该 DataFrame 是使用 pixieapp_entity 变量引用的。

注意：以下代码使用[[SimpleClassificationDNN]]符号来表示它是来自指定类的不完整代码。在提供完整实现之前，不要尝试运行此代码。

```
[[SimpleClassificationDNN]]
from pixiedust.display.app import *
@PixieApp
class SimpleClassificationDNN():
    @route()
    def main_screen(self):
        return """
< h1 style= "margin:40px">
    < center> The classificiation model will be trained on all the numeric col-
umns of the dataset< /center>
```

```
< /h1>
< style>
    div.outer- wrapper {
        display:table;width:100% ;height:300px;
    }
    div.inner- wrapper {
        display:table- cell;vertical- align: middle;height: 100% ;width:
100% ;
    }
< /style>
< div class= "outer- wrapper">
    < div class= "inner- wrapper">
        < div class= "col- sm- 3"> < /div>
        < div class= "input- group col- sm- 6">
            < select id= "cols{{prefix}}" style= "width:100% ;height:30px" pd_
options= "predictor= $ val(cols{{prefix}})">
                < option value= "0"> Select a predictor column< /option>
                {% for col inthis.pixieapp_entity.columns.values.
tolist()%}
                < option value= "{{col}}"> {{col}}< /option>
                {%endfor%}
            < /select>
        < /div>
    < /div>
< /div>
        """
```

你可以在以下地址找到代码文件：

https://github.com/DTAIEB/Thoughtful-Data-Science/blob/master/chapter% 206/sampleCode4.py

使用 crimes 数据集，我们通过以下代码运行 PixieApp：

```
app = SimpleClassificationDNN()
app.run(crimes)
```

注意：此时 PixieApp 代码不完整，但我们仍然可以看到欢迎页面的结果，如图 6-12 所示。

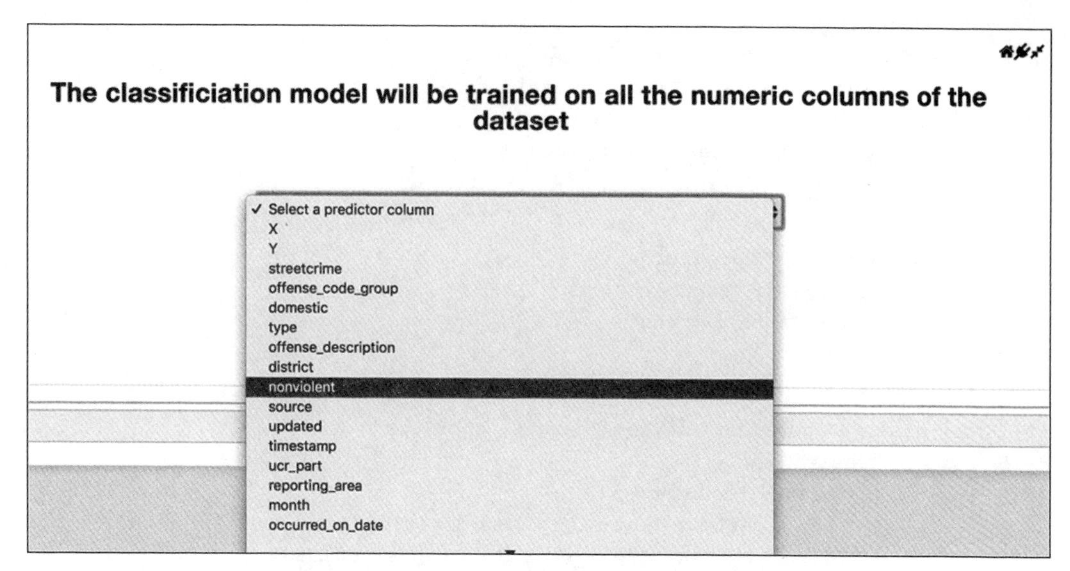

图 6-12 显示输入 pandas DataFrame 中的列的主屏幕

当用户选择预测列(例如,nonviolent)时,属性 pd_options= "predictor= $ val(cols{{prefix}})"触发新的 prepare_training 路由。此路由将显示两个条形图,展示了使用原始数据集的 80/20 分割随机选择的训练集和测试集的输出类分布。

注意:我们在训练集和测试集之间使用 80/20 分割,根据我的经验,这是很常见的。当然,这不是一个绝对的规则,可以根据用例进行调整。

屏幕片段还包括用于开始训练分类器的按钮。

prepare_training 路由的代码如下所示:

```
[[SimpleClassificationDNN]]
@route(predictor= "* ")
@templateArgs
def prepare_training(self, predictor):
    # 只选择数值列
    self.dataset = self.pixieapp_entity.dropna(axis= 1).select_dtypes(
        include= ['int16', 'int32', 'int64', 'float16', 'float32','float64']
    )
    # 计算每一组的数量
    self.num_classes = self.dataset.groupby(predictor).size().shape[0]
    # 创建训练和测试特征与标签
    self.train_x= self.dataset.sample(frac= 0.8)
```

```
    self.full_train =  self.train_x.copy()
    self.train_y =  self.train_x.pop(predictor)
    self.test_x= self.dataset.drop(self.train_x.index)
    self.full_test =  self.test_x.copy()
    self.test_y= self.test_x.pop(predictor)

    bar_chart_options =  {
        "rowCount":"100",
        "keyFields": predictor,
        "handlerId": "barChart",
        "noChartCache": "true"
    }

    return """
< div class= "container" style= "margin- top:20px">
    < div class= "row">
        < div class= "col- sm- 5">
            < h3> < center> Train set class distribution< /center> < /h3>
            < div pd_entity= "full_train" pd_render_onload>
                < pd_options> {{bar_chart_options|tojson}}< /pd_options>
            < /div>
        < /div>
        < div class= "col- sm- 5">
            < h3> < center> Test set class distribution< /center> < /h3>
            < div pd_entity= "full_test" pd_render_onload>
                < pd_options> {{bar_chart_options|tojson}}< /pd_options>
            < /div>
        < /div>
    < /div>
< /div>
< div style= "text- align:center">
     < button class = "btn btn -  default" type = "submit" pd _options = "do _
training= true">
        Start Training
    < /button>
< /div>
"""
```

你可以在以下地址找到代码文件：

https://github.com/DTAIEB/Thoughtful-Data-Science/blob/master/chapter% 206/sampleCode5.py

注意：使用@templateargs 是因为我们只计算了一次 bar_chart_options 变量，然后在 Jinja2 模板中使用它。

选择 nonviolent 预测列将给出图 6－13 所示的屏幕截图结果。

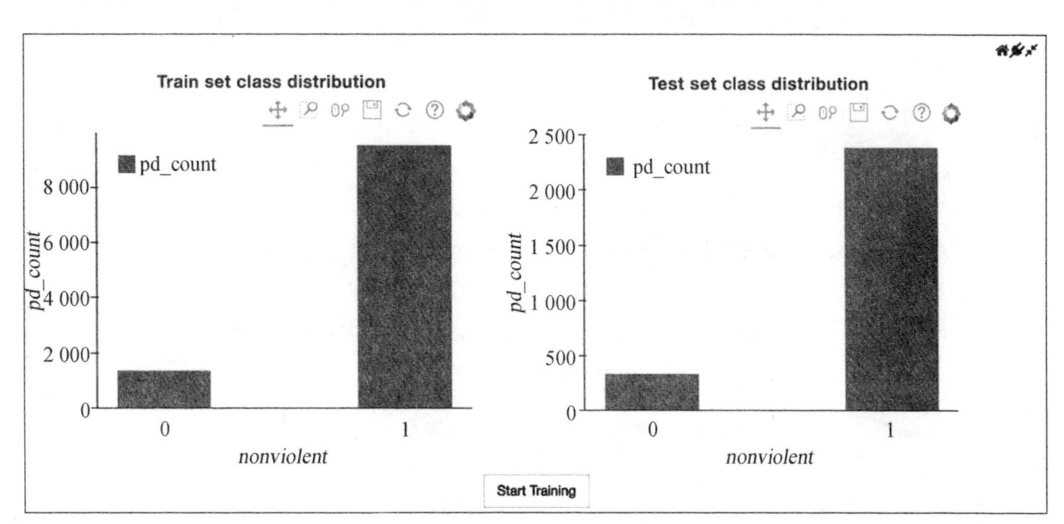

图 6－13　预训练屏幕

Start Training(开始训练)按钮使用属性 pd_options= "do_training= true"调用 do_training 路由,该属性调用我们先前创建的 do_training 方法。注意,我们使用@ captureOutput 装饰器是因为我们将 TensorFlow 日志级别设置为 INFO,我们希望捕获日志消息并将它们显示给用户。这些日志消息将使用流(stream)模式发送回浏览器,PixieDust 自动将它们显示为一个专门创建的< div> 元素,当数据到达时,该元素会将数据追加到浏览器中。训练完成后,路由返回一个 HTML 片段,该片段生成一个表,其中包含 do_training 方法返回的评估指标,如以下代码所示:

```
[[SimpleClassificationDNN]]
@ route(do_training= "* ")
    @ captureOutput
def do_training_screen(self):
        self.classifier, self.eval_results = \
        do_training(
self.train_x, self.train_y, self.test_x, self.test_y, self.num_classes
    )
        return """
< h2> Training completed successfully< /h2>
< table>
    < thead>
        < th> Metric< /th>
        < th> Value< /th>
    < /thead>
```

```
    < tbody>
{% for key,value in this.eval_results.items() %}
< tr>
    < td> {{key}}< /td>
    < td> {{value}}< /td>
< /tr>
{%endfor%}
    < /tbody>
< /table>
        """
```

你可以在以下地址找到代码文件：

https://github.com/DTAIEB/Thoughtful-Data-Science/blob/master/chapter%206/sampleCode6.py

图 6-14 所示的屏幕截图显示了成功创建模型后的结果，包括分类模型的评估指标表，精度为 87%。

Training completed successfully

Metric	Value
average_loss	740538200.0
prediction/mean	1.0
accuracy	0.8793803
accuracy_baseline	0.8793803
label/mean	0.8793803
global_step	1000
auc	0.5
auc_precision_recall	0.9396901
loss	71699960000.0

```
INFO:tensorflow:Running local_init_op.
INFO:tensorflow:Done running local_init_op.
INFO:tensorflow:Saving checkpoints for 1 into /var/folders/90/dnxs5rgn0c10n5vzdyw6vp0c0000gn/T/tmpma7q5lyq/model.ckpt.
INFO:tensorflow:step = 1, loss = 23589095000000.0
INFO:tensorflow:global_step/sec: 396.912
INFO:tensorflow:step = 101, loss = 177349030000.0 (0.254 sec)
INFO:tensorflow:global_step/sec: 542.39
INFO:tensorflow:step = 201, loss = 750203440000.0 (0.184 sec)
INFO:tensorflow:global_step/sec: 542.273
INFO:tensorflow:step = 301, loss = 228097110000.0 (0.184 sec)
INFO:tensorflow:global_step/sec: 547.028
```

图 6-14　显示成功训练结果的最终屏幕

此 PixieApp 是使用 crimes 数据集作为参数运行的，如以下代码所示：

```
app = SimpleClassificationDNN()
app.run(crimes)
```

一旦成功地训练了模型,你就可以通过调用 app.classifier 变量上的 predict 方法来访问它以对新数据进行分类。与 train 和 evaluate 方法类似,predict 还接受构造输入特征的 input_fn。

注意:有关 predict 方法的更多详细信息请参阅:

https://www.tensorflow.org/api_docs/python/tf/estimator/DNNClassifier#predict

这个示例应用提供了一个很好的起点,可以通过使用高级估计器 API 熟悉 TensorFlow 框架。

注意:此示例应用的完整 Notebook 可在以下地址找到:

https://github.com/DTAIEB/Thoughtful-Data-Science/blob/master/chapter%206/TensorFlow%20classification.ipynb

在下一节中,我们将开始使用低级 TensorFlow API(包括张量、图形和会话)构建图像识别示例应用程序。

图像识别示例应用程序

在构建开放式应用时,你希望首先定义**最小化可行产品(Minimum Viable Product, MVP)**版本的需求,该版本包含的功能刚好足以使其对你的用户可用并有价值。在为你的实现做出技术决策时,确保在不投入太多时间的情况下尽可能快地获得一个端到端的可用实现是一个非常重要的标准。其思想是,你希望从小处开始,以便能够快速迭代和改进应用程序。

对于我们的图像识别示例应用程序的 MVP,我们将使用以下要求:

• 不要从头开始构建模型;取而代之的是,重用一个预训练的**通用卷积神经网络(Convolutional Neural Network, CNN**,https://en.wikipedia.org/wiki/Convolutional_neural_network transfer learning)模型,这些模型是公开可用的,例如 MobileNet。我们以后总是可以使用迁移学习(transfer learning, https://en.wikipedia.org/wiki/Transfer_learning)以自定义训练图像来重新训练这些模型。

• 对于 MVP,虽然我们只专注于得分而不是训练,但是我们仍然应该让用户对它感兴趣。因此,让我们构建一个 PixieApp,允许用户输入 Web 页面的 URL 并显示从页面上抓取的所有图像,包含我们的模型推断出的分类输出。

• 因为我们正在学习深度学习神经网络和 TensorFlow,所以如果我们能够直接在 Jupyter Notebook 中显示 TensorBoard Graph Visualization (https://www.tensorflow.org/programmers_guide/graph_viz),而不必强迫用户使用另一个工具,那就太好了。这将提供更好的用户体验并增加他们对应用程序的参与度。

注意:本节中应用程序的实现改编自以下教程:

https://codelabs.developers.google.com/codelabs/tensor-flow-for-poets

第 1 部分——加载预训练的 MobileNet 模型

注意:你可以下载已完成的 Notebook,以便进行此部分的学习:

https://github.com/DTAIEB/Thoughtful-Data-Science/blob/master/chapter%206/Tensorflow%20VR%20Part%201.ipynb

有很多公开可用的图像分类模型,使用 CNN,这些模型是在大型图像数据库上被预训练的,比如 ImageNet(http://www.image-net.org)。ImageNet 已经启动了多个公共挑战,例如 **ImageNet 大规模视觉识别挑战**(**ImageNet Large Scale Visual Recognition Challenge, ILSVRC**)或 Kaggle 上的 ImageNet 对象定位挑战(ImageNet Object Localization Challenge, https://www.kaggle.com/c/imagenet-object-localization-challenge),结果非常有趣。

这些挑战产生了多个模型,例如 ResNet、Inception、SqueezeNet、VGGNet 或 Xception,每个模型使用不同的神经网络体系结构。仔细了解这些体系结构超出了本书的范围,但是即便你还不是机器学习专家(我肯定不是),我还是建议你在线了解它们。我为这个示例应用选择的模型是 MobileNet,因为它体积小、速度快且非常精确。它为 1 000 类图像提供了一个图像分类模型,这对于这个示例应用来说已经足够了。

为了确保代码的稳定性，我在 GitHub 代码仓库：https://github.com/DTAIEB/Thoughtful-Data-Science/tree/master/chapter% 206/Visual% 20Recogni tion/mobilenet_v1_0.50_224 中做了一个模型副本。

在这个目录中，你可以找到以下文件：

• frozen_graph.pb：TensorFlow 图形的序列化二进制版本。
• labels.txt：一个文本文件，它包含 1 000 个图像类别及其索引的描述。
• quantized_graph.pb：一个使用 8 位定点表示的模型图的压缩形式。

加载模型包括构建一个 tf.graph 对象和关联的标签。因为我们可能希望在将来加载多个模型，所以我们首先定义一个字典，它提供有关模型的元数据：

```
models = {
    "mobilenet": {
        "base_url":"https://github.com/DTAIEB/Thoughtful-Data-Science/raw/
master/chapter% 206/Visual% 20Recognition/mobilenet_v1_0.50_224",
        "model_file_url": "frozen_graph.pb",
        "label_file": "labels.txt",
        "output_layer": "MobilenetV1/Predictions/Softmax"
    }
}
```

你可以在以下地址找到该文件：

https://github.com/DTAIEB/Thoughtful-Data-Science/blob/master/chapter% 206/sampleCode7.py

前面的 models 字典中的每个键表示特定模型的元数据：

• base_url：指向文件存储的 URL。
• model_file_url：相对于 base_url 的模型文件的名称。
• label_file：相对于 base_url 的标签的名称。
• output_layer：为每个类别提供最终评分的输出层的名称。

我们实现了一个 get_model_attribute 辅助方法，以便于读取模型元数据，这在我们的整个应用程序中非常有用：

```
# 从模型元数据中读取属性的辅助方法
def get_model_attribute(model, key, default_value = None):
    if key not in model:
        if default_value is None:
```

```
            raise Exception("Require model attribute {} not found".
format(key))
        return default_value
    return model[key]
```

你可以在以下地址找到代码文件：

https://github.com/DTAIEB/Thoughtful-Data-Science/blob/master/chapter% 206/sampleCode8.py

为了加载图形，我们下载二进制文件，使用 ParseFromString 方法将其加载到一个 tf.GraphDef 对象中，然后使用图形作为当前内容管理器来调用 tf.import_graph_def 方法：

```
import tensorflow as tf
import requests
# 用于解析相对于所选模型的 url 的辅助方法
def get_url(model, path):
    return model["base_url"] + "/" + path
# 下载序列化模型并创建一个 TensorFlow 图形
def load_graph(model):
    graph = tf.Graph()
    graph_def = tf.GraphDef()
    graph_def.ParseFromString(
        requests.get( get_url( model, model["model_file_url"] )
).content
    )
    with graph.as_default():
        tf.import_graph_def(graph_def)
    return graph
```

你可以在以下地址找到代码文件：

https://github.com/DTAIEB/Thoughtful-Data-Science/blob/master/chapter% 206/sampleCode9.py

加载标签的方法返回一个 JSON 对象或一个数组（稍后我们将看到两者都需要）。下面的代码使用 Python 列表解析式迭代 requests.get 调用返回的行。然后，它使用 as_json 标志适当地格式化数据：

```
# 加载标签
def load_labels(model, as_json = False):
    labels = [line.rstrip() \
```

```
        for line in requests.get(get_url(model, model["label_file"])
).text.split("\n") if line ! =  ""]
    if as_json:
        return [{"index":item.split(":")[0],"label":item.split(":")
[1]} for item in labels]
    return labels
```

你可以在以下地址找到代码文件：

https://github.com/DTAIEB/Thoughtful-Data-Science/blob/master/chapter%206/sampleCode10.py

下一步是调用模型对图像进行分类。为了使它更简单，也许更有价值，我们让用户提供一个包含要分类的图像的 HTML 页面的 URL。我们将使用 BeautifulSoup4 库来帮助解析页面。要安装 BeautifulSoup4，只需运行以下命令：

```
!pip install beautifulsoup4
```

注意：一如既往，安装完成后不要忘记重新启动内核。

下面的 `get_image_urls` 方法接受 URL 作为输入，下载 HTML，实例化一个 BeautifulSoup 解析器，并提取在任何< img> 元素和 `background image` 样式中找到的所有图像。BeautifulSoup 有一个非常优雅且易于使用的 API 来解析 HTML。在这里，我们只需使用 `find_all` 方法查找所有< img> 元素，使用 `select` 方法选择具有内联样式的所有元素。读者很快就会注意到，还有许多其他方式可以使用 HTML 创建我们没有发现的图像，例如声明为 CSS 类的图像。与往常一样，如果你有兴趣并有时间改进它，我强烈欢迎 GitHub 代码仓库中的 pull 请求（有关如何创建 pull 请求的说明，请参阅 https://help.github.com/articles/creating-a-pull-request）。

`get_image_urls` 的代码如下所示：

```
from bs4 import BeautifulSoup as BS
import re

# 返回一个从网页抓取的所有图像组成的数组
def get_image_urls(url):
    # 实例化一个 BeautifulSoup 解析器
    soup = BS(requests.get(url).text, "html.parser")
```

```
    # 用于提取 url 的局部辅助方法
    def extract_url(val):
        m = re.match(r"url\((.* )\)", val)
        val =  m.group(1) if m is not None else val
        return "http:" + val if val.startswith("//") else val
        # 查找< img> 元素和 background-image 样式的列表解析式
        return [extract_url(imgtag['src']) for imgtag in soup.find_
all('img')] + [ \
        extract_url(val.strip()) for key,val in \
        [tuple(selector.split(":")) for elt in soup.select("[style]")
\
            for selector inelt["style"].strip(" ;").split(";")] \
            if key.strip().lower()= = 'background- image' \
        ]
```

你可以在以下地址找到代码文件：

https://github.com/DTAIEB/Thoughtful-Data-Science/blob/master/chapter% 206/sampleCode11.py

对于发现的每个图像，我们还需要一个辅助函数来下载图像，这些图像将作为输入传递给模型进行分类。

以下 download_image 方法将图像下载到一个临时文件中：

```
import tempfile
def download_image(url):
    response = requests.get(url, stream= True)
    if response.status_code = =  200:
        with tempfile.NamedTemporaryFile(delete= False) as f:
            for chunk in response.iter_content(2048):
                f.write(chunk)
            return f.name
    else:
        raise Exception("Unable to download image: {}".format(response. status
_code))
```

你可以在以下地址找到代码文件：

https://github.com/DTAIEB/Thoughtful-Data-Science/blob/master/chapter% 206/sampleCode12.py

给定一个图像的本地路径，我们现在需要通过从 tf.image 包调用正确的解码方法来将其解码为一个张量，即用 decode_png 解码 .png 文件。

注意:在数学中,张量是向量的推广,向量由方向和大小定义,以支持更高维度。向量是一阶张量,类似地,标量是零阶张量。直观地讲,我们可以把二阶张量看成一个二维数组,其值定义为两个向量相乘的结果。在 TensorFlow 中,张量是 n 维数组。

在对图像阅读器(image reader)张量进行几次转换(强制转换为正确的十进制表示、调整大小和规范化)之后,我们在规范化器(normalizer)张量上调用 `tf.session.run` 以执行前面定义的步骤,如下面的代码所示:

```
# 将一个给定图像解码为一个张量
def read_tensor_from_image_file(model, file_name):
    file_reader = tf.read_file(file_name, "file_reader")
    if file_name.endswith(".png"):
        image_reader = tf.image.decode_png(file_reader, channels = 3,name= '
png_reader')
    elif file_name.endswith(".gif"):
        image_reader = tf.squeeze(tf.image.decode_gif(file_ reader,name= '
gif_reader'))
    elif file_name.endswith(".bmp"):
        image_reader = tf.image.decode_bmp(file_reader, name= 'bmp_reader')
    else:
        image_reader = tf.image.decode_jpeg(file_reader, channels = 3, name=
'jpeg_reader')
    float_caster = tf.cast(image_reader, tf.float32)
    dims_expander = tf.expand_dims(float_caster, 0);
    # 从提供默认值的模型元数据中读取一些信息
    input_height = get_model_attribute(model, "input_height", 224)
    input_width = get_model_attribute(model, "input_width", 224)
    input_mean = get_model_attribute(model, "input_mean", 0)
    input_std = get_model_attribute(model, "input_std", 255)
    resized = tf.image.resize_bilinear(dims_expander, [input_height, input_
width])
    normalized = tf.divide(tf.subtract(resized, [input_mean]), [input_std])
    sess = tf.Session()
    result = sess.run(normalized)
    return result
```

你可以在以下地址找到代码文件：

https://github.com/DTAIEB/Thoughtful-Data-Science/blob/master/chapter% 206/sampleCode13.py

现在，我们已经准备好实现 score_image 方法，该方法将 tf.graph、模型元数据和图像的 URL 作为输入参数，并根据它们的置信度评分返回前 5 个候选分类，包括它们的标签：

```
importnumpy as np
# 对给定 url 的图像进行分类
def score_image(graph, model, url):
    # 从模型获取输入与输出层
    input_layer = get_model_attribute(model, "input_layer", "input")
    output_layer = get_model_attribute(model, "output_layer")
    # 下载图像并从其数据构建一个张量
    t = read_tensor_from_image_file(model, download_image(url))
    # 获取对应于输入与输出层的张量
    input_tensor = graph.get_tensor_by_name("import/" + input_layer + ":0");
    output_tensor = graph.get_tensor_by_name("import/" + output_layer+ ":0");
    with tf.Session(graph= graph) as sess:
        results = sess.run(output_tensor, {input_tensor: t})
    results = np.squeeze(results)
    # 选择前 5 个候选分类并将它们与标签匹配
    top_k = results.argsort()[- 5:][::- 1]
    labels = load_labels(model)
    return [(labels[i].split(":")[1], results[i]) for i in top_k]
```

你可以在以下地址找到代码文件：

https://github.com/DTAIEB/Thoughtful-Data-Science/blob/master/chapter% 206/sampleCode14.py

现在，我们可以使用以下步骤测试代码：

1. 选择 mobilenet 模型并加载相应的图。
2. 获取从 Flickr 网站上抓取的图像 URL 列表。
3. 为每个图像 URL 调用 score_image 方法并打印结果。

代码如下所示：

```
model = models['mobilenet']
graph = load_graph(model)
image_urls = get_image_urls("https://www.flickr.com/search/? text= cats")
for url in image_urls:
    results = score_image(graph, model, url)
    print("Result for {}: \n\t{}".format(url, results))
```

你可以在以下地址找到代码文件:

https://github.com/DTAIEB/Thoughtful-Data-Science/blob/master/chapter% 206/sampleCode15.py

结果非常精确(除了第一个图像为空白图像),如图 6-15 所示。

```
Results for https://geo.yahoo.com/b?s=792600534:
        [('nail', 0.034935154), ('screw', 0.03144558), ('puck, hockey puck', 0.03032596), ('envelope', 0.0285034),
 ('Band Aid', 0.027891463)]
Results for http://c1.staticflickr.com/6/5598/14934282524_344c84246b_n.jpg:
        [('Egyptian cat', 0.4644194), ('tiger cat', 0.1485573), ('tabby, tabby cat', 0.09759513), ('plastic bag', 0.0
3814263), ('Siamese cat, Siamese', 0.033892646)]
Results for http://c1.staticflickr.com/4/3677/13545844805_170ec3746b_n.jpg:
        [('tabby, tabby cat', 0.7330132), ('Egyptian cat', 0.14256532), ('tiger cat', 0.11719289), ('plastic bag', 0.
0028653105), ('bow tie, bow-tie, bowtie', 0.00082955)]
Results for http://c1.staticflickr.com/6/5170/5372754294_db6acaa1e5_n.jpg:
        [('Persian cat', 0.607673), ('Angora, Angora rabbit', 0.20204937), ('hamster', 0.02988311), ('Egyptian cat',
 0.027227053), ('lynx, catamount', 0.018035706)]
Results for http://c1.staticflickr.com/6/5589/14818641818_b0058c0cfc_m.jpg:
        [('Egyptian cat', 0.5786173), ('tabby, tabby cat', 0.27942237), ('tiger cat', 0.11966114), ('lynx, catamoun
t', 0.016066141), ('plastic bag', 0.002206809)]
Results for http://c1.staticflickr.com/6/5036/5881933297_7974eaff82_n.jpg:
        [('tiger cat', 0.26617262), ('tabby, tabby cat', 0.2417825), ('Persian cat', 0.18471399), ('lynx, catamount',
 0.11543496), ('Egyptian cat', 0.025188642)]
Results for http://c1.staticflickr.com/3/2602/3977203168_b9d02a0233.jpg:
        [('tabby, tabby cat', 0.75482476), ('tiger cat', 0.13780454), ('Egyptian cat', 0.05675489), ('Siamese cat, Si
amese', 0.02073992), ('lynx, catamount', 0.010187127)]
Results for http://c1.staticflickr.com/8/7401/16393044637_72e93d96b6_n.jpg:
        [('Egyptian cat', 0.67294717), ('tiger cat', 0.18149199), ('tabby, tabby cat', 0.0952419), ('lynx, catamoun
t', 0.025225954), ('candle, taper, wax light', 0.003860443)]
Results for http://c1.staticflickr.com/9/8110/8594699278_dd256c10fd_m.jpg:
        [('tabby, tabby cat', 0.5829553), ('Egyptian cat', 0.15930973), ('tiger cat', 0.12964381), ('lynx, catamoun
t', 0.11114485), ('plastic bag', 0.006467772)]
Results for http://c1.staticflickr.com/8/7023/6581178955_7e23af8bf9_m.jpg:
        [('tabby, tabby cat', 0.28574014), ('Egyptian cat', 0.190615), ('plastic bag', 0.17165014), ('lynx, catamoun
t', 0.101593874), ('tiger cat', 0.040527806)]
```

图 6-15 一个 Flickr 页面上发现的与猫有关的图像分类

我们的图像识别示例应用的第 1 部分现在已经介绍完,你可以在 https://github.com/DTAIEB/Thoughtful-Data-Science/blob/master/chapter% 206/Tensorflow% 20VR% 20Part% 201.ipynb 找到完整的 Notebook。

在下一节中,我们将通过使用 PixieApp 构建一个用户界面来构建更友好的用户体验。

第 2 部分——为我们的图像识别示例应用程序创建一个 PixieApp

注意:你可以下载已完成的 Notebook,以便进行此部分的学习:

https://github.com/DTAIEB/Thoughtful-Data-Science/blob/master/chapter%206/Tensorflow%20VR%20Part%202.ipynb

提醒一下,如果定义了 PixieApp 的 setup 方法,则在应用程序开始运行之前执行该方法。我们使用它来选择我们的模型并初始化图形:

```
from pixiedust.display.app import *

@PixieApp
class ScoreImageApp():
    def setup(self):
        self.model = models["mobilenet"]
        self.graph = load_graph( self.model )
    ...
```

你可以在以下地址找到代码文件:

https://github.com/DTAIEB/Thoughtful-Data-Science/blob/master/chapter%206/sampleCode16.py

在 PixieApp 的主屏幕中,我们使用一个输入框来让用户输入到 Web 页面的 URL,如以下代码片段所示:

```
[[ScoreImageApp]]
@route()
def main_screen(self):
    return """
< style>
    div.outer- wrapper {
        display:table;width:100% ;height:300px;
    }
    div.inner- wrapper {
        display:table- cell;vertical- align: middle;height: 100% ;width:
100% ;
    }
< /style>
< div class= "outer- wrapper">
    < div class= "inner- wrapper">
        < div class= "col- sm- 3"> < /div>
        < div class= "input- group col- sm- 6">
```

```
            < input id= "url{{prefix}}" type= "text" class= "form- control"
                value= "https://www.flickr.com/search/? text= cats"
                placeholder= "Enter a url that contains images">
        < span class= "input- group- btn">
          < button class= "btn btn- default" type= "button" pd_ options= "image
_url= $ val(url{{prefix}})"> Go< /button>
        < /span>
      < /div>
    < /div>
  < /div>
  """
```

你可以在以下地址找到代码文件：

https://github.com/DTAIEB/Thoughtful-Data-Science/blob/master/chapter% 206/sampleCode17.py

为了方便起见，我们使用默认值 https://www.flickr.com/search/? text= cats 初始化输入文本。

我们已经可以使用以下代码来运行代码以测试主屏幕：

```
app = ScoreImageApp()
app.run()
```

主屏幕如图 6 - 16 所示。

https://www.flickr.com/search/?text=cats Go

图 6 - 16　图像识别 PixieApp 的主屏幕

注意:这有利于测试,但是我们应该记住 do_process_url 路由尚未实现,因此单击 **Go** 按钮将再次回到默认路由。

现在,让我们实现 do_process_url 路由,当用户单击 **Go** 按钮时会触发该路由。此路由首先调用 get_image_urls 方法来获取图像 URL 列表。然后,我们使用 Jinja2 构建一个显示所有图像的 HTML 片段。对于每个图像,我们异步调用运行模型并显示结果的 do_score_url 路由。

下面的代码显示了 do_process_url 路由的实现:

```
[[ScoreImageApp]]
@route(image_url= "* ")
@templateArgs
def do_process_url(self, image_url):
    image_urls =  get_image_urls(image_url)
    return """
< div>
{%for url in image_urls%}
< div style= "float: left; font- size: 9pt; text- align: center; width: 30% ;
margin- right: 1% ; margin- bottom: 0.5em;">
< img src= "{{url}}" style= "width: 100% ">
    < div style= "display:inline- block" pd_render_onload pd_ options= "score_
url= {{url}}">
    < /div>
< /div>
{%endfor%}
< p style= "clear: both;">
< /div>
        """
```

你可以在以下地址找到代码文件:

https://github.com/DTAIEB/Thoughtful-Data-Science/blob/master/chapter% 206/sampleCode18.py

注意@templateargs 装饰器的使用,它允许 Jinja2 片段引用本地 image_urls 变量。

最后,在 do_score_url 路由中,我们调用 score_image 并将结果显示为列表:

```
[[ScoreImageApp]]
@route(score_url= "* ")
@templateArgs
def do_score_url(self, score_url):
    results = score_image(self.graph, self.model, score_url)
    return """
< ul style= "text- align:left">
{%for label, confidence in results%}
< li> < b> {{label}}< /b> : {{confidence}}< /li>
{%endfor%}
< /ul>
"""
```

你可以在以下地址找到代码文件:

https://github.com/DTAIEB/Thoughtful-Data-Science/blob/master/chapter% 206/sampleCode19.py

图 6-17 所示的屏幕截图显示了包含猫咪图像的 Flickr 页面的结果。

提醒一下,你可以在以下地址找到完整的 Notebook:

https://github.com/DTAIEB/Thoughtful-Data-Science/blob/master/chapter% 206/Tensorflow% 20VR% 20Part% 202. ipynb

我们的 MVP 应用程序已经基本完成。在下一节中,我们将把 TensorBoard 图形可视化直接集成到 Notebook 中。

图 6-17　猫的图像分类结果

第 3 部分——集成 TensorBoard 图形可视化

注意：本节中描述的部分代码改编自 deepdream 笔记本，地址如下：

https://github.com/tensorflow/tensorflow/blob/master/tensorflow/examples/tutorials/deepdream/deepdream.ipynb

你可以从以下地址下载已完成的 Notebook，以便进行此部分的学习：

https://github.com/DTAIEB/Thoughtful-Data-Science/blob/master/chapter%206/Tensorflow%20VR%20Part%203.ipynb

TensorFlow 附带了一套非常强大的可视化工具，可以帮助应用程序的调试和性能优化。请花一点时间去 https://www.tensorflow.org/programmers_guide/

summaries_and_tensorboard 探索 TensorBoard 功能。

这里的一个问题是，配置 TensorBoard 服务器来处理 Notebook 可能很困难，尤其是当你的 Notebook 托管在云上，并且你几乎无法访问底层操作系统时。在这种情况下，配置和启动 TensorBoard 服务器可能是一项不可能完成的任务。在本节中，我们将展示如何通过将模型图形可视化直接集成到 Notebook 中而不需要任何配置来解决这个问题。为了提供更好的用户体验，我们希望将 TensorBoard 可视化添加到我们的 PixieApp 中。为此，我们将主布局更改为选项卡布局，并将 TensorBoard 可视化分配给它自己的选项卡。方便的是，PixieDust 提供了一个名为 TemplateTabbedApp 的基础 PixieApp，它负责构建选项卡布局。当使用 TemplateTabbedApp 作为基类时，我们需要在 setup 方法中配置选项卡，如下所示：

```
[[ImageRecoApp]]
from pixiedust.apps.template import TemplateTabbedApp
@PixieApp
class ImageRecoApp(TemplateTabbedApp):
    def setup(self):
        self.apps = [
            {"title": "Score", "app_class": "ScoreImageApp"},
            {"title": "Model", "app_class": "TensorGraphApp"},
            {"title": "Labels", "app_class": "LabelsApp"}
        ]
        self.model = models["mobilenet"]
        self.graph = self.load_graph(self.model)

app = ImageRecoApp()
app.run()
```

你可以在以下地址找到代码文件：

https://github.com/DTAIEB/Thoughtful-Data-Science/blob/master/chapter%206/sampleCode20.py

应该注意，在前面的代码中，我们已经将 LabelsApp 子 PixieApp 添加到选项卡列表中，尽管它尚未实现。因此，正如预期的那样，如果按原样运行代码，Labels 选项卡将失败。

self.apps 包含一个定义选项卡的对象数组：

- title：选项卡标题。
- app_class：当选项卡被选中时 PixieApp 运行。

在 ImageRecoApp 中，我们配置了与三个子 PixieApp 相关联的三个选项卡：在第 2 部分中已经创建的 ScoreImageApp，用于显示模型图形的 TensorGraphApp，以及用于显示模型中使用的所有标记类别的表的 LabelsApp。

结果显示在图 6－18 所示的屏幕截图中。

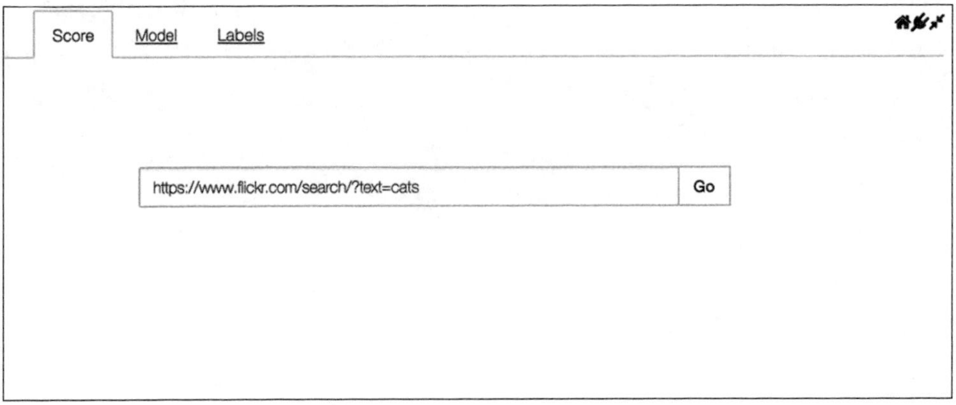

图 6－18　选项卡布局，包括 Score、Model 和 Labels

使用 TemplateTabbedApp 超类的好处还在于子 PixieApp 是单独定义的，这使得代码更易于维护和重用。

让我们首先看看 TensorGraphApp PixieApp。它的主路由返回一个 HTML 片段，该片段将 tf-graph-basic.build.html 从 https://tensorboard.appspot.com 加载到 Iframe 中，并使用 JavaScript 加载侦听器来应用以 tf.Graph.as_graph_def 方法计算的序列化图形定义。为了确保图形定义保持在合理的大小，并避免在浏览器客户端上不必要的性能下降，我们调用 strip_consts 方法来删除具有较大常量值的张量。

TensorGraphApp 的代码如下所示：

```
@PixieApp
class TensorGraphApp():
    """Visualize TensorFlow graph."""
    def setup(self):
        self.graph = self.parent_pixieapp.graph

    @route()
    @templateArgs
    def main_screen(self):
        strip_def = self.strip_consts(self.graph.as_graph_def())
```

```
        code = """
            < script>
                function load() {{
                  document.getElementById("{id}").pbtxt = {data};
                }}
            < /script>
            < linkrel= "import" href= "https://tensorboard.appspot.com/
tf- graph- basic.build.html" onload= load()>
            < div style= "height:600px">
              < tf- graph- basic id= "{id}"> < /tf- graph- basic>
            < /div>
          """.format(data= repr(str(strip_def)), id= 'graph'+ self.
getPrefix()).replace('"', '&quot;')

          return """
< iframe seamless style= "width:1200px;height:620px;border:0"
srcdoc= "{{code}}"> < /iframe>
"""

    def strip_consts(self, graph_def, max_const_size= 32):
        """Strip large constant values from graph_def."""
        strip_def = tf.GraphDef()
        for n0 in graph_def.node:
            n = strip_def.node.add()
            n.MergeFrom(n0)
            if n.op = = 'Const':
                tensor = n.attr['value'].tensor
                size = len(tensor.tensor_content)
                if size > max_const_size:
                    tensor.tensor_content = "< stripped {} bytes> ". format
(size).encode("UTF- 8")
        return strip_def
```

你可以在以下地址找到代码文件：

https://github.com/DTAIEB/Thoughtful-Data-Science/blob/master/chapter% 206/sampleCode21.py

注意：子 PixieApp 可以通过 self.parent_pixieapp 变量访问其父 PixieApp。

TensorGraphApp 子 PixieApp 的结果屏幕如图 6－19 所示。它为所选模型提供了 TensorFlow 图形的交互式可视化，允许用户在不同的节点之间导航并向下深入到模型中。但是，需要注意的是，可视化完全在浏览器中运行，而不需要 TensorBoard 服务器。因此，整个 TensorBoard 中可用的一些函数如运行时统计是禁用的。

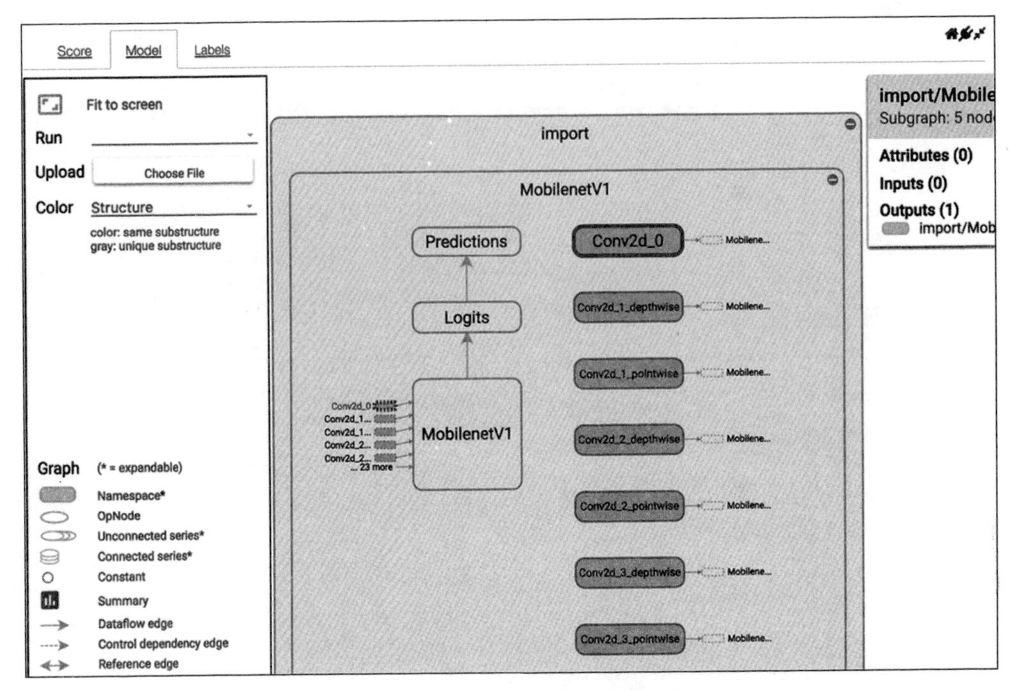

图 6-19　显示 MobileNetV1 的模型图

在 LabelsApp PixieApp 中，我们只需以 JSON 格式加载标签，并使用 handlerId = tableView 选项将其显示在 PixieDust 表中：

```
[[LabelsApp]]
@PixieApp
class LabelsApp():
    def setup(self):
        self.labels = self.parent_pixieapp.load_labels(
            self.parent_pixieapp.model, as_json= True
        )

    @route()
    def main_screen(self):
        return """
< div pd_render_onload pd_entity= "labels">
    < pd_options>
    {
        "table_noschema": "true",
        "handlerId": "tableView",
        "rowCount": "10000"
    }
    < /pd_options>
```

```
< /div>
        """
```

你可以在以下地址找到代码文件:

https://github.com/DTAIEB/Thoughtful-Data-Science/blob/master/chapter% 206/sampleCode22.py

注意:通过将 table_noschema 设置为 true,我们将表配置为不显示模式,但为了方便起见,我们保留了搜索栏。

结果显示在图 6-20 所示的屏幕截图中。

我们的 MVP 图像识别示例应用程序现在已经完成,你可以在 https://github.com/DTAIEB/Thoughtful-Data-Science/blob/master/chapter% 206/Tensorflow% 20VR% 20Part% 203.ipynb 找到完整的 Notebook。

在下一节中,我们将通过允许用户使用自定义图像重新训练模型来改进应用程序。

Score　Model　Labels

Search table

Showing 1001 of 1001 rows

index	label
0	background
1	tench, Tinca tinca
2	goldfish, Carassius auratus
3	great white shark, white shark, man-eater, man-eating shark, Carcharodon carcharias
4	tiger shark, Galeocerdo cuvieri
5	hammerhead, hammerhead shark
6	electric ray, crampfish, numbfish, torpedo
7	stingray
8	cock
9	hen
10	ostrich, Struthio camelus
11	brambling, Fringilla montifringilla
12	goldfinch, Carduelis carduelis
13	house finch, linnet, Carpodacus mexicanus
14	junco, snowbird
15	indigo bunting, indigo finch, indigo bird, Passerina cyanea
16	robin, American robin, Turdus migratorius
17	bulbul
18	jay
19	magpie

图 6-20　模型类别的可搜索表

第 4 部分——使用自定义训练数据重新训练模型

注意:你可以下载已完成的 Notebook,以便进行此部分的学习:

https://github.com/DTAIEB/Thoughtful-Data-Science/blob/master/chapter%206/Tensorflow%20VR%20Part%204.ipynb

本节中的代码非常广泛,一些与本主题没有直接关系的辅助函数将被省略。但是,与往常一样,有关代码的更多信息请参阅 GitHub 上的完整 Notebook。

在本节中,我们希望使用自定义训练数据重新训练 MobileNet 模型,并用它对在通用模型上得分较低的图像进行分类。

注意:本节代码改编自 *TensorFlow for poets* 教程:

https://github.com/googlecodelabs/tensorflow-for-poets-2/blob/master/scripts/retrain.py

与大多数情况一样,获取高质量的培训数据可能是最艰巨且最耗时的任务之一。在我们的示例中,我们需要大量的图像用于我们想要训练的每个类。为了简单和可重复性,我们使用 ImageNet 数据库,方便地提供用于获取 URL 和相关标签的 API。我们还将下载的文件限制为`.jpg`文件。当然,如果需要,可以自由获取自己的培训数据。

我们首先下载 2011 年秋季发布的所有图像 URL 的列表(可从 `http://image-net.org/imagenet_data/urls/imagenet_fall11_urls.tgz` 获得),然后将该文件解压缩到你选择的本地目录(例如,我选择`/Users/dtaieb/Downloads/fall11_urls.txt`)中。我们还需要下载 WordNet ID 与所有可用 `synsets` 的单词之间的映射,我们将使用该映射查找包含需要下载的 URL 的 WordNet ID。

以下代码分别将这两个文件加载到 pandas DataFrame 中:

```
import pandas
wnid_to_urls = pandas.read_csv('/Users/dtaieb/Downloads/fall11_urls.txt',
              sep='\t', names=["wnid", "url"],
              header=0, error_bad_lines=False,
              warn_bad_lines=False, encoding="ISO-8859-1")
wnid_to_urls['wnid'] = wnid_to_urls['wnid'].apply(lambda x:
x.split("_")[0])
wnid_to_urls = wnid_to_urls.dropna()
```

```
wnid_to_words = pandas.read_csv('/Users/dtaieb/Downloads/words.txt',
                sep= '\t', names= ["wnid", "description"],
                header= 0,error_bad_lines= False,
                warn_bad_lines= False, encoding= "ISO- 8859- 1")
wnid_to_words = wnid_to_words.dropna()
```

你可以在以下地址找到代码文件：

https://github.com/DTAIEB/Thoughtful-Data-Science/blob/master/chapter% 206/sampleCode23.py

请注意：我们需要清除 wnid_to_urls 数据集中的 wnid 列，因为它包含一个与类别中的图像索引相对应的后缀。

然后，我们可以定义一个 get_url_for_keywords 方法，它返回一个字典，其中包含作为键的类别和作为值的 URL 数组：

```
def get_url_for_keywords(keywords):
    results = {}
    for keyword in keywords:
        df = wnid_to_words.loc[wnid_to_words['description'] = =
keyword]
        row_list = df['wnid'].values.tolist()
        descriptions = df['description'].values.tolist()
        if len(row_list) > 0:
            results[descriptions[0]] = \
            wnid_to_urls.loc[wnid_to_urls['wnid'] = = \
            row_list[0]]["url"].values.tolist()
    return results
```

你可以在以下地址找到代码文件：

https://github.com/DTAIEB/Thoughtful-Data-Science/blob/master/chapter% 206/sampleCode24.py

通过使用 PixieDust display，我们可以轻松地浏览数据分布，如图 6－21 所示。像往常一样，你可以自由地做更多探索。

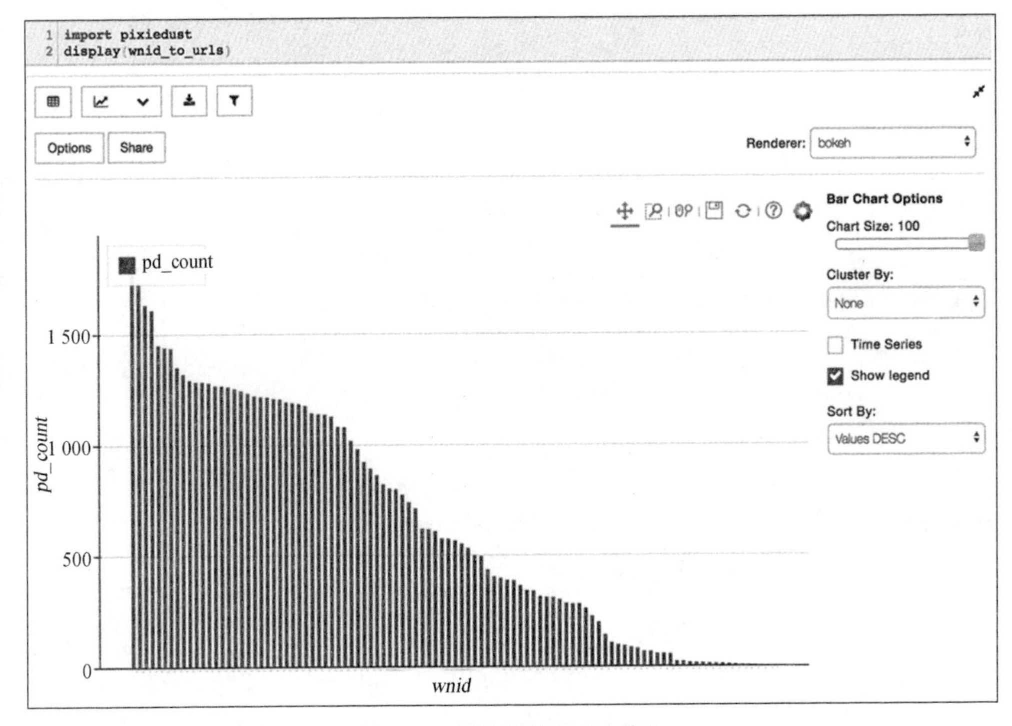

图 6-21　按类别的图像分布情况

我们现在可以构建将下载与我们选择的类别列表相对应的图像的代码。在我们的例子中,我们选择了水果:["apple", "orange", "pear", "banana"]。图像将被下载到 PixieDust 主目录的子目录中(使用 pixieDust.utils 包中的 PixieDust Environment 辅助类),将图像数量限制为 500 以提高速度:

注意:下面的代码使用了前面在 Notebook 中定义的方法和导入。在尝试运行以下代码之前,请确保运行了对应的单元格。

```
from pixiedust.utils.environment import Environment
root_dir = ensure_dir_exists(os.path.join(Environment.pixiedustHome, "imag-
eRecoApp")
image_dir = root_dir
image_dict = get_url_for_keywords(["apple", "orange", "pear", "banana"])
with open(os.path.join(image_dir, "retrained_label.txt"), "w")
as f_label:
    for key in image_dict:
        f_label.write(key + "\n")
```

```
        path = ensure_dir_exists(os.path.join(image_dir, key))
        count =  0
        for url in image_dict[key]:
            download_image_into_dir(url, path)
            count + =  1
            if count > 500:
                break;
```

你可以在以下地址找到代码文件:

https://github.com/DTAIEB/Thoughtful-Data-Science/blob/master/chapter% 206/sampleCode25.py

代码的下一部分使用以下步骤处理训练集中的每个图像。

注意:如前所述,代码相当广泛,部分代码被省略,这里只解释了重要的部分。请不要试图按原样运行以下代码,请参阅完整的 Notebook 以获得完整的实现。

1. 使用以下代码解码.jpeg 文件:

```
def add_jpeg_decoding(model):
    input_height = get_model_attribute(model,
                   "input_height")
    input_width = get_model_attribute(model, "input_width")
    input_depth = get_model_attribute(model, "input_depth")
    input_mean = get_model_attribute(model, "input_mean",0)
    input_std = get_model_attribute(model, "input_std", 255)
    jpeg_data = tf.placeholder(tf.string,
                name= 'DecodeJPGInput')
    decoded_image = tf.image.decode_jpeg(jpeg_data,
                    channels= input_depth)
    decoded_image_as_float = tf.cast(decoded_image,
                             dtype= tf.float32)
    decoded_image_4d = tf.expand_dims(
                       decoded_image_as_float, 0)
    resize_shape = tf.stack([input_height, input_width])
    resize_shape_as_int = tf.cast(resize_shape,
                          dtype= tf.int32)
    resized_image = tf.image.resize_bilinear(
                    decoded_image_4d,
                    resize_shape_as_int)
offset_image = tf.subtract(resized_image, input_mean)
mul_image = tf.multiply(offset_image, 1.0 /input_std)
```

```
    return jpeg_data, mul_image
```

你可以在以下地址找到代码文件：

https://github.com/DTAIEB/Thoughtful-Data-Science/blob/master/chapter% 206/sampleCode26.py

2. 创建瓶颈值(根据需要缓存它们)，通过调整图像大小和重新缩放图像来规范化图像。这在以下代码中完成：

```
def run_bottleneck_on_image(sess, image_data,
    image_data_tensor,decoded_image_tensor,
    resized_input_tensor,bottleneck_tensor):
    # 首先解码 JPEG 图像,然后调整图像大小并重新调整像素值
    resized_input_values = sess.run(decoded_image_tensor,
        {image_data_tensor: image_data})
    # 通过识别网络运行代码
    bottleneck_values = sess.run(
        bottleneck_tensor,
        {resized_input_tensor: resized_input_values})
bottleneck_values = np.squeeze(bottleneck_values)
return bottleneck_values
```

你可以在以下地址找到代码文件：

https://github.com/DTAIEB/Thoughtful-Data-Science/blob/master/chapter% 206/sampleCode27.py

3. 使用 add_final_training_ops 方法在公共命名空间下添加最终的训练操作，这样在可视化图形时更容易操作。训练步骤如下：

(1) 使用 tf.truncated_normal API 生成随机权重：

```
initial_value = tf.truncated_normal(
    [bottleneck_tensor_size, class_count], stddev= 0.001)
    layer_weights = tf.Variable(
        initial_value,name= 'final_weights')
```

(2) 将偏置相加，初始化为零：

```
layer_biases = tf.Variable(tf.zeros([class_count]),
    name= 'final_biases')
```

（3）计算加权和：

```
logits = tf.matmul(bottleneck_input, layer_weights) + layer_biases
```

（4）添加 cross_entropy 成本函数：

```
cross_entropy =
    tf.nn.softmax_cross_entropy_with_logits(
    labels= ground_truth_input, logits= logits)
with tf.name_scope('total'):
    cross_entropy_mean =
    tf.reduce_mean( cross_entropy)
```

（5）最小化成本函数：

```
optimizer = tf.train.GradientDescentOptimizer( learning_rate)
train_step =  optimizer.minimize(cross_entropy_mean)
```

要可视化重新训练的图形，我们首先需要更新 TensorGraphApp PixieApp，让用户选择要可视化的模型：通用 MobileNet 或自定义的。这是通过在主路由中添加< select> 下拉列表并附加 pd_script 元素以更新状态来完成的：

```
[[TensorGraphApp]]
return """
{%if this.custom_graph%}
< div style= "margin- top:10px"pd_refresh>
    < pd_script>
self.graph =  self.custom_graph if self.graph is not self.custom_graph
else self.parent_pixieapp.graph
    < /pd_script>
    < span style= "font- weight:bold"> Select a model to display:< /span>
    < select>
        < option {% ifthis.graph! = this.custom_graph%} selected {% endif%}
value= "main"> MobileNet< /option>
        < option {% ifthis.graph= = this.custom_graph%} selected {% endif%}
value= "custom"> Custom< /options>
    < /select>
{%endif%}
< iframe seamless style= "width:1200px;height:620px;border:0"
srcdoc= "{{code}}"> < /iframe>
"""
```

你可以在以下地址找到代码文件：

https://github.com/DTAIEB/Thoughtful-Data-Science/blob/master/chapter% 206/sampleCode28.py

重新运行我们的 ImageReco PixieApp 会生成图 6－22 所示的屏幕截图。

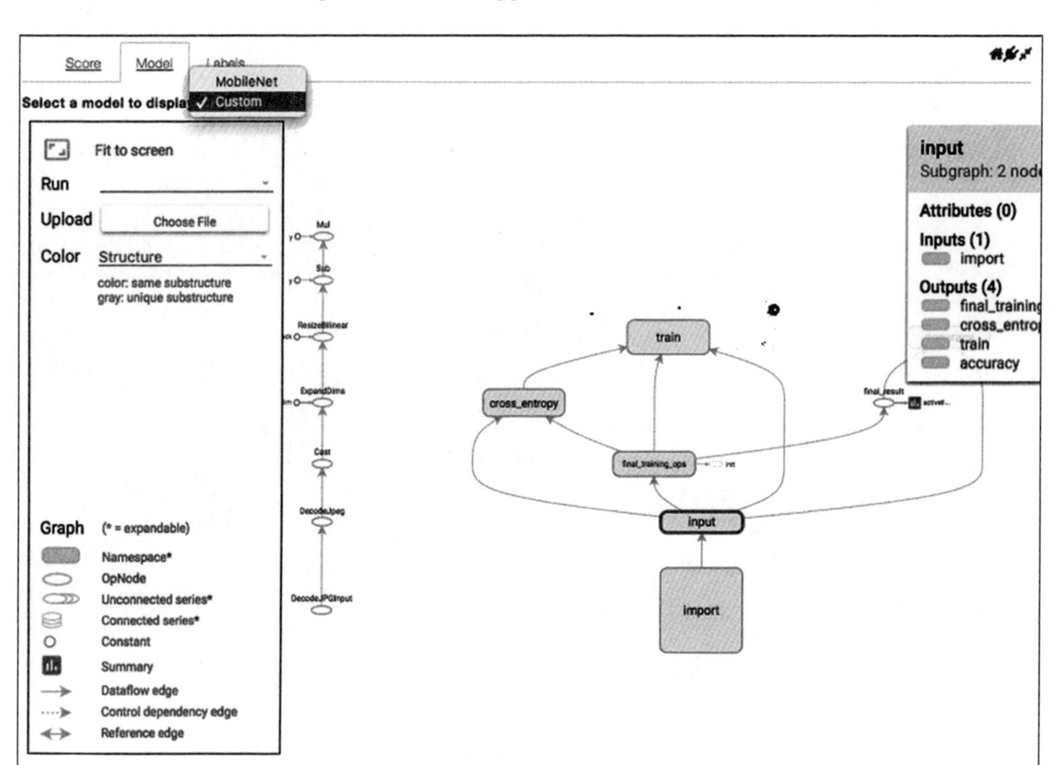

图 6－22 重新训练的图形的可视化

单击训练节点将展示运行反向传播算法的嵌套操作，以最小化在前面的 add_final_training_ops 中指定的 cross_entropy_mean 成本函数：

```
with tf.name_scope('cross_entropy'):
    cross_entropy = tf.nn.softmax_cross_entropy_with_logits(
        labels= ground_truth_input, logits= logits)
    with tf.name_scope('total'):
        cross_entropy_mean =  tf.reduce_mean(cross_entropy)
```

你可以在以下地址找到代码文件：

https://github.com/DTAIEB/Thoughtful-Data-Science/blob/master/chapter%206/sampleCode29.py

图 6－23 所示的屏幕截图显示了 **train** 命名空间的详细信息。

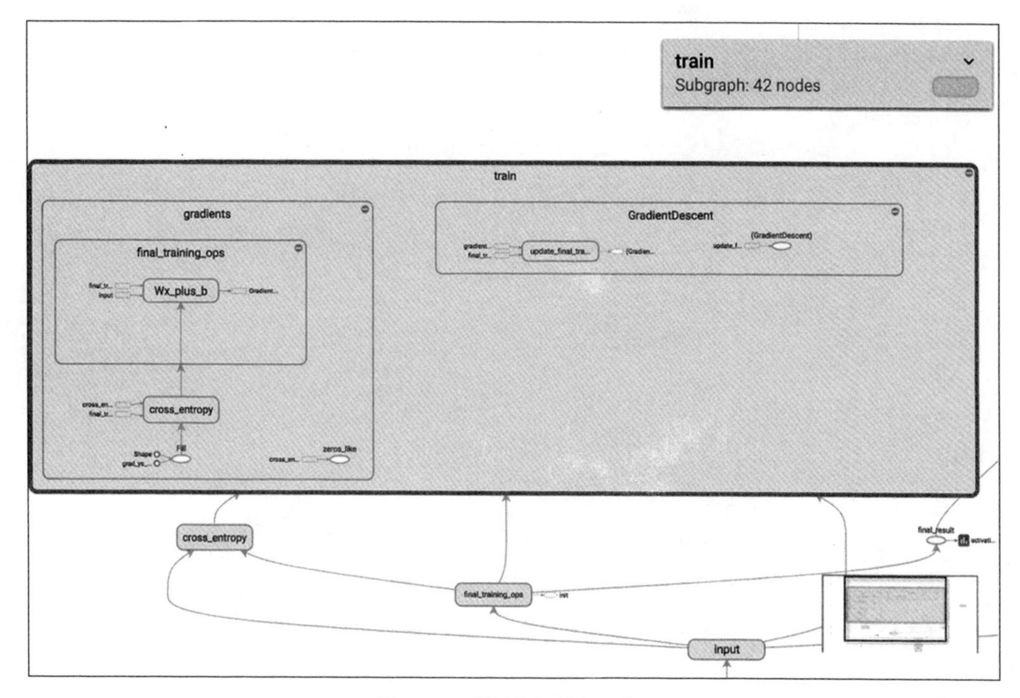

图 6-23 训练期间的反向传播

类似地,我们可以在 LabelsApp 中添加下拉切换,以在通用 MobileNet 和自定义模型之间切换可视化:

```
[[LabelsApp]]
@PixieApp
class LabelsApp():
    def setup(self):
        ...
    @route()
    def main_screen(self):
        return """
{%if this.custom_labels%}
< div style= "margin- top:10px"pd_refresh>
    < pd_script>
self.current_labels = self.custom_labels if self.current_labels is not self.
custom_labels else self.labels
    < /pd_script>
    < span style= "font- weight:bold">
        Select a model to display:< /span>
    < select>
        < option {%if this.current_labels! = this.labels%}
selected{%endif%} value= "main"> MobileNet< /option>
```

```
        < option {%if this.current_labels= = this.custom_labels%}
selected{%endif%} value= "custom"> Custom< /options>
    < /select>
{%endif%}
< div pd_render_onload pd_entity= "current_labels">
    < pd_options>
    {
        "table_noschema": "true",
        "handlerId": "tableView",
        "rowCount": "10000",
        "noChartCache": "true"
    }
    < /pd_options>
< /div>
"""
```

你可以在以下地址找到代码文件：

https://github.com/DTAIEB/Thoughtful-Data-Science/blob/master/chapter%206/sampleCode30.py

结果显示在图 6-24 所示的屏幕截图中。

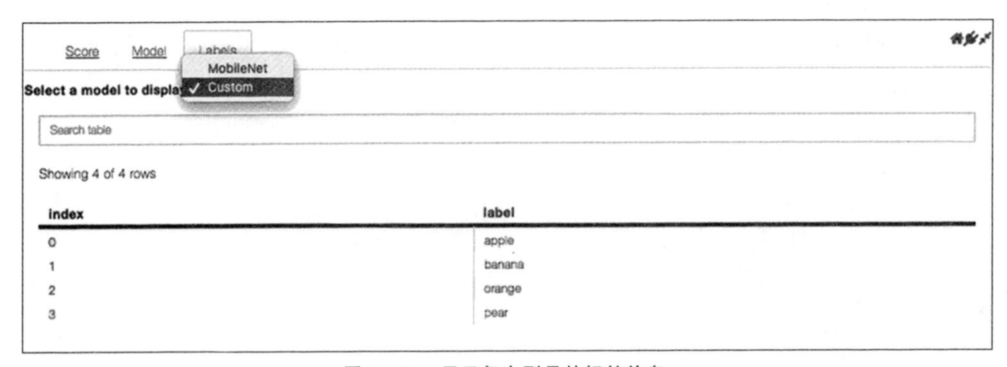

图 6-24　显示每个型号的标签信息

我们的第 4 部分 MVP 的最后一步是更新 score_image 方法，以使用两个模型对图像进行分类，并将结果添加到字典中，其中包含每个模型的条目。我们定义了一个局部方法 do_score_image，它返回前 5 个候选答案。

为每个模型调用此方法，结果用模型名作为键填充字典：

```
# 对给定 url 的图像进行分类
defscore_image(graph, model, url):
    # 下载图像并从其数据构建一个张量
```

```
    t = read_tensor_from_image_file(model, download_image(url))

    def do_score_image(graph, output_layer, labels):
        # 获取对应于输入与输出层的张量
        input_tensor = graph.get_tensor_by_name("import/" +
            input_layer + ":0");
        output_tensor = graph.get_tensor_by_name( output_layer + ":0");

        with tf.Session(graph= graph) as sess:
                # 初始化变量
                sess.run(tf.global_variables_initializer())
                results = sess.run(output_tensor, {input_tensor: t})
        results = np.squeeze(results)
        # 选择前 5 个候选分类并将它们与标签匹配
        top_k = results.argsort()[- 5:][::- 1]
        return [(labels[i].split(":")[1], results[i]) for i in top_k]
    results = {}
    input_layer = get_model_attribute(model, "input_layer", "input")
    labels = load_labels(model)
    results["mobilenet"] = do_score_image(graph, "import/" +
        get_model_attribute(model, "output_layer"), labels)
    if "custom_graph" in model and "custom_labels" in model:
        with open(model["custom_labels"]) as f:
            labels = [line.rstrip() for line in f.readlines() if line
! = ""]
            custom_labels = ["{}:{}".format(i, label) for i,label in
zip(range(len(labels)), labels)]
        results["custom"] = do_score_image(model["custom_graph"],
            "final_result", custom_labels)
    return results
```

你可以在以下地址找到代码文件:

https://github.com/DTAIEB/Thoughtful-Data-Science/blob/master/chapter%206/sampleCode31.py

由于我们修改了 score_image 方法的返回值,因此需要调整 ScoreImageApp 中返回的 HTML 片段,以循环遍历 results 字典的所有模型条目:

```
@route(score_url= "* ")
@templateArgs
def do_score_url(self, score_url):
    scores_dict = score_image(self.graph, self.model, score_url)
    return """
{%for model, results in scores_dict.items()%}
< div style= "font- weight:bold"> {{model}}< /div>
```

```
< ul style= "text- align:left">
{%for label, confidence in results%}
< li> < b> {{label}}< /b> : {{confidence}}< /li>
{%endfor%}
< /ul>
{%endfor%}
    """
```

你可以在以下地址找到代码文件：

https://github.com/DTAIEB/Thoughtful-Data-Science/blob/master/chapter% 206/sampleCode32.py

有了这些更改，PixieApp 将在可用的情况下自动调用自定义模型，如果是这样，则显示两个模型的结果。

图 6-25 所示的屏幕截图显示了与香蕉相关的图像的结果。

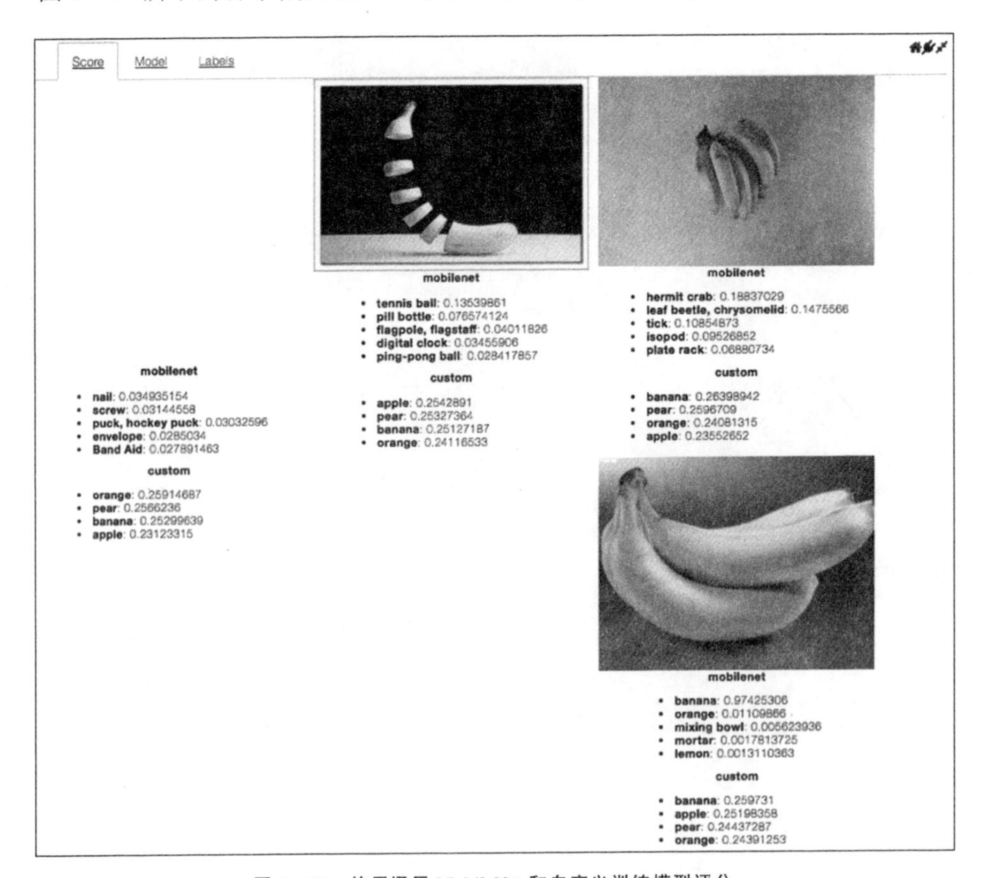

图 6-25　使用通用 MobileNet 和自定义训练模型评分

读者会注意到自定义模型的得分很低。一种可能的解释是，训练数据采集是完全自动化的，并且在没有人工管理的情况下使用。这个示例应用程序的一个可能的改进是将训练数据采集和重新训练步骤移到它自己的选项卡 PixieApp 中。我们还应该给用户验证图像的机会并拒绝质量差的图像。让用户重新标记错误分类的图像也是非常好的。

第 4 部分的完整 Notebook 可在此处找到：

https://github.com/DTAIEB/Thoughtful-Data-Science/blob/master/chapter%206/Tensorflow%20VR%20Part%204.ipynb

在本节中，我们讨论了使用 TensorFlow 在 Jupyter Notebook 中构建图像识别示例应用程序的增量方式，特别关注使用 PixieApp 来实施算法。我们首先使用 TensorFlow `DNNClassifier` 估计器从 pandas DataFrame 构建一个简单的分类模型。然后，我们分 4 个部分来构建图像识别示例应用程序的一个 MVP 版本：

1. 我们加载了预训练的 MobileNet 模型。
2. 我们为图像识别示例应用程序创建了一个 PixieApp。
3. 我们将 TensorBoard 图形可视化集成到 PixieApp 中。
4. 我们使用户能够使用来自 ImageNet 的自定义训练数据来重新训练模型。

本章小结

机器学习是一个在研究和开发方面都有很大发展的广泛课题。在本章中，我们只探讨了机器学习算法的一小部分，即使用深度学习神经网络来执行图像识别。对于一些刚刚开始熟悉机器学习的读者来说，示例 PixieApp 和相关算法代码可能太深，无法一次性消化。然而，其基本目标是演示如何迭代地构建利用机器学习模型的应用程序。我们只是碰巧使用了一个卷积神经网络模型来进行图像识别，其实用任何其他的模型都可以。

希望你对 PixieDust 和 PixieApp 编程模型如何帮助你完成自己的项目有了很好的了解，我强烈建议你以此示例应用程序作为起点，使用你选择的机器学习构建自己的自定义应用程序。我还建议使用 PixieGateway 微服务将你的 PixieApp 部署为 Web 应用程序，并探讨它是否是可行的解决方案。

在下一章，我们将介绍另一个与大数据和自然语言处理相关的重要行业用例。我们将构建一个示例应用程序，使用自然语言理解服务分析社交媒体趋势。

7
分析案例：自然语言处理、大数据与 Twitter 情感分析

“数据就是新的石油。”

——佚名

在本章中，我们将讨论人工智能和数据科学的两个重要领域：**自然语言处理**（**Natural Language Processing，NLP**）和大数据分析。对于本章的示例应用，我们重新实现了第 1 章中描述的“Twitter 带#标签的情感分析”项目，但这次我们利用 Jupyter Notebook 和 PixieDust 构建实时仪表盘。该仪表盘分析来自与特定实体（例如公司提供的产品）相关的推文（tweet）流的数据，以提供情感信息以及从相同推文提取的其他趋势实体的信息。在本章的最后，读者将学习如何将基于云的 NLP 服务（如 IBM Watson Natural Language Understanding）集成到它们的应用中，以及如何使用如 Apache Spark 等框架执行（Twitter）规模的数据分析。

像之前一样，我们将展示如何通过将实时仪表盘实现为直接在 Jupyter Notebook 中运行的 PixieApp 来实施分析。

ApacheSpark 入门

“大数据”一词可能会让人感到模糊和不准确。考虑任何数据集的大数据的临界值是多少？是 10 GB、100 GB、1 TB 还是更多？我喜欢的一个定义是：大数据是指数据无法放入单台机器可用的内存中。多年来，数据科学家一直被迫对大型数据集进行采样，以便它们可被放入一台机器中，但随着能够将数据分布到机器集群中的并行计算框架的出现，这种情况开始发生变化，这种并行计算框架使得能够整体处理数据集，当然前提是集群有足够

的机器。同时，云技术的进步使得根据需要提供适应数据集大小的机器集群成为可能。

如今，有多个框架(大多数时候是开源的)可以提供健壮、灵活的并行计算能力。一些最流行的工具包括 Apache Hadoop(http://hadoop.apache.org)、Apache Spark(https://spark.apache.org)和 Dask(https://dask.pydata.org)。对于我们的"Twitter 情感分析"应用程序，我们将使用 Apache Spark，它在可伸缩性、可编程性和速度方面提供了出色的性能。此外，许多云提供商提供了一些 Spark as a Service(Spark 即服务)，能够在几分钟内按需创建一个适当大小的 Spark 集群。

Spark as a Service 云提供商包括：

- Microsoft Azure：https://azure.microsoft.com/en-us/services/hdinsight/apache-spark；
- AmazonWeb 服务：https://aws.amazon.com/emr/details/spark；
- Google Cloud：https://cloud.google.com/dataproc；
- Databricks：https://databricks.com；
- IBM Cloud：https://www.ibm.com/cloud/analytics- engine。

注意：Apache Spark 也可以很容易地安装在本地机器上供测试使用，在此情况下，使用线程模拟集群节点。

Apache Spark 体系结构

图 7－1 显示了 Apache Spark 框架的主要组件。

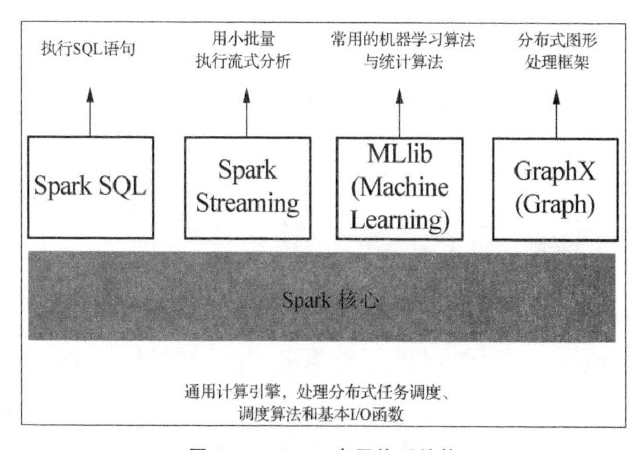

图 7－1 Spark 高层体系结构

• **SparkSQL**：该组件的核心数据结构是 Spark DataFrame，它使懂 SQL 语言的用户能够毫不费力地处理结构化数据。

• **Spark Streaming**：用于处理流式数据的模块。正如我们稍后将看到的，我们将在我们的示例应用中使用这个模块，更具体地说，我们将使用 Structured Streaming（在 Spark2.0 中引入）。

• **MLlib**：提供了一个功能丰富的机器学习库的模块，可以在 Spark Scale 上工作。

• **GraphX**：用于执行图形并行计算的模块。

使用 Spark 集群的方法主要有两种，如图 7－2 所示。

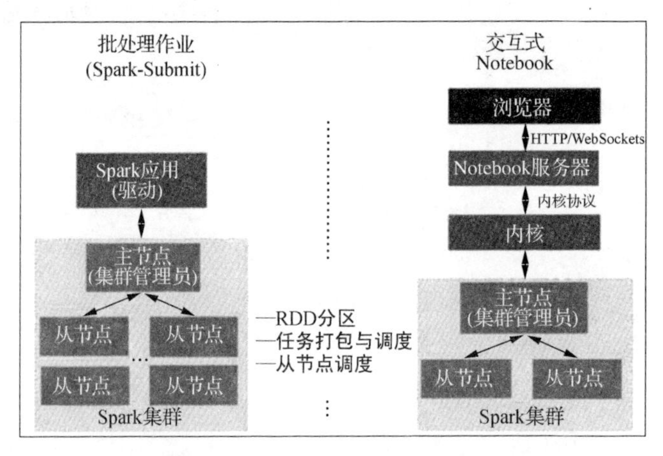

图 7－2　使用 Spark 集群的两种方法

• **Spark-Submit**：用于在集群上启动 Spark 应用的 shell 脚本。

• **Notebook**：对 Spark 集群交互执行代码语句。

有关 `spark-submit` shell 脚本的内容超出了本书的范围，但可以在 `https://spark.apache.org/docs/latest/submitting- applications.html` 找到正式文档。在本章的其余部分，我们将重点讨论通过 Jupyter Notebook 与 Spark 集群的交互。

将 Notebook 配置为使用 Spark

本节中的说明仅涉及在本地安装用于开发和测试的 Spark。在集群中手动安装 Spark 超出了本书的范围。如果需要真正的集群，强烈建议使用基于云的服务。

默认情况下，本地 Jupyter Notebook 是用普通 Python 内核安装的。要使用 Spark，用户必须执行以下步骤：

1. 通过从 https://spark.apache.org/downloads.html 下载二进制发行版在本地安装 Spark。

2. 使用以下命令在临时目录中生成内核规范：

```
ipython kernel install - - prefix /tmp
```

注意：前面的命令可以生成警告消息，只要声明以下消息，就可以安全地忽略该警告消息：

```
Installed kernelspec python3 in /tmp/share/jupyter/kernels/python3
```

3. 转到/tmp/share/jupyter/kernels/python3，编辑 kernel.json 文件以将以下键添加到 JSON 对象(将<< spark_root_path>> 替换为安装 Spark 的目录路径，将《py4j_version》替换为安装在你的系统上的版本)：

```
"env": {
    "PYTHONPATH": "<< spark_root_path>> /python/:<< spark_root_ path>> /python/lib/py4j- << py4j_version>> - src.zip",
    "SPARK_HOME": "<< spark_root_path>> ",
    "PYSPARK_SUBMIT_ARGS":"- - master local[10] pyspark- shell",
    "SPARK_DRIVER_MEMORY":"10G",
    "SPARK_LOCAL_IP": "127.0.0.1",
    "PYTHONSTARTUP": "<< spark_root_path>> /python/pyspark/shell.py"
}
```

4. 你可能还需要自定义 display_name 键，以使其在 Juptyer UI 中唯一且易于识别。如果需要知道现有内核的列表，可以使用以下命令：

```
jupyter kernelspec list
```

前面的命令将为你提供本地文件系统上的内核名和相关路径的列表。从此路径，你可以打开 kernel.json 文件来访问 display_name 值。例如：

```
Available kernels:
    pixiedustspark16
/Users/dtaieb/Library/Jupyter/kernels/pixiedustspark16
    pixiedustspark21
/Users/dtaieb/Library/Jupyter/kernels/pixiedustspark21
    pixiedustspark22
/Users/dtaieb/Library/Jupyter/kernels/pixiedustspark22
    pixiedustspark23
```

```
/Users/dtaieb/Library/Jupyter/kernels/pixiedustspark23
```

5. 使用以下命令安装带有编辑文件的内核：

```
jupyter kernelspec install /tmp/share/jupyter/kernels/python3
```

注意：根据环境的不同，在运行前面的命令时可能会收到一个“permission denied”错误。在这种情况下，你可能希望使用 sudo 来以管理权限运行该命令，或者使用--user 开关，如下所示：

```
jupyter kernelspec install --user /tmp/share/jupyter/kernels/python3
```

要获取有关安装选项的详细信息，可以使用-h 选项。例如：

```
jupyter kernelspec install -h
```

6. 重新启动 Notebook 服务器并开始使用新的 PySpark 内核。

幸运的是，PixieDust 提供了一个 install 脚本来自动化前面的手动步骤。

你可以在此处找到此脚本的详细文档：

https://pixiedust.github.io/pixiedust/install.html

简而言之，使用自动 PixieDust install 脚本需要发出以下命令并遵循屏幕上的指示：

```
jupyter pixiedust install
```

我们将在本章后面深入研究 Spark 编程模型，但现在，让我们在下一节中定义“Twitter 情感分析”应用程序的 MVP 需求。

“Twitter 情感分析”应用程序

与之前一样，我们首先定义我们的 MVP 版本的需求：

- 连接到 Twitter 以获取由用户提供的查询字符串过滤的实时推文流。
- 丰富推文以添加从文本中提取的情感信息和相关实体。
- 显示一个仪表盘，其中包含关于使用按指定时间间隔更新的实时图表的数据的各种统计信息。

- 系统应该能够扩展到 Twitter 的数据大小。

图 7-3 显示了我们的应用程序体系结构的第一个版本。

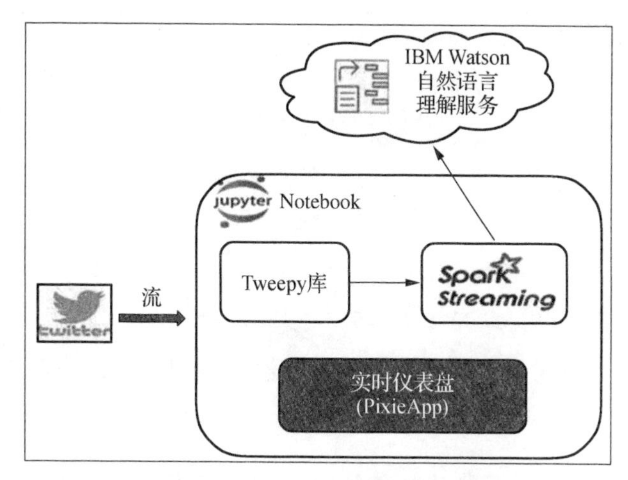

图 7-3 "Twitter 情感分析"应用程序体系结构第 1 版

对于版本 1，该应用将完全在单个 Python Notebook 中实现并将为 NLP 部分调用一个外部服务。为了能够伸缩，我们当然必须将 Notebook 之外的一些处理外部化，但是对于开发和测试，我发现能够将整个应用包含在单个 Notebook 中显著提高了生产效率。

对于库和框架，我们将使用 Tweepy(`http://www.tweepy.org`)连接到 Twitter，使用 Apache Spark Structured Streaming（Apache Spark 结构化流处理，`https://spark.apache.org/streaming`)处理分布式集群中的流式数据，并且使用 Watson Developer Cloud Python SDK（`https://github.com/watson-developer-cloud/python-sdk`)访问 IBM Watson Natural Language Understanding(IBM Watson 自然语言理解，`https://www.ibm.com/watson/services/natural-language-understanding`)服务。

第 1 部分——以 Spark Structured Streaming 获取数据

为了获取数据，我们使用 Tweepy，它提供了一个优雅的 Python 客户端库来访问 Twitter API。Tweepy 所涵盖的 API 非常广泛，详细介绍这些 API 超出了本书的范围，但是你可以在 Tweepy 官方网站上找到完整的 API 参考：`http://tweepy.readthe-`

docs.io/en/v3.6.0/cursor_tutorial.html。

你可以使用 pip install 命令直接从 PyPi 安装 Tweepy 库。下面的命令演示如何使用！指令从 Notebook 安装包：

```
! pip install tweepy
```

注意：当前使用的 Tweepy 版本是 3.6.0。安装库后不要忘记重新启动内核。

数据管道的体系结构图

在我们开始深入研究数据管道的每个组件之前，最好先看看它的整体架构并了解计算流程。

如图 7-4 所示，我们首先创建一个 Tweepy 流，它在 CSV 文件中写入原始数据。然后，我们创建一个 Spark Streaming DataFrame，它读取 CSV 文件并定期使用新数据进行更新。从 Spark Streaming DataFrame 中，我们使用 SQL 创建了一个 Spark 结构化查询，并将其结果存储在 Parquet 数据库中。

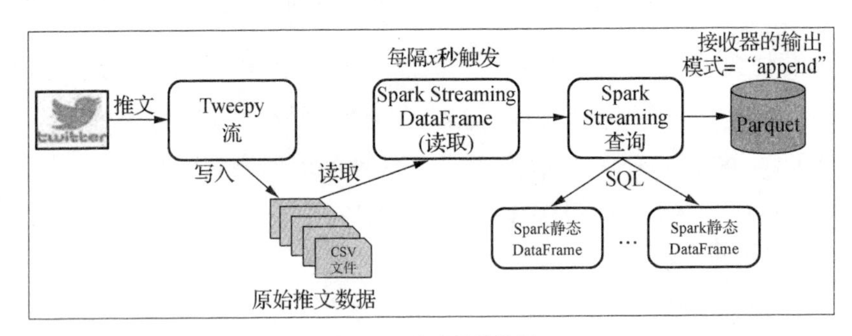

图 7-4　流式计算流程

Twitter 的身份验证

在使用任何 Twitter API 之前，建议使用系统进行身份验证。最常用的身份验证机制之一是 OAuth2.0 协议(https://oauth.net)，它允许第三方应用访问 Web 上的服务。你需要做的第一件事是获取一组密钥字符串，OAuth 协议使用这些密钥字符串对你进行身份验证：

• **使用者密钥**:唯一标识客户端应用的字符串(也称为 API 密钥)。

• **使用者机密**:只有应用和 Twitter OAuth 服务器才知道的机密字符串。它可以被看作一个密码。

• **访问令牌**:用于对你的请求进行身份验证的字符串。此令牌还在授权阶段用于确定应用的访问级别。

• **访问令牌机密**:与使用者机密类似,这是随用作密码的访问令牌一起发送的机密字符串。

要生成前面的密钥字符串,你需要来到 `http://apps.twitter.com`,使用常规 Twitter 用户 ID 和密码提供身份验证,并遵循以下步骤:

1. 使用 **Create New App(新建应用)**按钮创建一个新的 Twitter 应用。

2. 填写应用详细信息,同意开发人员协议,并单击 **Create your Twitter application (创建你的 Twitter 应用)**按钮。

注意:请确保你的手机号码已添加到你的个人资料中,否则在创建 Twitter 应用时会出现错误。

你可以为强制 **Website** 输入提供一个随机 URL,并将 **URL** 输入留空,因为这是一个可选的回调 URL。

3. 单击 **Keys and Access Tokens(密钥和访问令牌)**选项卡以获取使用者和访问令牌。在任何时候,你都可以使用此页上的可用按钮重新生成这些令牌。如果你这样做,还需要更新你的应用程序代码中的值。

为了易于代码维护,让我们将这些令牌放在位于 Notebook 顶部的它们自己的变量中,并创建 `tweep.OAuthHandler` 类,我们稍后将使用它:

```
from tweepy import OAuthHandler
# 来到 http://apps.twitter.com 并创建一个 app
# 之后会为你生成使用者密钥和使用者机密
consumer_key= "XXXX"
consumer_secret= "XXXX"

# 在上面的步骤之后,你将被重定向到你的应用程序的页面
# 在"Your access token"部分下创建一个访问令牌
access_token= "XXXX"
access_token_secret= "XXXX"
```

```
auth = OAuthHandler(consumer_key, consumer_secret)
auth.set_access_token(access_token, access_token_secret)
```

创建 Twitter 流

为了实现我们的应用，我们只需要使用 http://tweepy.readthedocs.io/en/v3.5.0/streaming_how_to.html 上描述的 Twitter 流式 API。在此步骤中，我们创建一个 Twitter 流，将传入数据存储到本地文件系统上的 CSV 文件中。这是使用从 tweepy.streaming.StreamListener 继承的自定义 RawTweetsListener 类完成的。传入数据的自定义处理是通过覆盖 on_data 方法完成的。

在我们的示例中，我们希望使用来自标准 Python csv 模块的 DictWriter 将传入数据从 JSON 转换为 CSV。因为 Spark Streaming 文件输入源仅在输入目录中创建新文件时触发，所以我们不能简单地将数据追加到现有文件中。取而代之的是，我们将数据缓冲到一个数组中，并在缓冲区达到容量后将其写入磁盘。

为了简单起见，实现不包括在处理完文件之后清理它们。此实现的另一个小限制是，我们当前等待缓冲区被填满后再写入文件，从理论上讲，如果没有新的推文出现，这将需要很长时间。

RawTweetsListener 的代码如下所示：

```
from six importiteritems
import json
import csv
from tweepy.streaming import StreamListener
class RawTweetsListener(StreamListener):
    def__init__(self):
        self.buffered_data = []
        self.counter = 0

    def flush_buffer_if_needed(self):
        "Check the buffer capacity and write to a new file if needed" length =
        len(self.buffered_data)
        if length > 0 and length %10 = = 0:
            with open(os.path.join( output_dir,
                "tweets{}.csv".format(self.counter)), "w") as fs:
                self.counter + = 1
                csv_writer = csv.DictWriter( fs,
                    fieldnames = fieldnames)
                for data inself.buffered_data:
```

```
                    csv_writer.writerow(data)
            self.buffered_data = []

    def on_data(self, data):
        def transform(key, value):
            return transforms[key](value) if key in transforms
else value

        self.buffered_data.append(
            {key:transform(key,value) \
                for key,value in iteritems(json.loads(data)) \
                if key in fieldnames}
        )
        self.flush_buffer_if_needed()
        return True

    def on_error(self, status):
        print("An error occured while receiving streaming data:.{}".
format(status))
        return False
```

你可以在以下地址找到代码文件：

https://github.com/DTAIEB/Thoughtful-Data-Science/blob/master/chapter%207/sampleCode1.py

前面的代码中需要注意的几个重要事项是：

• 来自 Twitter API 的每条推文都包含大量数据，我们挑选要使用 field_metadata 变量的字段。我们还定义了一个全局变量 fieldnames，它保存要从流中捕获的字段列表，以及一个 transforms 变量，它包含一个字典，其中的所有字段名有一个转换函数为键，而转换函数本身为值：

```
from pyspark.sql.types import StringType, DateType
from bs4 import BeautifulSoup as BS
fieldnames = [f["name"] for f infield_metadata]
transforms = {
    item['name']:item['transform'] for item in field_metadata
if "transform" in item
}
field_metadata = [
    {"name": "created_at","type": DateType()},
    {"name": "text", "type":StringType()},
    {"name": "source", "type":StringType(),
        "transform": lambda s:BS(s, "html.parser").text.strip()
    }
```

```
]
```

你可以在以下地址找到代码文件：

https://github.com/DTAIEB/Thoughtful-Data-Science/blob/master/chapter% 207/sampleCode2.py

• CSV 文件是用 output_dir 写入的，output_dir 是在它自己的变量中定义的。在开始时，我们首先删除目录及其内容：

```
import shutil
def ensure_dir(dir, delete_tree = False):
    if not os.path.exists(dir):
        os.makedirs(dir)
    elif delete_tree:
        shutil.rmtree(dir)
        os.makedirs(dir)
    return os.path.abspath(dir)

root_dir = ensure_dir("output", delete_tree = True)
output_dir = ensure_dir(os.path.join(root_dir, "raw"))
```

你可以在以下地址找到代码文件：

https://github.com/DTAIEB/Thoughtful-Data-Science/blob/master/chapter% 207/sampleCode3.py

• field_metadata 包含 Spark DataType，稍后在创建 Spark 流式查询时我们将使用它来构建模式。

• field_metadata 还包含一个可选的 lambda 转换函数，用于在将值写入磁盘之前清除该值。作为参考，Python 中的 lambda 函数是内联定义的匿名函数(请参阅 https://docs.python.org/3/tutorial/controlflow.html# lambda- expressions)。我们将其用于通常作为 HTML 片段返回的源字段。在这个 lambda 函数中，我们使用 BeautifulSoup 库(在上一章中也使用过)来只提取文本，如以下代码片段所示：

```
lambda s:BS(s, "html.parser").text.strip()
```

既然已经创建了 RawTweetsListener，那么我们定义一个 start_stream 函数，稍后我们将在 PixieApp 中使用它。此函数将搜索项数组作为输入，并使用 filter 方法启动一个新流：

```
from tweepy import Stream
def start_stream(queries):
```

```
    "Asynchronously start a new Twitter stream"
    stream = Stream(auth, RawTweetsListener())
    stream.filter(track= queries, async= True)
    return stream
```

请注意传递给 stream.filter 的 async= true 参数。这是确保函数不会阻塞所必需的，否则我们无法运行 Notebook 中的任何其他代码。

你可以在以下地址找到代码文件：

https://github.com/DTAIEB/Thoughtful-Data-Science/blob/master/chapter%207/sampleCode4.py

下面的代码启动将接收包含单词 baseball 的推文的流：

```
stream = start_stream(["baseball"])
```

运行前面的代码时，Notebook 中不会生成任何输出。但是，你可以从运行 Notebook 的路径中看到在输出目录（即../output/raw）中生成的文件（即 tweets0.csv、tweets1.csv 等）。

要停止流，我们只需调用 disconnect 方法，如下所示：

```
stream.disconnect()
```

创建 Spark Streaming DataFrame

参考体系结构图，下一步是创建一个使用 output_dir 作为源文件输入的 Spark Streaming DataFrame tweets_sdf。我们可以将 Streaming DataFrame 看作一个无界表，当新数据从流中到达时，这个表中就不断地添加新行。

注意：Spark Structured Streaming 支持多种类型的输入源，包括 File、Kafka、Socket 和 Rate(Socket 和 Rate 都只用于测试。)

图 7－5 取自 Spark 网站，非常好地解释了如何将新数据附加到 Strearming DataFrame 中。

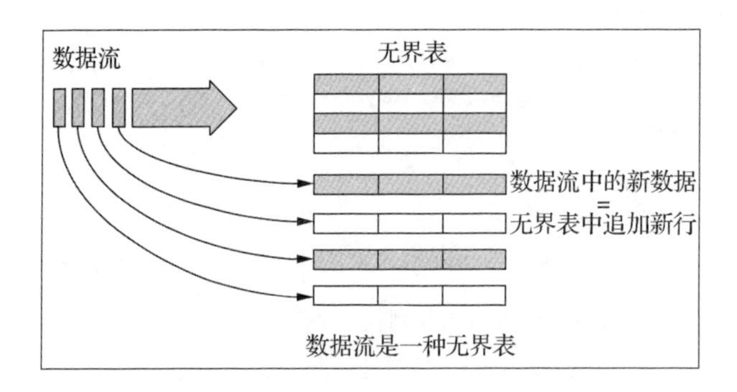

图 7-5　Streaming DataFrame 流程

来源：http://spark.apache.org/docs/latest/img/structured-streaming-stream-stream- as-a-table.png

Spark Streaming Python API 提供了一种使用 `spark.readStream` 属性创建 Streaming DataFrame 的优雅方式，该属性创建了一个新的 `pyspark.sql.streamingreamReader` 对象，这个对象让你可以方便地链接方法调用，同时还可以创建更清晰的代码（有关此模式的更多详细信息请参见 `https://en.wikipedia.org/wiki/Method_chaining`）。

例如，要创建 CSV 文件流，我们以 `csv` 调用 `format` 方法，链接适用的选项，并使用目录的路径调用 `load` 方法：

```
schema = StructType(
[StructField(f["name"], f["type"], True) for f in field_metadata]
)
csv_sdf =  spark.readStream\
    .format("csv")\
    .option("schema", schema)\
    .option("multiline", True)\
    .option("dateFormat", 'EEE MMM dd kk:mm:ss Z y')\
    .option("ignoreTrailingWhiteSpace", True)\
    .option("ignoreLeadingWhiteSpace", True)\
    .load(output_dir)
```

你可以在以下地址找到代码文件：

`https://github.com/DTAIEB/Thoughtful-Data-Science/blob/master/chapter% 207/sampleCode5.py`

`spark.readStream` 还提供了一个方便的高级 `csv` 方法，该方法将路径作为选项的第一个参数和关键字参数：

```
csv_sdf = spark.readStream \
    .csv(
        output_dir,
        schema= schema,
        multiLine = True,
        dateFormat = 'EEE MMM dd kk:mm:ss Z y',
        ignoreTrailingWhiteSpace = True,
        ignoreLeadingWhiteSpace = True
    )
```

你可以在以下地址找到代码文件：

https://github.com/DTAIEB/Thoughtful-Data-Science/blob/master/chapter% 207/sampleCode6.py

你可以通过调用 isStreaming 方法来验证 csv_sdf DataFrame 确实是一个 Streaming DataFrame，isStreaming 方法应该返回 true。以下代码还添加了对 printSchema 的调用，以验证模式是否按照预期遵循 field_metadata 配置：

```
print(csv_sdf.isStreaming)
csv_sdf.printSchema()
```

返回结果如下：

```
root
|-- created_at: date (nullable = true)
|-- text: string (nullable = true)
|-- source: string (nullable = true)
```

在继续下一步之前，了解 csv_sdf Streaming DataFrame 如何适合 Structured Streaming 编程模型以及它有哪些限制是很重要的。Spark 低级 API 在其核心定义了**弹性分布式数据集（RDD）**数据结构，该数据结构封装了管理分布式数据的所有底层复杂性。框架自动处理如容错（集群节点由于任何原因而崩溃时可以透明地重新启动，而不需要开发人员的干预）等特性。有两种类型的 RDD 操作：转换（transformation）和动作（action）。转换是现有 RDD 上的逻辑操作，在调用动作之前不会立即在集群上执行（延迟执行）。转换的输出是一个新的 RDD。在内部，Spark 维护一个 RDD 无循环有向图，该图跟踪导致创建 RDD 的所有沿袭，这在从服务器故障中恢复时非常有用。示例转换包括 map、flatMap、filter、sample 和 distinct。对于包含 SQL 查询的 DataFrame（内部由 RDD 支持）上的转换也是如此。另一方面，动作不生成其他 RDD，而是对实际分布式数据执行操作以返回非 RDD 值。动作的示例包括 reduce、collect、count 和 take。

如前所述，csv_sdf 是一个 Streaming DataFrame，这意味着数据将被连续添加其中，因此我们只能对其应用转换，而不能对其应用动作。为了避免这个问题，我们必须首先使用 csv_sdf.writeStream 创建一个流式查询，它是一个 pyspark.sql.streaming.DataStreamWriter 对象。流式查询负责将结果发送到一个输出接收器。然后，我们可以使用 start() 方法运行流式查询。

Spark Streaming 支持多种输出接收器类型：

- **文件**：支持所有经典文件格式，包括 JSON、CSV 和 Parquet。
- **Kafka**：直接写一个或多个 Kafka 主题。
- **Foreach**：对集合中的每个元素运行任意计算。
- **控制台**：将输出打印到系统控制台（主要用于调试）。
- **内存**：输出存储在内存中。

在下一节中，我们将在 csv_sdf 上创建并运行一个结构化查询，该查询具有一个以 Parquet 格式存储输出的输出接收器。

创建和运行结构化查询

使用 tweets_sdf Streaming DataFrame，我们创建了一个流式查询 tweet_streaming_query，它使用追加(append)输出模式将数据写入 Parquet 格式。

注意：Spark 流式查询支持三种输出模式：在每个触发器处写入整个表的情况下**完成**，在最后一个触发器之后只写入增量行的情况下**追加**，在仅写入修改过的行的情况下**更新**。

Parquet 是一种列式数据库格式，为分布式分析提供了有效的、可伸缩的存储。有关 Parquet 格式的更多信息请访问：https://parquet.apache.org。

以下代码创建并启动 tweet_streaming_query 流式查询：

```
tweet_streaming_query =  csv_sdf \
    .writeStream \
    .format("parquet") \
    .option("path", os.path.join(root_dir, "output_parquet")) \
```

```
    .trigger(processingTime= "2 seconds") \
    .option("checkpointLocation", os.path.join(root_dir,
"output_chkpt")) \
    .start()
```

你可以在以下地址找到代码文件：

https://github.com/DTAIEB/Thoughtful-Data-Science/blob/master/chapter% 207/sampleCode7.py

类似地，可以使用 stop()方法停止流式查询，如下所示：

```
tweet_streaming_query.stop()
```

在前面的代码中，我们使用 path 选项指定 Parquet 文件的位置，使用 checkpointLocation 指定在服务器故障情况下将使用的恢复数据的位置。我们还指定了从流中读取新数据和将新行添加到 Parquet 数据库的触发间隔。

出于测试目的，你还可以使用 console 接收器查看每次在 output_dir 目录中生成新的原始 CSV 文件时读取的新行：

```
tweet_streaming_query = csv_sdf.writeStream\
    .outputMode("append")\
    .format("console")\
    .trigger(processingTime= '2 seconds')\
    .start()
```

你可以在以下地址找到代码文件：

https://github.com/DTAIEB/Thoughtful-Data-Science/blob/master/chapter% 207/sampleCode8.py

你可以在 Spark 集群的主节点的系统输出中看到结果(你需要实际访问主节点计算机并查看日志文件，因为不幸的是，操作在不同的进程中执行，所以输出没有被打印到 Notebook 本身。日志文件的位置取决于集群管理软件，详细信息请参阅特定文档)。

下面显示的是特定批量(batch)的示例结果(标识符已被屏蔽)：

```
-------------------------------------------
Batch: 17
-------------------------------------------
+----------+--------------------+--------------------+
|created_at|                text|              source|
+----------+--------------------+--------------------+
|2018-04-12|RT @XXXXXXXXXXXXX...|Twitter for Android|
|2018-04-12|RT @XXXXXXX: Base...| Twitter for iPhone|
|2018-04-12|That's my roommat...| Twitter for iPhone|
|2018-04-12|He's come a long ...| Twitter for iPhone|
|2018-04-12|RT @XXXXXXXX: U s...| Twitter for iPhone|
|2018-04-12|Baseball: Enid 10...|   PushScoreUpdates|
|2018-04-12|Cubs and Sox aren...| Twitter for iPhone|
|2018-04-12|RT @XXXXXXXXXX: T...|          RoundTeam|
|2018-04-12|@XXXXXXXX that ri...| Twitter for iPhone|
|2018-04-12|RT @XXXXXXXXXX: S...| Twitter for iPhone|
+----------+--------------------+--------------------+
```

监控活动流式查询

启动流式查询时,集群资源由 Spark 分配。因此,管理和监控这些查询非常重要,以确保集群资源不会耗尽。在任何时候,你都可以获得所有正在运行的查询的列表,如下面的代码所示:

```
print(spark.streams.active)
```

结果如下:

```
[< pyspark.sql.streaming.StreamingQuery object at 0x12d7db6a0> ,
< pyspark.sql.streaming.StreamingQuery object at 0x12d269c18> ]
```

然后,你可以使用以下查询监控属性深入研究每个查询的详细信息:

- id:返回查询的唯一标识符,该标识符从检查点数据重新启动后保持不变。
- runId:返回为当前会话生成的唯一 ID。
- explain():打印查询的详细解释。
- recentProgress:返回最新更新的数组。
- lastProgress:返回最新进度。

以下代码打印每个活动查询的最新进度:

```
import json
for query inspark.streams.active:
    print("- - - - - - - - - - - ")
    print("id: {}".format(query.id))
    print(json.dumps(query.lastProgress, indent= 2, sort_keys= True))
```

你可以在以下地址找到代码文件：

https://github.com/DTAIEB/Thoughtful-Data-Science/blob/master/chapter% 207/sampleCode9.py

第一个查询的结果如下所示：

```
------------
id: b621e268- f21d- 4eef- b6cd- cb0bc66e53c4
{
    "batchId": 18,
    "durationMs": {
        "getOffset": 4,
        "triggerExecution": 4
    },
    "id": "b621e268- f21d- 4eef- b6cd- cb0bc66e53c4",
    "inputRowsPerSecond": 0.0,
    "name": null,
    "numInputRows": 0,
    "processedRowsPerSecond": 0.0,
    "runId": "d2459446- bfad- 4648- ae3b- b30c1f21be04",
    "sink": {
        "description": "org.apache.spark.sql.execution.streaming.
ConsoleSinkProvider@586d2ad5"
    },
    "sources": [
        {
            "description": "FileStreamSource[file:/Users/dtaieb/cdsdev/
notebookdev/Pixiedust/book/Chapter7/output/raw]",
            "endOffset":{
            "logOffset":17
            },
            "inputRowsPerSecond": 0.0,
            "numInputRows": 0,
            "processedRowsPerSecond": 0.0,
            "startOffset": {
            "logOffset": 17
            }
        }
    ],
    "stateOperators": [],
    "timestamp": "2018- 04- 12T21:40:10.004Z"
}
```

作为读者的练习，构建一个 PixieApp 将非常有用，它提供一个实时仪表盘，其中包含每个活动流式查询的更新详细信息。

注意:我们将在“第 3 部分——创建一个实时仪表盘 PixieApp”中展示如何构建这个 PixieApp。

从 Parquet 文件创建批量 DataFrame

注意:对于本章的其余部分,我们将批量 Spark DataFrame 定义为经典 Spark DataFrame,即非流式 DataFrame。

此流式计算流程的最后一步是创建一个或多个批量 DataFrame,我们可以使用这些 DataFrame 来构建我们的分析和数据可视化。我们可以把这最后一步看作对数据的快照,以便进行更深入的分析。

有两种方法可以通过编程方式从 Parquet 文件中加载批量 DataFrame:

• 使用 `spark.read`(请注意,我们不像前面那样使用 `spark.readStream`):

```
parquet_batch_df =  spark.read.parquet(os.path.join(root_dir,
"output_parquet"))
```

• 使用 `spark.sql`:

```
parquet_batch_df = spark.sql(
"select *  from parquet.'{}'".format(
os.path.join(root_dir, "output_parquet")
)
)
```

你可以在以下地址找到代码文件:

https://github.com/DTAIEB/Thoughtful-Data-Science/blob/master/chapter%207/sampleCode10.py

这种方法的好处是,我们可以使用任何 ANSI SQL 查询来加载数据,而不是使用在第一种方法中必须使用的等效低级 DataFrame API。

然后,我们可以通过重新运行前面的代码并重新创建 DataFrame 来定期刷新数据。

现在，我们准备通过创建对数据的进一步分析，例如在数据上运行 PixieDust display() 方法以创建可视化：

```
import pixiedust
display(parquet_batch_df)
```

我们选择 **Bar Chart** 菜单并在 **Keys** 字段区域中拖放 source 字段。由于我们只想显示前 10 条推文，所以我们在 **# of Rows to Display**（要显示的行数）字段中设置了该值。图 7-6 所示的屏幕截图显示了 PixieDust 选项对话框。

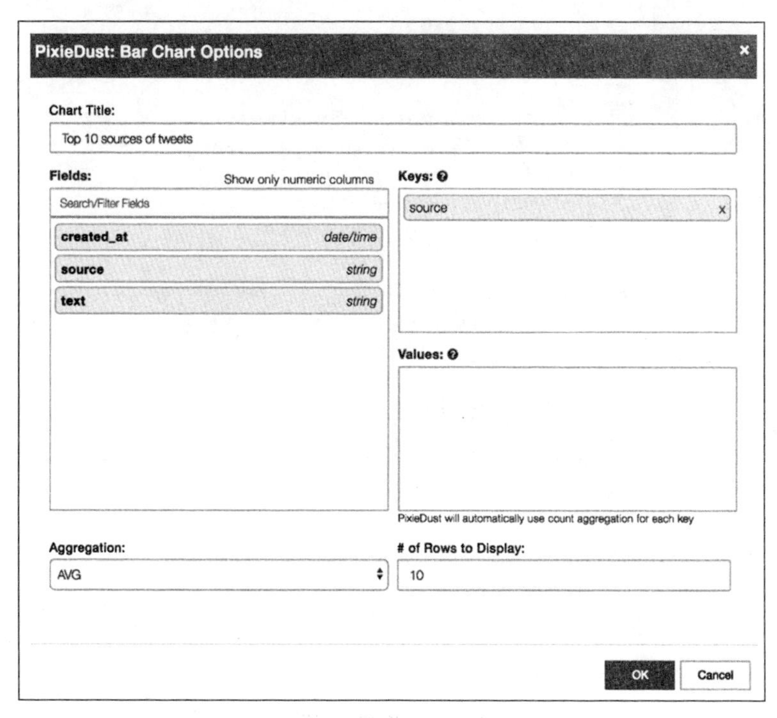

图 7-6　选项对话框，用于显示前 10 个推文源

单击 **OK** 按钮后，我们将看到如图 7-7 所示的结果。

在本节中，我们了解了如何使用 Tweepy 库创建 Twitter 流，清理原始数据并将其存储在 CSV 文件中，创建 Spark Streaming DataFrame，对其运行流式查询并将输出存储在 Parquet 数据库中，从 Parquet 文件创建批量 DataFrame，以及使用 PixieDust display() 可视化数据。

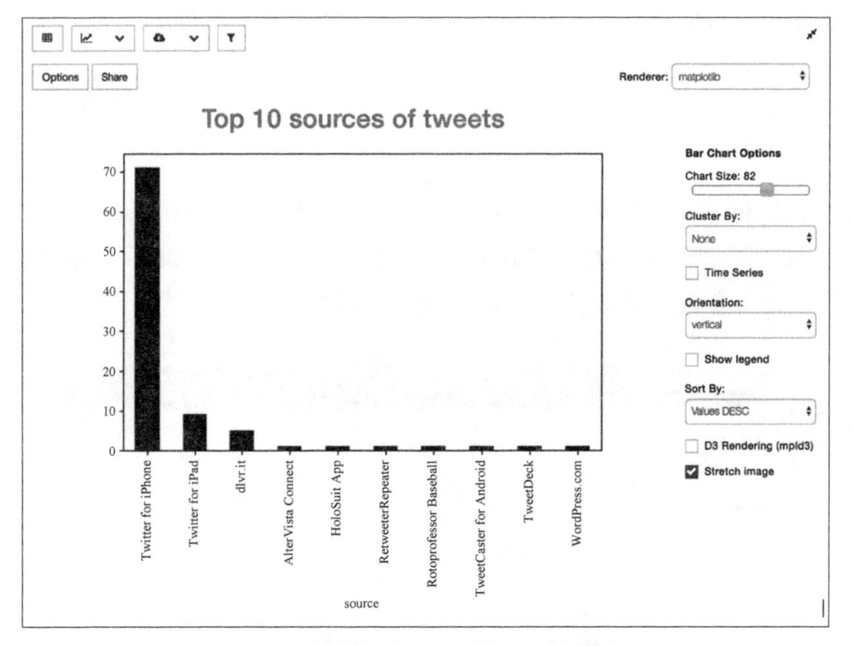

图 7-7 按来源显示与棒球相关的推文数量的图表

第 1 部分的完整 Notebook 可在此处找到：

https://github.com/DTAIEB/Thoughtful-Data-Science/blob/master/chapter%207/Twitter%20Sentiment%20Analysis%20-%20Part%201.ipynb

在下一部分中，我们将研究如何使用 IBM Watson Natural Language Understanding 服务通过情感和实体提取来丰富数据。

第 2 部分——用情感和提取的最相关实体来丰富数据

在这一部分中，我们用情感信息丰富了 Twitter 数据，例如，积极、消极和中立。我们还希望从推文中提取最相关的实体，例如，运动、组织和位置。我们将在下一节中构建的实时仪表盘来分析和可视化这些额外信息。用于从非结构化文本中提取情感和实体的算法属于计算机科学和人工智能领域，称为自然语言处理(NLP)。网络上有很多教程提供了如何提取情感的算法示例。例如，你可以在 scikit-learn 代码仓库上找到一个全面的文本分析教程，网址是 https://github.com/scikit-learn/scikit-learn/blob/master/

doc/tutorial/text_analytics/working_with_text_data.rst。

然而，对于这个示例应用，我们不打算构建自己的 NLP 算法。取而代之的是，我们将选择一个基于云的服务，它提供文本分析，如情感和实体提取。当你有一般的需求（比如不需要训练自定义模型）时，这种方法非常有效，但是即使这样，大多数服务提供商现在也提供了这样做的工具。与创建自己的模型相比，使用基于云的提供程序有很大的优势，比如节省了开发时间，并且具有更好的精度和性能。通过一个简单的 REST 调用，我们将能够生成所需的数据并将其集成到应用的流程中。此外，如果需要，很容易更改提供程序，因为负责与服务接口的代码是完全隔离的。

对于这个示例应用，我们将使用 IBM Watson Natural Language Understanding（NLU）服务，它是 IBM Watson 认知服务家族的一部分，可以在 IBM Cloud 上使用。

IBM Watson Natural Language Understanding 服务入门

对于每个云提供商来说，提供新服务的过程通常是相同的。登录后，你可以转到服务目录页，在那里可以搜索特定的服务。

要登录 IBM Cloud，只需转到 https://console.bluemix.net 并创建一个免费的 IBM 账户（如果你还没有的话）。进入仪表盘后，有多种方法可以搜索 IBM Watson NLU 服务：

• 单击左上角的菜单，然后选择 **Watson**，再选择 **Browse services**，并在服务列表中找到 **Natural Language Understanding** 条目。

• 单击右上角的 **Create Resource** 按钮来进入目录。进入目录后，你可以在搜索栏中搜索 Natural Language Understanding，如图 7-8 所示。

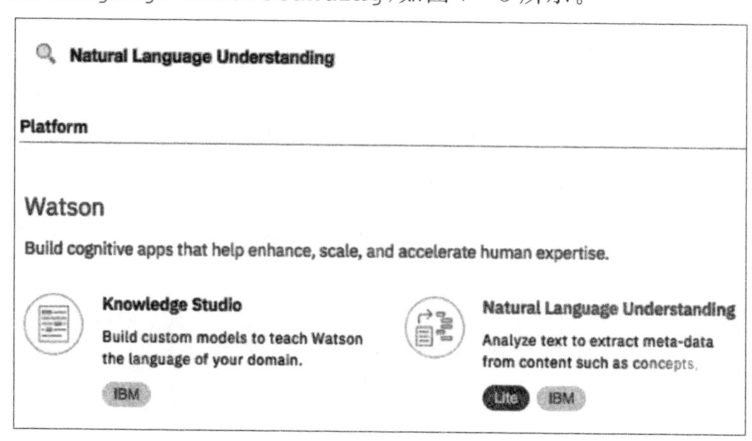

图 7-8 在服务目录中搜索 Watson NLU

然后，你可以单击 **Natural Language Understanding** 来提供一个新实例。云提供商为某些服务提供免费或试用计划的并不少见，幸运的是，Watson NLU 提供了其中的一个计划，其限制是你只能训练一个自定义模型，每个月最多处理 30 000 个 NLU 项（这对于我们的示例应用来说已经足够了）。选择 **Lite（免费）**计划并单击 **Create** 按钮后，新提供的实例将出现在仪表盘上并准备接受请求。

注意：创建服务后，你可能会被重定向到 NLU 服务入门文档。如果是这样，只需导航回仪表盘，就可以看到列出的新服务实例。

下一步是通过发出 REST 调用来测试我们的 Notebook 中的服务。每个服务都提供了关于如何使用它的详细文档，包括 API 引用。从 Notebook 中，我们可以使用请求包根据 API 引用进行 GET、POST、PUT 或 DELETE 调用，但强烈建议检查服务是否提供了对 API 具有高阶编程访问权限的 SDK。

幸运的是，IBM Watson 提供了 `watson_developer_cloud` 开源库，其中包含多个支持一些最流行语言（包括 Java、Python 和 Node.js）的开源 SDK。对于这个项目，我们将使用 Python SDK，源代码和代码示例位于这里：https://github.com/watson-developer-cloud/python-sdk。

以下 `pip` 命令直接从 Jupyter Notebook 安装 `watson_developer_cloud` 包：

```
!pip install Watson_developer_cloud
```

注意这个“!”在这里表示执行 shell 命令。

注意：安装完成后不要忘记重新启动内核。

大多数云服务提供商使用一个公共模式来让使用者使用服务进行身份验证，该模式包括从服务控制台仪表盘生成一组凭据，这些凭据将被嵌入客户端应用中。要生成凭据，只需单击 Watson NLU 实例的 **Service credentials** 选项卡，然后单击 **New credential** 按钮。

这将生成一组新的 JSON 格式的凭据，如图 7－9 所示。

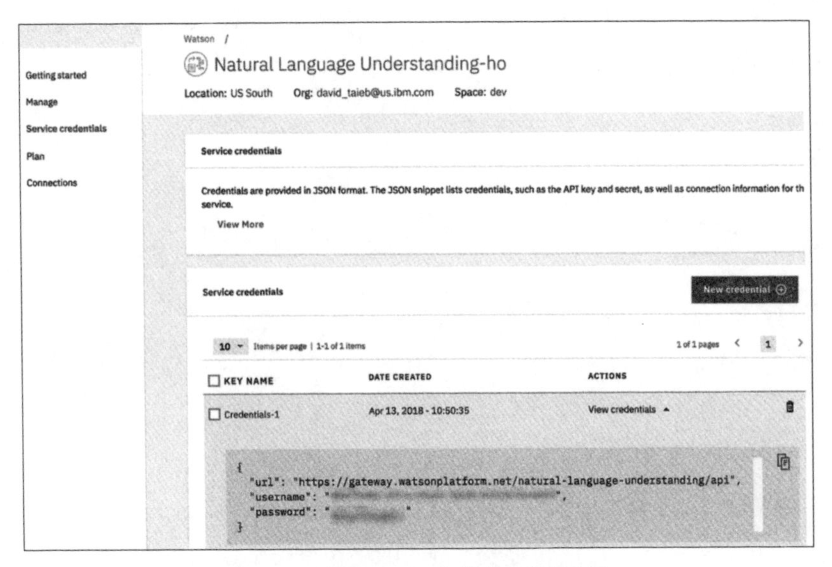

图 7-9 为 Watson NLU 服务生成新凭据

现在我们有了服务凭据，就可以创建一个 NaturalLanguageUnderstandingV1 对象，该对象将提供对 REST API 的编程访问，如以下代码所示：

```
from watson_developer_cloud import NaturalLanguageUnderstandingV1
from watson_developer_cloud.natural_language_understanding_v1 import
Features, SentimentOptions, EntitiesOptions

nlu = NaturalLanguageUnderstandingV1(
    version= '2017- 02- 27',
    username= 'XXXX',
    password= 'XXXX'
)
```

你可以在以下地址找到代码文件：

https://github.com/DTAIEB/Thoughtful-Data-Science/blob/master/chapter% 207/sampleCode11.py

注意：在前面的代码中，用服务凭据中的相应用户名和密码替换 xxxx 文本。

version 参数指的是 API 的特定版本。若要了解最新版本，请访问位于以下地址的正式文档页面：

https://www.ibm.com/watson/developercloud/natural-language-understanding/api/v1

在继续构建应用之前，让我们花一点时间来了解 Watson Natural Language 服务提供的文本分析功能，包括：

- 情感
- 实体
- 概念
- 类别
- 情绪
- 关键词
- 关系
- 语义角色

在我们的应用中，丰富 Twitter 数据发生在 RawTweetsListener 中，在那里我们创建了一个将从 on_data 处理程序方法调用的 enrich 方法。在此方法中，我们以 Twitter 数据和仅包含情感和实体的特性列表调用 nlu.analyze 方法，如以下代码所示：

注意：[[RawTweetsListener]]符号表示以下代码是名为 RawTweetsListener 的类的一部分，并且用户不应试图在没有完整类的情况下按原样运行代码。一如既往，你可以随时查阅完整的 Notebook 作为参考。

```
[[RawTweetsListener]]
def enrich(self, data):
        try:
            response = nlu.analyze(
                text = data['text'],
                features = Features(
                    sentiment= SentimentOptions(),
                    entities= EntitiesOptions()
                )
            )
            data["sentiment"] = response["sentiment"]["document"]["label"]
            top_entity = response["entities"][0] if
len(response["entities"]) > 0 else None
            data["entity"] = top_entity["text"] if top_entity is not None
else ""
            data["entity_type"] = top_entity["type"] if top_entity is not
None else ""
            return data
```

```
    except Exception as e:
        self.warn("Error from Watson service while enriching data:
{}".format(e))
```

你可以在以下地址找到代码文件：

https://github.com/DTAIEB/Thoughtful-Data-Science/blob/master/chapter% 207/sampleCode12.py

然后将结果存储在 data 对象中，该对象将被写入 CSV 文件。我们还防止意外的异常跳过当前的推文并记录一条警告消息，而不是让异常出现，这将停止 Twitter 流。

注意：最常见的异常发生在推文数据使用服务不支持的语言时。

我们使用第 5 章中描述的@ Logger 装饰器来针对 PixieDust 日志框架记录消息。提示一下，你可以使用另一个单元格中的% pixiedustLog 魔法命令来查看日志消息。

我们仍然需要更改模式元数据以包含新字段，如下所示：

```
field_metadata = [
    {"name": "created_at", "type": DateType()},
    {"name": "text", "type":StringType()},
    {"name": "source", "type":StringType(),
        "transform": lambda s:BS(s, "html.parser").text.strip()
    },
    {"name": "sentiment", "type":StringType()},
    {"name": "entity", "type":StringType()},
    {"name": "entity_type", "type": StringType()}
]
```

你可以在以下地址找到代码文件：

https://github.com/DTAIEB/Thoughtful-Data-Science/blob/master/chapter% 207/sampleCode13.py

最后，我们更新 on_data 处理程序以调用 enrich 方法，如下所示：

```
def on_data(self, data):
    def transform(key, value):
        return transforms[key](value) if key in transforms else value
    data = self.enrich(json.loads(data))
    if data is not None:
```

```
            self.buffered_data.append(
                {key:transform(key,value) \
                    for key,value in iteritems(data) \
                    if key in fieldnames}
            )
            self.flush_buffer_if_needed()
        return True
```

你可以在以下地址找到代码文件：

https://github.com/DTAIEB/Thoughtful-Data-Science/blob/master/chapter% 207/sampleCode14.py

当我们重新启动 Twitter 流并创建 Spark Streaming DataFrame 时，可以使用以下代码验证我们是否具有正确的模式：

```
schema = StructType(
    [StructField(f["name"], f["type"], True) for f in field_metadata]
)
csv_sdf = spark.readStream \
    .csv(
        output_dir,
        schema= schema,
        multiLine = True,
        dateFormat = 'EEE MMM dd kk:mm:ss Z y',
        ignoreTrailingWhiteSpace = True,
        ignoreLeadingWhiteSpace = True
    )
csv_sdf.printSchema()
```

你可以在以下地址找到代码文件：

https://github.com/DTAIEB/Thoughtful-Data-Science/blob/master/chapter% 207/sampleCode15.py

按照预期显示以下结果：

```
root
    |-- created_at: date (nullable = true)
    |-- text: string (nullable = true)
    |-- source: string (nullable = true)
    |-- sentiment: string (nullable = true)
    |-- entity: string (nullable = true)
    |-- entity_type: string (nullable = true)
```

类似地,当我们使用 console 接收器运行结构化查询时,在 Spark 主节点的控制台中批量显示数据,如下所示:

```
-------------------------------------------
Batch: 2
-------------------------------------------
+----------+--------------+--------------+---------+------------+--
-----------+
|created_at|          text|        source|sentiment|      entity|
entity_type|
+----------+--------------+--------------+---------+------------+--
-----------+
|2018-04-14|Some little ...| Twitter iPhone| positive|        Drew|
Person|d
|2018-04-14|RT @XXXXXXXX...| Twitter iPhone|  neutral| @
XXXXXXXXXX|TwitterHandle|@
|2018-04-14|RT @XXXXXXXX...| Twitter iPhone|  neutral|    baseball|
Sport|
|2018-04-14|RT @XXXXXXXX...| Twitter Client|  neutral| @
XXXXXXXXXX|TwitterHandle|
|2018-04-14|RT @XXXXXXXX...| Twitter Client| positive| @
XXXXXXXXXX|TwitterHandle|
|2018-04-14|RT @XXXXX: I...|Twitter Android| positive| Greg XXXXXX|
Person|
|2018-04-14|RT @XXXXXXXX...| Twitter iPhone| positive| @
XXXXXXXXXX|TwitterHandle|
|2018-04-14|RT @XXXXX: I...|Twitter Android| positive| Greg XXXXXX|
Person|
|2018-04-14|Congrats to ...|Twitter Android| positive|    softball|
Sport|
|2018-04-14|translation:...| Twitter iPhone|  neutral|        null|
null|
+----------+--------------+--------------+---------+------------+--
-----------+
```

最后,我们使用 Parquet output 接收器运行结构化查询,创建一个批量 DataFrame,并使用 PixieDust display() 浏览数据,以显示例如按实体聚集的情感(positive, negative, neutral)分类的推文数,如图 7-10 所示。

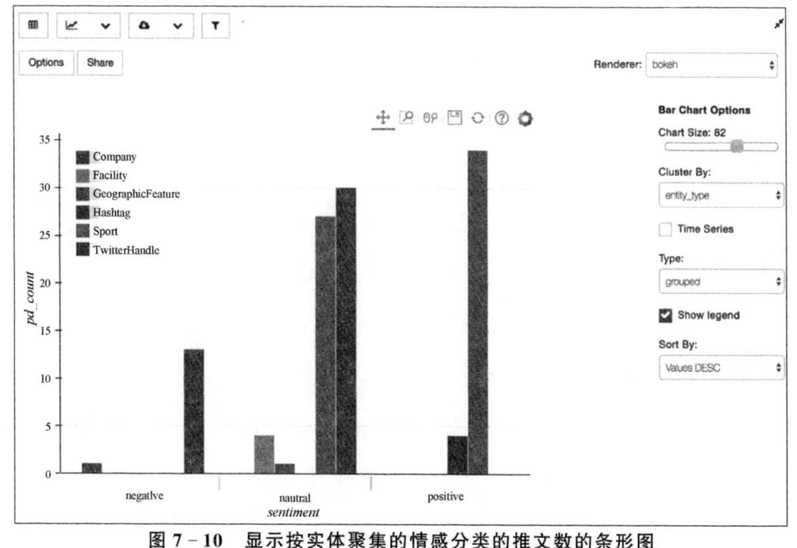

图 7-10　显示按实体聚集的情感分类的推文数的条形图

第 2 部分的完整 Notebook 位于以下地址：

https://github.com/DTAIEB/Thoughtful-Data-Science/blob/master/chapter%207/Twitter%20Sentiment%20Analysis%20-%20Part%202.ipynb

如果你运行它，我鼓励你尝试向模式添加更多字段，运行不同的 SQL 查询，并使用 PixieDust display()可视化数据。

在下一节中，我们将构建一个显示有关 Twitter 数据的多个指标的仪表盘。

第 3 部分——创建实时仪表盘

像之前一样，我们首先需要定义仪表盘的 MVP 版本的需求。这一次，我们将从敏捷方法中借用一个叫作**用户故事**（**user story**）的工具，它描述了我们想要从用户的角度构建的特性。敏捷方法还规定通过将不同用户归类为人物角色来充分理解他们与软件交互的上下文。在我们的例子中，我们将只使用一个角色：市场总监 Frank，他希望从使用者在社交媒体上谈论的内容中获得实时的洞察力。

用户故事如下所示：

- Frank 输入一个搜索查询，例如一个产品名。
- 然后出现一个仪表盘，显示一组展现用户情感指标（积极、消极、中立）的图表。
- 仪表盘还包含一个词云，其中包含在推文中发出的所有实体。
- 此外，仪表盘还有一个选项来显示当前处于活动状态的所有 Spark Streaming 查询的实时进度。

注意：Frank 并不真正需要最后一个特性，但我们还是在这里展示它，作为前面给出的练习的示例实现。

将分析重构为它们自己的方法

在开始之前，我们需要重构启动 Twitter 流并将 Spark Streaming DataFrame 创建到它们自己的方法中的代码，我们将在 PixieApp 中调用该方法。

start_stream、start_streaming_dataframe 和 start_parquet_streaming_query 方法如下：

```
def start_stream(queries):
    "Asynchronously start a new Twitter stream"
    stream = Stream(auth, RawTweetsListener())
    stream.filter(track = queries, languages = ["en"], async = True)
    return stream
```

你可以在以下地址找到代码文件：

https://github.com/DTAIEB/Thoughtful-Data-Science/blob/master/chapter%207/sampleCode16.py

```
def start_streaming_dataframe(output_dir):
    "Start a Spark StreamingDataFrame from a file source"
    schema = StructType(
        [StructField(f["name"], f["type"], True) for f in field_metadata]
    )
    return spark.readStream \
        .csv(
            output_dir,
            schema= schema,
            multiLine = True,
            timestampFormat = 'EEE MMM dd kk:mm:ss Z yyyy',
            ignoreTrailingWhiteSpace = True,
            ignoreLeadingWhiteSpace = True
        )
```

你可以在以下地址找到代码文件：

https://github.com/DTAIEB/Thoughtful-Data-Science/blob/master/chapter%207/sampleCode17.py

```
def start_parquet_streaming_query(csv_sdf):
    """
    Create and run a streaming query from a StructuredDataFrame
    outputing the results into a parquet database
    """
    streaming_query = csv_sdf \
        .writeStream \
        .format("parquet") \
        .option("path", os.path.join(root_dir, "output_parquet")) \
        .trigger(processingTime= "2 seconds") \
```

```
        .option("checkpointLocation", os.path.join(root_dir, "output_
chkpt")) \
        .start()
    return streaming_query
```

你可以在以下地址找到代码文件：

https://github.com/DTAIEB/Thoughtful-Data-Science/blob/master/chapter% 207/sampleCode18.py

作为准备工作的一部分，我们还需要管理 PixieApp 将创建的不同流的生命周期，并确保在用户重新启动仪表盘时正确停止底层资源。为此，我们创建了一个 StreamsManager 类，它封装了 Tweepy twitter_stream 和 CSV Streaming DataFrame。该类具有一个 reset 方法，该方法将停止 twitter_stream，停止所有活动的流式查询，删除从先前的查询创建的所有输出文件，并使用一个新的查询字符串启动一个新的流。如果在没有查询字符串的情况下调用 reset 方法，那么我们不会启动新的流。

我们还创建了一个全局 streams_manager 实例，它将跟踪当前状态，即使仪表盘重新启动也是如此。由于用户可以重新运行包含全局 streams_manager 的单元格，因此我们需要确保在删除当前全局实例时自动调用 reset 方法。为此，我们覆盖对象的__del__方法，这是 Python 实现析构函数和调用 reset 的方式。

StreamsManager 的代码如下所示：

```
class StreamsManager():
    def__init__(self):
        self.twitter_stream = None
        self.csv_sdf = None

    def reset(self, search_query = None):
        if self.twitter_stream is not None:
            self.twitter_stream.disconnect()
        # 停止所有活动的流式查询并重新对目录初始化
        for query inspark.streams.active:
            query.stop()
        # 初始化目录
        self.root_dir, self.output_dir = init_output_dirs()
        # 启动 tweepy 流
        self.twitter_stream = start_stream([search_query]) if search_
query is not None else None
        # 启动 spark streaming 流
        self.csv_sdf = start_streaming_dataframe(output_dir) if
```

```
search_query is not None else None

    def __del__(self):
        # 当类被垃圾回收后自动调用
        self.reset()

    streams_manager =  StreamsManager()
```

你可以在以下地址找到代码文件:

https://github.com/DTAIEB/Thoughtful-Data-Science/blob/master/chapter% 207/sampleCode19.py

创建 PixieApp

与第 6 章一样,我们将再次使用 TemplateTabbedApp 类创建一个具有两个 PixieApp 的选项卡布局:

- TweetInsightApp:允许用户指定一个查询字符串并显示与之关联的实时仪表盘。
- StreamingQueriesApp:监控活动的结构式查询的进度。

在 TweetInsightApp 的默认路由中,我们返回一个片段,它向用户请求查询字符串,如下所示:

```
from pixiedust.display.app import *
@PixieApp
class TweetInsightApp():
    @route()
    def main_screen(self):
        return """
< style>
    div.outer- wrapper {
        display:table;width:100% ;height:300px;
    }
    div.inner- wrapper {
            display: table - cell; vertical - align: middle; height: 100% ;
width: 100% ;
    }
< /style>
< div class= "outer- wrapper">
    < div class= "inner- wrapper">
        < div class= "col- sm- 3"> < /div>
        < div class= "input- group col- sm- 6">
```

```
        < input id= "query{{prefix}}" type= "text" class= "form-
          control" value= ""
          placeholder= "Enter a search query (e.g. baseball)">
        < span class= "input- group- btn">
          < button class= "btn btn- default" type= "button"
          pd_options= "search_query= $ val(query{{prefix}})">
            Go
          < /button>
        < /span>
      < /div>
    < /div>
< /div>
        """

TweetInsightApp().run()
```

你可以在以下地址找到代码文件：

https://github.com/DTAIEB/Thoughtful-Data-Science/blob/master/chapter%207/sampleCode20.py

图 7-11 所示的屏幕截图显示了运行上述代码的结果。

注意：我们将创建具有选项卡布局的主 TwitterSentimentApp PixieApp 并在本节后面包含此类。目前，我们只单独显示 TweetInsightApp 子应用。

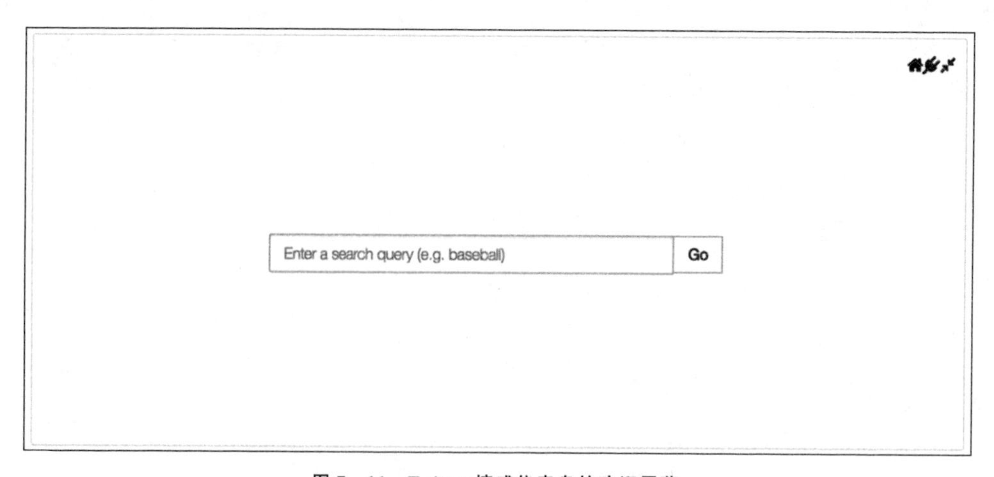

图 7-11　Twitter 情感仪表盘的欢迎屏幕

在 GO 按钮中，我们以用户提供的查询字符串调用 search_query 路由。在这条路由中，我们首先启动各种流并从 Parquet 数据库所在的输出目录创建一个存储在名为 parquet_df 的类变量中的批量 DataFrame。然后，我们返回由三个小部件组成的 HTML 片段，这些小部件显示以下指标：

- 按实体聚集的三种情感中的每种情感的条形图。
- 按情感显示推文分布的折线图子图。
- 实体的词云。

每个小部件都使用第 5 章中描述的 pd_refresh_rate 属性来定期调用一条特定路由。我们还确保重新加载 parque_tdf 变量，以拾取自上次以来到达的新数据。然后在 pd_entity 属性中引用该变量以显示图表。

下面的代码显示了 search_query 路由的实现：

```
import time
[[TweetInsightApp]]
@route(search_query= "* ")
    def do_search_query(self, search_query):
        streams_manager.reset(search_query)
        start_parquet_streaming_query(streams_manager.csv_sdf)
        while True:
            try:
                parquet_dir = os.path.join(root_dir,
                    "output_parquet")
                self.parquet_df = spark.sql("select *  from
parquet.'{}'".format(parquet_dir))
                break
            except:
                time.sleep(5)
        return """
< div class= "container">
    < div id= "header{{prefix}}" class= "rowno_loading_msg"
        pd_refresh_rate= "5000" pd_target= "header{{prefix}}">
        < pd_script>
print("Number of tweets received: {}".format(streams_manager.twitter_ stream.
listener.tweet_count))
        < /pd_script>
    < /div>
    < div class= "row" style= "min- height:300px">
        < div class= "col- sm- 5">
            < div id= "metric1{{prefix}}"pd_refresh_rate= "10000"
                class= "no_loading_msg"
```

```
                pd_options= "display_metric1= true"
                pd_target= "metric1{{prefix}}">
            < /div>
        < /div>
        < div class= "col- sm- 5">
            < div id= "metric2{{prefix}}"pd_refresh_rate= "12000"
                class= "no_loading_msg"
                pd_options= "display_metric2= true"
                pd_target= "metric2{{prefix}}">
            < /div>
        < /div>
< /div>

< div class= "row" style= "min- height:400px">
    < div class= "col- sm- offset- 1 col- sm- 10">
        < div id= "word_cloud{{prefix}}" pd_refresh_rate= "20000"
            class= "no_loading_msg"
            pd_options= "display_wc= true"
            pd_target= "word_cloud{{prefix}}">
        < /div>
    < /div>
< /div>
    """
```

你可以在以下地址找到代码文件：

https://github.com/DTAIEB/Thoughtful-Data-Science/blob/master/chapter% 207/sampleCode21.py

前面的代码中要注意以下几点：

• 当我们尝试加载 parquet_df 批量 DataFrame 时，Parquet 文件的输出目录可能尚未就绪，这将导致异常。为了解决这个计时问题，我们将代码包装为 try...except 语句并使用 time.sleep(5) 等待 5 秒。

• 我们还会在标题中显示当前的推文计数。为此，我们添加了一个< div> 元素，该元素每 5 秒刷新一次，有一个< pd_script> 使用 streams_manager.twitter_stream.listener.tweet_count 打印当前的推文计数，这是我们添加到 RawTweetsListener 类中的一个变量。我们还更新了 on_data() 方法以在每次有一个新推文到达时递增 tweet_count 变量，如下所示：

```
[[TweetInsightApp]]
def on_data(self, data):
        def transform(key, value):
```

```
            return transforms[key](value) if key in transforms
else value
        data = self.enrich(json.loads(data))
        if data is not None:
            self.tweet_count + = 1
            self.buffered_data.append(
                {key:transform(key,value) \
                    for key,value in iteritems(data) \
                    if key in fieldnames}
            )
            self.flush_buffer_if_needed()
        return True
```

此外，为了避免闪烁，我们在< div> 元素中使用 class= "no_loading_msg"来防止显示加载旋转框(loading spinner)图像。

• 我们调用三条不同的路由(display_metric1、display_metric2 和 display_wc)，分别负责显示这三个小部件。

display_metric1 和 display_metric2 路由非常相似。它们返回一个以 parquet_df 作为 pd_entity 的 div 和一个自定义< pd_options> 子元素，其中包含传递给 PixieDust display()层的 JSON 配置。

下面的代码显示了 display_metric1 路由的实现：

```
[[TweetInsightApp]]
@route(display_metric1= "* ")
    def do_display_metric1(self, display_metric1):
        parquet_dir = os.path.join(root_dir, "output_parquet")
        self.parquet_df = spark.sql("select * from parquet.'{}'".
format(parquet_dir))
        return """
< div class= "no_loading_msg" pd_render_onload pd_entity= "parquet_df">
    < pd_options>
    {
        "legend": "true",
        "keyFields": "sentiment",
        "clusterby": "entity_type",
        "handlerId": "barChart",
        "rendererId": "bokeh",
        "rowCount": "10",
        "sortby": "Values DESC",
        "noChartCache": "true"
    }
    < /pd_options>
```

```
< /div>
        """
```

你可以在以下地址找到代码文件：

https://github.com/DTAIEB/Thoughtful-Data-Science/blob/master/chapter%207/sampleCode22.py

display_metric2 路由遵循类似的模式，但具有一个不同的 pd_options 属性集。

最后一条路由是 display_wc，负责为实体显示词云。此路由使用 wordcloud Python 库，你可以使用以下命令安装该库：

```
!pip install wordcloud
```

注意：和之前一样，安装完成后不要忘记重新启动内核。

我们使用第 5 章中说明的@captureOutput 装饰器，如下所示：

```
import matplotlib.pyplot as plt
from wordcloud import WordCloud

[[TweetInsightApp]]
@route(display_wc= "*")
@captureOutput
def do_display_wc(self):
    text = "\n".join(
        [r['entity'] for r inself.parquet_df.select("entity").collect() if r['
entity'] is not None]
    )
    plt.figure( figsize= (13,7) )
    plt.axis("off")
    plt.imshow(
        WordCloud(width= 750, height= 350).generate(text),
        interpolation= 'bilinear'
    )
```

你可以在以下地址找到代码文件：

https://github.com/DTAIEB/Thoughtful-Data-Science/blob/master/chapter%207/sampleCode23.py

传递给 WordCloud 类的文本是通过收集 parquet_df 批量 DataFrame 中的所有实体生成的。

图 7－12 所示的屏幕截图显示了使用搜索查询 baseball 创建的 Twitter 流运行一段时间后的仪表盘：

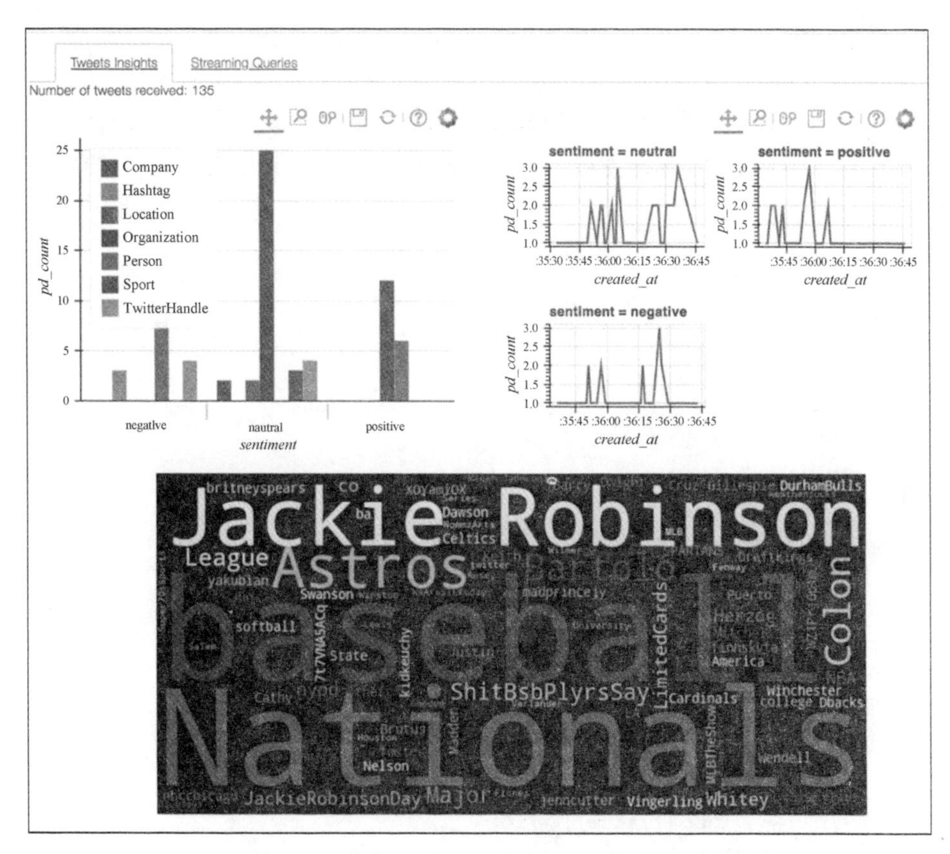

图 7－12 搜索查询"baseball"的 Twitter 情感仪表盘

第二个 PixieApp 用于监控正在积极运行的流式查询。主路由返回一个 HTML 片段，其中包含一个<div>元素，该元素定期(5 000 ms)调用 show_progress 路由，如以下代码所示：

```
@PixieApp
class StreamingQueriesApp():
    @route()
    def main_screen(self):
        return """
< div class= "no_loading_msg" pd_refresh_rate= "5000" pd_options= "show_pro-
```

```
gress= true">
< /div>
        """
```

你可以在以下地址找到代码文件：

https://github.com/DTAIEB/Thoughtful-Data-Science/blob/master/chapter% 207/sampleCode24.py

在 show_progress 路由中，我们使用本章前面描述的 query.lastProgress 监控 API，以 Jinja2{% for% }循环迭代 JSON 对象，并在表中显示结果，如以下代码所示：

```
@route(show_progress= "true")
    def do_show_progress(self):
        return """
{%for query inthis.spark.streams.active%}
    < div>
    < div class= "page- header">
        < h1> Progress Report for Spark Stream: {{query.id}}< /h1>
    < div>
    < table>
        < thead>
            < tr>
                < th> metric< /th>
                < th> value< /th>
            < /tr>
        < /thead>
        < tbody>
            {%for key, value inquery.lastProgress.items()%}
            < tr>
                < td> {{key}}< /td>
                < td> {{value}}< /td>
            < /tr>
            {%endfor%}
        < /tbody>
    < /table>
{%endfor%}
        """
```

你可以在以下地址找到代码文件：

https://github.com/DTAIEB/Thoughtful-Data-Science/blob/master/chapter% 207/sampleCode25.py

图 7－13 所示的屏幕截图显示了流式查询监控 PixieApp。

Tweets Insights　Streaming Queries

Progress Report for Spark Stream: 2646f75f-4a13-44b5-a7aa-25e4047bd749

metric	value
timestamp	2018-04-15T19:41:02.005Z
batchId	19
sink	{'description': 'FileSink[/Users/dtaieb/cdsdev/notebookdev/Pixiedust/book/Chapter7/output/output_parquet]'}
sources	[{'description': 'FileStreamSource[file:/Users/dtaieb/cdsdev/notebookdev/Pixiedust/book/Chapter7/output/raw]', 'processedRowsPerSecond': 0.0, 'endOffset': {'logOffset': 18}, 'startOffset': {'logOffset': 18}, 'inputRowsPerSecond': 0.0, 'numInputRows': 0}]
stateOperators	[]
processedRowsPerSecond	0.0
durationMs	{'getOffset': 6, 'triggerExecution': 6}
runId	795f576c-2a5e-42b5-88eb-2b3a848c55a7
inputRowsPerSecond	0.0
numInputRows	0
id	2646f75f-4a13-44b5-a7aa-25e4047bd749
name	None

图 7－13　活动 Spark 流式查询的实时监控

最后一步是使用 TemplateTabbedApp 类组合完整的应用，如以下代码所示：

```
from pixiedust.display.app import *
frompixiedust.apps.template import TemplateTabbedApp

@PixieApp
class TwitterSentimentApp(TemplateTabbedApp):
    def setup(self):
        self.apps = [
            {"title": "Tweets Insights", "app_class": "
TweetInsightApp"},
            {"title": "Streaming Queries", "app_class":
"StreamingQueriesApp"}
        ]

app = TwitterSentimentApp()
app.run()
```

你可以在以下地址找到代码文件：

https://github.com/DTAIEB/Thoughtful-Data-Science/blob/master/chapter%207/sampleCode26.py

我们的示例应用的第 3 部分现在已经完成，你可以在以下地址找到完整的 Notebook：

https://github.com/DTAIEB/Thoughtful-Data-Science/blob/master/chapter%207/Twitter%20Sentiment%20Analysis%20-%20Part%203.ipynb

在下一节中，我们将讨论如何通过使用 Apache Kafka 进行事件流处理和使用 IBM Streams Designer 进行流式数据的数据丰富，使我们的应用的数据管道更具可伸缩性。

第 4 部分——使用 Apache Kafka 和 IBM Streams Designer 添加可伸缩性

注意：本节是可选的。它演示了如何使用基于云的流式服务重新实现部分数据管道，以实现更高的可伸缩性。

在单个 Notebook 中实现整个数据管道在开发和测试期间给我们带来了高生产效率。我们可以对代码进行实验，并以非常小的占用空间非常快速地测试更改。而且，性能是合理的，因为我们使用的数据量相对较小。然而，很明显我们不会在生产中使用这种体系结构，我们需要问自己的下一个问题是，随着来自 Twitter 的流式数据量的急剧增加，有哪些瓶颈会阻止应用扩展。

在本节中，我们确定了两个需要改进的地方：

• 在 Tweepy 流中，传入的数据被发送到 `RawTweetsListener` 实例，以便使用 `on_data` 方法进行处理。我们需要确保在这个方法中花费尽可能少的时间，否则随着传入数据量的增加，系统将落后。在当前实现中，通过对 Watson NLU 服务进行外部调用来同步丰富数据，然后将其缓冲并最终写入磁盘。为了解决这个问题，我们将数据发送到一个 Kafka 服务，它是一个高度可伸缩、容错的流式平台，使用发布/订阅模式来处理大量数据。我们还使用 Streaming Analytics 服务，它将使用来自 Kafka 的数据并通过调用 Watson NLU 服务来丰富它。这两种服务在 IBM Cloud 上都可用。

注意：我们还可以使用其他开源框架来处理流式数据，例如：Apache Flink（`https://flink.apache.org`）或 Apache Storm（`http://storm.apache.org`）。

• 在当前的实现中，数据存储为 CSV 文件，并且我们创建了一个以输出目录为源的 Spark Streaming DataFrame。此步骤会消耗 Notebook 和本地环境上的时间和资源。作为代替，我们可以让 Streaming Analytics 在不同的主题中回写丰富的事件，并使用 Message Hub 服务作为 Kafka 输入源来创建一个 Spark Streaming DataFrame。

图 7－14 显示了我们的示例应用的更新体系结构。

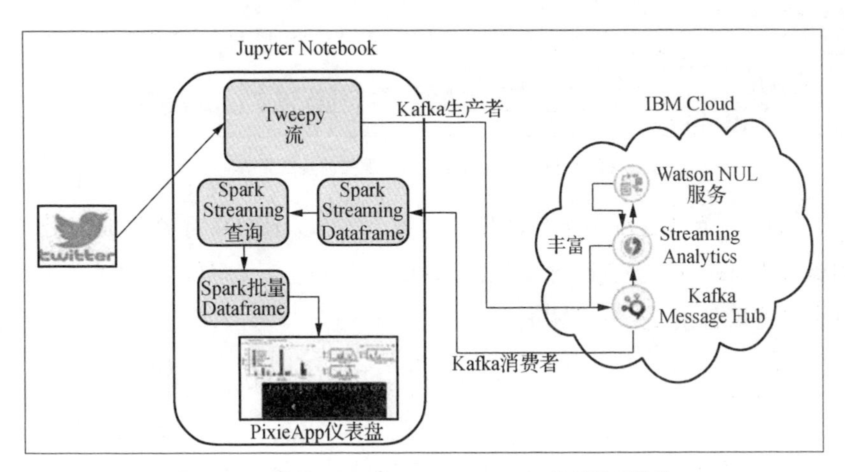

图 7－14　使用 Kafka 和 Streams Designer 扩展体系结构

在接下来的几小节中，我们将实现更新后的体系结构，首先从将推文流到 Kafka 开始。

将原始推文流到 Kafka

在 IBM Cloud 上提供一个 Kafka/Message Hub 服务实例遵循与我们用于提供 Watson NLU 服务的步骤相同的模式。我们首先在目录中定位并选择服务，选择定价计划并单击 **Create**。然后，我们打开服务仪表盘并选择 **Service credentials（服务凭据）**选项卡以创建新凭据，如图 7－15 所示。

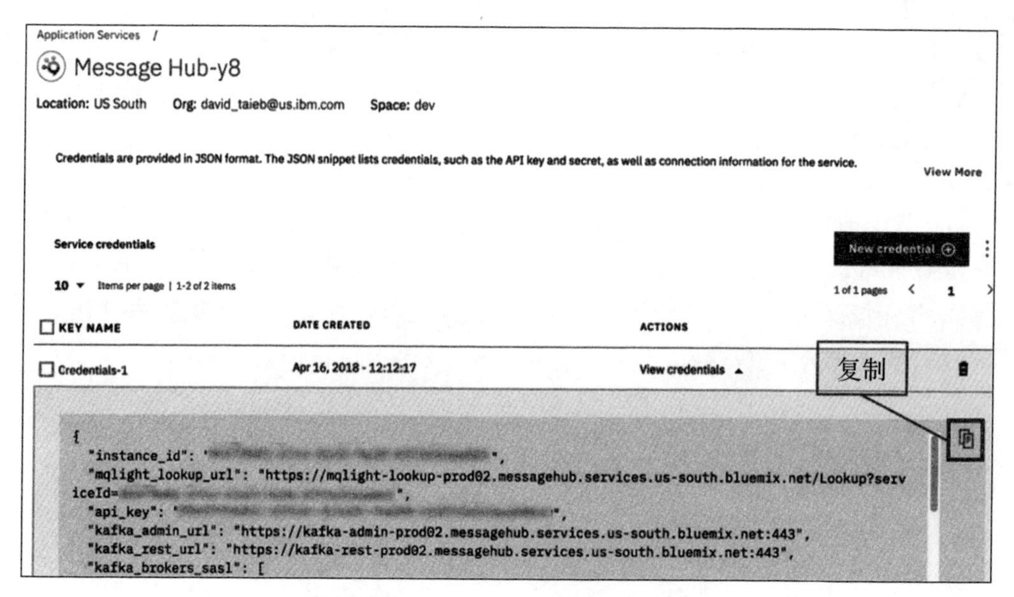

图 7-15 为 Message Hub 服务创建新凭据

与 IBM Cloud 上所有可用服务的情况一样，凭据以 JSON 对象的形式出现，我们需要将其存储在 Notebook 它自己的变量中，如以下代码所示（同样，不要忘记用服务凭据中的用户名和密码替换 xxxx 文本）：

```
message_hub_creds = {
     "instance_id":"XXXXX",
    "mqlight_lookup_url": "https://mqlight- lookup- prod02.messagehub. serv-
ices.us- south.bluemix.net/Lookup? serviceId= XXXX",
    "api_key": "XXXX",
    "kafka_admin_url": "https://kafka- admin- prod02.messagehub.services. us
- south.bluemix.net:443",
    "kafka_rest_url": "https://kafka- rest- prod02.messagehub.services.
us-  south.bluemix.net:443",
    "kafka_brokers_sasl": [
        "kafka03- prod02.messagehub.services.us- south.bluemix.net:9093",
        "kafka01- prod02.messagehub.services.us- south.bluemix.net:9093",
        "kafka02- prod02.messagehub.services.us- south.bluemix.net:9093",
        "kafka05- prod02.messagehub.services.us- south.bluemix.net:9093",
        "kafka04- prod02.messagehub.services.us- south.bluemix.net:9093"
    ],
    "user": "XXXX",
    "password": "XXXX"
}
```

你可以在以下地址找到代码文件：

https://github.com/DTAIEB/Thoughtful-Data-Science/blob/master/chapter% 207/sampleCode27.py

至于与 Kafka 的接口，我们可以在多个优秀的客户机库之间进行选择。我已经尝试了其中的许多个，但最后我最常使用的是 kafka-python(https://github.com/dpkp/kafka- python)，它的优点是它是一个纯 Python 实现，因此安装起来更容易。

要从 Notebook 安装它，请使用以下命令：

```
!pip install kafka-python
```

注意：像之前一样，不要忘记在安装任何库之后重新启动内核。

kafka-python 库提供了一个 KafkaProducer 类，用于将数据作为消息写入服务，我们需要使用前面创建的凭据对其进行配置。有多个 Kafka 配置选项可用，而仔细了解所有这些选项超出了本书的范围。所需的选项与身份验证、主机服务器和 API 版本相关。

下面的代码在 Raw Tweets Listener 类的 __init__ 构造函数中实现。它创建一个 KafkaProducer 实例并将其存储为一个类变量：

```
[[RawTweetsListener]]
context = ssl.create_default_context()
context.options &= ssl.OP_NO_TLSv1
context.options &= ssl.OP_NO_TLSv1_1
kafka_conf = {
    'sasl_mechanism': 'PLAIN',
    'security_protocol': 'SASL_SSL',
    'ssl_context': context,
    "bootstrap_servers": message_hub_creds["kafka_brokers_sasl"],
    "sasl_plain_username": message_hub_creds["user"],
    "sasl_plain_password": message_hub_creds["password"],
    "api_version":(0, 10, 1),
    "value_serializer" : lambda v: json.dumps(v).encode('utf- 8')
}
self.producer = KafkaProducer(**kafka_conf)
```

你可以在以下地址找到代码文件：

https://github.com/DTAIEB/Thoughtful-Data-Science/blob/master/chapter%207/sampleCode28.py

我们为序列化 JSON 对象的 value_serializer 键配置一个 lambda 函数，这是我们将用于我们的数据的格式。

注意：我们需要指定 api_version 键，否则库将尝试自动发现它的值，这将导致由于 kafka-python 库中的 bug 而引发 NobrokerAvailable 异常，该 bug 只能在 Mac 上重现。在写这本书的时候，还没有提供给这个 bug 的修复程序。

我们现在需要更新 on_data 方法，以便使用 tweets 主题将推文数据发送到一个 Kafka。Kafka 主题就像一个应用可以发布或订阅的频道。在尝试写入主题之前，必须先创建该主题，否则将引发异常。这在以下 ensure_topic_exists 方法中完成：

```
import requests
import json

defensure_topic_exists(topic_name):
    response = requests.post(
               message_hub_creds["kafka_rest_url"] +
               "/admin/topics",
               data = json.dumps({"name": topic_name}),
               headers= {"X- Auth- Token": message_hub_creds["api_key"]}
             )
    if response.status_code ! = 200 and \
       response.status_code ! = 202 and \
       response.status_code ! = 422 and \
       response.status_code ! = 403:
           raise Exception(response.json())
```

你可以在以下地址找到代码文件：

https://github.com/DTAIEB/Thoughtful-Data-Science/blob/master/chapter%207/sampleCode29.py

在前面的代码中，我们使用包含要创建的主题的名称的 JSON 有效负载向路径 /admin/topic 发出一个 POST 请求。必须使用凭据和 X-Auth-Token 标头中提供的 API

密钥对请求进行身份验证。我们还确保忽略 HTTP 错误代码 422 和 403，它们指示主题已经存在。

on_data 方法的代码现在看起来简单多了，如下所示：

```
[[RawTweetsListener]]
def on_data(self, data):
    self.tweet_count + =  1
    self.producer.send(
        self.topic,
        {key:transform(key,value) \
            for key,value in iteritems(json.loads(data)) \
            if key in fieldnames}
    )
    return True
```

你可以在以下地址找到代码文件：

https://github.com/DTAIEB/Thoughtful-Data-Science/blob/master/chapter% 207/sampleCode30.py

正如我们所看到的，使用这个新代码，我们在 on_data 方法上花费的时间尽可能地少，这正是我们想要实现的目标。推文数据现在正流入 Kafka tweets 主题，我们将在下一节讨论的 Streaming Analytics 服务可以丰富推文数据。

使用 Streaming Analytics 服务丰富推文数据

在这一步中，我们需要使用 Watson Studio，它是一个集成的基于云的 IDE，提供了各种用于处理数据的工具，包括机器学习/深度学习模型、Jupyter Notebook、数据流等。Watson Studio 是 IBM Cloud 的一个配套工具，可以在 https://datascience.ibm.com 访问，因此不需要额外注册。

一旦登录到 Watson Studio，我们将创建一个新项目，我们将使用 Python 调用数据分析。

注意：在创建项目时选择默认选项是可以的。

然后，我们转到 **Settings** 选项卡以创建一个 Streaming Analytics（流式分析）服务，它将是为我们的丰富过程提供动力并将其与项目相关联的引擎。请注意，我们也可以在 IBM Cloud 目录中创建服务，就像我们在本章中为其他服务所做的那样，但是由于我们仍然必须将它与项目相关联，所以我们最好也在 Watson Studio 中创建服务。

在 **Settings** 选项卡中，我们滚动到 **Associated services** 部分，然后单击 **Add service** 下拉列表以选择 **Streaming Analytics**。在下一页中，你可以在 **Existing（现有页）**和 **New（新页）**之间进行选择。选择 **New** 并按照以下步骤创建服务。完成后，新创建的服务应该与项目相关联，如图 7－16 所示。

注意：如果有多个免费选项，可以选择其中的任何一个。

Associated services ⊕ Add service ∨

NAME	SERVICE TYPE	PLAN	ACTIONS
streaming-analytics-twitter-sentiment	Streaming Analytics		⋮

图 7－16　将 Streaming Analytics 服务与项目关联

我们现在已经准备好创建流，它定义了我们的推文数据的丰富处理。

我们转到 **Assets** 选项卡，向下滚动到 **Streams flows** 部分，然后单击 **New streams flow** 按钮。在下一页中，我们给出一个名称，选择 Streaming Analytics 服务，选择 **Manually** 并单击 **Create** 按钮。

我们现在在 Streams Designer 中，它由左侧的操作符调色板和一个画布组成，在这里我们可以图形化地构建我们的流。对于我们的示例应用，我们需要从调色板中选择三个操作符并将它们拖放到画布中：

- **调色板的 SOURCES 部分中的 Message Hub：**我们的数据的输入源。一旦进入画布，我们将它重命名为 `Source Message Hub`（双击它以进入编辑模式）。
- **来自 PROCESSING AND ANALYTICS 部分的代码：**它将包含调用 Watson NLU 服务的数据丰富 Python 代码。我们将操作符重命名为 `Enrichment`。

• **来自调色板的 TARGETS 部分的 Message Hub**:丰富数据的输出源。我们将其重命名为 `Target Message Hub`。

接下来,我们在 **Source Message Hub** 和 **Enrichment** 之间以及 **Enrichment** 和 **Target Message Hub** 之间创建一个连接。要在两个操作符之间创建连接,只需在第一个操作符的末尾抓取输出端口并将其拖动到另一个操作符的输入端口。请注意,源操作符在框右侧只有一个输出端口,表示它只支持传出连接,而目标操作符在框左侧只有一个输入端口,表示它只支持传入连接。**PROCESSING AND ANALYTICS** 部分的任何操作符在左框侧和右侧都有两个端口,因为它们同时接受传入和传出连接。

图 7-17 所示的屏幕截图显示了完全完成的画布。

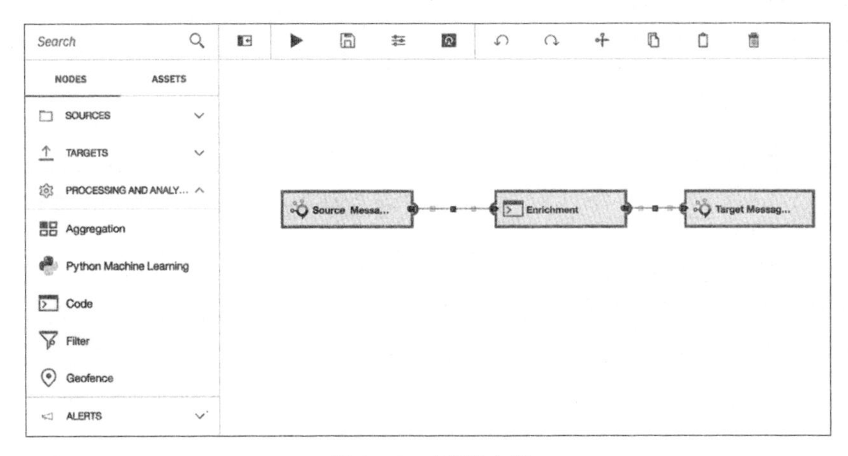

图 7-17　丰富推文流

现在让我们看看这三个操作符的配置。

注意:要完成本节,请确保运行生成我们在上一节讨论的 Message Hub 实例的主题的代码。否则,Message Hub 实例将为空,并且不会检测到模式。

单击源 Message Hub。右侧将出现一个动画窗格,其中的选项用于选择包含推文的 Message Hub 实例。第一次,你需要创建到 Message Hub 实例的连接。选择 `tweets` 作为主题。单击 **Edit Output Schema**,然后单击 **Detect Schema**,以便从数据自动填充模式。你还可以使用 **Show Preview(显示预览)**按钮预览实时流式数据,如图 7-18 所示。

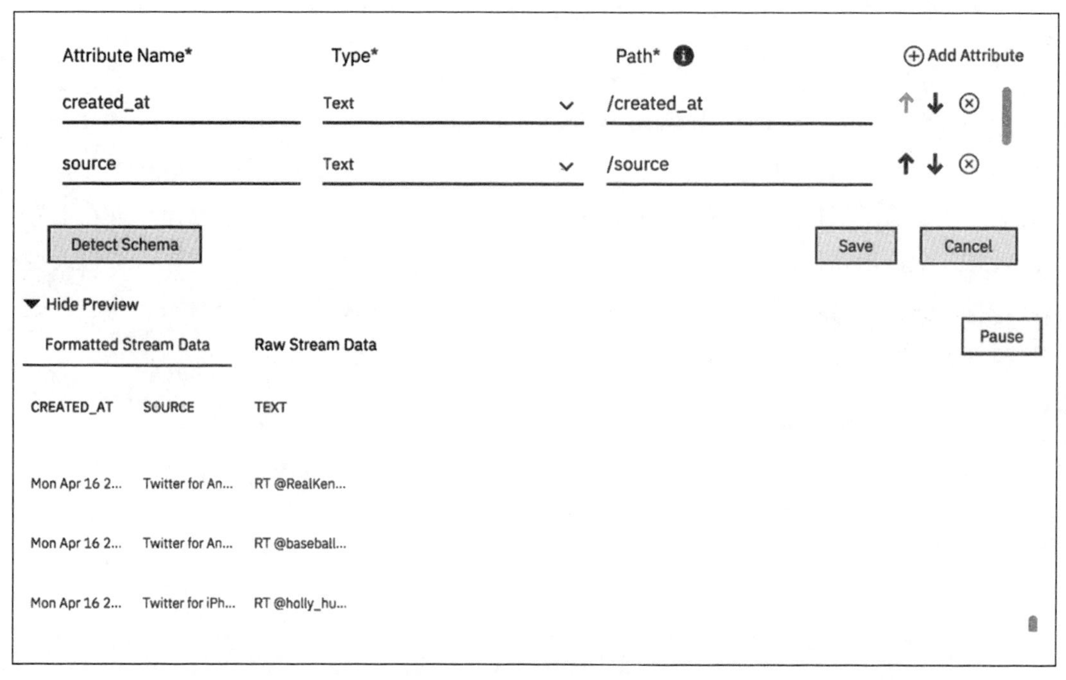

图 7－18　设置模式并预览实时流式数据

现在选择 **Code** 操作符来实现调用 Watson NLU 的代码。右侧动画上下文窗格包含一个具有样板代码的 Python 代码编辑器，其中包含实现所需的函数，即 init(state) 和 process(event,state)。

在 init 方法中，我们实例化 NaturalLanguageUnderstandingV1 实例，如以下代码所示：

```
import sys
from watson_developer_cloud import NaturalLanguageUnderstandingV1
from watson_developer_cloud.natural_language_understanding_v1 import
Features, SentimentOptions, EntitiesOptions

# init()函数将在管道初始化时被调用一次
# @state 用一个 Python 字典对象保存状态。状态对象被传递到处理函数中
def init(state):
    # 在管道初始化时执行一次操作并保存在状态对象中
    state["nlu"] = NaturalLanguageUnderstandingV1(
        version= '2017- 02- 27',
        username= 'XXXX',
        password= 'XXXX'
    )
```

你可以在以下地址找到代码文件：

https://github.com/DTAIEB/Thoughtful-Data-Science/blob/master/chapter% 207/sampleCode31.py

注意：我们需要通过位于右侧上下文窗格中的 Python 编辑器窗口上方的 **Python packages** 链接安装 watson_developer_cloud 库，如图 7-19 所示。

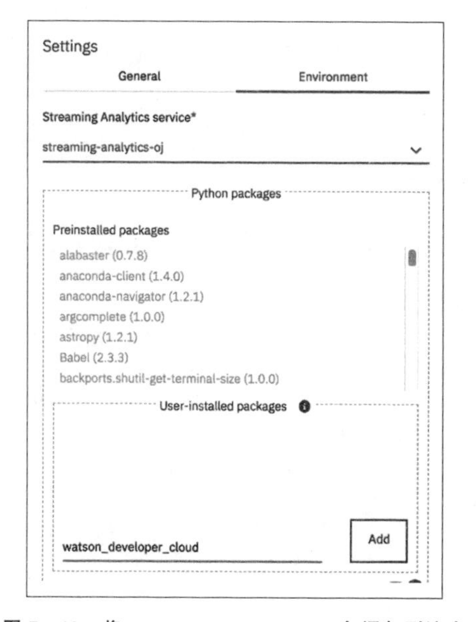

图 7-19　将 watson_cloud_developer 包添加到流中

对每个事件数据调用 process 方法。我们使用它来调用 Watson NLU 并将额外的信息添加到 event 对象中，如以下代码所示：

```
# @event 表示输入事件元组的 Python 字典对象，如输入模式定义的
# @state 表示一个 Python 字典对象，用于在后续函数调用上保持状态
# 返回值必须是一个 Python 字典对象。它将是此操作符的输出
# 返回 None 将导致不为此调用提交输出元组
# 必须在 Edit Schema 窗口中声明所有输出属性
def process(event, state):
    # 丰富事件，例如通过：
    # event['wordCount'] = len(event['phrase'].split())
    try:
        event['text'] = event['text'].replace('"', "'")
        response = state["nlu"].analyze(
```

```
                text = event['text'],
                features= Features(sentiment= SentimentOptions(),
entities= EntitiesOptions())
            )
            event["sentiment"] = response["sentiment"]["document"]["label"]
            top_entity = response["entities"][0] if
len(response["entities"]) > 0 else None
            event["entity"] = top_entity["text"] if top_entity is not None
else ""
            event["entity_type"] = top_entity["type"] if top_entity is not
None else ""
        except Exception as e:
            return None
    return event
```

你可以在以下地址找到代码文件：

https://github.com/DTAIEB/Thoughtful-Data-Science/blob/master/chapter% 207/sampleCode32.py

注意:我们还必须使用 **Edit Output Schema** 链接声明所有输出变量,如图 7-20 所示。

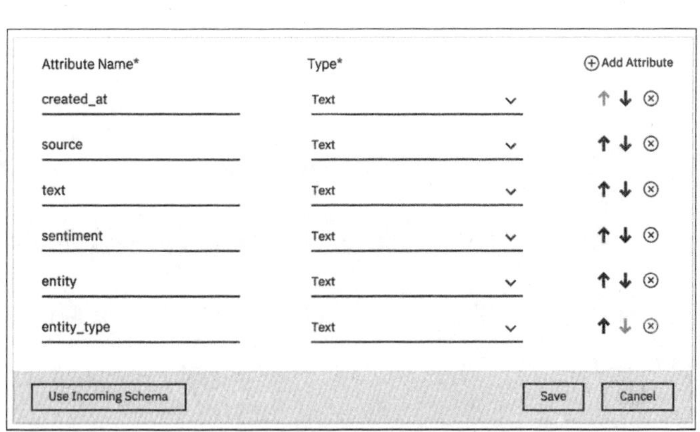

图 7-20　Code 操作符声明所有输出变量

最后,我们将目标 Message Hub 配置为使用 enriched_tweets 主题。注意,第一次时你需要手动创建主题,方法是进入 IBM Cloud 上 Message Hub 实例的仪表盘并单击 **Add Topic** 按钮。

然后，我们使用主工具栏中的 **Save** 按钮保存流。流中的任何错误，无论是代码中的编译错误、服务配置错误还是任何其他错误，都将显示在通知窗格中。确保没有错误后，可以使用 **Run** 按钮运行流，该按钮将我们带到流实时监控屏幕。此屏幕由多个窗格组成。主窗格显示了不同的操作符，数据表示为操作符之间虚拟管道中流动的小球。我们可以单击一个管道以在右侧的窗格中显示事件有效负载。这对于调试非常有用，因为我们可以直观地看到如何通过每个操作符转换数据。

注意：Streams Designer 还支持在 Code 操作符中添加 Python 日志记录消息，然后可以将其下载到你的本地计算机上进行分析。你可以在以下地址了解有关此功能的更多信息：

`https://dataplatform.cloud.ibm.com/docs/content/streaming-pipelines/downloading_logs.html`

图 7－21 所示的屏幕截图显示了流实时监控屏幕。

Twitter Sentiment
Status: running

Shows the events payload before they are processed by the code operator

Message Hub　Code　Message Hub

Shows the events payload enriched with sentiment and entity after they are processed by the code operator

Flow of Events　Message Hub → Code

Flow of Events　Code → Message Hub

Twitter Sentiment Ingest Rate
Events per Second

Message Hub Throughput
Events per Second

图 7－21　Twitter 情感分析流的实时监控屏幕

现在，我们在 Message Hub 实例中使用 `enriched_tweets` 主题传递了丰富的推文。在下一节中，我们将展示如何使用 Message Hub 实例作为输入源来创建一个 Spark Streaming DataFrame。

使用 Kafka 输入源创建 Spark Streaming DataFrame

在最后一步中，我们创建一个 Spark Streaming DataFrame，它使用来自 Message Hub 服务的 enriched_tweets Kafka 主题的丰富推文。为此，我们使用内置的 Spark Kafka 连接器，在 subscribe 选项中指定我们要订阅的主题。我们还需要在 kafka.bootstrap.servers 选项中指定 Kafka 服务器的列表，方法是从我们之前创建的全局 message_hub_creds 变量中读取它。

注意：你可能已经注意到，不同的系统为这个选项使用不同的名称，使它更容易出错。幸运的是，在拼写错误的情况下，将显示一个包含显式根本原因消息的异常。

前面的选项用于 Spark Streaming，我们仍然需要配置 Kafka 凭据，以便使用 Message Hub 服务对较低级别的 Kafka 使用者进行正确的身份验证。为了正确地将这些使用者属性传递给 Kafka，我们不使用.option 方法，而是创建一个 kafka_options 字典并将其传递给 load 方法，如下面的代码所示：

```
def start_streaming_dataframe():
    "Start a Spark StreamingDataFrame from a Kafka Input source"
    schema =  StructType(
        [StructField(f["name"], f["type"], True) for f in field_ metadata]
    )
    kafka_options = {
        "kafka.ssl.protocol":"TLSv1.2",
        "kafka.ssl.enabled.protocols":"TLSv1.2",
        "kafka.ssl.endpoint.identification.algorithm":"HTTPS",
        'kafka.sasl.mechanism': 'PLAIN',
        'kafka.security.protocol': 'SASL_SSL'
    }
    returnspark.readStream \
        .format("kafka") \
        .option("kafka.bootstrap.servers", ",".join(message_hub_ creds
["kafka_brokers_sasl"])) \
        .option("subscribe", "enriched_tweets") \
        .load(* * kafka_options)
```

你可以在以下地址找到代码文件：

https://github.com/DTAIEB/Thoughtful-Data-Science/blob/master/chapter% 207/sampleCode33.py

你可能认为此时我们已经完成了这段代码，因为 Notebook 的其余部分应该与第 3 部分保持一致。这才是正确的，直到我们运行 Notebook 并开始看到异常，Spark 抱怨找不到 Kafka 连接器。这是因为 Kafka 连接器不包含在 Spark 的核心发行版中，必须单独安装。

不幸的是，这类问题本质上属于基础设施问题，与当前的任务并无直接关系，它们一直都在发生，而我们最后花了很多时间去解决这些问题。在 Stack Overflow 或任何其他技术站点上搜索通常会快速生成解决方案，但在某些情况下，答案并不明显。在这种情况下，因为我们在 Notebook 中运行，而不是在 spark-submit 脚本中运行，所以没有太多可用的帮助，我们必须自己进行实验，直到找到解决方案。要安装 spark-sql-kafka，我们需要编辑本章前面讨论的 kernel.json 文件，并将以下选项添加到"PYSPARK_SUBMIT_ARGS"条目中：

```
- - packagesorg.apache.spark:spark-sql-kafka-0-10_2.11:2.3.0
```

当内核重新启动时，此配置将自动下载依赖项并在本地缓存它们。

现在应该可以了吧？嗯，还没有。我们仍然必须配置 Kafka 安全性以使用我们的 Message Hub 服务的凭据，该服务使用 SASL 作为安全协议。为此，我们需要提供一个 **JAAS（Java Authentication and Authorization Service，Java 身份验证和授权服务）**配置文件，其中包含服务的用户名和密码。最新版本的 Kafka 提供了一种灵活的机制，可以使用名为 sasl.jaas.config 的使用者属性以编程方式配置安全性。不幸的是，最新版本的 Spark（截至编写本书时为 2.3.0）尚未更新到最新版本的 Kafka。因此，我们必须回到配置 JAAS 的另一种方式，即使用 jaas.conf 配置文件的路径设置名为 java.security.auth.login.config 的 JVM 系统属性。

我们首先在自己选择的目录中创建 jaas.conf，并向其中添加以下内容：

```
KafkaClient {
    org.apache.kafka.common.security.plain.PlainLoginModule required
    username= "XXXX"
    password= "XXXX";
};
```

在上面的内容中，将 xxxx 文本替换为从 Message Hub 服务凭据获取的用户名和密码。

然后，我们将以下配置添加到 kernel.json 的"PYSPARK_SUBMIT_ARGS"条目中：

```
- - driver- java- options= - Djava.security.auth.login.config= << jaas.conf path>>
```

作为参考，这里是一个示例 kernel.json，包含以下配置：

```
{
"language": "python",
"env": {
  "SCALA_HOME": "/Users/dtaieb/pixiedust/bin/scala/scala- 2.11.8",
  "PYTHONPATH": "/Users/dtaieb/pixiedust/bin/spark/spark- 2.3.0- bin- hadoop2. 7/python/:/Users/dtaieb/pixiedust/bin/spark/spark - 2. 3. 0 - bin - hadoop2.7/python/lib/py4j- 0.10.6- src.zip",
  "SPARK_HOME": "/Users/dtaieb/pixiedust/bin/spark/spark- 2.3.0- bin- hadoop2.7",
  "PYSPARK_SUBMIT_ARGS":"- - driver- java- options= - Djava.security.auth. login.config= /Users/dtaieb/pixiedust/jaas.conf -- jars /Users/dtaieb/pixiedust/bin/cloudant- spark- v2.0.0- 185.jar-- driver- class- path /Users/dtaieb/pixiedust/data/libs/* - - master local[10] - - packages org. apache.spark:spark-sql-kafka-0-10_2.11:2.3.0 pyspark- shell",
  "PIXIEDUST_HOME": "/Users/dtaieb/pixiedust",
  "SPARK_DRIVER_MEMORY": "10G",
  "SPARK_LOCAL_IP": "127.0.0.1",
  "PYTHONSTARTUP": "/Users/dtaieb/pixiedust/bin/spark/spark- 2.3.0- bin - hadoop2.7/python/pyspark/shell.py"
 },
 "display_name": "Python with Pixiedust (Spark 2.3)",
 "argv": [
 "python",
 "- m",
 "ipykernel", "- f",
 "{connection_file}"
 ]
}
```

你可以在以下地址找到代码文件：

https://github.com/DTAIEB/Thoughtful-Data-Science/blob/master/chapter% 207/sampleCode34.json

注意：在修改 kernel.json 时，我们应该总是重新启动 Notebook 服务器，以确保正确地重新加载了所有新配置。

Notebook 代码的其余部分不变，PixieApp 仪表盘应该也能正常工作。

我们现在已经完成了示例应用的第 4 部分，你可以在以下地址找到完整的 Notebook：

https://github.com/DTAIEB/Thoughtful-Data-Science/blob/master/chapter%207/Twitter%20Sentiment%20Analysis%20-%20Part%204.ipynb

我们在本节末尾必须编写的额外代码提醒我们，处理数据的过程绝不是一条直线。我们必须准备好应对性质可能不同的障碍：依赖库中的 bug 或外部服务中的限制。克服这些障碍并不需要长时间地停止这个项目。由于我们主要使用开源组件，所以我们可以在 Stack Overflow 等社交网站上利用一个由志同道合的开发人员组成的大型社区，获取新的想法和代码示例，并在 Jupyter Notebook 上快速进行实验。

本章小结

在本章中，我们构建了一个数据管道，用于分析大量包含非结构化文本的流式数据，并应用来自外部云服务的 NLP 算法来提取文本中的情感和其他重要实体。我们也构建了一个 PixieApp 仪表盘，用于显示从推文中提取的洞察力的实时指标。我们还讨论了用于按规模分析数据的各种技术，包括 Apache Spark Structured Streaming、Apache Kafka 和 IBM Streaming Analytics。与往常一样，这些示例应用的目标是展示构建数据管道的技术，并特别关注如何利用现有框架、库和云服务。

在下一章，我们将讨论时间序列分析，这是另一个伟大的数据科学主题，有很多行业应用，我们将通过构建一个"金融投资组合"分析应用来说明这一点。

8

分析案例：预测——金融时间序列分析与预测

“在做出重要决定时，相信自己的直觉是可以的，但要始终用数据进行验证。”

——戴维·泰厄卜(David Taieb)

时间序列研究是数据科学的一个重要领域，在气象、医疗、销售，当然还有金融等领域有着广泛的应用。这是一个广泛而复杂的主题，详细讨论它不在本书的范围之内，但我们将在本章中尝试触及一些重要概念，保持足够大众化使得读者不需要任何特定领域的知识。我们还将展示 Python 如何很好地适应时间序列分析，从使用像 pandas(https://pandas.pydata.org)这种用于数据分析的库和像 NumPy(http://www.numpy.org)这种用于科学计算的库进行数据操作，到使用 Matplotlib(https://matplotlib.org)和 Bokeh(https://bokeh.pydata.org)进行可视化。

本章首先介绍 NumPy 库及其最重要的 API，这些 API 将在构建描述性分析来分析表示股票历史财务数据的时间序列时得到很好的使用。使用诸如 statsmodels(https://www.statsmodels.org/stable/index.html)之类的 Python 库，我们将展示如何进行统计探索，并查找如平稳性(stationarity)、**自相关函数(Autocorrelation Function ,ACF)**和**偏自相关函数(Partial Autocorrelation Function ,PACF)**等属性，这些属性将有助于发现数据趋势和创建预测模型。然后，我们将通过构建一个 PixieApp 来实施这些分析，该 PixieApp 总结了有关股票历史财务数据的所有重要统计信息和可视化。

在第 2 部分，我们将尝试建立一个预测股票未来趋势的时间序列预测模型。我们将使用一个差分整合移动平均(Integrated Moving Average)的自回归模型，称为 **ARIMA**，使用时间序列中的前一个值来预测下一个值。ARIMA 是目前使用最广泛的模型之一，尽管基于递归神经网络的新模型已经开始流行起来。

像之前一样，我们将通过在 `StockExplorer` PixieApp 中结合 ARIMA 时间序列预测模型的构建来结束本章内容。

NumPy 入门

NumPy 库是 Python 在数据科学家社区中非常受欢迎的主要原因之一。它是一个基础库，许多最流行的库如 pandas(`https://pandas.pydata.org`)、Matplotlib (`https://matplotlib. org`)、SciPy （`https://www. scipy. org`）和 scikit-learn(`http://scikit-learn.org`)都是基于它构建的。

NumPy 提供的关键功能有：

- 一个非常强大的多维 NumPy 数组，名为 ndarray，可以进行非常高性能的数学运算(至少与常规的 Python 列表和数组相比是如此)。
- 通用函数，简称为 `ufunc`，用于对一个或多个 ndarray 上提供非常有效且易于使用逐元素操作。
- 强大的 ndarray 切片和选择功能。
- 广播(broadcasting)函数，使得只要遵守某些规则，就可以对不同形状的 ndarray 应用算术运算。

在我们开始探索 NumPy API 之前，有一个 API 是绝对需要知道的：`lookfor()`。使用这个方法，你可以使用一个查询字符串找到一个函数，考虑到 NumPy 提供了数百个强大的 API，这个函数会非常有用。

例如，我可以查找一个计算数组平均值的函数：

```
import numpy as np
np.lookfor("average")
```

结果如下：

```
Search results for 'average'
------------------------------
numpy.average
```

```
    Compute the weighted average along the specified axis.
numpy.irr
    Return the Internal Rate of Return (IRR).
numpy.mean
    Compute the arithmetic mean along the specified axis.
numpy.nanmean
    Compute the arithmetic mean along the specified axis, ignoring NaNs.
numpy.ma.average
    Return the weighted average of array over the given axis.
numpy.ma.mean
    Returns the average of the array elements along given axis.
numpy.matrix.mean
    Returns the average of the matrix elements along the given axis.
numpy.chararray.mean
    Returns the average of the array elements along given axis.
numpy.ma.MaskedArray.mean
    Returns the average of the array elements along given axis.
numpy.cov
    Estimate a covariance matrix, given data and weights.
numpy.std
    Compute the standard deviation along the specified axis.
numpy.sum
    Sum of array elements over a given axis.
numpy.var
    Compute the variance along the specified axis.
numpy.sort
    Return a sorted copy of an array.
numpy.median
    Compute the median along the specified axis.
numpy.nanstd
    Compute the standard deviation along the specified axis, while
numpy.nanvar
    Compute the variance along the specified axis, while ignoring NaNs.
numpy.nanmedian
    Compute the median along the specified axis, while ignoring NaNs.
numpy.partition
    Return a partitioned copy of an array.
numpy.ma.var
    Compute the variance along the specified axis.
numpy.apply_along_axis
    Apply a function to 1-D slices along the given axis.
numpy.ma.apply_along_axis
    Apply a function to 1-D slices along the given axis.
numpy.ma.MaskedArray.var
    Compute the variance along the specified axis.
```

几秒之内，我就可以找到若干候选函数，而不用离开我的 Notebook 去查阅文档。在前面的结果中，我可以发现一些感兴趣的函数，例如 np.average 和 np.mean，我仍然需要知道它们的参数。同样，我使用 Jupyter Notebooks 的一个鲜为人知的功能，它为我提供了函数内嵌的签名和文档字符串，而不是去查找那些需要花费大量时间并中断我正在做的事情的文档。要调用函数的内嵌帮助，只需将光标置于函数的末尾并使用 *Shift*＋*Tab* 组合键。第二次调用 *Shift*＋*Tab* 将展开弹出窗口以显示更多文本，如图 8－1 所示。

注意：*Shift*＋*Tab* 仅适用于一个函数。

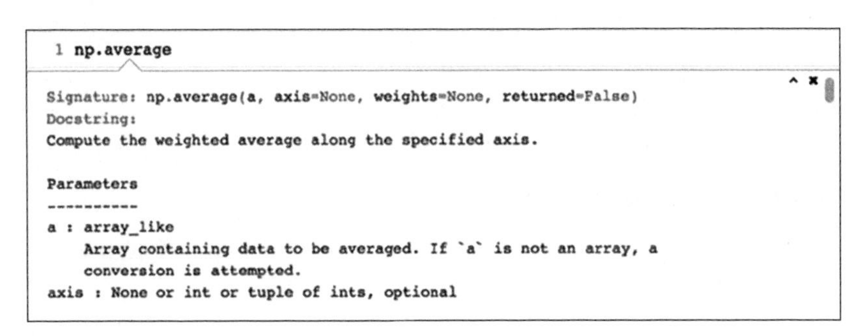

图 8－1　Jupyter Notebook 中的内嵌帮助

使用此方法，我可以快速遍历候选函数，直到找到适合我需要的函数。

需要注意的是，np.lookfor()并不局限于查询 NumPy 模块，你也可以在其他模块中进行搜索。例如，以下代码在 statsmodels 包中搜索与 acf(自相关函数)相关的方法：

```
import statsmodels
np.lookfor("acf", module =  statsmodels)
```

你可以在以下地址找到代码文件：

https://github.com/DTAIEB/Thoughtful-Data-Science/blob/master/chapter%208/sampleCode1.py

这将产生以下结果：

```
Search results for 'acf'
- - - - - - - - - - - - - - - - - - - - - - - - - - -
statsmodels.tsa.vector_ar.var_model.var_acf
    Compute autocovariance functionACF_y(h) up to nlags of stable VAR(p)
statsmodels.tsa.vector_ar.var_model._var_acf
    Compute autocovariance functionACF_y(h) for h= 1,...,p
statsmodels.tsa.tests.test_stattools.TestPACF
      Set  up  for  ACF,  PACF  tests.  statsmodels.  sandbox.  tsa.  fftarma.
ArmaFft.acf2spdfreq
    not really a method
statsmodels.tsa.stattools.acf
    Autocorrelation function for 1d arrays.
statsmodels.tsa.tests.test_stattools.TestACF_FFT
    Set up for ACF, PACF tests.
...
```

创建 NumPy 数组

创建 NumPy 数组的方法有很多。以下是最常用的方法：

- 使用 np.array() 从 Python 列表或元组创建，例如 np.array([1,2,3,4])。
- 从以下 NumPy 工厂函数创建：
  - np.random：为随机生成数值提供一组非常丰富的函数的模块。本模块由以下类别组成：

    简单随机数据：rand、randn、randint 等；

    置换：shuffle、permutation；

    分布：geometric、logistic 等。

有关 np.random 模块的更多信息请参见：
https://docs.scipy.org/doc/numpy-1.14.0/reference/routines.random.html

  - np.arange：返回一个在给定间隔内具有均匀间隔值的 ndarray。

    函数签名：numpy.arange([start,]stop, [step,]dtype= None)

    示例：np.arange(1, 100, 10)

    结果：array([1, 11, 21, 31, 41, 51, 61, 71, 81, 91])
  - np.linspace：与 np.arange 类似，它也返回一个在给定间隔内具有均匀间隔值的 ndarray，不同之处在于它使用 linspace 指定所需的样本数而不是步长值。

示例：np.linspace(1,100,8, dtype= int)

结果：array([1,15,29,43,57,71,85, 100])

∘ np.full，np.full_like，np.ones，np.ones_like，np.zeros，np.zeros_like：创建一个用常量值初始化的 ndarray。

示例：np.ones((2,2), dtype= int)

结果：array([[1, 1], [1, 1]])

∘ np.eye，np.identity，np.diag：创建一个在对角线中具有常量值的 ndarray。

示例：np.eye(3,3)

结果：array([[1, 0, 0],[0, 1, 0],[0, 0, 1]])

注意：当没有提供 dtype 参数时，NumPy 会尝试从输入参数中推断它。但是返回的类型可能不正确；例如，应该返回整型时却返回了浮点型。在这种情况下，应该使用 dtype 参数强制使用该类型。例如：

```
np.arange(1, 100, 10, dtype= np.integer)
```

为什么 NumPy 数组比对应的 Python 列表和数组快得多？

如前所述，对 Numpy 数组的操作运行得比对 Python 数组的操作快得多。这是因为 Python 是一种动态语言，它一开始不知道它所处理的数据类型，因此必须不断地查询与其关联的元数据以便将其分派给正确的方法。另一方面，NumPy 经过高度优化，可以通过将 CPU 密集型例程的执行委托给预编译的外部高度优化的 C 库来处理大型多维数组数据。

为了做到这一点，Numpy 对 ndarray 设置了两个重要的限制：

• **ndarray 是不可变的：**因此，如果你要更改 ndarray 的形状或大小，或者要添加/删除元素，你总是必须创建一个新 ndarray。例如，下面的代码使用 arange() 函数创建一个 ndarray，该函数返回一个具有均匀间隔值的一维数组，然后将其变形为适合一个 4×5 的矩阵：

```
ar = np.arange(20)
print(ar)
print(ar.reshape(4,5))
```

你可以在以下地址找到代码文件：

https://github. com/DTAIEB/Thoughtful - Data - Science/blob/master/chapter% 208/sampleCode2.py

结果如下：

```
before:
    [ 0 1 2 3 4 5 6 7 8 9 10 11 12 13 14 15 16 17 18 19]
after:
    [[ 0  1  2  3  4]
    [ 5  6  7  8  9]
    [10  11  12  13  14]
    [15  16  17  18  19]]
```

• **ndarray 中的元素必须具有相同的类型**：ndarray 携带 dtype 成员中的元素类型。当使用 nd.array()函数创建一个新 ndarray 时，NumPy 将自动推断一个适合所有元素的类型。

例如：np.array([1,2,3]).dtype 将为 dtype('int64')。np.array([1,2,'3']).dtype 将为 dtype('< U21')，其中< 表示小端字节序(请参阅 https://en.wikipedia.org/wiki/Endianness)，u21 表示 21 个字符的 Unicode 字符串。

注意：你可以在此处找到所有得到支持的数据类型的详细信息：

https://docs.scipy.org/doc/numpy/reference/arrays.dtypes.html

ndarray 运算

大多数情况下，我们需要对一个 ndarray 中的数据进行汇总。幸运的是，NumPy 提供了一组非常丰富的函数(也称为**缩减函数**，**reduction function**)，这些函数对 ndarray 或 ndarray 的轴(axis)提供开箱即用的汇总结果。

按照文档描述，一个 NumPy 轴对应于数组的一个维度。例如，二维 ndarray 有两个轴：一个横跨行，称为轴 0；一个横跨列，称为轴 1。

图 8-2 展示了二维数组中的轴。

下面我们将讨论的大多数缩减函数都以一个轴为参数。它们分为以下几类:

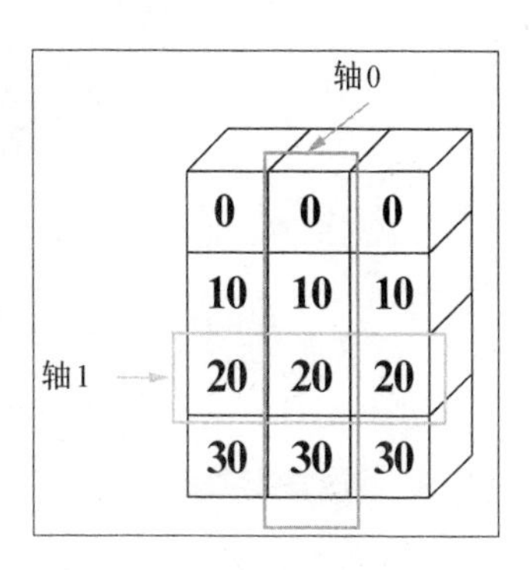

图 8-2 一个二维数组中的轴

- 数学函数
  - 三角函数:np.sin、np.cos 等
  - 双曲函数:np.sinh、np.cosh 等
  - 取整函数:np.around、np.floor 等
  - 和、积、差函数:np.sum、np.prod、np.cumsum 等
  - 指数和对数函数:np.exp、np.log 等
  - 算术函数:np.exp、np.log 等
  - 杂项:np.sqrt、np.absolute 等

注意:所有这些一元函数(只带一个参数的函数)都可以直接应用在 ndarray 级别。例如,我们可以使用 np.square 求出组中所有值的平方根:

代码:np.square(np.arange(10))

结果:array([0, 1, 4, 9, 16, 25, 36, 49, 64, 81])

你可以在以下地址找到有关 NumPy 数学函数的更多信息:

https://docs.scipy.org/doc/numpy/reference/routines.math.html

- **统计函数:**
  - 排序统计函数:np.amin、np.amax、np.percentile 等
  - 均值与方差函数:np.median、np.var、np.std 等
  - 相关函数:np.corrcoef、np.correlate、np.cov 等
  - 直方图函数:np.histogram、np.bincount 等

注意:pandas 提供了与 NumPy 非常紧密的集成,让你将这些 NumPy 运算应用于 pandas DataFrame。在本章的剩余部分,我们将在分析时间序列时大量使用此功能。

下面的代码示例创建一个 pandas DataFrame 并计算所有列的平方根。

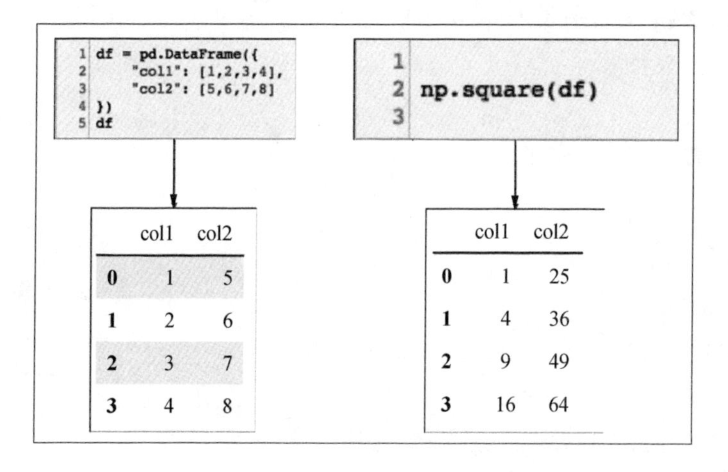

图 8-3 将 Numpy 运算应用于 pandas DataFrame

NumPy 数组的选择操作

NumPy 数组支持与 Python 数组和列表类似的切片操作。因此，使用以 np.arrange()方法创建的 ndarray，我们可以执行以下操作：

```
sample = np.arange(10)
print("Sample:", sample)
print("Access by index: ", sample[2])
print("First 5 elements: ", sample[:5])
print("From 8 to the end: ", sample[8:])
print("Last 3 elements: ", sample[- 3:])
print("Every 2 elements: ", sample[::2])
```

你可以在以下地址找到代码文件：

https://github. com/DTAIEB/Thoughtful - Data - Science/blob/master/chapter% 208/sampleCode3.py

其结果如下：

```
Sample: [0 1 2 3 4 5 6 7 8 9]
Access by index:2
First 5 elements:[0 1 2 3 4]
From index 8 to the end:[8 9]
Last 3 elements:[7 8 9]
Every 2 elements:[0 2 4 6 8]
```

使用切片的选择也适用于具有多维度的 NumPy 数组。我们可以对数组中的每个维度使用切片。Python 数组和列表的情况并非如此，它们只允许使用整数切片进行索引。

注意：作为参考，Python 中的一个切片有以下语法：

`start:end:step`

例如，让我们创建一个具有形状(3,4)即 3 行×4 列的 NumPy 数组：

```
my_nparray = np.arange(12).reshape(3,4)
print(my_nparray)
```

返回结果为：

```
array ([[0, 1, 2, 3],
        [4, 5, 6, 7],
        [8, 9, 10, 11]])
```

假设我想选择矩阵的中间值，即[5,6]。我可以简单地在行和列上应用切片，例如，[1:2]选择第二行，[1:3]选择第二行中的第二和第三个值：

```
print(my_nparray[1:2, 1:3])
```

返回结果为：

```
array([[5, 6]])
```

另一个有趣的 NumPy 特性是，我们还可以使用谓词(predicate)来索引具有布尔值的 ndarray。例如：

```
print(sample > 5)
```

返回结果为：

```
[False False False False False False True True True True]
```

然后，我们可以使用布尔类型的 ndarray 以简单而优雅的语法来选择数据子集。例如：

```
print(sample[sample > 5] )
```

返回结果为：

```
[6 7 8 9]
```

这只是 NumPy 所有选择功能的一个小预览。有关 NumPy 选择的更多信息，请访问：

https://docs.scipy.org/doc/numpy-1.13.0/reference/arrays.indexing.html

广播

广播是 NumPy 的一个非常方便的特性。它让你可以对具有不同形状的 ndarray 执行算术运算。术语"广播"(broadcasting)源于这样一个事实：较小的数组被自动复制以适合较大的数组，从而使它们具有兼容的形状。有一套规则来管理广播如何工作。

有关广播的更多信息，请访问：

https://docs.scipy.org/doc/numpy/user/basics.broadcasting.html

最简单的 NumPy 广播形式是**标量广播(scalar broadcasting)**，它让你可以在 ndarray 和标量(即数字)之间执行按元素的算术运算。例如：

```
my_nparray *  2
```

返回结果为：

```
array([[ 0, 2, 4, 6],
       [ 8, 10, 12, 14],
       [16, 18, 20, 22]])
```

注意：在接下来的讨论中，我们假设我们希望对两个不同维数的 ndarray 进行一对一运算。

使用较小的数组广播只需遵循一条规则：数组之一的维数必须至少有一个等于 1。其思想是沿着不匹配的维数复制较小的数组，直到它们匹配为止。

图 8-4 取自网站 http://www.scipy-lectures.org/，非常好地说明了两个数组相加的不同情况。

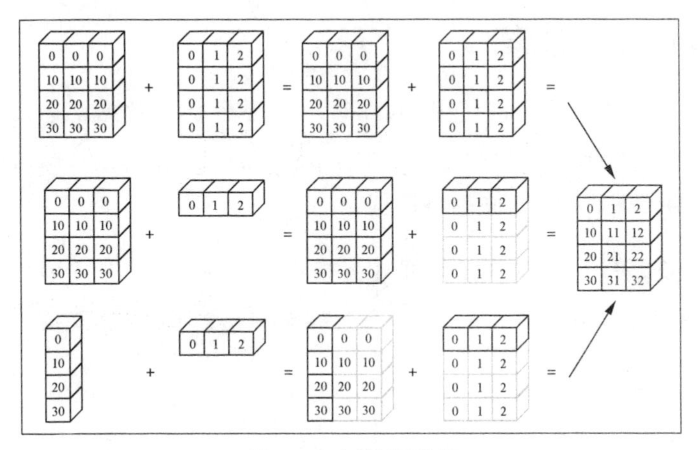

图 8-4 广播流程说明

来源：http://www.scipy-lectures.org/_images/numpy_broadcasting.png

上图中演示的三个用例是：

- **数组的维数匹配**：像往常一样按元素求和。
- **较小的数组只有一行**：复制这些行，直到维数匹配第一个数组。如果较小的数组只有一列，则将使用相同的算法。
- **第一个数组只有 1 列，第二个数组只有 1 行**：
  - 复制第一个数组中的列，直到拥有与第二个数组相同的列数；
  - 复制第二个数组中的行，直到拥有与第一个数组相同的行数。

下面的代码示例显示了 NumPy 广播运算：

```
my_nparray + np.array([1,2,3,4])
```

结果如下：

```
array([[1, 3, 5, 7],
       [5, 7, 9, 11],
       [9, 11, 13, 15]])
```

在本节中，我们提供了 NumPy 的基本介绍，至少足以让我们开始并遵循本章剩余部分介绍的代码示例。在下一节中，我们将从统计数据探索开始讨论时间序列，以找到有助于我们识别数据中的底层结构的模式。

时间序列的统计探索

对于示例应用程序，我们将使用 Quandl 数据平台金融数据 API（https://www.quandl.com/tools/api）和 quandl Python 库（https://www.quandl.com/tools/python）提供的股票历史财务数据。

首先，我们需要在 quandl 库自己的单元格中运行以下命令来安装它：

```
!pip install quandl
```

注意：和之前一样，不要忘记在安装完成后重新启动内核。

对 Quandl 数据的访问是免费的，但每天仅限于 50 次调用，不过你可以通过创建一个免费账户并获取 API 密钥来绕过此限制：

1. 打开 https://www.quandl.com 并单击右上角的 **SIGN UP** 按钮创建一个新账户。

2. 在注册向导的三个步骤中填写表单。（我选择了 **Personal**，但根据你的情况，你可能想选择 **Business** 或 **Academic**。）

3. 在流程结束时，你应该收到一封确认邮件，其中包含激活账户的链接。

4. 激活账户后，登录 Quandl 平台网站，单击右上角菜单中的 **Account Settings**，然后转到 **API KEY** 选项卡。

5. 复制此页中提供的 API 键。此值将用于以编程方式设置 quandl Python 库中的键，如以下代码所示：

```
import quandl
quandl.ApiConfig.api_key = "YOUR_KEY_HERE"
```

quandl 库主要由两个 API 组成：

• quandl.get(dataset, **kwargs)：这将为请求的数据集返回一个 pandas DataFrame 或一个 NumPy 数组。dataset 参数可以是一个字符串（单个数据集）或一个字符串列表（多个数据集）。当 database_code 是数据发布者并且 dataset_code

与资源相关时，每个数据集都遵循 database_code/dataset_code 语法。(请参阅后文了解如何获取所有 database_code 和 dataset_code 的完整列表)。

关键字参数让你能够细化查询。你可以在 GitHub 上找到 quandl 代码中支持的参数的完整列表：https://github.com/quandl/quandl-python/blob/master/quandl/get.py。

一个有趣的关键字参数 returns 通过以下两个值控制方法返回的数据结构：

- pandas：返回一个 pandas DataFrame。
- numpy：返回一个 NumPy 数组。

• quandl.get_table(datatable_code, * * kwargs)：返回关于资源的一个非时间序列数据集(称为 datatable)。在本章中，我们将不使用此方法，但你可以通过查看代码来了解更多有关此方法的信息：https://github.com/quandl/quandl-python/blob/master/quandl/get_table.py。

为了得到 database_code 的列表，我们使用 Quandl REST API(https://www.quandl.com/api/v3/databases?api_key=YOUR_API_KEY&page=n)进行分页。

注意：在前面的 URL 中，将 your_api_key 值替换为你的实际 API 键。

返回的有效负载采用以下 JSON 格式：

```
{
  "databases": [{
        "id": 231,
        "name": "Deutsche Bundesbank Data Repository",
        "database_code": "BUNDESBANK",
        "description": "Data on the German economy, ...",
        "datasets_count": 49358,
        "downloads": 43209922,
        "premium": false,
        "image": "https://quandl—upload.s3.amazonaws/...thumb_
bundesbank.png",
        "favorite": false,
        "url_name": "Deutsche-Bundesbank-Data-Repository"
      },...
],
```

```
    "meta":{
      "query": "",
      "per_page": 100,
      "current_page": 1,
      "prev_page": null,
      "total_pages": 3,
      "total_count": 274,
      "next_page": 2,
      "current_first_item": 1,
      "current_last_item": 100
    }
}
```

你可以在以下地址找到代码文件：

https://github. com/DTAIEB/Thoughtful - Data - Science/blob/master/chapter% 208/sampleCode4.json

我们使用一个 while 循环加载所有可用的页面，这些页面依赖于 payload['meta']['next_page']值来控制何时停止。在每次迭代中，我们将 database_code 信息的列表追加到一个名为 databases 的数组中，如下所示：

```
import requests
databases = []
page = 1
while(page is not None):
    payload = requests.get("https://www.quandl.com/api/v3/
databases? api_key= {}&page= {}"\
                  .format(quandl.ApiConfig.api_key, page)).json()
    databases + = payload['databases']
    page = payload['meta']['next_page']
```

你可以在以下地址找到代码文件：

https://github. com/DTAIEB/Thoughtful - Data - Science/blob/master/chapter% 208/sampleCode5.py

databases 变量现在包含一个 JSON 对象数组，其中包含每个 database_code 的元数据。我们使用 PixieDust display() API 查看一个可搜索表中的数据：

```
import pixiedust
display(databases)
```

在图 8 - 5 所示的 PixieDust 表的屏幕截图中，我们使用第 2 章中描述的 **Filter**(过

滤)按钮来访问每个数据库中可用数据集计数的统计信息，例如最小(min)、最大(max)和均值(mean)。

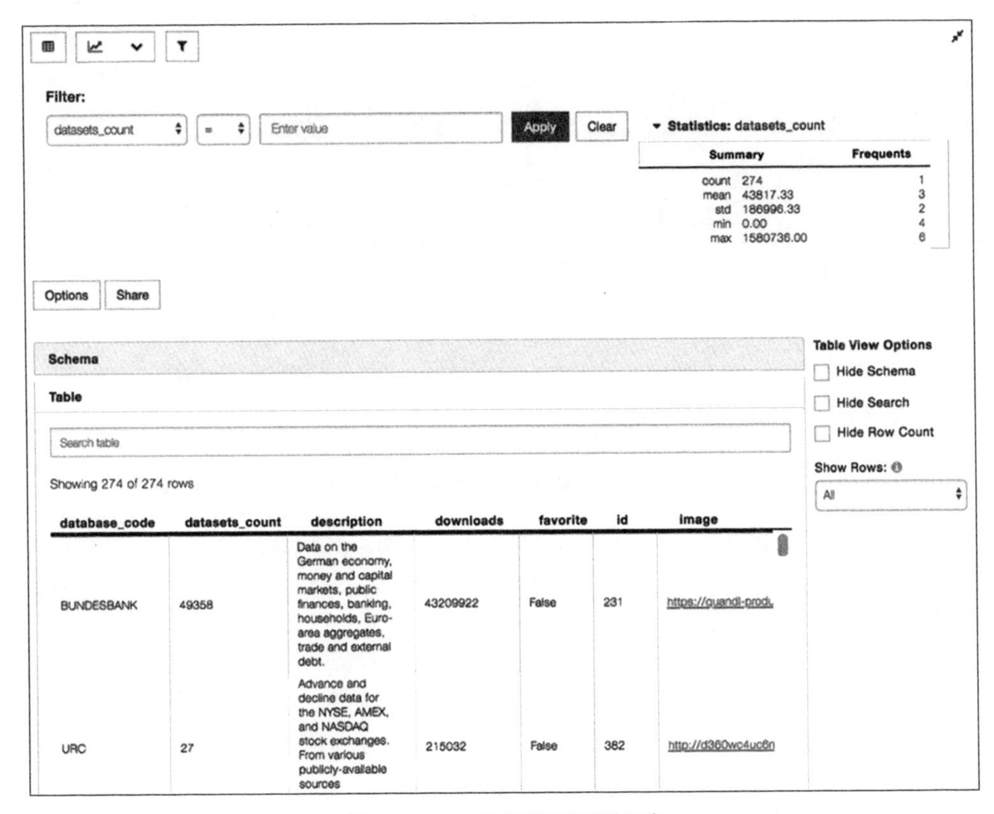

图 8－5　Quandl 数据库代码的列表

在搜索包含**纽约证券交易所(New York Stock Exchange，NYSE)**股票信息的数据库之后，我找到了如图 8－6 所示的 XNYS 数据库。

注意：在图表选项对话框中将显示的值的数目增加到 300，以便所有结果都显示在表中。

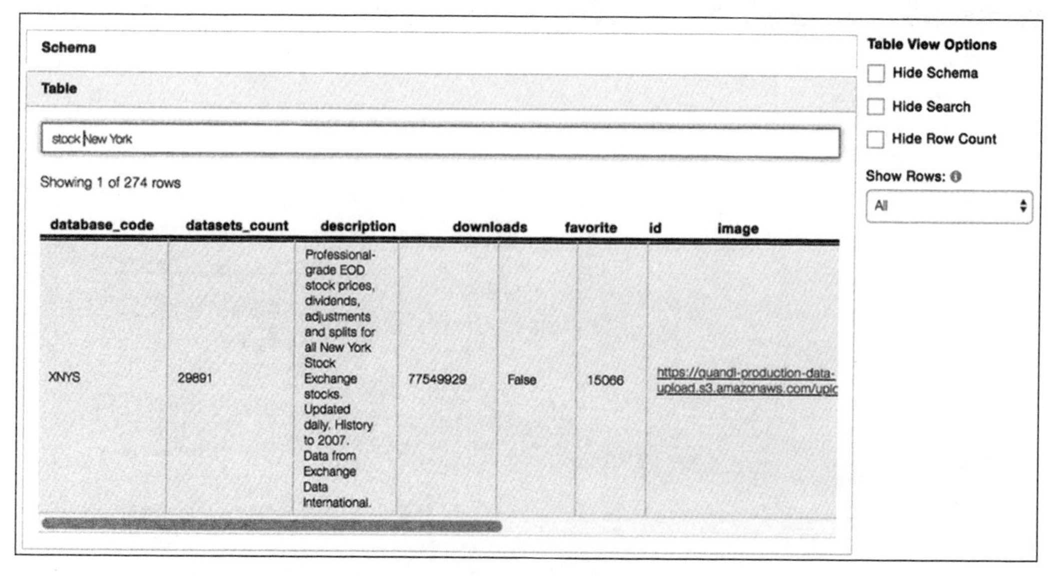

图 8-6 查找包含纽约证券交易所股票数据的数据库

不幸的是，XNYS 数据库不是公共的，需要付费订阅。我最终使用了 WIKI 数据库代码，由于某种原因，它不是前面的 API 请求返回的列表的一部分，但我在一些代码示例中找到了它。

之后，我使用 https://www.quandl.com/api/v3/databases/{database_code}/codes REST API 获取数据集列表。幸运的是，该 API 返回压缩到一个 ZIP 文件中的 CSV，PixieDust sampleData()方法可以轻松处理该压缩文件，如以下代码所示：

```
codes = pixiedust.sampleData("https://www.quandl.com/api/v3/databases/WIKI/
codes? api_key= " + quandl.ApiConfig.api_key)
display(codes)
```

你可以在以下地址找到代码文件：

https://github.com/DTAIEB/Thoughtful-Data-Science/blob/master/chapter%208/sampleCode6.py

在 PixieDust 表格界面中，我们单击 **Options** 对话框，将显示的值的数量增加到 4000，这样我们就可以容纳整个数据集(3 198)并使用搜索栏查找特定股票，如图 8-7 所示。

注意：搜索栏只搜索浏览器中显示的行，当数据集太大时，这些行可以是一个较小的集合。由于在这种情况下数据集太大，所以增加要显示的行数是不切实际的，建议改用 **Filter**，以保证查询整个数据集。

quandl API 返回的 CSV 文件没有文件头，但是 PixieDust.sampleData()需要有一个文件头。这是目前的一个限制，未来将加以解决。

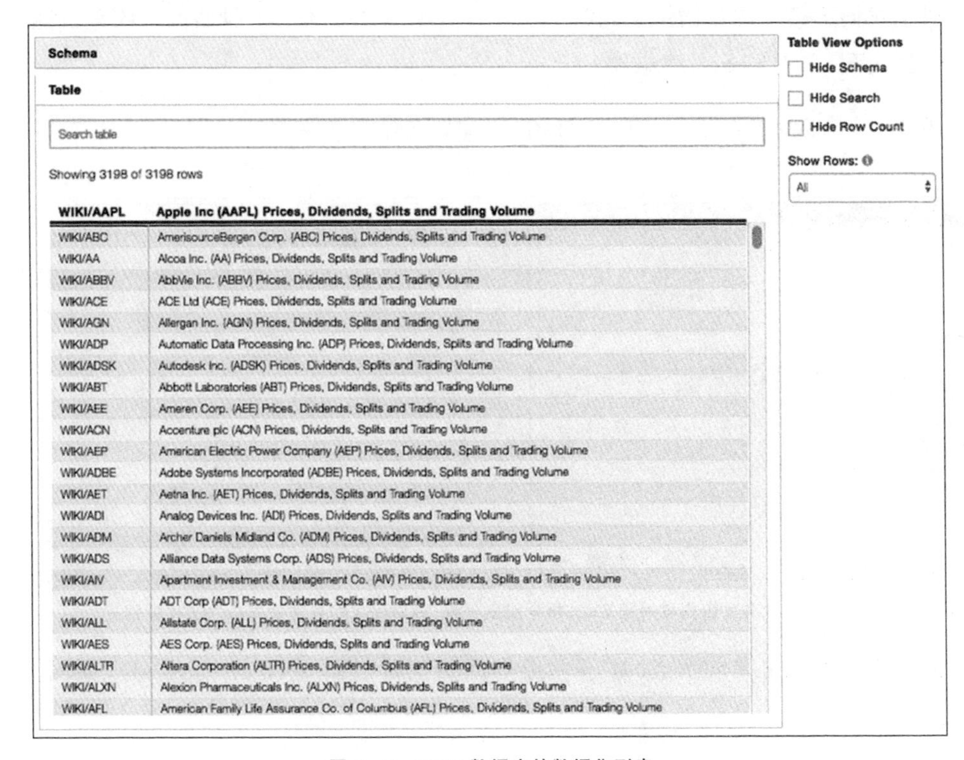

WIKI/AAPL	Apple Inc (AAPL) Prices, Dividends, Splits and Trading Volume
WIKI/ABC	AmerisourceBergen Corp. (ABC) Prices, Dividends, Splits and Trading Volume
WIKI/AA	Alcoa Inc. (AA) Prices, Dividends, Splits and Trading Volume
WIKI/ABBV	AbbVie Inc. (ABBV) Prices, Dividends, Splits and Trading Volume
WIKI/ACE	ACE Ltd (ACE) Prices, Dividends, Splits and Trading Volume
WIKI/AGN	Allergan Inc. (AGN) Prices, Dividends, Splits and Trading Volume
WIKI/ADP	Automatic Data Processing Inc. (ADP) Prices, Dividends, Splits and Trading Volume
WIKI/ADSK	Autodesk Inc. (ADSK) Prices, Dividends, Splits and Trading Volume
WIKI/ABT	Abbott Laboratories (ABT) Prices, Dividends, Splits and Trading Volume
WIKI/AEE	Ameren Corp. (AEE) Prices, Dividends, Splits and Trading Volume
WIKI/ACN	Accenture plc (ACN) Prices, Dividends, Splits and Trading Volume
WIKI/AEP	American Electric Power Company (AEP) Prices, Dividends, Splits and Trading Volume
WIKI/ADBE	Adobe Systems Incorporated (ADBE) Prices, Dividends, Splits and Trading Volume
WIKI/AET	Aetna Inc. (AET) Prices, Dividends, Splits and Trading Volume
WIKI/ADI	Analog Devices Inc. (ADI) Prices, Dividends, Splits and Trading Volume
WIKI/ADM	Archer Daniels Midland Co. (ADM) Prices, Dividends, Splits and Trading Volume
WIKI/ADS	Alliance Data Systems Corp. (ADS) Prices, Dividends, Splits and Trading Volume
WIKI/AIV	Apartment Investment & Management Co. (AIV) Prices, Dividends, Splits and Trading Volume
WIKI/ADT	ADT Corp (ADT) Prices, Dividends, Splits and Trading Volume
WIKI/ALL	Allstate Corp. (ALL) Prices, Dividends, Splits and Trading Volume
WIKI/AES	AES Corp. (AES) Prices, Dividends, Splits and Trading Volume
WIKI/ALTR	Altera Corporation (ALTR) Prices, Dividends, Splits and Trading Volume
WIKI/ALXN	Alexion Pharmaceuticals Inc. (ALXN) Prices, Dividends, Splits and Trading Volume
WIKI/AFL	American Family Life Assurance Co. of Columbus (AFL) Prices, Dividends, Splits and Trading Volume

图 8-7 WIKI 数据库的数据集列表

对于本节的剩余部分，我们将加载微软(Microsoft)股票(股票代码 MSFT)过去几年的历史时间序列数据并开始探索其统计特性。在下面的代码中，我们将 quandl.get()与 WIKI/MSFT 数据集一起使用。我们添加了一个名为 daily_spread 的列，它通过调用 pandas 的 diff()方法计算每日损益，该方法返回当日和前日调整收盘价之间的差值。请注意，返回的 pandas DataFrame 使用日期作为索引，但 PixieDust 目前还不支持根据索引绘制时间序列。因此，在下面的代码中，我们调用 reset_index()将 DateTime 索引转换为一个名为 date 的新列，其中包含日期信息：

```
msft = quandl.get('WIKI/MSFT')
```

```
msft['daily_spread'] = msft['Adj.Close'].diff()
msft = msft.reset_index()
```

你可以在以下地址找到代码文件：

https://github. com/DTAIEB/Thoughtful - Data - Science/blob/master/chapter% 208/sampleCode7.py

对于我们的第一次数据探索，我们使用 display() 创建一个股票调整收盘价随时间变化的折线图，采用 Bokeh 渲染器。

图 8-8 所示的屏幕截图显示了 **Options** 配置和结果折线图。

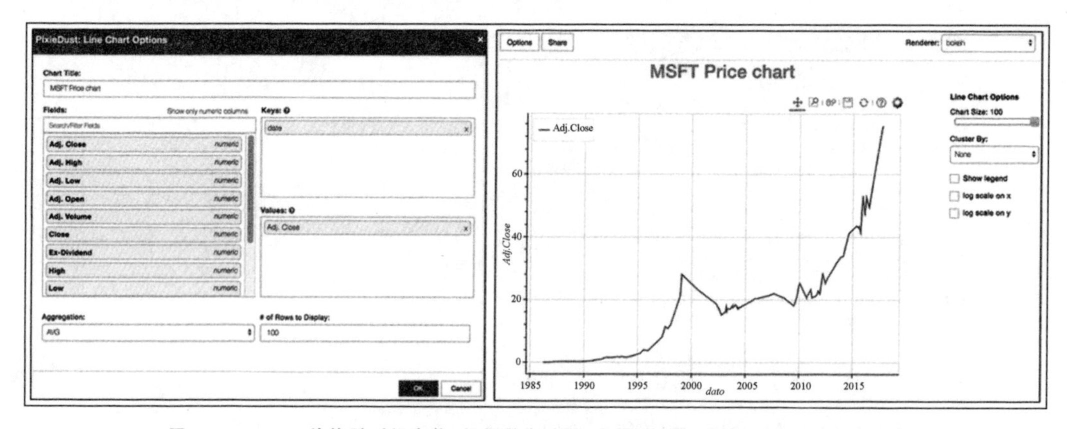

图 8-8　MSFT 价格随时间变化，根据股息分配、股票除权和其他公司行为进行调整

我们还可以生成一个图表，显示在此期间每天的日价差(daily spread)，如图 8-9 所示。

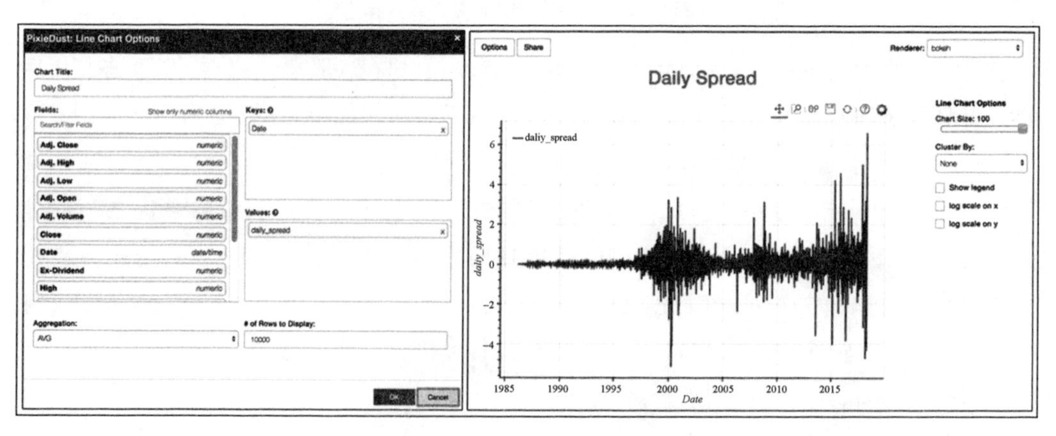

图 8-9　MSFT 股票的日价差

虚拟投资

作为练习，我们试着创建一个图表，显示虚拟投资 10 000 美元于所选股票(MSFT)，收益将随时间如何变化。为此，我们必须计算一个 DataFrame，它包含在此期间每天的总投资价值，将我们在上一段中计算的日价差考虑在内，并使用 PixieDust `display()` API 可视化数据。

我们使用 pandas 功能来选择行，使用基于日期的谓词来首先过滤 DataFrame，以只选择我们感兴趣的时间段中的数据点。然后，我们将 10 000 美元的初始投资除以该期间第一天的收盘价来计算购买的股票数量，再加上初始投资价值。由于 pandas 的高效序列计算和底层 NumPy 基础库，所有这些计算都变得非常简单。我们使用 `np.cumsum()` 方法(https://docs.scipy.org/doc/numpy-1.14.0/reference/generated/numpy.cumsum.html)计算所有日收益的累计和加上 10 000 美元的初始投资价值。

最后，我们使用 `resample()` 方法使图表更容易阅读，该方法将频率从每日转换为每月，使用每月平均值计算新值。

以下代码是从 2016 年 5 月开始计算的增长 DataFrame：

```
import pandas as pd
tail = msft[msft['Date'] > '2016-05-16']
investment = np.cumsum((10000 /tail['Adj.Close'].values[0]) *
tail['daily_spread']) + 10000
investment = investment.astype(int)
investment.index = tail['Date']
investment = investment.resample('M').mean()
investment = pd.DataFrame(investment).reset_index()
display(investment)
```

你可以在以下地址找到代码文件：

https://github.com/DTAIEB/Thoughtful-Data-Science/blob/master/chapter%208/sampleCode8.py

图 8-10 所示的屏幕截图显示了 `display()` API 生成的图形，包括配置选项。

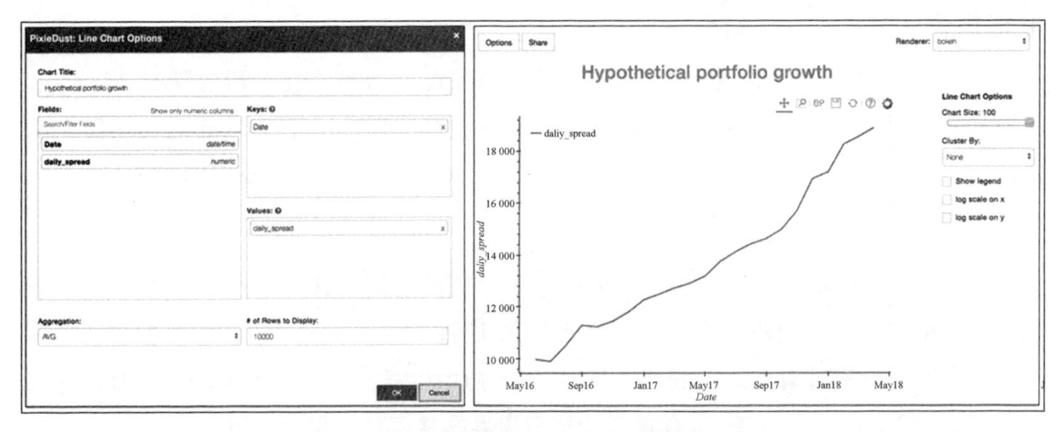

图 8-10　虚拟投资组合增长情况

自相关函数(ACF)和偏自相关函数(PACF)

在尝试生成预测模型之前,必须了解时间序列是否具有可识别的模式,例如季节性(seasonality)或趋势(trends)。一种流行的技术是查看数据点如何根据指定的时间滞后(time log)与先前的数据点相关联。直观的感受是,自相关会揭示数据的内部结构,例如,识别高度(正或负)相关发生的时段。可以尝试使用不同的滞后值(即,对于每个数据点,考虑了多少个先前的点)来找到正确的周期。

计算 ACF(Autocorrelation Function,自相关函数)通常需要计算数据点集的皮尔逊(Pearson R)相关系数(`https://en.wikipedia.org/wiki/Pearson_correlation_coefficient`),这不是一件简单的事。好消息是,`statsmodels` Python 库有一个 `tsa` 包(time series analysis,时间序列分析),它提供了计算 ACF 的辅助方法,这些方法与 pandas Series 紧密集成。

注意:如果尚未安装,需要使用以下命令安装 `statsmodels` 包,并在完成后重新启动内核:

```
!pip install statsmodels
```

下面的代码使用 `tsa.api.graphics` 包中的 `plot_acf()` 函数计算并可视化 MSFT 股票时间序列的调整收盘价的 ACF:

```
import statsmodels.tsa.api as smt
import matplotlib.pyplot as plt
```

```
smt.graphics.plot_acf(msft['Adj.Close'], lags= 100)
plt.show()
```

结果如图 8-11 所示。

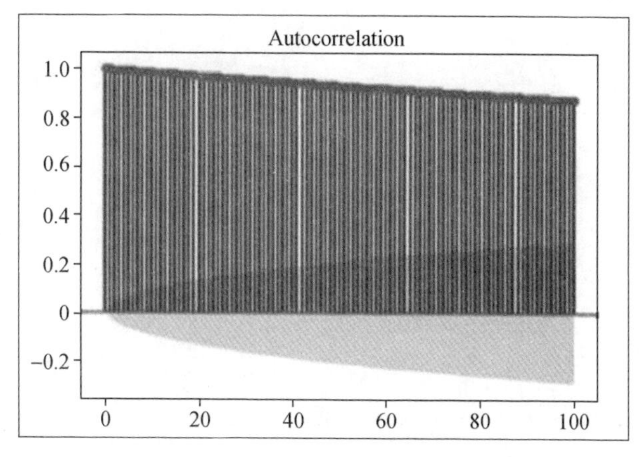

图 8-11　MSFT 的 ACF，滞后=100

前面的图表显示了 x 横坐标给出的多个先前数据点(滞后)处的数据的自相关。可以看出，在滞后 0 处，总有 1.0 的自相关(总是与自己完美相关)，滞后 1 表示与前一个数据点的自相关，滞后 2 表示与前两步中数据点的自相关。我们可以清楚地看到，自相关随着滞后值的增加而减少。在前面的图表中，我们只使用了 100 个滞后，可以看到自相关在 0.9 左右，仍然具有统计学意义，告诉我们长时间间隔的数据是不相关的。这表明数据有一个趋势，当观察总价格图表时，这是相当明显的。

为了证实这个假设，我们用一个更大的 lags 参数绘制 ACF 图表，比如 1000(考虑到我们的序列有超过 10 000 个数据点，这并不是不合理的)，如图 8-12 所示。

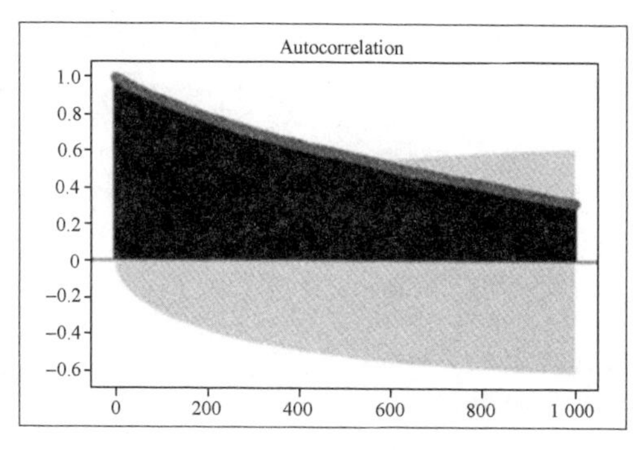

图 8-12　MSFT 的 ACF，滞后=1000

我们现在清楚地看到，大约在滞后 600 处，自相关下降到显著水平以下。

为了更好地说明 ACF 是如何工作的，让我们生成一个周期性(periodic)的时间序列，没有趋势，看看我们能学到什么。例如，我们可以在 np.linspace()生成的一系列均匀间隔的点上使用 np.cos()：

```
smt.graphics.plot_acf(np.cos(np.linspace(0, 1000, 100)), lags= 50)
plt.show()
```

你可以在以下地址找到代码文件：

https://github. com/DTAIEB/Thoughtful - Data - Science/blob/master/chapter% 208/sampleCode9.py

结果如图 8 - 13 所示。

在前面的图表中我们可以看到，自相关有一定的时间间隔(大约每 5 个滞后)内再次达到峰值，清楚地显示出数据的周期性(在处理真实数据时也称为季节性)。

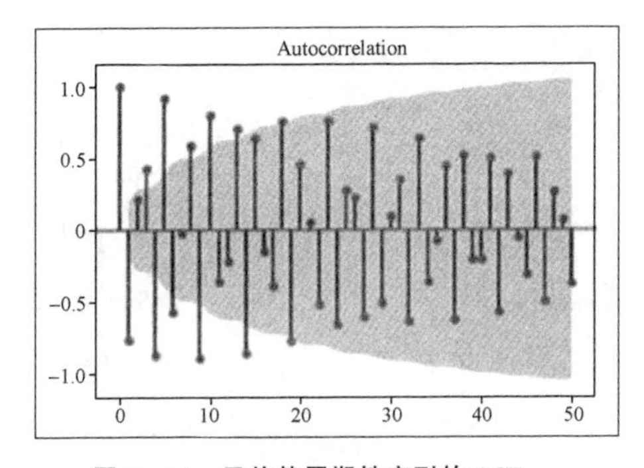

图 8 - 13 无趋势周期性序列的 ACF

使用 ACF 检测时间序列中的结构有时会导致问题，特别是当你的时间序列具有很强的周期性时。在这种情况下，无论你尝试将数据自相关到多远，你都会看到自相关在周期的倍数处出现峰值，这可能导致错误的解释。为了解决这个问题，我们使用了 PACF，它使用了较短的滞后，而且与 ACF 不同，它不会重现先前在较短时间内发现的相关性。ACF 和 PACF 的数学证明是相当复杂的，但是读者只需要理解其背后的直觉，并愉快地使用诸如 statsmodels 之类的库来完成繁重的计算。与 ACF 和 PACF 相关信息的资源可以在这里找到：https://www.mathworks.com/help/econ/autocorrelation- and- partial- autocorrelation.html。

回到我们的 MSFT 股票时间序列，下面的代码显示了如何使用 smt.graphics 包绘制其 PACF：

```
import statsmodels.tsa.api as smt
smt.graphics.plot_pacf(msft['Adj.Close'], lags= 50)
plt.show()
```

你可以在以下地址找到代码文件:

https://github.com/DTAIEB/Thoughtful-Data-Science/blob/master/chapter%208/sampleCode10.py

结果显示在图 8-14 所示的屏幕截图中。

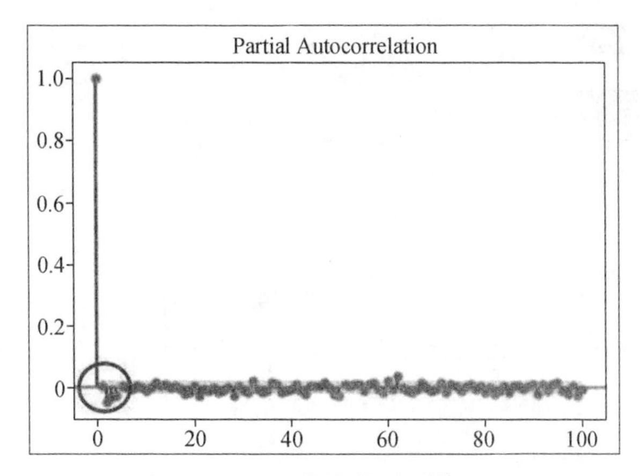

图 8-14 MSFT 股票时间序列的 PACF

在本章后面讨论使用 ARIMA 模型进行时间序列预测时,我们会回到 ACF 和 PACF。

在本节中,我们讨论了多种方法来探索数据。虽然介绍得并不详细,但我们可以了解到,像 Jupyter、pandas、NumPy 和 PixieDust 这样的工具是如何使实验变得更容易并且在必要时会尽快失败的。在下一节中,我们将构建一个 PixieApp,它将所有这些图表汇集在一起。

将它们与 StockExplorer PixieApp 放在一起

对于 `StockExplorer` PixieApp 的第一个版本,我们希望实施用户选择的股票数据时间序列的数据探索。与我们构建的其他 PixieApp 类似,第一个屏幕有一个简单的布局,里面有一个输入框,用户可以在其中输入一个用逗号隔开的股票行情列表,还有一个 **Explore** 按钮用来开始数据探索。主屏幕由一个垂直导航栏组成,该导航栏具有每种类型的数据探索的菜单。为了使 PixieApp 代码更模块化且更易于维护和扩展,我们在垂直导航栏触发的每个子 PixieApp 中实现相应的数据探索屏幕。此外，每个子 PixieApp 都从名为 BaseSubApp 的基类继承，该基类提供对所有子类有用的公共功能。图 8－15 显示了所有子 PixieApp 的总体 UI 布局和类图。

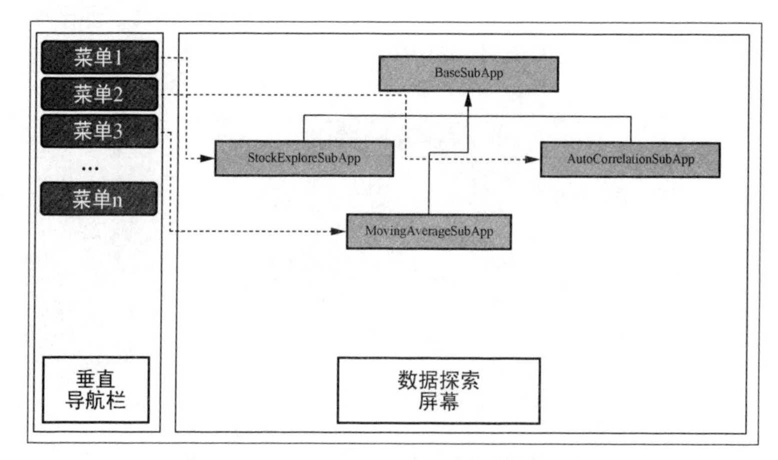

图 8－15 StockExplorer PixieApp 的 UI 布局

让我们首先来看一下欢迎屏幕的实现。它在 StockExplorer PixieApp 类的默认路由中实现。下面的代码显示了 StockExplorer 类的部分实现以仅包含默认路由。

注意：在提供完整的实现之前，不要尝试运行此代码。

```
@PixieApp
class StockExplorer():
  @route()
  def main_screen(self):
      return """
< style>
  div.outer- wrapper {
    display:table;width:100% ;height:300px;
  }
  div.inner- wrapper {
    display:table- cell;vertical- align: middle;height: 100% ;width: 100% ;
  }
< /style>
< div class= "outer- wrapper">
  < div class= "inner- wrapper">
```

```
    < div class= "col- sm- 3"> < /div>
    < div class= "input- group col- sm- 6">
      < input id= "stocks{{prefix}}" type= "text"
          class= "form- control"
          value= "MSFT,AMZN,IBM"
          placeholder= "Enter a list of stocks separated by comma
e.g MSFT,AMZN,IBM">
      < span class= "input- group- btn">
        < button class= "btn btn- default" type= "button" pd_ options=
"explore= true">
            < pd_script>
self.select_tickers('$ val(stocks{{prefix}})'.split(','))
            < /pd_script>
            Explore
          < /button>
        < /span>
      < /div>
    < /div>
< /div>
"""
```

你可以在以下地址找到代码文件：

https://github. com/DTAIEB/Thoughtful - Data - Science/blob/master/chapter% 208/sampleCode11.py

前面的代码与我们到目前为止看到的其他示例 PixieApp 非常相似。**Explore** 按钮包含以下两个 PixieApp 属性：

- 一个 pd_script 子元素，调用 Python 代码片段来设置股票代码。我们还使用 $ val 指令检索用户输入的股票代码值：

```
< pd_script>
  self.select_tickers('$ val(stocks{{prefix}})'.split(','))
< /pd_script>
```

- pd_options 属性，指向 explore 路由：

```
pd_options= "explore= true"
```

select_tickers 辅助方法将股票代码列表存储在字典成员变量中，并选择第一个作为活动股票。出于性能原因，我们只在需要时加载数据，即第一次设置活动股票或用户单击 UI 中的特定股票代码时加载数据。

注意：与前几章一样，[[StockExplorer]]符号表示下面的代码是 StockExplorer 类的一部分。

```
[[StockExplorer]]
def select_tickers(self, tickers):
        self.tickers = {ticker.strip():{} for ticker in tickers}
        self.set_active_ticker(tickers[0].strip())

def set_active_ticker(self, ticker):
    self.active_ticker = ticker
    if 'df' not in self.tickers[ticker]:
        self.tickers[ticker]['df'] = quandl.get('WIKI/{}'.
format(ticker))
        self.tickers[ticker]['df']['daily_spread'] = self. tickers
[ticker]['df']['Adj.Close'] - self.tickers[ticker]['df']['Adj. Open']
        self.tickers[ticker]['df'] = self.tickers[ticker]['df'].
reset_index()
```

你可以在以下地址找到代码文件：

https://github. com/DTAIEB/Thoughtful - Data - Science/blob/master/chapter% 208/sampleCode12.py

set_active_ticker()会将特定股票代码的股票数据延迟加载到 pandas DataFrame 中。我们首先检查 DataFrame 是否已经加载，方法是查看 df 键是否存在，如果不存在，则使用 dataset_code: 'WIKI/{ticker}'调用 quandl API。我们还添加了一个列来计算股票的日价差，该列将显示在基本信息探索(basic exploration)屏幕中。最后，我们需要调用 DataFrame 上的 resetindex()方法(https://pandas. pydata.org/pandas- docs/stable/generated/pandas.DataFrame.reset_index. html)将 DateTimeIndex 索引转换为它自己的名为 Date 的列。原因是 PixieDust display()还不支持使用 DateTimeIndex 对 DataFrame 进行可视化。

在 explore 路由中，我们返回一个构建整个屏幕布局的 HTML 片段。如前面的模型所示，我们使用 btn- group- vertical 和 btn- group- toggle bootstrap 类创建垂直导航栏。菜单列表和关联的子 PixieApp 在 tabs Python 变量中定义，我们使用 Jinja2 {%for loop%}构建内容。我们还添加了一个带有 id = "analytic_screen{{prefix}}"的占位符< div> 元素，它将成为子 PixieApp 屏幕的接收者。

explore 路由实现如下所示：

```
[[StockExplorer]]
@route(explore= "* ")
  @templateArgs
  def stock_explore_screen(self):
        tabs = [("Explore","StockExploreSubApp"),
                ("Moving Average", "MovingAverageSubApp"),
                ("ACF and PACF", "AutoCorrelationSubApp")]
        return """
< style>
  .btn:active, .btn.active{
    background- color:aliceblue;
  }
< /style>
< div class= "page- header">
  < h1> Stock Explorer PixieApp< /h1>
< /div>
< div class= "container- fluid">
  < div class= "row">
    < div class= "btn- group- vertical btn- group- toggle col- sm- 2"
      data- toggle= "buttons">
     {%for title,subapp in tabs%}
     < label class= "btn btn- secondary {%if loop.first%}
active{%endif%}"
        pd_options= "show_analytic= {{subapp}}"
        pd_target= "analytic_screen{{prefix}}">
        < input type= "radio" {%if loop.first%}checked{%endif%}>
          {{title}}
      < /label>
      {%endfor%}
    < /div>
    < div id= "analytic_screen{{prefix}}" class= "col- sm- 10">
  < /div>
< /div>
"""
```

你可以在以下地址找到代码文件：

https://github. com/DTAIEB/Thoughtful - Data - Science/blob/master/chapter% 208/sampleCode13.py

请注意，在前面的代码中，我们使用@templateArgs 装饰器是因为我们希望在 Jinja2 模板中使用 tabs 变量，该变量是在本地方法实现时创建的。

垂直导航栏中的每个菜单都指向相同的 analytic_screen{{prefix}}目标，并使用{{subapp}}引用的选定子 PixieApp 类名调用 show_analytic 路由。

另外，show_anatytic 路由只返回一个包含一个< div> 元素的 HTML 片段，该元素具有一个引用子 PixieApp 类名的 pd_app 属性。我们还使用 pd_render_onload 属性要求 PixieApp 在< div> 元素被加载到浏览器 DOM 中后立即渲染它的内容。

以下代码用于 show_analytic 路由：

```
  @route(show_analytic= "*")
  def show_analytic_screen(self, show_analytic):
      return """
< div pd_app= "{{show_analytic}}" pd_render_onload> < /div>
"""
```

你可以在以下地址找到代码文件：

https://github. com/DTAIEB/Thoughtful - Data - Science/blob/master/chapter% 208/sampleCode14.py

BaseSubApp——所有子 PixieApp 的基类

现在让我们看看每个子 PixieApp 的实现，以及如何使用 BaseSubApp 基类来提供公共功能。对于每个子 PixieApp，我们希望用户能够通过选项卡界面选择股票代码，如图 8-16 所示。

图 8-16　MSFT、IBM、AMZN 股票的选项卡小部件

我们不需要为每个子 PixieApp 重复 HTML 片段，而是使用一种我特别喜欢的技术，即创建一个名为 add_ticker_selection_markup 的 Python 装饰器，它动态地更改函数的行为(有关 Python 装饰器的更多信息，参见 https://wiki.python.org/moin/PythonDecorators)。此装饰器在 BaseSubApp 类中创建，并将自动为路由预置选项卡选择小部件 HTML 标记，代码如下：

```
[[BaseSubApp]]
def add_ticker_selection_markup(refresh_ids):
```

```
    def deco(fn):
      def wrap(self, * args, * * kwargs):
          return """
< div class= "row" style= "text- align:center">
    < div class= "btn- group btn- group- toggle"
        style= "border- bottom:2px solid # eeeeee"
        data- toggle= "buttons">
        {%for ticker, state inthis.parent_pixieapp.tickers.items()%}
        < label class= "btn btn- secondary {%if this.parent_pixieapp.
active_ticker = = ticker%}active{%endif%}"
            pd_refresh= \"""" + ",".join(refresh_ids) + """\" pd_
script= "self.parent_pixieapp.set_active_ticker('{{ticker}}')">
            < input type= "radio" {%ifthis.parent_pixieapp.active_
ticker = = ticker%}checked{% endif%}>
              {{ticker}}
        < /label>
        {%endfor%}
    < /div>
< /div>
          """ + fn(self, * args, * * kwargs)
        return wrap
return deco
```

你可以在以下地址找到代码文件:

https://github.com/DTAIEB/Thoughtful-Data-Science/blob/master/chapter%208/sampleCode15.py

乍一看,前面的代码似乎很难读懂,因为 add_ticker_selection_markup 装饰器方法包含两个层的匿名嵌套方法。让我们尝试解释它们各自的用途,包括主 add_ticker_selection_markup 装饰器方法。

- add_ticker_selection_markup:这是采用一个名为 refresh_ids 的参数的主装饰器方法,参数将在生成的标记中使用。此方法返回一个名为 deco 的匿名函数,该函数接受一个函数参数。
- deco:这是一个包装器方法,它接受一个名为 fn 的参数,该参数是应用装饰器的原始函数的指针。此方法返回一个名为 wrap 的匿名函数,当在用户代码中调用原始函数时,将调用该函数来代替。
- wrap:这是采用三个参数的最终包装器方法:
    - self:指向函数的宿主类的指针;
    - * args:原始方法定义的任何变量参数(可以为空);

- ** kwargs:原始方法定义的任何关键字参数(可以为空)。

wrap 方法可以通过 Python 闭包机制访问超出其作用域的变量。在本例中,它使用 refresh_ids 生成选项卡小部件标记,然后使用 self、args 和 kwargs 参数调用 fn 函数。

注意:不要担心前面的解释让你觉得有点混乱,即使你已经阅读了多次。你现在可以直接使用装饰器,它不会影响你理解本章其余部分的能力。

StockExploreSubApp——第一个子 PixieApp

现在,我们可以实现名为 StockExploreSubapp 的第一个子 PixieApp。在主屏幕中,我们创建两个< div> 元素,每个元素都有一个 pd_options 属性,该属性调用以 Adj.Close 和 daily_spread 作为值的 show_chart 路由。然后,show_chart 路由返回一个< div> 元素,该元素具有指向 parent_pixieapp.get_active_df()方法的 pd_entity 属性,此方法带有一个< pd_options> 元素,该元素包含一个 JSON 有效负载,用于显示一个以 Date 为 x 坐标并以传递的任何值作为 y 坐标的列参数的 Bokeh 折线图,我们还使用 BaseSubApp.add_ticker_selection_markup 装饰器来修饰路由,以前面两个< div> 元素的 ID 作为 refresh_ids 参数。

下面的代码显示了 StockExplorerSubApp 子 PixieApp 的实现:

```
@PixieApp
class StockExploreSubApp(BaseSubApp):
  @route()
  @BaseSubApp.add_ticker_selection_markup(['chart{{prefix}}',
'daily_spread{{prefix}}'])
  def main_screen(self):
      return """
< div class= "row" style= "min- height:300px">
  < div class= "col- xs- 6" id= "chart{{prefix}}" pd_render_onload pd_
options= "show_chart= Adj.Close">
  < /div>
  < div class= "col- xs- 6" id= "daily_spread{{prefix}}" pd_render_onload pd_
options= "show_chart= daily_spread">
  < /div>
< /div>
```

```
"""

  @route(show_chart= "* ")
  def show_chart_screen(self, show_chart):
      return """
< div pd_entity= "parent_pixieapp.get_active_df()" pd_render_onload>
      < pd_options>
      {
        "handlerId": "lineChart",
        "valueFields": "{{show_chart}}",
        "rendererId": "bokeh",
        "keyFields": "Date",
        "noChartCache": "true",
        "rowCount": "10000"
      }
      < /pd_options>
< /div>
    """
```

你可以在以下地址找到代码文件：

https://github. com/DTAIEB/Thoughtful - Data - Science/blob/master/chapter% 208/sampleCode16.py

在前面的 show_chart 路由中，pd_entity 使用来自 parent_pixieapp 的 get_active_df()方法，该方法在 StockExplorer 主类中定义如下：

```
[[StockExplorer]]
def get_active_df(self):
    return self.tickers[self.active_ticker]['df']
```

你可以在以下地址找到代码文件：

https://github. com/DTAIEB/Thoughtful - Data - Science/blob/master/chapter% 208/sampleCode17.py

需要注意的是，StockExploreSubApp 通过在 StockExplorer 路由的 Explore 路由中声明的 tabs 数组变量中的一个元组来与菜单相关联：

```
tabs = [("Explore","StockExploreSubApp"), ("Moving Average",
"MovingAverageSubApp"),("ACF and PACF", "AutoCorrelationSubApp")]
```

你可以在以下地址找到代码文件：

https://github. com/DTAIEB/Thoughtful - Data - Science/blob/master/chapter% 208/sampleCode18.py

图 8 - 17 所示的屏幕截图显示了 StockExploreSubApp。

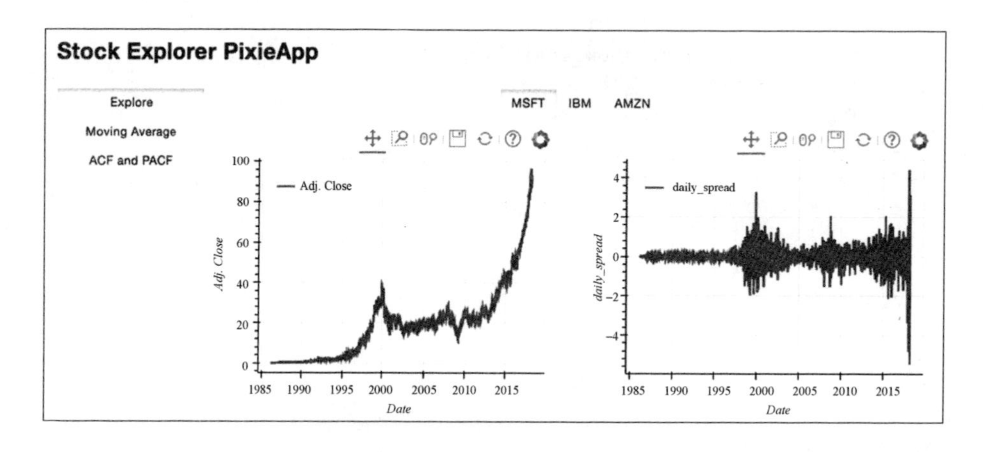

图 8 - 17　StockExploreSubApp 主屏幕

MovingAverageSubApp——第二个子 PixieApp

第二个子 PixieApp 是 MovingAverageSubApp，它显示所选股票代码的移动平均值的折线图，该折线图具有一个可通过滑块控件配置的滞后参数。与股票代码选择选项卡类似，在另一个子 PixieApp 中将需要滞后参数滑块。虽然我们可以使用与股票代码选择选项卡控件相同的装饰器技术，但在这里，我们希望能够将 lag 参数滑块放置在页面上的任何位置。因此，我们将使用在 BaseSubApp 类中定义的名为 lag_slider 的 pd_widget 控件，并为滑块控件返回一个 HTML 片段。它还添加了一个< script> 元素，该元素使用 jQuery UI 模块中可用的 jQuery slide 方法(更多相关信息参见 https://api.jqueryui.com/slider)。我们还添加了一个 change 处理程序函数，当用户选择了一个新值时将调用该函数。在这个处理程序中，我们调用 pixiedust.sendEvent 函数发布一个 lagSlider 类型的事件和一个包含用户选择的新滞后值的有效负载。调用方(caller)负责添加一个< pd_event_handler> 元素来侦听该事件并处理有效负载。

下面的代码显示了 lag_slider pd_widget 的实现：

```
[[BaseSubApp]]
@route(widget= "lag_slider")
def slider_screen(self):
    return """
< div>
    < label class= "field"> Lag:< span id= "slideval{{prefix}}"> 50< /span>
< /label>
    < i class= "fa fa- info- circle" style= "color:orange"
      data- toggle= "pd- tooltip"
      title= "Selected lag used to compute moving average, ACF or PACF"> < /i>
  < div id= "slider{{prefix}}" name= "slider" data- min= 30
      data- max= 300
      data- default= 50 style= "margin: 0 0.6em;">
  < /div>
< /div>
< script>
$ ("[id^= slider][id$ = {{prefix}}]").each(function() {
    var sliderElt =  $ (this)
    var min = sliderElt.data("min")
    var max =  sliderElt.data("max")
    var val =  sliderElt.data("default")
    sliderElt.slider({
      min:isNaN(min) ? 0 : min,
      max: isNaN(max) ? 100 : max,
      value: isNaN(val) ? 50 : val,
      change: function(evt, ui) {
          $ ("[id= slideval{{prefix}}]").text(ui.value);
          pixiedust.sendEvent({type:'lagSlider',value:ui.value})
      },
      slide:function(evt, ui) {
          $ ("[id= slideval{{prefix}}]").text(ui.value);
      }
    });
})
< /script>
    """
```

你可以在以下地址找到代码文件：

https://github. com/DTAIEB/Thoughtful - Data - Science/blob/master/chapter% 208/sampleCode19.py

在 MovingAverageSubApp 中，我们使用带有 chart{{prefix}}的 add_ticker

_selection_markup 装饰器作为默认路由中的参数来添加股票代码选择选项卡，并添加一个带有名为 lag_slider 的 pd_widget 的< div> 元素，包括一个< pd_event_handler> 来设置 self.lag 变量并刷新 chart div。chart div 使用一个带有 get_moving_average_df()方法的 pd_entity 属性，该方法调用从所选 pandas DataFrame 返回的 pandas Series 上的 rolling 方法(https://pandas.pydata.org/pandas-docs/stable/generated/pandas.Series.rolling.html)并调用 mean()方法。因为 PixieDust display()还不支持 pandas Series，所以我们使用序列索引作为名为 x 的列来构建 pandas DataFrame，并在 get_moving_average_df()方法中返回它。

下面的代码显示了 MovingAverageSubApp 子 PixieApp 的实现：

```
@PixieApp
class MovingAverageSubApp(BaseSubApp):
  @route()
  @BaseSubApp.add_ticker_selection_markup(['chart{{prefix}}'])
  def main_screen(self):
    return """
< div class= "row" style= "min- height:300px">
  < div class= "page- header text- center">
    < h1> Moving Average for {{this.parent_pixieapp.active_ ticker}}< /h1>
  < /div>
  < div class= "col- sm- 12" id= "chart{{prefix}}"pd_render_onload
pd_entity= "get_moving_average_df()">
    < pd_options>
    {
      "valueFields": "Adj.Close",
      "keyFields": "x",
      "rendererId": "bokeh",
      "handlerId": "lineChart",
      "rowCount": "10000"
    }
    < /pd_options>
  < /div>
< /div>
< div class= "row">
  < div pd_widget= "lag_slider">
    < pd_event_handler
        pd_source= "lagSlider"
        pd_script= "self.lag =  eventInfo['value']"
        pd_refresh= "chart{{prefix}}">
    < /pd_event_handler>
  < /div>
```

```
< /div>
"""
  def get_moving_average_df(self):
    ma = self.parent_pixieapp.get_active_df()['Adj.Close'].
rolling(window= self.lag).mean()
    ma_df = pd.DataFrame(ma)
    ma_df["x"] = ma_df.index
    return ma_df
```

你可以在以下地址找到代码文件：

https://github. com/DTAIEB/Thoughtful - Data - Science/blob/master/chapter% 208/sampleCode20.py

图 8 - 18 所示的屏幕截图展示了 MovingAverageSubApp 显示的图表。

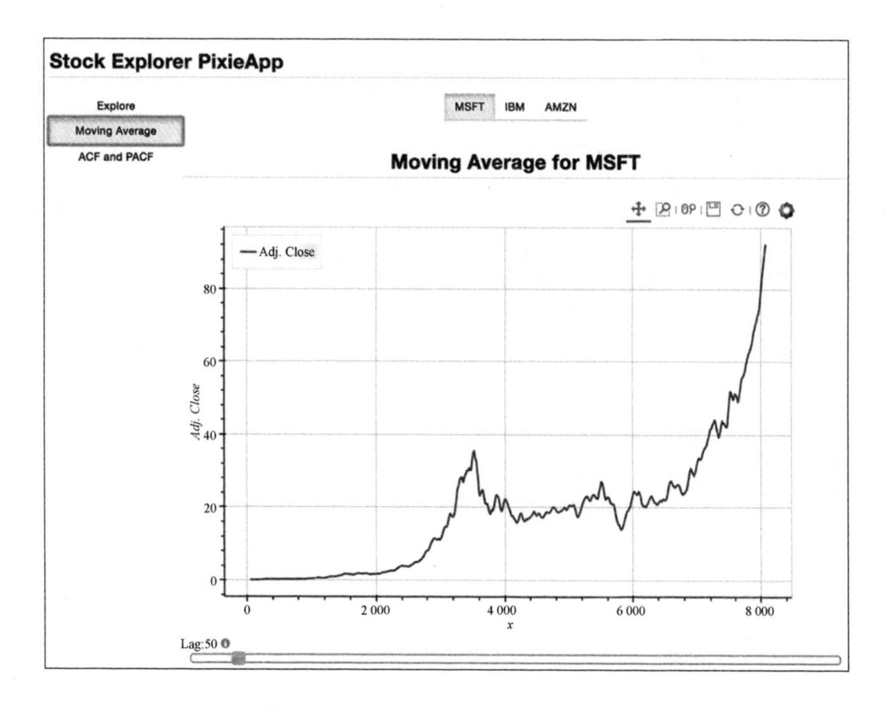

图 8 - 18　MovingAverageSubApp 屏幕截图

AutoCorrelationsubApp——第三个子 PixieApp

第三个子 PixieApp 名为 AutoCorrelationSubApp，我们显示所选股票 DataFrame 的 ACF 和 PACF，它们是使用 statsmodels 包计算的。

下面的代码显示了 AutoCorrelationSubApp 的实现，它还使用了 add_ticker_selection_markup 装饰器和名为 lag_slider 的 pd_widget：

```
import statsmodels.tsa.api as smt
@PixieApp
class AutoCorrelationSubApp(BaseSubApp):
  @route()
  @ BaseSubApp.add_ticker_selection_markup(['chart_acf{{prefix}}',
'chart_pacf{{prefix}}'])
  def main_screen(self):
    return """
< div class= "row" style= "min- height:300px">
  < div class= "col- sm- 6">
    < div class= "page- header text- center">
      < h1> Auto- correlation Function< /h1>
    < /div>
    < div id= "chart_acf{{prefix}}" pd_render_onload
pd_options= "show_acf= true">
    < /div>
  < /div>
  < div class= "col- sm- 6">
    < div class= "page- header text- center">
      < h1> Partial Auto- correlation Function< /h1>
    < /div>
    < div id= "chart_pacf{{prefix}}" pd_render_onload
pd_options= "show_pacf= true">
    < /div>
  < /div>
< /div>

< div class= "row">
  < div pd_widget= "lag_slider">
    < pd_event_handler
        pd_source= "lagSlider"
        pd_script= "self.lag =  eventInfo['value']"
        pd_refresh= "chart_acf{{prefix}},chart_pacf{{prefix}}">
    < /pd_event_handler>
  < /div>
< /div>
"""

  @route(show_acf= '*')
  @captureOutput
  def show_acf_screen(self):
    smt.graphics.plot_acf(self.parent_pixieapp.get_active_df()
['Adj.Close'], lags= self.lag)
```

```
@route(show_pacf= '*')
@captureOutput
defshow_pacf_screen(self):
  smt.graphics.plot_pacf(self.parent_pixieapp.get_active_df()
['Adj.Close'], lags= self.lag)
```

你可以在以下地址找到代码文件：

https://github. com/DTAIEB/Thoughtful - Data - Science/blob/master/chapter% 208/sampleCode21.py

在前面的代码中，我们定义了两条路由：show_acf 和 show_pacf，它们分别调用 smt.graphics 包的 plot_acf 和 plot_pacf 方法。我们还使用@ captureOutput 装饰器向 PixieApp 框架发送信号，以捕获 plot_acf 和 plot_pacf 产生的输出。

图 8－19 所示的屏幕截图展示了 AutoCorrelationSubApp 显示的图表。

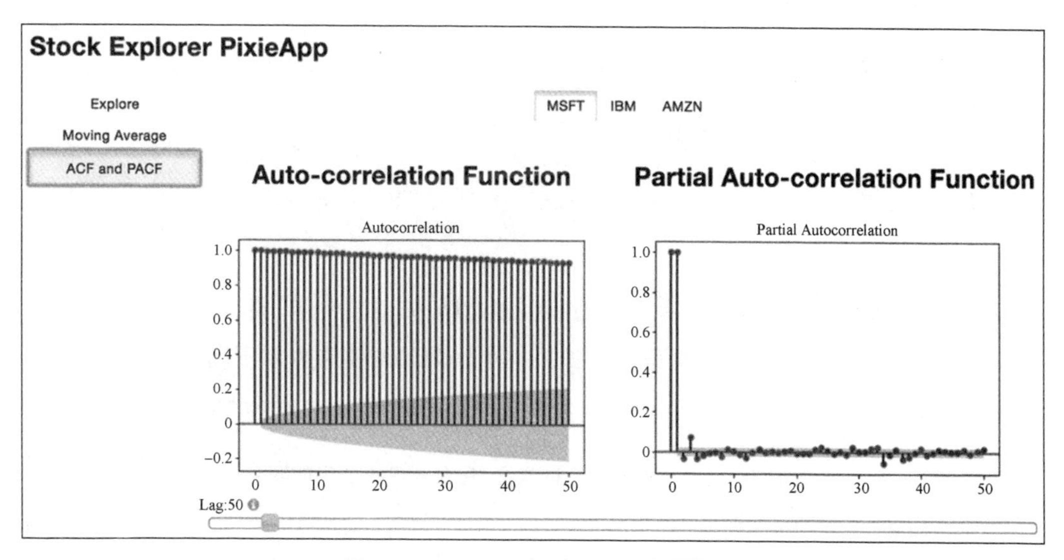

图 8－19　AutoCorrelationSubApp 屏幕截图

在本节中，我们展示了如何组合一个示例 PixieApp，对时间序列进行基本数据探索，并显示各种统计图表。完整的 Notebook 可以在这里找到：https://github.com/DTAIEB/Thoughtful-Data-Science/blob/master/chapter%208/StockExplorer%20-%20Part%201.ipynb。

在下一节中，我们将使用一种非常流行的称为**差分整合移动平均自回归(Autoregressive Integrated Moving Average, ARIMA)**的模型来构建时间序列预测模型。

ARIMA 模型在时间序列预测中的应用

ARIMA 是最流行的时间序列预测模型之一，正如其名称所示，它由三部分组成：

• **AR**：代表**自回归(Autoregression)**，它是使用一个观测值及其滞后观测值作为训练数据来运用线性回归算法。

AR 模型使用以下公式：

$$Y_t=\varphi_1 Y_{t-1}+\varphi_2 Y_{t-2}+\cdots+\varphi_p Y_{t-p}+\varepsilon_t$$

其中：φ_i 是从先前的观测中学习到的模型的权重，ε_t 是观测值 t 的残差。

我们也称 p 为自回归模型的阶数，它被定义为包含在前面公式中的滞后观测期数。例如：

AR (2) 定义为：

$$Y_t=\varphi_1 Y_{t-1}+\varphi_2 Y_{t-2}+\varepsilon_t$$

AR (1) 定义为：

$$Y_t=\varphi_1 Y_{t-1}+\varepsilon_t$$

• **I**：表示**差分整合(Integrated)**。为了使 ARIMA 模型起作用，假设时间序列是平稳的(stationary)或可以使其成为平稳的。如果一个序列的均值和方差不随时间变化，则称它是平稳的(https://en.wikipedia.org/wiki/Stationary_process)。

注意：还有严格平稳性的概念，它要求观测子集的联合概率分布不随时间发生变化。

使用数学符号，严格平稳性转化为 $F(y_t, y_{t+1}, \cdots, y_{t+k})$ 和 $F(y_{t+m}, y_{t+m+1}, \cdots, y_{t+m+k})$，对于任何 t、m 和 k 都是相同的，F 是联合概率分布。

在实践中这一条件太苛刻，最好采用前面提供的较弱的定义。

我们可以通过一个变换使一个时间序列平稳，该变换使用一个观测值与其前一个观测值之间的对数差分，如下式所示：

$$Z_t = \log Y_t - \log Y_{t-1}$$

在时间序列真正稳定之前,可能需要进行多个对数差分转换。我们称 d 为使用对数差分变换的次数。例如:

I (0) 被定义为不需要对数差分(该模型被称为 ARMA)。

I (1) 被定义为需要进行 1 次对数差分。

I (2) 被定义为需要进行 2 次对数差分。

注意:在预测一个值之后,对尽可能多的差分整合执行反向转换是很重要的。

• **MA**:代表**移动平均(Moving Average)**。MA 模型使用当前观测值的平均值的残差与滞后观测值的加权残差(weighted residual errors)。我们可以使用以下公式定义模型:

$$Y_t = \mu + \varepsilon_t + \theta_1 \varepsilon_{t-1} + \theta_2 \varepsilon_{t-2} + \cdots + \theta_q \varepsilon_{t-q}$$

其中:μ 是时间序列的平均值,ε_t 为序列中的残差,θ_q 为滞后残差的权重。

我们称 q 为移动平均窗口的大小。例如:

MA (0) 被定义为不需要移动平均(该模型被称为 AR)。

MA (1) 被定义为使用的移动平均窗口的大小为 1。公式为:

$$Y_t = \mu + \varepsilon_t + \theta_1 \varepsilon_{t-1}$$

根据前面的定义,我们使用符号 $ARIMA(p,d,q)$来定义具有 p 阶自回归模型、d 阶整合/差分和大小为 q 的移动平均窗口的 ARIMA 模型。

实现构建 ARIMA 模型的所有代码是非常耗时的。幸运的是,`statsmodels` 库在 `statsmodels.tsa.arima_model` 包中实现了一个 `ARIMA` 类,它提供了使用 `fit()` 方法训练模型和使用 `predict()` 方法预测值所需的所有计算。它还可以处理对数差分,以使时间序列平稳。技巧是找到参数 p、d 和 q 来构建最优 ARIMA 模型。为此,我们使用下面的 ACF 和 PACF 图表:

• p 值对应于 ACF 图表首次超过统计显著性阈值时的滞后数(在 x 横坐标上)。

• 类似地,q 值对应于 PACF 图表首次超过统计显著性阈值时的滞后数(在 x 横坐标上)。

建立 MSFT 股票时间序列的 ARIMA 模型

提醒一下，MSFT 股票时间序列的价格图表如图 8－20 所示。

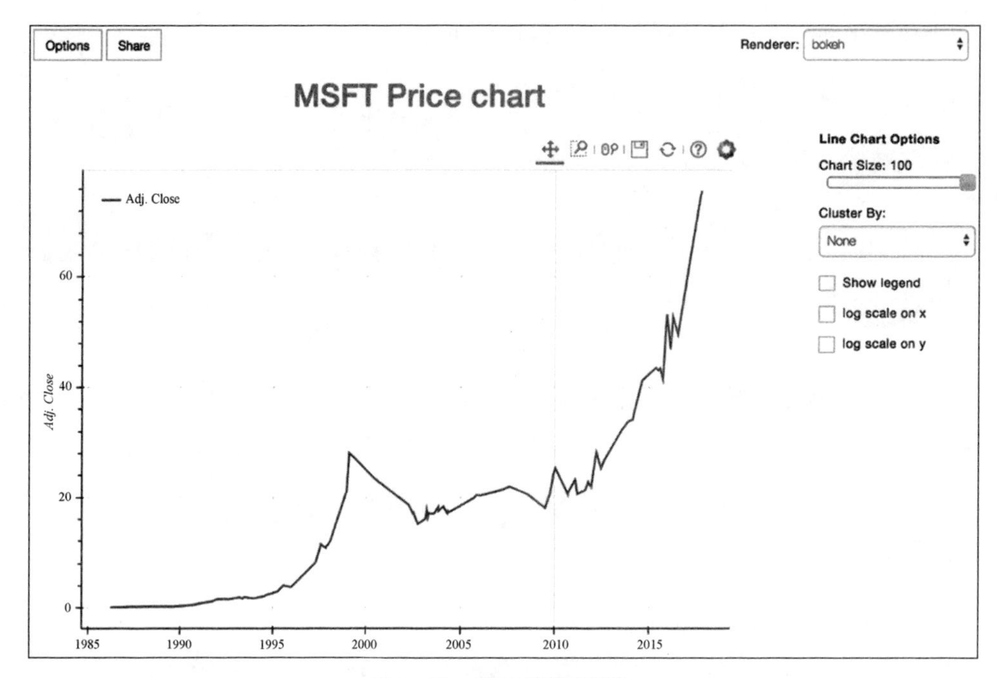

图 8－20　MSFT 股票序列图

在开始构建模型之前，让我们先保留最后 14 天的数据用于测试，然后使用剩余的数据进行培训。

以下代码定义了两个新变量——`train_set` 和 `test_set`：

```
train_set, test_set = msft[:- 14], msft[- 14:]
```

注意：如果你仍然不熟悉前面的切片符号，请参阅本章开头关于 NumPy 的一节。

从前面的图表中我们可以清楚地观察到 2012 年开始的增长趋势，但没有明显的季节性。因此，我们可以安全地假定不存在平稳性。让我们首先尝试应用一次对数差分转换，并绘制相应的 ACF 和 PACF 图表。

在下面的代码中，我们对 Adj.Close 列使用 np.log() 函数构建 logmsft pandas Series，然后使用 logmsft 和滞后 1 之间的差分（使用 shift() 方法）构建 logmsft_diff pandas DataFrame。与前面一样，我们还调用 reset_index() 将 Date 索引转换为列，以便 PixieDust display() 能够处理它：

```
logmsft = np.log(train_set['Adj.Close'])
logmsft.index = train_set['Date']
logmsft_diff = pd.DataFrame(logmsft - logmsft.shift()).reset_index()
logmsft_diff.dropna(inplace= True)
display(logmsft_diff)
```

你可以在以下地址找到代码文件：

https://github.com/DTAIEB/Thoughtful-Data-Science/blob/master/chapter%208/sampleCode22.py

结果显示在图 8-21 所示的屏幕截图中。

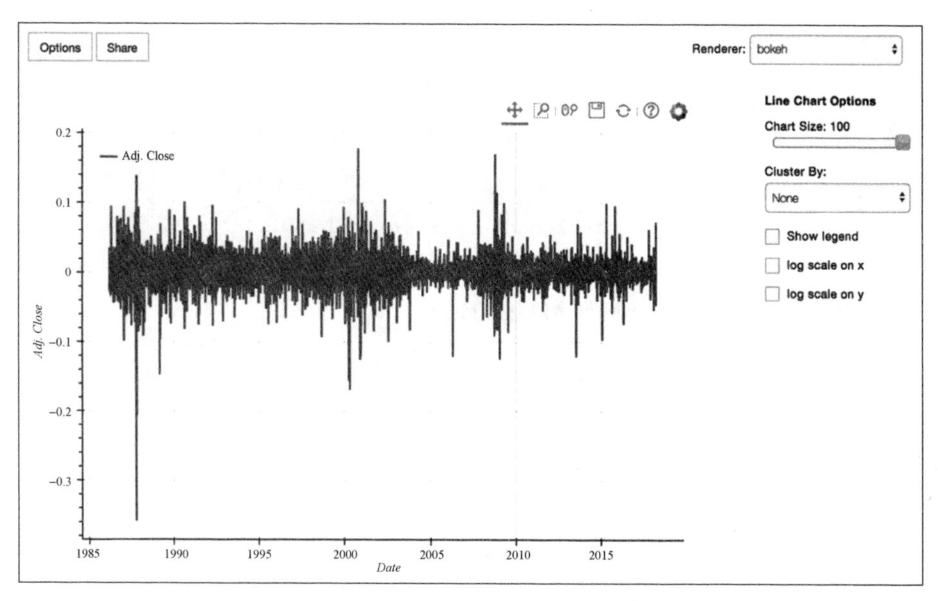

图 8-21　应用对数差分后的 MSFT 股票序列

根据前面的图表，我们可以合理地认为，我们已经成功地使时间序列平稳，以 0 作为均值。我们还可以使用更严格的方法来测试平稳性，即使用迪基—福勒（Dickey-Fuller）检验（https://en.wikipedia.org/wiki/Dickey%E2%80%93Fuller_test），它可以检验 *AR (1)* 模型中存在单位根的原假设。

注意:在统计学中,统计假设检验包括通过取样并判断一个假设是否仍然成立来对假设的真实性提出质疑。我们需要观察 p 值(https://en.wikipedia.org/wiki/P- value),它有助于确定结果的重要性。有关统计假设检验的更多详细信息,请参见此处:

https://en. wikipedia. org/wiki/Statistical _ hypothesis _ testing

以下代码使用 statsmodels.tsa.stattools 包中的 adfuller 方法:

```
from statsmodels.tsa.stattools import adfuller
import pprint

ad_fuller_results = adfuller(
logmsft_diff['Adj.Close'], autolag = 'AIC', regression = 'c'
)
labels = ['TestStatistic','p- value','# Lags Used','Number of
Observations Used']
pp = pprint.PrettyPrinter(indent= 4)
pp.pprint({labels[i]: ad_fuller_results[i] for i in range(4)})
```

你可以在以下地址找到代码文件:

https://github. com/DTAIEB/Thoughtful - Data - Science/blob/master/chapter% 208/sampleCode23.py

我们使用 pprint 包,它对于漂亮地打印任何 Python 数据结构非常有用。有关 pprint 的更多信息,请访问:

https://docs.python.org/3/library/pprint.html

结果(详见 http://www.statsmodels.org/devel/generated/statsmodels.tsa.stattools.adfuller.html)如下所示:

```
{
    'Number of lags used': 3,
    'Number of Observations Used': 8057,
    'Test statistic': - 48.071592138591136,
    'MacKinnon's approximate p- value': 0.0
}
```

你可以在以下地址找到代码文件：

https://github. com/DTAIEB/Thoughtful - Data - Science/blob/master/chapter% 208/sampleCode24.json

p 值低于显著性水平，因此我们可以拒绝 *AR (1)* 模型中存在单位根的原假设，这给我们信心去相信时间序列是平稳的。

然后，我们绘制 ACF 和 PACF 图表，给出 ARIMA 模型的 p 和 q 参数。以下代码生成 ACF 图表：

```
import statsmodels.tsa.api as smt
smt.graphics.plot_acf(logmsft_diff['Adj.Close'], lags= 100)
plt.show()
```

你可以在以下地址找到代码文件：

https://github. com/DTAIEB/Thoughtful - Data - Science/blob/master/chapter% 208/sampleCode25.py

结果显示在图 8 - 22 所示的屏幕截图中。

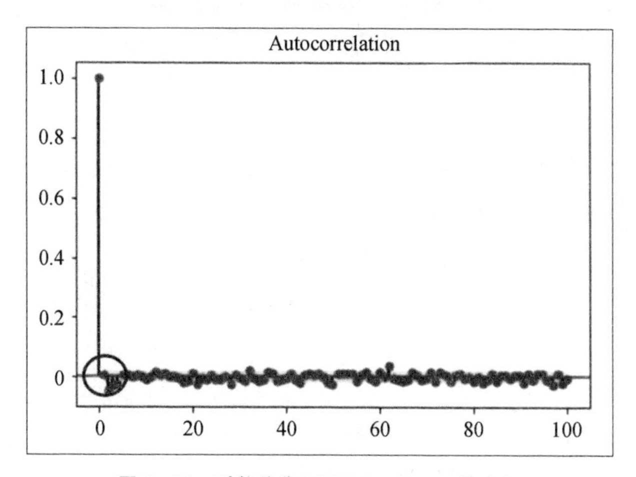

图 8 - 22 对数差分 MSFT DataFrame 的 ACF

从上面的 ACF 图中，我们可以看到相关性在滞后 1 的情况下首次超过统计显著性阈值。因此，我们将使用 $p=1$ 作为 ARIMA 模型的 AR 阶数。

我们对 PACF 也是这样做的：

```
smt.graphics.plot_pacf(logmsft_diff['Adj.Close'], lags= 100)
plt.show()
```

你可以在以下地址找到代码文件：

https://github. com/DTAIEB/Thoughtful - Data - Science/blob/master/chapter% 208/sampleCode26.py

结果显示在图 8 - 23 所示的屏幕截图中。

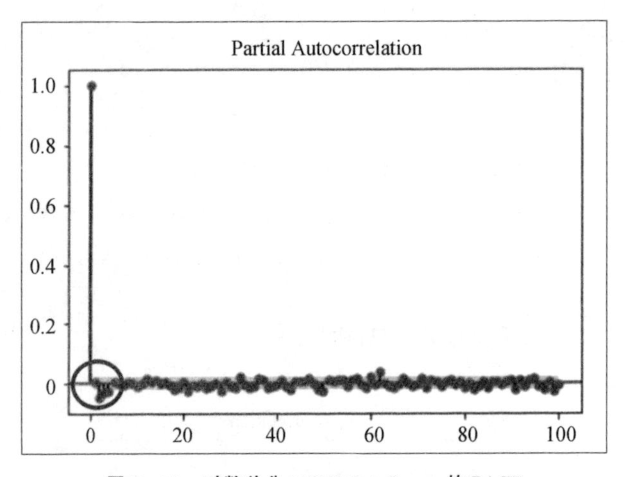

图 8 - 23　对数差分 MSFT DataFrame 的 PACF

从上面的 PACF 图中，我们也可以看到相关性在滞后 1 的情况下首次超过统计显著性阈值。因此，我们将使用 $q=1$ 作为 ARIMA 模型的 MA 阶数。

我们还需要应用一次对数差分转换。因此，对于 ARIMA 模型的差分整合部分，我们将使用 $d=1$。

注意：当调用 `ARIMA` 类时，如果使用 $d=0$，那么你可能需要手动执行对数差分，在这种情况下，你需要自己对预测值恢复转换。如果没有做，`statsmodels` 包将在返回预测值之前恢复转换。

下面的代码使用 $p=1$、$d=1$ 和 $q=1$ 作为 `ARIMA` 构造函数的阶数元组参数的值，在 `train_set` 时间序列上训练一个 ARIMA 模型。然后，我们调用 `fit()` 方法进行训练并获得一个模型：

```
from statsmodels.tsa.arima_model import ARIMA

import warnings
with warnings.catch_warnings():
    warnings.simplefilter("ignore")
    arima_model_class = ARIMA(train_set['Adj.Close'], dates= train_
set['Date'], order= (1,1,1))
    arima_model = arima_model_class.fit(disp= 0)

    print(arima_model.resid.describe())
```

你可以在以下地址找到代码文件：

https://github.com/DTAIEB/Thoughtful-Data-Science/blob/master/chapter%208/sampleCode27.py

注意：我们使用 warnings 包来避免在使用旧版本的 NumPy 和 pandas 时可能发生的多次函数弃用警告。

在前面的代码中，我们使用 train_set['Adj.Close']作为 ARIMA 构造函数的参数。由于我们对数据使用 pandas Series，因此还需要为 dates 参数传递 train_set['Date']序列。请注意，如果我们传递的是带有 DateIndex 索引的 pandas DataFrame，那么就不必使用 dates 参数了。ARIMA 构造函数的最后一个参数是 order 参数，它是一个由三个值组成的元组，表示 p、d 和 q 阶数，如本节开头所讨论的那样。

然后，我们调用 fit()方法，该方法返回我们将用于预测值的实际 ARIMA 模型。为了展示更详细的信息，我们使用 arima_model.reside.describe()打印有关模型残差的统计信息。

结果如下所示：

```
count      8.061000e+03
mean      -5.785533e-07
std        4.198119e-01
min       -5.118915e+00
25%       -1.061133e-01
50%       -1.184452e-02
75%        9.848486e-02
max        5.023380e+00
dtype: float64
```

平均残差为 5.7×10^{-7}，非常接近于零，表明模型可能过拟合(overfitting)训练数据了。

现在我们有了一个模型，让我们来诊断一下它。我们定义了一个名为 plot_predict 的方法，它采用一个模型、一系列日期和一个数字来表示我们希望查看的时间。然后，我们调用 ARIMA plot_predict()方法创建了一个包含预测值和观测值的图表。

下面的代码显示了 plot_predict()方法的实现，包括用 100 和 10 调用它两次：

```
def plot_predict(model, dates_series, num_observations):
  fig = plt.figure(figsize = (12,5))
  model.plot_predict(
    start = str(dates_series[len(dates_series) - num_observations]),
    end = str(dates_series[len(dates_series) - 1])
  )
  plt.show()

plot_predict(arima_model, train_set['Date'], 100)
plot_predict(arima_model, train_set['Date'], 10)
```

你可以在以下地址找到代码文件：

https://github. com/DTAIEB/Thoughtful - Data - Science/blob/master/chapter% 208/sampleCode28.py

结果如图 8 - 24 所示。

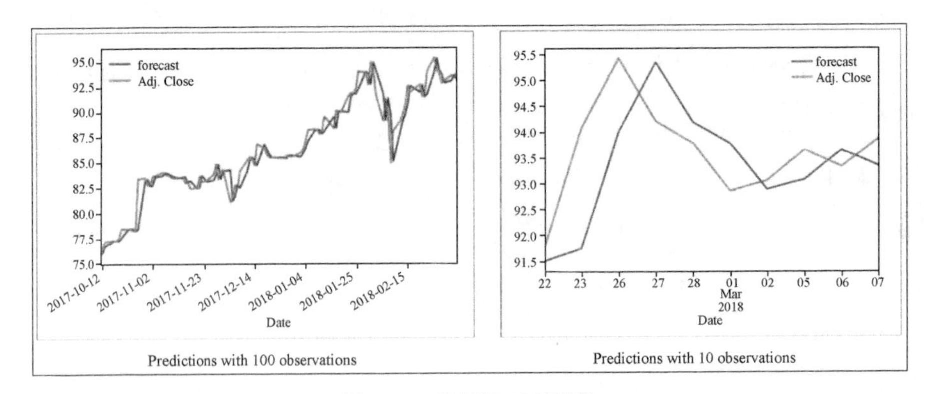

图 8 - 24　观测值 VS 预测值

上面的图表显示了预测值与来自训练集的实际观察值的接近程度。现在，我们使用以前保留的测试集来进一步诊断模型。对于这一部分，我们使用 forecast()方法来预测下一个数据点。对于 test_set 的每个值，我们从一组名为 history 的观测值构建一个新的 ARIMA 模型，其中包含用每个预测值增强的训练数据。

下面的代码显示了 compute_test_set_predictions()方法的实现，该方法将 train_set 和 test_set 作为参数并返回一个 pandas DataFrame，其中有一个包含所有预测值的 forecast 列和一个包含相应实际观测值的 test 列：

```
def compute_test_set_predictions(train_set, test_set):
    with warnings.catch_warnings():
      warnings.simplefilter("ignore")
      history = train_set['Adj.Close'].values
      forecast = np.array([])
      for t in range(len(test_set)):
        prediction = ARIMA(history, order= (1,1,0)).fit(disp= 0).
forecast()
        history = np.append(history, test_set['Adj.Close'].
iloc[t])
        forecast = np.append(forecast, prediction[0])
      return pd.DataFrame(
        {"forecast": forecast,
         "test":test_set['Adj.Close'],
         "Date":pd.date_range(start= test_set['Date'].iloc
[len(test_set)- 1], periods = len(test_set))
        }
      )

results = compute_test_set_predictions(train_set, test_set)
display(results)
```

你可以在以下地址找到代码文件：

https://github.com/DTAIEB/Thoughtful - Data - Science/blob/master/chapter% 208/sampleCode29.py

图 8－25 所示的屏幕截图显示了结果图表。

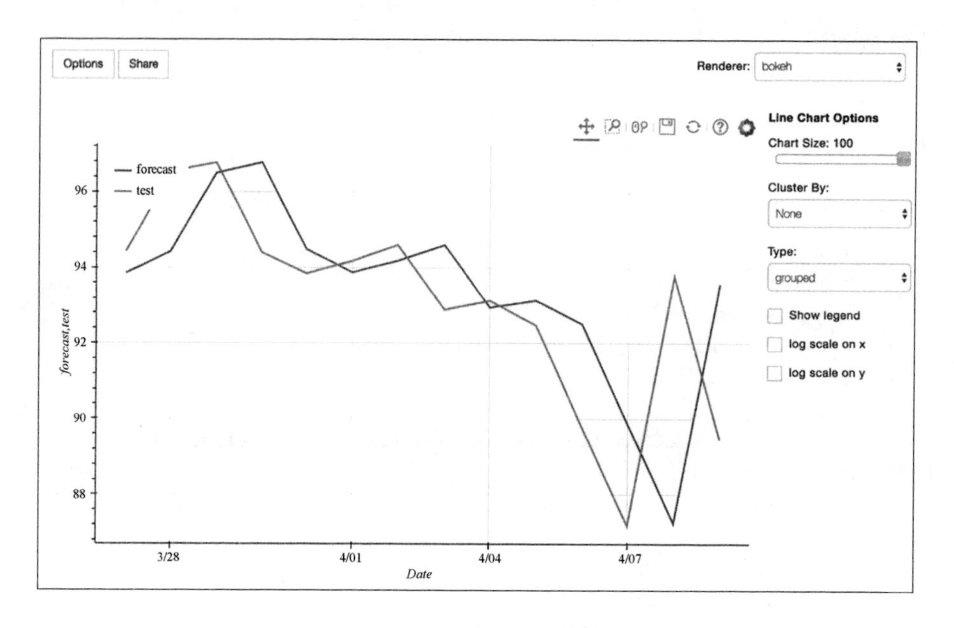

图 8-25 预测值 VS 实际值图表

我们可以使用 scikit-learn 包(http://scikit-learn.org)中流行的 mean_squared_error 方法(https://en.wikipedia.org/wiki/Mean_squared_error)来测量误差,该方法定义如下:

$$MSE = \frac{1}{n}\sum_{i=1}^{n}(Y_i - \hat{Y}_i)^2$$

其中:Y_i 是实际值,$\hat{Y}$ 是预测值。

下面的代码定义了一个 compute_mean_squared_error 方法,它接受一个测试序列和一个预测序列并返回均方误差的值:

```
from sklearn.metrics import mean_squared_error
def compute_mean_squared_error(test_series, forecast_series):
    return mean_squared_error(test_series, forecast_series)
print('Mean Squared Error: {}'.format(
compute_mean_squared_error( test_set['Adj.Close'], results.forecast))
)
```

你可以在以下地址找到代码文件:

https://github.com/DTAIEB/Thoughtful-Data-Science/blob/master/chapter%208/sampleCode30.py

结果如下所示：

```
Mean Squared Error: 6.336538843075749
```

StockExplorer PixieApp 第 2 部分——使用 ARIMA 模型添加时间序列预测

在本节中，我们通过添加一个菜单来改进 StockExplorer PixieApp，该菜单使用 ARIMA 模型为所选股票代码提供时间序列预测。我们创建了一个名为 ForecaStarImasubApp 的新类，并更新主 StockExplorer 类中的 tabs 变量：

```
[[StockExplorer]]
@route(explore= "* ")
@templateArgs
def stock_explore_screen(self):
  tabs = [("Explore","StockExploreSubApp"),
          ("Moving Average", "MovingAverageSubApp"),
          ("ACF and PACF", "AutoCorrelationSubApp"),
          ("Forecast with ARIMA", "ForecastArimaSubApp")]
  ...
```

你可以在以下地址找到代码文件：

https://github. com/DTAIEB/Thoughtful - Data - Science/blob/master/chapter% 208/sampleCode31.py

ForecaStarImasubApp 子 PixieApp 由两个屏幕组成。第一个屏幕显示时间序列图表以及 ACF 和 PACF 图表。此屏幕的目标是为用户提供必要的数据探索，以确定 ARIMA 模型的 p、d 和 q 阶数的值，如上一节所述。通过查看时间序列图表，我们可以了解时间序列是否是平稳的(需要注意的是，这是构建 ARIMA 模型的必要条件)。如果不是平稳的，用户可以单击 **Add Differencing(增加差分)** 按钮，尝试使用对数差分转换实现 DataFrame 的平稳性。然后使用转换后的 DataFrame 更新这三个图表。

以下代码显示了 ForecastArimaSubApp 子 PixieApp 的默认路由：

```
from statsmodels.tsa.arima_model import ARIMA

@PixieApp
class ForecastArimaSubApp(BaseSubApp):
  def setup(self):
      self.entity_dataframe =  self.parent_pixieapp.get_active_df().
```

```
copy()
        self.differencing = False

    def set_active_ticker(self, ticker):
        BaseSubApp.set_active_ticker(self, ticker)
        self.setup()

    @route()
    @BaseSubApp.add_ticker_selection_markup([])
    def main_screen(self):
        return """
<div class="page-header text-center">
  <h2>1. Data Exploration to test for Stationarity
      <button class="btn btn-default"
            pd_script="self.toggle_differencing()" pd_refresh>
          {%ifthis.differencing%}Remove differencing{% else%}Add
differencing{% endif%}
      </button>
      <button class="btn btn-default"
            pd_options="do_forecast=true">
          Continue to Forecast
      </button>
  </h2>
</div>

<div class="row" style="min-height:300px">
  <div class="col-sm-10" id="chart{{prefix}}"pd_render_onload
pd_options="show_chart=Adj.Close">
  </div>
</div>

<div class="row" style="min-height:300px">
  <div class="col-sm-6">
    <div class="page-header text-center">
      <h3>Auto-correlation Function</h3>
    </div>
    <div id="chart_acf{{prefix}}" pd_render_onload
pd_options="show_acf=true">
    </div>
  </div>
  <div class="col-sm-6">
    <div class="page-header text-center">
      <h3>Partial Auto-correlation Function</h3>
    </div>
    <div id="chart_pacf{{prefix}}" pd_render_onload
```

```
pd_options= "show_pacf= true">
    < /div>
  < /div>
< /div>
    """
```

你可以在以下地址找到代码文件：

https://github. com/DTAIEB/Thoughtful - Data - Science/blob/master/chapter% 208/sampleCode32.py

前面的代码遵循了我们熟悉的模式：

• 定义一个 setup 方法，确保在 PixieApp 启动时调用该方法。在此方法中，我们复制从父 PixieApp 获得的选定 DataFrame。我们还需要维护一个名为 self.differencing 的变量，它跟踪用户是否单击了 Add differencing 按钮。

• 我们创建一个默认路由，显示由以下组件组成的第一个屏幕：

  ◦ 带有两个按钮的标题：Add differencing 用于使时间序列平稳，Continue to forecast(继续预测)用于显示第二个屏幕，我们稍后将对此进行讨论。当应用差分时 Add differencing 按钮会切换到 Remove differencing 按钮。

  ◦ 调用 show_chart 路由以显示时间序列图表的< div> 元素。

  ◦ 调用 show_acf 路由以显示 ACF 图表的< div> 元素。

  ◦ 调用 show_pacf 路由以显示 PACF 图表的< div> 元素。

• 我们使用一个空数组[]作为@ BaseSubApp.add_ticker_selection_markup 装饰器的参数，以确保当用户选择另一个股票代码时刷新整个屏幕并从第一个屏幕重新启动。我们还需要重置内部变量。为此，我们对 add_ticker_selection_markup 进行了更改，在 BaseSubApp 中定义一个名为 set_active_ticker 的新方法，它是从父 PixieApp 的 set_active_ticker 的包装器方法。其思想是让子类覆盖此方法并在需要时注入额外的代码。我们还更改了选项卡元素的 pd_script 属性，以便在用户选择新的股票代码时调用此方法，如以下代码所示：

```
[[BaseSubApp]]
def add_ticker_selection_markup(refresh_ids):
    def deco(fn):
      def wrap(self, * args, * * kwargs):
        return """
< div class= "row" style= "text- align:center">
  < div class= "btn- group btn- group- toggle"
```

```
        style= "border- bottom:2px solid # eeeeee"
        data- toggle= "buttons">
        {%for ticker, state inthis.parent_pixieapp.tickers.
items()%}
        < label class= "btn btn- secondary {%if this.parent_pixieapp.
active_ticker = =  ticker%}active{% endif%}"
            pd_refresh= \"""" +  ",".join(refresh_ids) +  """\"
pd_script= "self.set_active_ticker('{{ticker}}')">
            < input type= "radio" {%ifthis.parent_pixieapp.active_
ticker = =  ticker%}checked{% endif%}>
                {{ticker}}
        < /label>
        {%endfor%}
  < /div>
< /div>
            """ + fn(self, * args, * * kwargs)
            return wrap
      return deco

  def set_active_ticker(self, ticker):
      self.parent_pixieapp.set_active_ticker(ticker)
```

你可以在以下地址找到代码文件：

https://github. com/DTAIEB/Thoughtful - Data - Science/blob/master/chapter% 208/sampleCode33.py

然后，在 ForecastArimaSubApp 子 PixieApp 中我们覆盖 set_active_tracker 方法，首先调用 super，然后调用 self.setup()来重新初始化内部变量：

```
[[ForecastArimaSubApp]]
def set_active_ticker(self, ticker):
    BaseSubApp.set_active_ticker(self, ticker)
    self.setup()
```

你可以在以下地址找到代码文件：

https://github. com/DTAIEB/Thoughtful - Data - Science/blob/master/chapter% 208/sampleCode34.py

第一个预测屏幕的路由实现非常简单。Add differencing/Remove differencing 按钮有一个 pd_script 属性，该属性调用 self.toggle_differencing()方法和 pd_refresh 属性来更新整个页面。它还定义了三个< div> 元素，分别调用 show_ chart、show_acf 和 show_pacf 路由,代码如下所示:

```
[[ForecastArimaSubApp]]
@route()
    @BaseSubApp.add_ticker_selection_markup([])
    def main_screen(self):
      return """
< div class= "page- header text- center">
  < h2> 1. Data Exploration to test for Stationarity
    < button class= "btn btn- default"
        pd_script= "self.toggle_differencing()" pd_refresh>
    {%ifthis.differencing%}Remove differencing{% else%}Add
differencing{%endif%}
    < /button>
    < button class= "btn btn- default" pd_options= "do_forecast= true">
      Continue to Forecast
    < /button>
  < /h2>
< /div>

< div class= "row" style= "min- height:300px">
  < div class= "col- sm- 10" id= "chart{{prefix}}"pd_render_onload
pd_options= "show_chart= Adj.Close">
  < /div>
< /div>

< div class= "row" style= "min- height:300px">
  < div class= "col- sm- 6">
      < div class= "page- header text- center">
        < h3> Auto- correlation Function< /h3>
      < /div>
      < div id= "chart_acf{{prefix}}" pd_render_onload
pd_options= "show_acf= true">
      < /div>
    < /div>
    < div class= "col- sm- 6">
      < div class= "page- header text- center">
        < h3> Partial Auto- correlation Function< /h3>
    < /div>
    < div id= "chart_pacf{{prefix}}" pd_render_onload
pd_options= "show_pacf= true">
    < /div>
  < /div>
< /div>
      """
```

你可以在以下地址找到代码文件：

https://github. com/DTAIEB/Thoughtful - Data - Science/blob/master/chapter% 208/sampleCode35.py

toggle_differencing()方法使用 self.differencing 变量跟踪当前差分状态，并从 parent_pixieapp 复制活动 DataFrame 或者对 self.entity_dataframe 变量进行差分转换，代码如下所示：

```
def toggle_differencing(self):
  if self.differencing:
    self.entity_dataframe = self.parent_pixieapp.get_active_df().
copy()
    self.differencing = False
  else:
    log_df = np.log(self.entity_dataframe['Adj.Close'])
    log_df.index = self.entity_dataframe['Date']
    self.entity_dataframe = pd.DataFrame(log_df - log_df.shift()).
reset_index()
    self.entity_dataframe.dropna(inplace= True)
    self.differencing = True
```

你可以在以下地址找到代码文件：

https://github. com/DTAIEB/Thoughtful - Data - Science/blob/master/chapter% 208/sampleCode36.py

show_acf 和 show_pacf 路由非常简单。它们分别调用 smt.graphics.plot_acf 和 smt.graphics.plot_pacf 方法。它们还使用@captureOutput 装饰器将图表图像传递到目标小部件：

```
@route(show_acf= '*')
@captureOutput
def show_acf_screen(self):
    smt.graphics.plot_acf(self.entity_dataframe['Adj.Close'],
lags= 50)

@route(show_pacf= '*')
@captureOutput
def show_pacf_screen(self):
    smt.graphics.plot_pacf(self.entity_dataframe['Adj.Close'],
lags= 50)
```

你可以在以下地址找到代码文件：

https://github.com/DTAIEB/Thoughtful-Data-Science/blob/master/chapter%208/sampleCode37.py

图 8-26 所示的屏幕截图显示了没有使用差分的预测子 PixieApp 的数据探索页面。

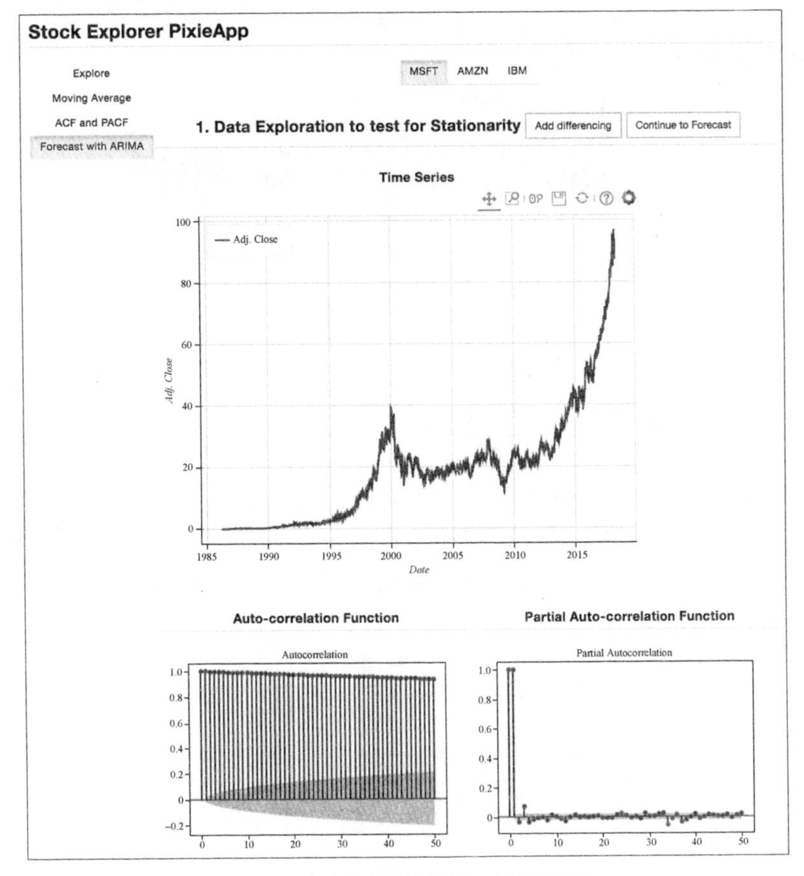

图 8-26　未使用差分的第一个预测屏幕

与预期一样，图表与不稳定的时间序列一致。当用户单击 **Add differencing** 按钮时，将显示如图 8-27 所示的屏幕：

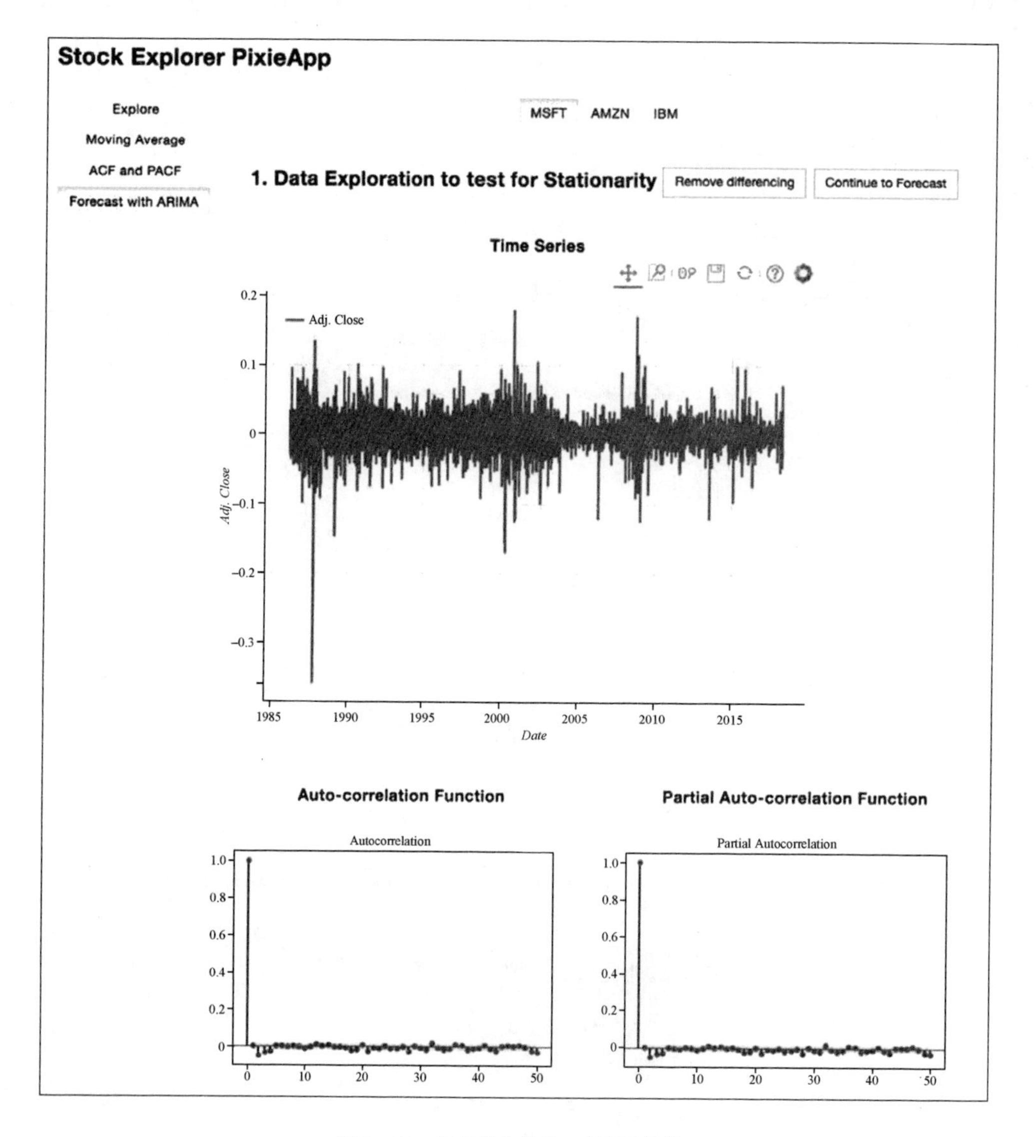

图 8-27　使用差分的第一个预测屏幕

下一步是实现由 **Continue to Forecast** 按钮调用的 **do_forecast** 路由。此路由负责构建 ARIMA 模型，它首先显示一个配置页面，其中包含三个输入文本，允许用户输入 p、d 和 q 阶数，这些阶数是通过查看数据探索屏幕中的图表推断出来的。我们添加了一个 `GO` 按钮，以使用 `build_arima_model` 路由继续进行模型构建，我们将在本节后面讨论这一点。标题处还有一个 `Diagnose Model` 按钮，该按钮调用另一个负责评估模型精度的页面。

do_forecast 路由的实现如下所示。请注意,当用户选择另一个股票代码时,我们使用带有一个空数组的 add_ticker_selection_markup 刷新整个页面:

```
[[ForecastArimaSubApp]]
@route(do_forecast= "true")
  @BaseSubApp.add_ticker_selection_markup([])
  def do_forecast_screen(self):
    return """
< div class= "page- header text- center">
  < h2> 2. Build Arima model
    < button class= "btn btn- default"
        pd_options= "do_diagnose= true">
      Diagnose Model
    < /button>
  < /h2>
< /div>
< div class= "row" id= "forecast{{prefix}}">
  < div style= "font- weight:bold"> Enter the p,d,q order for the ARIMA
model you want to build< /div>

  < div class= "form- group" style= "margin- left: 20px">
    < label class= "control- label"> Enter the p order for the AR model:
< /label>
    < input type= "text" class= "form- control"
        id= "p_order{{prefix}}"
        value= "1" style= "width: 100px;margin- left:10px">

    < label class= "control- label"> Enter the d order for the Integrated step:
< /label>
    < input type= "text" class= "form- control"
        id= "d_order{{prefix}}" value= "1"
        style= "width: 100px;margin- left:10px">

      < label class= "control- label"> Enter the q order for the MA model:
< /label>
    < input type= "text" class= "form- control"
        id= "q_order{{prefix}}" value= "1"
        style= "width: 100px;margin- left:10px">
  < /div>

  < center>
    < button class= "btn btn- default"
        pd_target= "forecast{{prefix}}"
      pd_options= "p_order= $ val(p_order{{prefix}});d_ order= $ val
(p_order{{prefix}});q_order= $ val(p_order{{prefix}})">
```

```
      Go
      < /button>
    < /center>
  < /div>
"""
```

你可以在以下地址找到代码文件：

https://github.com/DTAIEB/Thoughtful-Data-Science/blob/master/chapter%208/sampleCode38.py

图 8-28 所示的屏幕截图显示了 **Build Arima model(构建 ARIMA 模型)**页面的配置页。

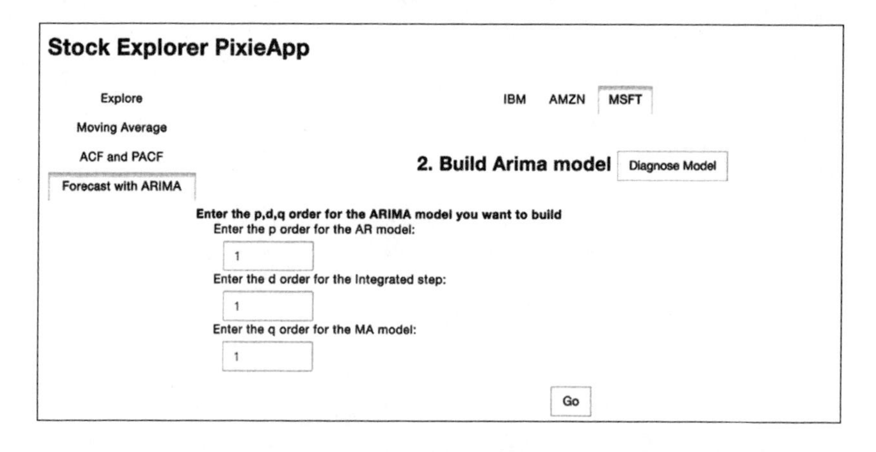

图 8-28　Build Arima model 页面的配置页

Go 按钮有一个 pd_options 属性，该属性调用一条具有三种状态的路由：p_order、d_order 和 q_order，其值取自与每个属性关联的三个输入框。

下面的代码显示了构建 ARIMA 模型的路由。它首先将活动 DataFrame 拆分为一个训练集和一个测试集，保留测试集的 14 个观察值。然后建立模型并计算残差。成功构建模型后，我们返回一个 HTML 标记，其中包含一个图表，显示了训练集的预测值与训练集的实际值之间的差异。这是通过调用 plot_predict 路由完成的。最后，我们创建一个< div> 元素，它具有一个指向残差变量的 pd_entity 属性，残差变量具有一个< pd_options> 子元素，该子元素配置所有统计信息的表视图，从而显示模型的残差统计信息。

显示预测值与实际训练集的图表使用了 plot_predict 路由，它调用了我们先前在 Notebook 中创建的 plot_predict 方法。我们还使用@captureOutput 装饰器将图表图像分派给正确的小部件。

plot_predict 路由的实现如下所示：

```
@route(plot_predict= "true")
@captureOutput
def plot_predict(self):
  plot_predict(self.arima_model, self.train_set['Date'], 100)
```

你可以在以下地址找到代码文件：

https://github.com/DTAIEB/Thoughtful - Data - Science/blob/master/chapter% 208/sampleCode39.py

build_arima_model 路由实现如下所示：

```
@route(p_order= "*",d_order= "*",q_order= "*")
def build_arima_model_screen(self, p_order, d_order, q_order):
  # 构建 arima 模型
  self.train_set = self.parent_pixieapp.get_active_df()[:- 14]
  self.test_set = self.parent_pixieapp.get_active_df()[- 14:]
  self.arima_model = ARIMA(
    self.train_set['Adj.Close'], dates= self.train_set['Date'],
    order= (int(p_order),int(d_order),int(q_order))
  ).fit(disp= 0)
  self.residuals = self.arima_model.resid.describe().to_frame().
reset_index()
  return """
< div class= "page- header text- center">
  < h3> ARIMA Modelsuccesfully created< /h3>
< div>
< div class= "row">
  < div class= "col- sm- 10 col- sm- offset- 3">
    < div pd_render_onload pd_options= "plot_predict= true">
    < /div>
    < h3> Predicted values against the train set< /h3>
  < /div>
< /div>
< div class= "row">
  < div pd_render_onload pd_entity= "residuals">
    < pd_options>
    {
      "handlerId": "tableView",
```

```
        "table_noschema": "true",
        "table_nosearch": "true",
        "table_nocount": "true"
      }
      < /pd_options>
    < /div>
    < h3> < center> Residual errors statistics< /center> < /h3>
  < div>
    """
```

你可以在以下地址找到代码文件：

https://github. com/DTAIEB/Thoughtful - Data - Science/blob/master/chapter% 208/sampleCode40.py

图 8 - 29 所示的屏幕截图显示了 **Build Arima model**（**构建 ARIMA 模型**）页面的结果。

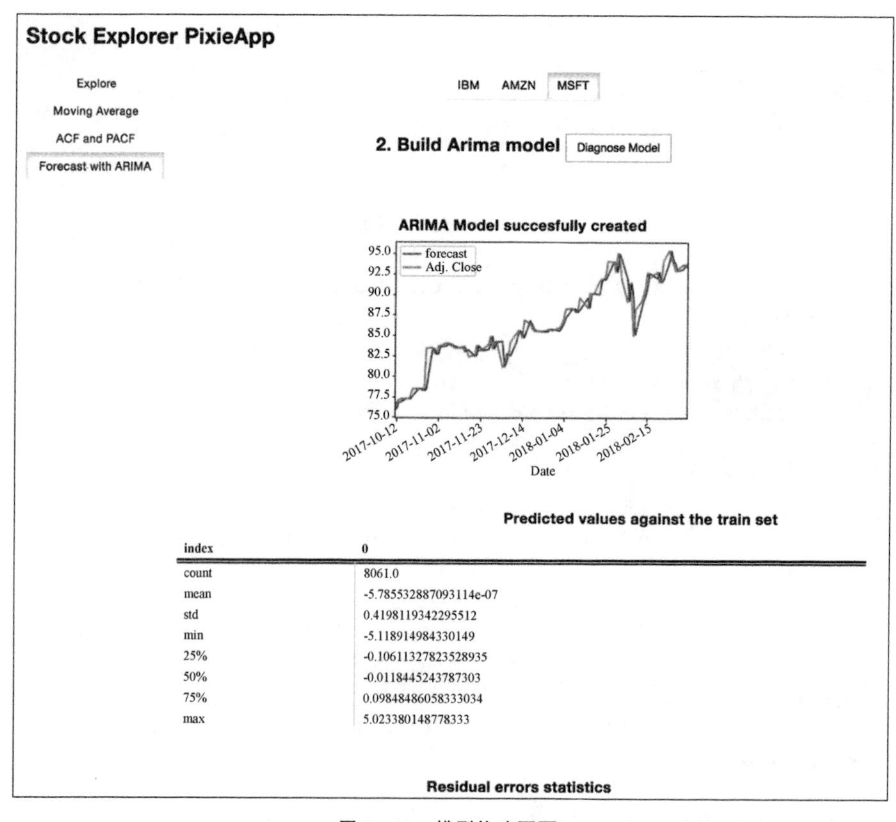

图 8 - 29　模型构建页面

预测子应用程序的最后一个屏幕是 do_diagnose 路由调用的诊断模型屏幕。在这个屏幕中，我们只显示了一个折线图，显示的 DataFrame 是由前面在 Notebook 中创建的 compute_test_set_predictions 方法使用 train_set 和 test_set 变量返回的。此图表的< div> 元素使用 pd_entity 属性，该属性调用名为 compute_test_set_predictions 的中间类方法。它还有一个子元素< pd_options> ，其中包含用于显示折线图的 display()选项。

下面的代码显示了 do_diagnostic_screen 路由的实现：

```
def compute_test_set_predictions(self):
    return compute_test_set_predictions(self.train_set,
self.test_set)

@route(do_diagnose= "true")
@BaseSubApp.add_ticker_selection_markup([])
def do_diagnose_screen(self):
    return """
< div class= "page- header text- center"> < h2> 3. Diagnose the model
against the test set< /h2> < /div>
< div class= "row">
  < div class= "col- sm- 10 center"pd_render_onload pd_entity=
"compute_test_set_predictions()">
    < pd_options>
    {
      "keyFields": "Date",
      "valueFields": "forecast,test",
      "handlerId": "lineChart",
      "rendererId": "bokeh",
      "noChartCache": "true"
    }
    < /pd_options>
  < /div>
< /div>
"""
```

你可以在以下地址找到代码文件：

https://github. com/DTAIEB/Thoughtful - Data - Science/blob/master/chapter% 208/sampleCode41.py

图 8 - 30 所示的屏幕截图显示了诊断页面的结果。

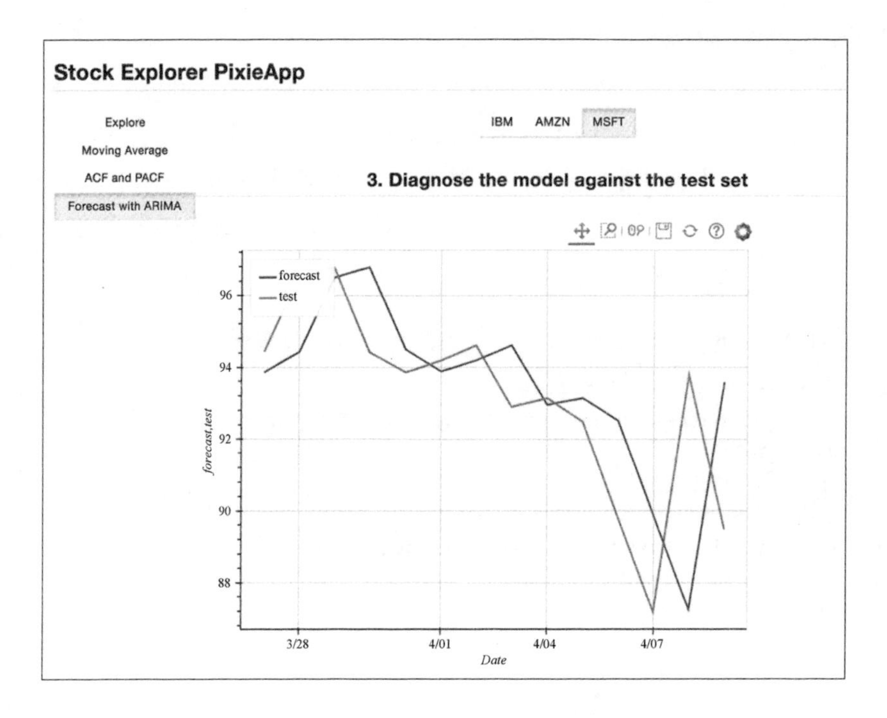

图 8-30　模型诊断屏幕

在本节中，我们展示了如何改进 StockExplorer 示例 PixieApp，以包含 ARIMA 模型的预测功能。顺便提一下，我们已经演示了如何使用 PixieApp 编程模型创建一个三步向导，向导首先执行一些数据探索，然后配置模型的参数并构建模型，最后根据测试集诊断模型。

Notebook 的完整实现可在以下地址找到：

https://github.com/DTAIEB/Thoughtful-Data-Science/blob/master/chapter%208/StockExplorer%20- %20Part%202.ipynb

本章小结

在这一章中，我们介绍了时间序列分析和预测的主题。当然，我们只触及了表面，还有更多的东西等待探索。这也是一个非常重要的行业领域，尤其是在金融界，相关研究非常活跃。例如，我们看到越来越多的数据科学家试图建立基于递归神经网络

(https://en.wikipedia.org/wiki/Recurrent_neural_network)算法的时间序列预测模型，并取得了巨大的成功。我们还演示了 Jupyter Notebook 如何与 PixieDust 以及库生态系统相结合，例如 pandas、numpy 和 statsmodels 库，帮助加速数据分析的开发工作，并将其实施到业务线用户可以使用的应用程序中。

在下一章，我们将研究另一个重要的数据科学用例：图形。我们将构建一个与航班旅行相关的示例应用程序，并讨论我们如何以及何时应用图算法来解决数据问题。

9

分析案例：图形算法——美国国内航班数据分析

“在没有数据之前进行理论推导是一个根本性错误。”

——夏洛克·福尔摩斯(Sherlock Holmes)

在这一章中，我们将重点介绍一种称为图形(graph)的基础计算机科学数据模型以及常用的各类图形算法。作为一名数据科学家或开发人员，熟悉图形并快速识别它们什么时候提供了解决特定数据问题的正确解决方案是非常重要的。例如，图形非常适合基于全球定位系统(GPS)的应用程序，例如 Google Maps，以找到从 A 点到 B 点的最佳路线，考虑到各种参数，包括用户是开车、步行还是乘坐公共交通工具，或者用户是想要最短路线还是最大限度地利用高速公路而不关心总距离。这些参数中的一些也可以是实时参数，例如交通状况和天气。使用图形的另一类重要应用程序是社交网络，如 Facebook 或 Twitter，其中顶点表示个人，边表示关系，如好友(*friend*)和关注人(*follows*)。

本章我们将从图形和相关图形算法的高层次介绍开始。然后，我们将介绍 networkx，它是一个 Python 库，可以方便地加载、操作和可视化图形数据结构，并提供了一组丰富的图形算法。接下来，我们将通过构建分析示例继续讨论，该分析使用各种图形算法分析美国的航班数据，其中以机场作为顶点(vertice)，航班作为边(edge)。和之前一样，我们还将通过构建一个简单的仪表盘 PixieApp 来实施这些分析。在本章的最后，我们将应用在第 8 章中学到的时间序列技术来构建一个历史航班数据的预测模型。

图形概述

1736 年，数学家莱昂哈德·欧拉(Leonhard Euler)在研究哥尼斯堡七桥问题(*Seven*

Bridges of Königsberg，https://en.wikipedia.org/wiki/Seven_Bridges_of_K% C3% B6nigsberg)时，引入了图形的概念和理论。

这座城市被普雷格尔河(Pregel river)隔开，这条河在市区形成了两个岛屿，人们建造了七座桥梁，布局如图 9－1 所示。问题是要找到一种方法，让一个人一次性走过每一座桥，然后回到起点。欧拉证明了这个问题没有解，并在此过程中创造了图论。其基本思想是将城市图转化为一个图形，其中每个地块是一个顶点，每座桥是连接两个顶点(即地块)的一条边。然后，问题被简化为找到一条路径，即一个由边和顶点组成的连续序列，其中每座桥只包含一次。

图 9－1 显示了欧拉如何将哥尼斯堡七桥问题简化为一个图形问题。

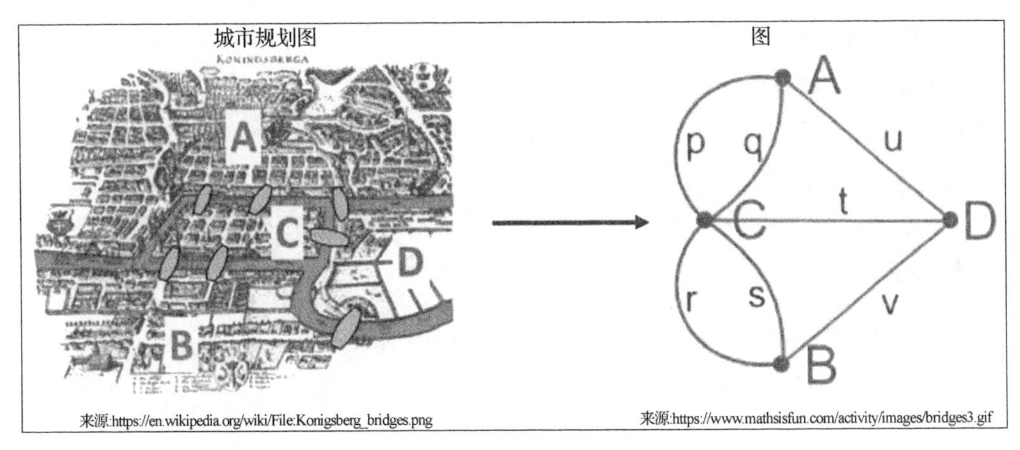

图 9－1　哥尼斯堡七桥问题简化为一个图形问题

如果使用更正式的定义来表述，那么**图形**是表示对象(称为**顶点**或**节点**)之间成对关系(称为**边**)的数据结构。通常使用以下符号来表示一个图形：$G = (V, E)$，其中 V 是顶点集，E 是边集。

图形主要有两大类：

- **有向图(directed graphs，亦称 digraphs)**：成对关系中的顺序很重要，即从顶点 A 到顶点 B 的边(A－B)不同于从顶点 B 到顶点 A 的边(B－A)。
- **无向图(undirected graphs)**：成对关系中的顺序并不重要，即边(A－B)与边(B－A)相同。

图 9－2 将示例图形表示为无向图(边没有箭头)和有向图(边有箭头)。

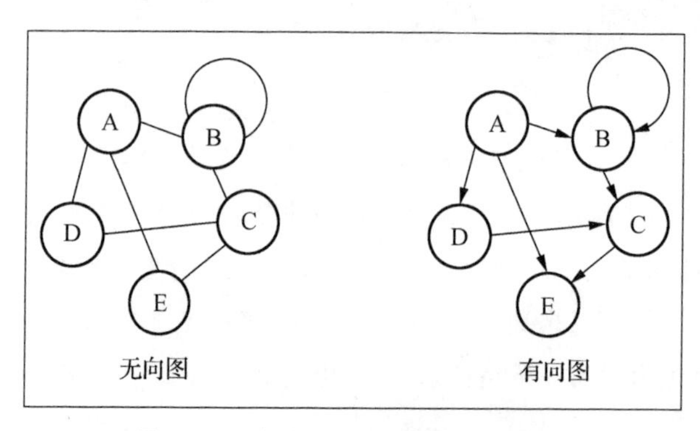

图 9-2 示例图形的无向图和有向图表示

图形表示

主要有两种表示图形的方法：

• **邻接矩阵(adjacency matrix)**：用一个 $n \times n$ 的矩阵表示图形(我们称之为 A)，其中 n 是图中顶点的数目。顶点使用 1 到 n 的整数进行索引。用 $A_{i,j}=1$ 表示顶点 i 和顶点 j 之间存在一条边，用 $A_{i,j}=0$ 表示顶点 i 和顶点 j 之间不存在边。在无向图的情况下，我们总是有 $A_{i,j}=A_{j,i}$，因为顺序并不重要。然而，在顺序重要的有向图的情况下，$A_{i,j}$ 可以不同于 $A_{j,i}$。

图 9-3 演示了如何在有向和无向邻接矩阵中表示示例图形。

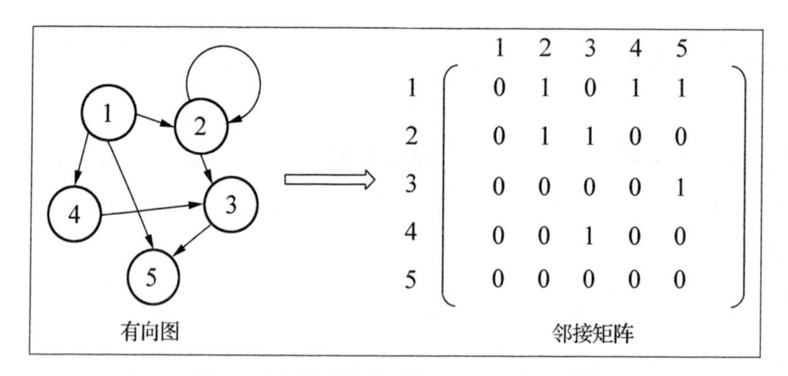

图 9-3 图形的邻接矩阵表示(有向和无向)

值得注意的是，邻接矩阵表示具有恒定的空间复杂度 $O(n^2)$，其中 n 是顶点的数目，但是它的时间复杂度为 $O(1)$，也就是计算两个顶点之间是否有边连接的常数时间。当图形是稠密的(许多边)时，高空间复杂度可能是可以的，但是当图形是稀疏的时，就可能是空间的浪费，在这种情况下，我们可能更喜欢下面的邻接列表表示。

注意:在代码分析中,通常使用大写字母 O 标记 (https://en.wikipedia.org/wiki/Big_O_notation)来表示算法的性能,方法是在输入不断增加时评估算法的资源消耗表现。它既用于评估运行时间(运行算法所需的指令数),也用于评估空间需求(随着时间的推移需要多少存储空间)。

- **邻接列表(adjacency list)**:对于每个顶点,我们维护一个由一条边连接的所有顶点的列表。在无向图的情况下,每条边都表示两次,每个端点表示一条边,对于顺序重要的有向图则不是这样,每条边只表示一次。

图 9-4 显示了有向图和无向图的邻接列表表示。

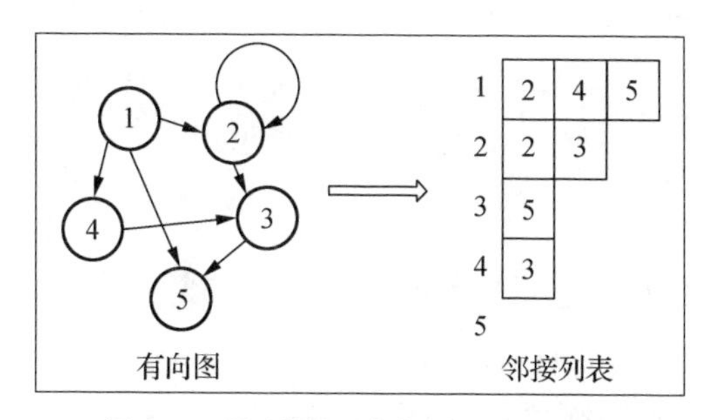

图 9-4 图形邻接列表表示(有向和无向)

与邻接矩阵表示相反,邻接列表表示具有更小的空间复杂度,即 $O(m+n)$,其中 m 是边的数目,n 是顶点的数目。然而,对于邻接矩阵,与 $O(1)$ 相比,时间复杂度增加到 $O(m)$。由于这些原因,当图是稀疏连接的(即没有很多边)时,最好使用邻接列表表示。

正如前面讨论中所暗示的,使用哪种图形表示在很大程度上取决于图形密度,但也取决于我们计划使用的算法的类型。在下一节中,我们将讨论最常用的图形算法。

图形算法

下面列出了最常用的图形算法。

- **搜索**:在图形上下文中,搜索意味着在两个顶点之间找到路径。一条路径被定义为边和顶点的一个连续序列。在一个图中搜索路径的动机可以是多重的;你可能想根据一些预定义的距离标准如最小边数(例如,GPS 路由映射)来找到最短路径,或者只想知道两个顶点之间是否存在路径（例如，确保网络中的每台计算机都可以从任何其他计算机访问）。搜索路径的一般算法是从给定的顶点开始，发现所有连接到它的顶点，将已发现的顶点标记为已探索的（因此我们不会找到它们两次），并对每个发现的顶点继续相同的探索，直到我们找到目标顶点或者我们遍历完所有顶点。这种搜索算法有两种常用类型：广度优先搜索（Breadth First Search）和深度优先搜索（Depth First Search），每种都有它自己更适合的用例。这两种算法的不同之处在于我们找到未探索顶点的方式：

- **广度优先搜索（BFS）**：首先探索作为直接相邻点的未探索节点。探索了直接邻接点之后，开始探索图层中每个节点的邻接点，直到到达图形的末尾。由于我们首先探索所有直接相邻的顶点，因此该算法保证找到与邻接点数目相对应的最短路径。BFS 的一个扩展是著名的 Dijkstra 最短路径算法，其中每条边与一个非负权重相关联。在这种情况下，最短路径可能不是跳数（hops）最少的路径，而是使所有权重之和最小的路径。Dijkstra 最短路径的一个示例应用是查找地图上两点之间的最短路径。

- **深度优先搜索（DFS）**：对于每个直接相邻的顶点，首先尽可能深地主动探索它的邻接点，然后在没有邻接点时开始回溯。DFS 的应用示例包括查找有向图的拓扑排序（topological sort）和强连通分量（strongly connected component）。作为参考，拓扑排序是顶点的线性排序，使得线性排序中的每个顶点都遵循下一个顶点的边方向（即它不向后移动）。相关详细信息请参阅 `https://en.wikipedia.org/wiki/Topological_sorting`。

图 9－5 演示了在 BFS 和 DFS 之间查找未探索节点的不同之处。

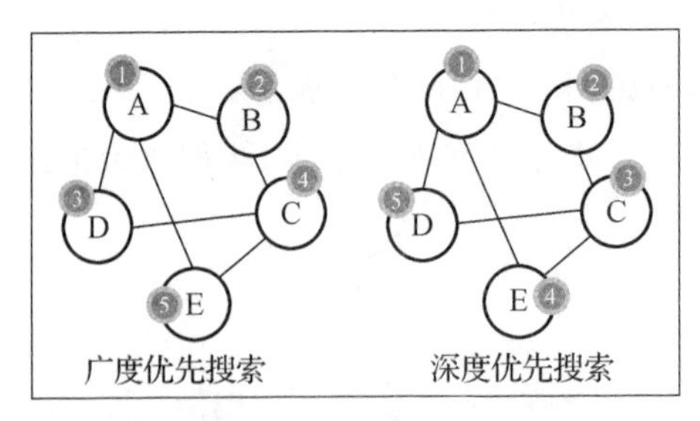

图 9－5　在 BFS 和 DFS 中查找未探索顶点的顺序

- **连通分量和强连通分量**：图形的连通分量是在任意两个顶点之间有一条路径的顶点组。请注意，该定义只指定路径必须存在，这意味着只要路径存在，两个顶点之间就不必有边。在有向图的情况下，连通分量被称为强连通分量，因为附加的方向约束不仅要求任何顶点 A 都具有通向任何其他顶点 B 的路径，而且 B 也必须具有一条通向 A 的路径。

图 9－6 显示了强连通分量或示例有向图。

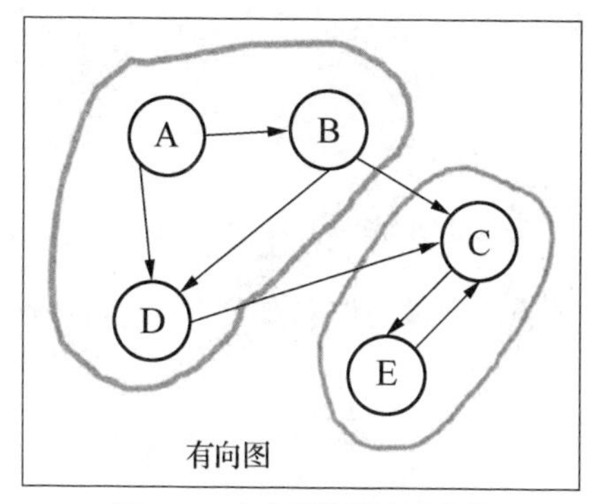

图 9－6　有向图的强连通分量

• **中心性(centrality)**：顶点的中心性指标提供了一个关于该顶点相对于图中其他顶点的重要性的指标。这些中心性指标有许多重要的应用。例如，确定一个社交网络中最有影响力的人或者按最重要的页面对 Web 搜索进行排名等。

中心性有许多衡量指标，但我们集中讨论本章后面将要使用的以下 4 个衡量指标：

◦ **度(degree)**：顶点的度是顶点为端点之一的边的数目。在有向图的情况下，它是顶点为源(source)或目标(target)的边的数目，我们把顶点是目标的边的数目称为**入度(indegree)**，把顶点是源的边的数目称为**出度(outdegree)**。

◦ **网页排名(PageRank)**：这是由 Google 创始人拉里·佩奇(Larry Page)和谢尔盖·布林(Sergey Brin)开发的著名算法。PageRank 通过为一个给定网站提供一个重要性的度量来对搜索结果进行排名，该度量包括计算从其他网站到该网站的链接数。它还会评估这些链接的质量(即链接到你的站点的可信度)等考虑因素。

◦ **接近中心性(closeness)**：接近中心性与给定顶点和图中所有其他顶点之间的最短路径的平均长度成反比。直觉上，一个顶点离所有其他节点越近，它就越重要。

接近中心性可通过以下简单公式计算：

$$C(x)=\frac{1}{\sum_{y}d(y,x)}$$

(来源：https://en.wikipedia.org/wiki/Centrality#Closeness_centrality)

其中：$d(y,x)$是节点 x 和 y 之间的边的长度。

- **最短路径中介性(Shortest path betweenness)**：基于给定顶点是任意两个节点之间最短路径的一部分的次数来度量。直觉上，一个点对最短路径的贡献越大，它就越重要。这里给出了最短路径中介性的数学公式：

$$\text{给定图 } G=(V,E)\text{，有 } C_B(v)=\sum_{s\neq v\neq t\in V}\frac{\sigma_{st}(v)}{\sigma_{st}}$$

（来源：https://en.wikipedia.org/wiki/Centrality#Betweenness_centrality）

其中：σ_{st} 是从顶点 s 到顶点 t 的最短路径的总数，$\sigma_{st}(v)$是通过 v 的σ_{st} 的子集。

注意：有关中心性的更多信息请参阅：

https://en.wikipedia.org/wiki/Centrality

图形和大数据

到目前为止，我们对于图形的讨论都是集中在可以放入一台机器中的数据上，但是当我们有数十亿顶点和边的非常大的图形时，将整个数据加载到内存中是不可能的，这时该如何处理呢？一个自然的解决方案是将数据分布在多个节点的集群中，这些节点并行处理数据并将单个结果合并以形成最终答案。幸运的是，有许多框架提供了这种图形并行功能，它们几乎都包含了大多数常用图形算法的实现。流行的开源框架有 Apache Spark GraphX(https://spark.apache.org/graphx)和 Apache Giraph(http://giraph.apache.org)，它们目前被 Facebook 用来分析其社交网络。

无需深入研究太多细节，重要的是要知道这些框架都受到分布式计算的**大量同步并行(Bulk Synchronous Parallel，BSP)**模型(https://en.wikipedia.org/wiki/Bulk_synchronous_parallel)的启发，该模型使用机器之间的消息来跨集群查找顶点。需要记住的关键点是，这些框架通常非常易于使用，例如使用 Apache Spark Graphx 编写本章的分析内容会非常简单。

在本节中，我们只介绍了所有可用图形算法的一小部分，深入研究将超出本书的范围。如果你自己实现这些算法需要相当长的时间，但幸运的是，有大量的开源库提供了图形算法的非常完整的实现，而且它们易于使用和集成到应用程序中。在本章的其余部分,我们将使用 networkx 开源 Python 库。

networkx 图形库入门

在开始之前,如果尚未完成安装,我们需要使用 pip 工具安装 networkx 库。在 networkx 自己的单元格中执行以下代码:

```
!pip install networkx
```

注意:和之前一样,不要忘记在安装完成后重新启动内核。

networkx 提供的大多数算法都可以直接从主模块调用。因此,用户只需要以下 import 语句:

```
import networkx as nx
```

创建图形

首先,让我们了解一下 networkx 支持的不同类型的图以及用于创建空图的构造函数。

- Graph:只允许顶点之间有一条边的无向图。允许包含环。构造函数示例如下:

  ```
  G = nx.Graph()
  ```

- Digraph:实现一个有向图的 Graph 子类。构造函数示例如下:

  ```
  G = nx.DiGraph()
  ```

- MultiGraph:允许顶点之间有多条边的无向图。构造函数示例如下:

  ```
  G = nx.MultiGraph()
  ```

- MultiDiGraph:允许顶点之间有多条边的有向图。构造函数示例如下:

  ```
  G = nx.MultiDiGraph()
  ```

Graph 类提供了许多用于添加和删除顶点与边的方法。下面列出了可用方法的子集。

- add_edge(u_of_edge, v_of_edge, * * attr):在顶点 u 和顶点 v 之间添加一条边,带有将与边相关联的可选附加属性。如果图中不存在顶点 u 和 v,则会自动创建它们。

• remove_edge(u, v):删除 u 和 v 之间的边。

• add_node(self, node_for_adding, * * attr): 向图中添加一个具有可选附加属性的节点。

• remove_node(n): 删除由给定参数 n 标识的节点。

• add_edges_from(ebunch_to_add, * * attr): 批量添加多条具有可选附加属性的边。边必须作为一个两元组(u,v)或三元组(u,v,d)的列表给出,其中 d 是包含边数据的字典。

• add_nodes_from(self, nodes_for_adding, * * attr): 批量添加多个具有可选附加属性的节点。节点可以以列表、字典、集合、数组等形式提供。

作为练习,让我们构建从一开始就用作示例的有向图,如图 9 - 7 所示。

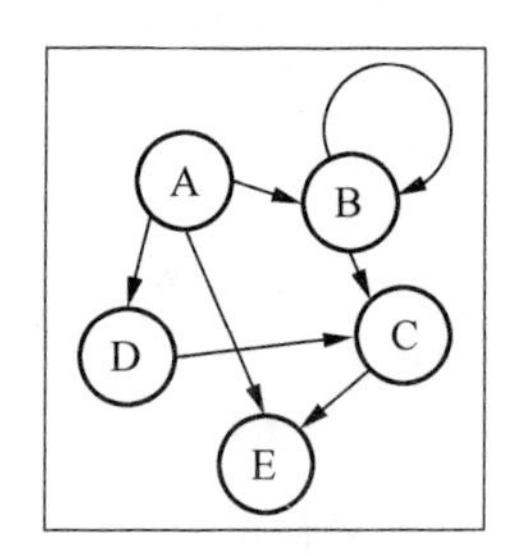

图 9 - 7　使用 networkx 以编程方式创建的示例图形

下面的代码首先创建一个 DiGraph()对象,然后使用 add_nodes_from()方法在一次调用中添加所有节点,再使用 add_edge()和 add_edges_from()的组合添加边:

```
G = nx.DiGraph()
G.add_nodes_from(['A', 'B', 'C', 'D', 'E'])
G.add_edge('A', 'B')
G.add_edge('B', 'B')
G.add_edges_from([('A', 'E'),('A', 'D'),('B', 'C'),('C', 'E'), ('D', 'C')])
```

你可以在以下地址找到代码文件:

https://github.com/DTAIEB/Thoughtful-Data-Science/blob/master/chapter% 209/sampleCode1.py

Graph 类还提供了通过变量类视图轻松访问其属性的功能。例如,你不但可以使用 G.nodes 和 G.edges 迭代图的顶点和边,还可以使用 G.edges[u,v]符号访问单条边。

下面的代码迭代并打印图形的节点：

```
for n in G.nodes:
    print(n)
```

networkx 库还提供了一组丰富的预构建图形生成器，可用于测试算法。例如，你可以使用 complete_graph() 生成器轻松生成一个完整的图形，代码如下所示：

```
G_complete = nx.complete_graph(10)
```

你可以在以下地址找到所有可用图形生成器的完整列表：

https://networkx.github.io/documentation/networkx-2.1/reference/generators.html#generators

可视化图形

NetworkX 支持多个渲染引擎，包括 MatplotLib、Graphviz AGraph（http://pygraphviz.github.io）和支持 pydot 文件格式的 Graphviz（https://github.com/erocarrera/pydot）。尽管 Graphviz 提供了非常强大的绘图功能，但我发现它很难安装。而 Matplotlib 已经预先安装在 Jupyter Notebook 中，它可以让你快速入门。

核心绘图函数名为 draw_networkx，它将一个图形作为参数并使用一组可选的关键字参数来让你设计图形的样式，例如颜色、宽度以及节点和边的标签字体，图形绘制的总体布局是通过由 pos 关键字参数传递 GraphLayout 对象来配置的。默认布局是 spring_layout[使用力导向(force-directed)算法]，但 NetworkX 支持许多其他布局，包括 circular_layout、random_layout 和 spectral_layout。你可以在 http://networkx.github.io/documentation/networkx-2.1/reference/drawing.html#module-networkx.drawing layout 找到所有可用布局的列表。

为了方便起见，networkx 将每种布局封装到它自己的高级绘图方法中，这些方法调用合理的默认值，这样调用者就不必处理每种布局的复杂性。例如，draw() 方法将使用 sprint_layout 绘制图形，draw_circular() 使用 circular_layout 绘制图形，draw_random() 使用 random_layout 绘制图形。

在下面的示例代码中，我们使用 draw() 方法可视化我们前面创建的 G_complete 图：

```
% matplotlib inline
import matplotlib.pyplot as plt
nx.draw(G_complete, with_labels= True)
plt.show()
```

你可以在以下地址找到代码文件：

https://github.com/DTAIEB/Thoughtful-Data-Science/blob/master/chapter% 209/sampleCode2.py

结果显示在图 9 - 8 所示的输出图形中。

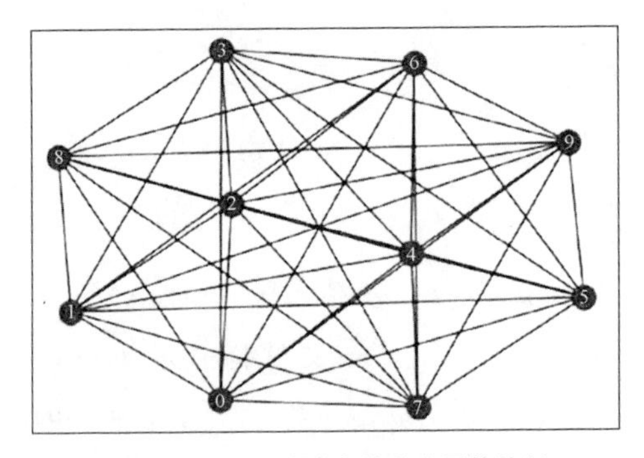

图 9 - 8　有 10 个节点的完全图的绘制

使用 networkx 绘制图形既简单又有趣，而且因为它使用的是 Matplotlib，所以你可以使用 Matplotlib 绘图功能进一步美化图形。我希望读者在 Notebook 中可视化不同的图形来进行下一步的实验。在下一节中，我们将开始实现一个示例应用程序，它使用图形算法分析航班数据。

第 1 部分——将美国国内航班数据加载到图中

首先要初始化 Notebook，让我们在它自己的单元格中运行以下代码，以导入我们将在本章剩余部分大量使用的包：

```
import pixiedust
import networkx as nx
import pandas as pd
import matplotlib.pyplot as plt
```

我们还将使用 Kaggle 网站上的“2015 年航班延误和取消”(2015 Flight Delays and Cancellations)数据集(https://www.kaggle.com/usdot/datasetsq)。数据集由三

个文件组成:

• airports.csv:美国所有机场的列表,包括各机场的 **IATA(International Air Transport Association,国际航空运输协会**:http://openflights.org/data.html)代码、城市、州、经度和纬度。

• airlines.csv:美国航空公司列表,包括各航空公司的 IATA 代码。

• flights.csv:2015 年发生的航班列表。这些数据包括日期、始发地机场和目的地机场、计划时间和实际时间以及延误时间。

flights.csv 文件包含近 600 万条记录,需要对这些记录进行清理,删除所有在始发机场或目的地机场中没有 IATA 三字母代码的航班。还要删除 ELAPSED_TIME(平均经过时间)列中缺少值的行。如果不这样做,当我们将数据加载到图形结构中时,将会出问题。另一个问题是,数据集包含一些时间列,例如 DEPARTURE_TIME 和 ARRIVAL_TIME,为了节省空间,这些列仅以 HHMM 格式存储时间,而实际日期存储在 YEAR、MOMTH 和 DAY 列中。在本章中我们将进行的一个分析需要 DEPARTURE_TIME 的一个完整日期时间,由于执行此转换是一个耗时的操作,所以我们现在就执行此转换,并将其存储在我们将存储在 GitHub 上的 flights.csv 的已处理版本中。此操作使用 pandas apply()方法,该方法以 to_datetime()函数调用,axis= 1(表示转换应用于每一行)。

还有一个问题是,我们希望将文件存储在 GitHub 上,但最大文件大小限制为 100 M。因此,为了使文件小于 100 M,我们还删除了一些在我们尝试构建的分析中不需要的列,然后再将文件存储在 GitHub 上之前压缩文件。当然,另一个好处是 DataFrame 可以更快地加载更小的文件。

从 Kaggle 网站下载文件后,我们运行以下代码,首先将 CSV 文件加载到一个 pandas DataFrame 中,删除不需要的行和列,然后将数据写回文件:

注意:原始数据存储在一个名为 flights.raw.csv 的文件中。

由于包含 600 万条记录的文件太大,运行以下代码可能需要一些时间。

```
import pandas as pd
import datetime
import numpy as np
# 清理 flights.csv 中的航班数据
flights = pd.read_csv('flights.raw.csv', low_memory= False)
```

```
# 只选择在 ORIGIN 与 DESTINATION 机场中有一个 3 字母 IATA 代码的行
mask = (flights["ORIGIN_AIRPORT"].str.len() == 3) &
(flights["DESTINATION_AIRPORT"].str.len() == 3)
flights = flights[ mask ]
# 删掉不需要的行
dropped_columns= ["SCHEDULED_DEPARTURE","SCHEDULED_TIME",
"CANCEL LATION_REASON","DIVERTED","DIVERTED","TAIL_NUMBER",
"TAXI_OUT","WHEELS_OFF","WHEELS_ON",
"TAXI_IN","SCHEDULED_ARRIVAL", "ARRIVAL_TIME", "AIR_SYSTEM_ DELAY",
"SECURITY_DELAY",
"AIRLINE_DELAY","LATE_AIRCRAFT_DELAY", "WEATHER_DELAY"]
flights.drop(dropped_columns, axis= 1, inplace= True)
# 删除 ELAPSED_TIME 列是空值的行
flights.dropna(subset= ["ELAPSED_TIME"], inplace= True)
# 删除 DEPARTURE_TIME 列是空值的行
flights.dropna(subset= ["DEPARTURE_TIME"], inplace= True)
# 创建一个具有实际日期时间的新 DEPARTURE_TIME 列
def to_datetime(row):
    departure_time = str(int(row["DEPARTURE_TIME"])).zfill(4)
    hour = int(departure_time[0:2])
    return datetime.datetime(year= row["YEAR"], month= row["MONTH"],
                             day= row["DAY"],
                             hour = 0 if hour >= 24 else hour,
                             minute= int(departure_time[2:4])
                            )
flights["DEPARTURE_TIME"] = flights.apply(to_datetime, axis= 1)
# 将不带索引的数据写回文件
flights.to_csv('flights.csv', index= False)
```

你可以在以下地址找到代码文件：

https://github.com/DTAIEB/Thoughtful-Data-Science/blob/master/chapter%209/sampleCode3.py

注意：正如 pandas.read_csv 文档(http://pandas.pydata.org/pandas-docs/version/0.23/generated/pandas.read_csv.html)中所描述的，我们使用关键字参数 low_memory=false 来确保数据不会以块(chunk)的形式加载，否则可能会导致类型推断(type inference)问题，特别是对于非常大的文件。

为了方便起见,这三个文件存储在以下 GitHub 位置:https://github.com/DTAIEB/Thoughtful-Data-Science/tree/master/chapter% 209/USFlightsAnalysis。

下面的代码使用 pixiedust.sampleData()方法将数据加载到与 air lines、airports 和 flights 相对应的三个 pandas DataFrame 中:

```
airports= pixiedust.sampleData("https://github.com/DTAIEB/Thoughtful- Data
- Science/raw/master/chapter% 209/USFlightsAnalysis/airports.csv")
airlines = pixiedust. sampleData ( " https://github. com/DTAIEB/Thoughtful -
Data- Science/raw/master/chapter% 209/USFlightsAnalysis/airlines.csv")
flights= pixiedust.sampleData("https://github.com/DTAIEB/Thoughtful- Data
- Science/raw/master/chapter% 209/USFlightsAnalysis/flights.zip")
```

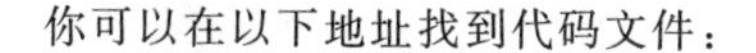

你可以在以下地址找到代码文件:

https://github.com/DTAIEB/Thoughtful-Data-Science/blob/master/chapter% 209/sampleCode4.py

注意:GitHub URL 使用/raw/段,表示我们希望下载原始文件,而不是相应 GitHub 页面的 HTML。

下一步是使用 flights DataFrame 作为边列表,使用 ELAPSED_TIME 列中的值作为权重,将数据加载到 networkx 有向加权图形对象中。我们首先使用 pandas.groupby()方法,它具有一个以 origin_airport 和 DESTINATION_AIRPORT 为键的多索引,对具有相同起降机场的所有航班进行分组,从而消除重复的航班。然后,我们从 DataFrameGroupBy 对象中选择 ELAPSED_TIME 列并使用 mean()方法聚合结果。这将为我们提供一个新的 DataFrame,它包含具有相同始发地机场和目的地机场的每个航班的平均 ELAPSED_TIME:

```
edges = flights.groupby(["ORIGIN_AIRPORT","DESTINATION_AIRPORT"])
[["ELAPSED_TIME"]].mean()
edges
```

你可以在以下地址找到代码文件:

https://github.com/DTAIEB/Thoughtful-Data-Science/blob/master/chapter% 209/sampleCode5.py

结果显示在图 9 - 9 所示的屏幕截图中。

		ELAPSED_TIME
ORIGIN_AIRPORT	DESTINATION_AIRPORT	
ABE	ATL	127.415350
	DTW	101.923741
	ORD	130.298762
ABI	DFW	53.951591
ABQ	ATL	174.822278
	BWI	215.028112
	CLT	193.168421
	DAL	95.107051
	DEN	75.268199
	DFW	103.641714
	HOU	115.464363
	IAH	125.548387
	JFK	232.306273
	LAS	88.696897
	LAX	120.412549
	MCI	106.373802
	MCO	213.412371
	MDW	155.709375
	MSP	147.079070

图 9 - 9　按始发地和目的地分组的航班,包含平均 ELAPSED_TIME

在使用此 DataFrame 创建有向图之前,我们需要将索引从一个多索引重置为普通单个索引,从而将索引列转换为普通列。为此,我们只需使用 `reset_index()` 方法,如下所示:

```
edges = edges.reset_index()
edges
```

你可以在以下地址找到代码文件:

https://github.com/DTAIEB/Thoughtful-Data-Science/blob/master/chapter%209/sampleCode6.py

我们现在有了一个具有正确形状的 DataFrame,可以用它来创建有向图,如图 9 - 10 所示。

	ORIGIN_AIRPORT	DESTINATION_AIRPORT	ELAPSED_TIME
0	ABE	ATL	127.415350
1	ABE	DTW	101.923741
2	ABE	ORD	130.298762
3	ABI	DFW	53.951591
4	ABQ	ATL	174.822278
5	ABQ	BWI	215.028112
6	ABQ	CLT	193.168421
7	ABQ	DAL	95.107051
8	ABQ	DEN	75.268199
9	ABQ	DFW	103.641714
10	ABQ	HOU	115.464363
11	ABQ	IAH	125.548387
12	ABQ	JFK	232.306273
13	ABQ	LAS	88.696897
14	ABQ	LAX	120.412549
15	ABQ	MCI	106.373802
16	ABQ	MCO	213.412371

图 9-10 按始发地和目的地分组的航班,包含平均 ELAPSED_TIME 和单一索引列

为了创建有向加权图,我们使用 NetworkX 的 `from_pandas_edgelist()` 方法,该方法以 pandas DataFrame 作为输入源。我们还指定了源列和目标列,以及权重列(在我们的示例中为 `ELAPSED_TIME`)。最后,我们告诉 NetworkX,我们希望通过使用 `create_using` 关键字参数创建一个有向图,并将一个 `DiGraph` 实例作为值传递给它。

下面的代码显示了如何调用 `from_pandas_edgeList()` 方法:

```
flight_graph = nx.from_pandas_edgelist(
    flights, "ORIGIN_AIRPORT","DESTINATION_AIRPORT",
    "ELAPSED_TIME",
    create_using = nx.DiGraph() )
```

你可以在以下地址找到代码文件:

https://github.com/DTAIEB/Thoughtful-Data-Science/blob/master/chapter% 209/sampleCode7.py

注意: NetworkX 支持通过多种格式转换来创建图形,包括字典、列表、NumPy 和 SciPy 矩阵,当然还有 pandas。有关这些转换功能的更多信息,请参阅:

https://networkx.github.io/documentation/networkx-2.1/reference/convert.html

我们可以通过直接打印其节点和边来快速验证我们的图形是否具有正确的值：

```
print("Nodes: {}".format(flight_graph.nodes))
print("Edges: {}".format(flight_graph.edges))
```

你可以在以下地址找到代码文件：

https://github.com/DTAIEB/Thoughtful-Data-Science/blob/master/chapter% 209/sampleCode8.py

它产生以下输出(截断)：

```
Nodes: ['BOS', 'TYS', 'RKS', 'AMA', 'BUF', 'BHM', 'PPG',...,
'CWA', 'DAL', 'BFL']
Edges: [('BOS', 'LAX'), ('BOS', 'SJC'), ..., ('BFL', 'SFO'),
('BFL', 'IAH')]
```

我们还可以通过使用 networkx 中提供的内置绘图 API 来创建更好的可视化效果，这些 API 支持多个渲染引擎，包括 MatplotLib、Graphviz AGraph (http://pygraphviz.github.io)和支持 pydot 文件格式的 Graphviz (https://github.com/erocarrera/pydot)。

为了简单起见，我们将使用 NetworkX 的 draw()方法，该方法使用易于获得的 Matplotlib 引擎。为了美化可视化效果，我们为其配置适当的宽度和高度(12,12)，并添加一个色彩鲜艳的调色板(我们使用 matplotlib.cm 中的 cool 和 spring 调色板，请参阅：https://matplotlib. org/2.0.2/examples/color/colormaps_reference.html)。

下面的代码显示了图形可视化的实现：

```
import matplotlib.cm as cm
fig = plt.figure(figsize = (12,12))
nx.draw(flight_graph, arrows= True, with_labels= True,
        width = 0.5,style= "dotted",
        node_color= range(len(flight_graph)),
        cmap= cm.get_cmap(name= "cool"),
        edge_color= range(len(flight_graph.edges)),
        edge_cmap= cm.get_cmap(name= "spring")
        )
plt.show()
```

你可以在以下地址找到代码文件:

https://github.com/DTAIEB/Thoughtful-Data-Science/blob/master/chapter% 209/sampleCode9.py

其结果如图 9 - 11 所示。

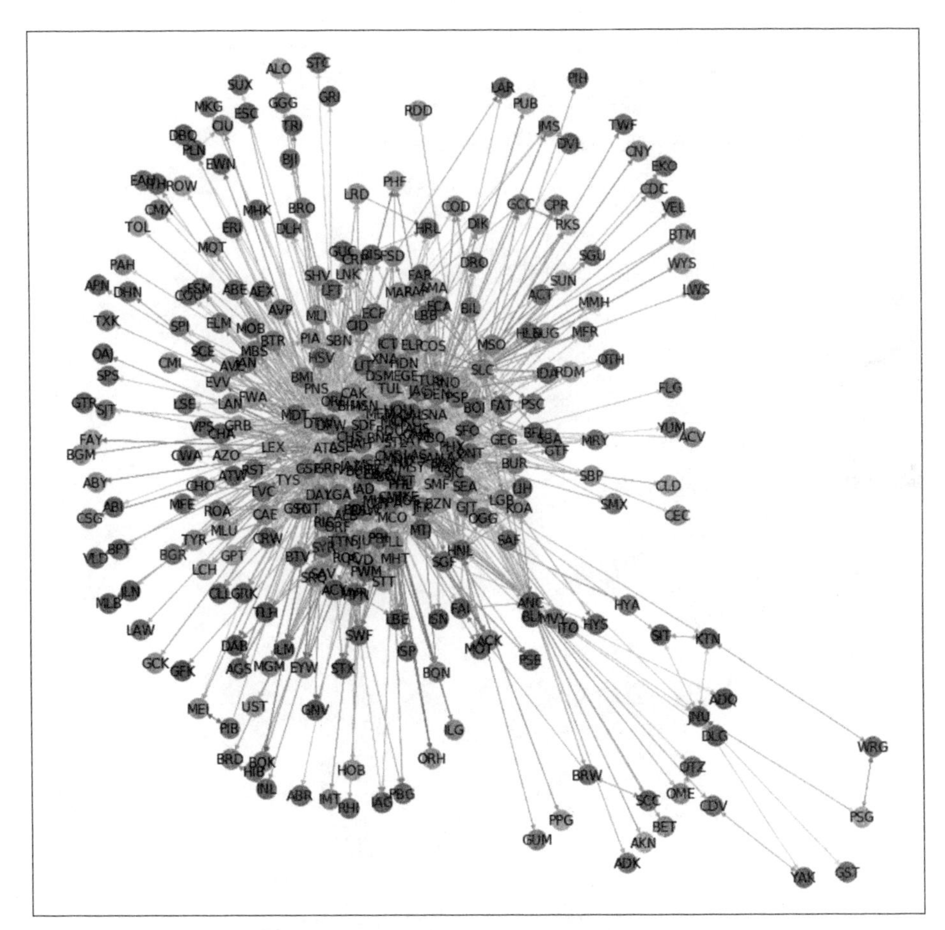

图 9 - 11　用 Matplotlib 实现有向图的快速可视化

在前面的图中,节点使用名为 spring_layout 的默认图形布局进行定位,这是一种力导向布局。这种布局的一个好处是,它可以快速显示位于图形中心的具有最多边缘连接的节点。我们可以在调用 draw() 方法时使用 pos 关键字参数来更改图形布局。networkx 支持其他类型的布局,包括 circular_layout、random_layout、shell_ layout 和 spectral_layout。

例如,使用 random_layout:

```
import matplotlib.cm as cm
fig = plt.figure(figsize = (12,12))
nx.draw(flight_graph, arrows= True, with_labels= True,
        width = 0.5,style= "dotted",
        node_color= range(len(flight_graph)),
        cmap= cm.get_cmap(name= "cool"),
        edge_color= range(len(flight_graph.edges)),
        edge_cmap= cm.get_cmap(name= "spring"),
        pos = nx.random_layout(flight_graph)
    )
plt.show()
```

你可以在以下地址找到代码文件:

https://github.com/DTAIEB/Thoughtful-Data-Science/blob/master/chapter% 209/sampleCode10.py

得到如图 9-12 所示的结果。

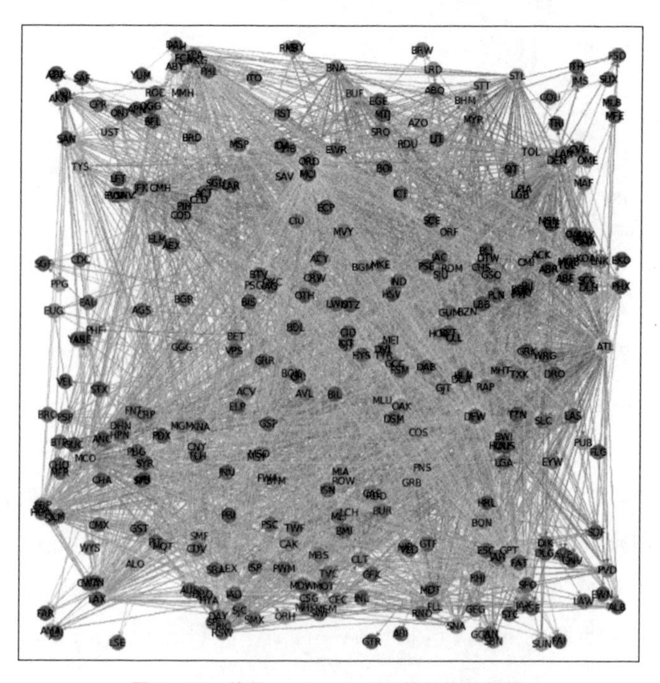

图 9-12　使用 random_layout 的航班数据图

注意:你可以在以下地址找到有关这些布局的更多信息:

https://networkx.github.io/documentation/networkx-2.1/reference/drawing.html

图的中心性

关于图的下一个要分析的有趣东西是它的中心性指标,该指标允许我们发现哪些节点是最重要的顶点。作为练习,我们将计算 4 种中心性指标:**度、网页排名、接近中心性、最短路径中介性**。然后,我们将扩展 airports DataFrame,为每个中心性指标添加一列,并使用 PixieDust display()在 Mapbox 地图中可视化结果。

利用 networkx 计算有向图的度数非常简单,只需使用 flight_graph 对象的 degree 属性,如下所示:

```
print(flight_graph.degree)
```

这将输出一个包含机场代码和度数索引的元组数组,如下所示:

```
[('BMI', 14), ('RDM', 8), ('SBN', 13), ('PNS', 18), ......, ('JAC', 26),
('MEM', 46)]
```

现在,我们希望向 airports DataFrame 中添加一个 DEGREE 列,该列包含前面的数组中每个机场行的度值。为此,我们需要创建一个包含两个列的新 DataFrame:IATA_CODE 和 DEGREE,并对 IATA_CODE 执行一个 pandas merge()操作。

合并操作如图 9-13 所示 。

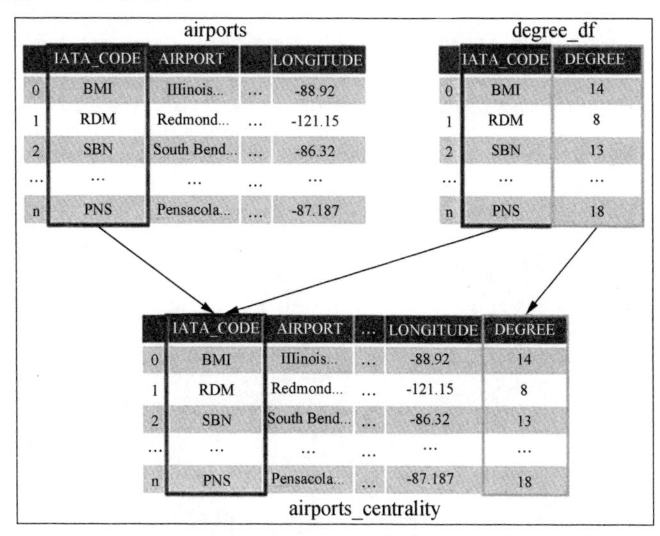

airports

	IATA_CODE	AIRPORT		LONGITUDE
0	BMI	Illinois...	...	-88.92
1	RDM	Redmond...	...	-121.15
2	SBN	South Bend...	...	-86.32
...	...	...	...	...
n	PNS	Pensacola...	...	-87.187

degree_df

	IATA_CODE	DEGREE
0	BMI	14
1	RDM	8
2	SBN	13
...	...	...
n	PNS	18

	IATA_CODE	AIRPORT	...	LONGITUDE	DEGREE
0	BMI	Illinois...	...	-88.92	14
1	RDM	Redmond...	...	-121.15	8
2	SBN	South Bend...	...	-86.32	13
...	...	...	...	...	...
n	PNS	Pensacola...	...	-87.187	18

airports_centrality

图 9-13 将度数 DataFrame 合并到 airports DataFrame

下面的代码显示了如何实现上述步骤。我们首先通过迭代 flight_path.degree 输出来创建一个 JSON 有效负载，再使用 pd.dataframe() 构造函数创建 DataFrame，然后使用 pd.merge()，将 airports 和 degree_df 作为参数。我们还将参数 on 与值 IATA_CODE 一起使用，IATA_CODE 是我们要执行联接操作的键列：

```
degree_df = pd.DataFrame([{"IATA_CODE":k, "DEGREE":v} for k,v in
flight_graph.degree], columns= ["IATA_CODE", "DEGREE"])
airports_centrality = pd.merge (airports, degree_df, on= 'IATA_CODE')
airports_centrality
```

你可以在以下地址找到代码文件：

https://github.com/DTAIEB/Thoughtful-Data-Science/blob/master/chapter% 209/sampleCode11.py

结果显示在图 9－14 所示的屏幕截图中。

	IATA_CODE	AIRPORT	CITY	STATE	COUNTRY	LATITUDE	LONGITUDE	DEGREE
0	ABE	Lehigh Valley International Airport	Allentown	PA	USA	40.65236	-75.44040	7
1	ABI	Abilene Regional Airport	Abilene	TX	USA	32.41132	-99.68190	2
2	ABQ	Albuquerque International Sunport	Albuquerque	NM	USA	35.04022	-106.60919	46
3	ABR	Aberdeen Regional Airport	Aberdeen	SD	USA	45.44906	-98.42183	2
4	ABY	Southwest Georgia Regional Airport	Albany	GA	USA	31.53552	-84.19447	2
5	ACK	Nantucket Memorial Airport	Nantucket	MA	USA	41.25305	-70.06018	6
6	ACT	Waco Regional Airport	Waco	TX	USA	31.61129	-97.23052	2
7	ACV	Arcata Airport	Arcata/Eureka	CA	USA	40.97812	-124.10862	2
8	ACY	Atlantic City International Airport	Atlantic City	NJ	USA	39.45758	-74.57717	20
9	ADK	Adak Airport	Adak	AK	USA	51.87796	-176.64603	2
10	ADQ	Kodiak Airport	Kodiak	AK	USA	57.74997	-152.49386	2
11	AEX	Alexandria International Airport	Alexandria	LA	USA	31.32737	-92.54856	6
12	AGS	Augusta Regional Airport (Bush Field)	Augusta	GA	USA	33.36996	-81.96450	5

图 9－14　增加了 DEGREE 列的机场 DataFrame

要在 Mapbox 地图中可视化数据，只需在 airports_centrality DataFrame 上使用 PixieDust.display()：

```
display(airports_centrality)
```

图 9－15 所示的屏幕截图显示了选项对话框。

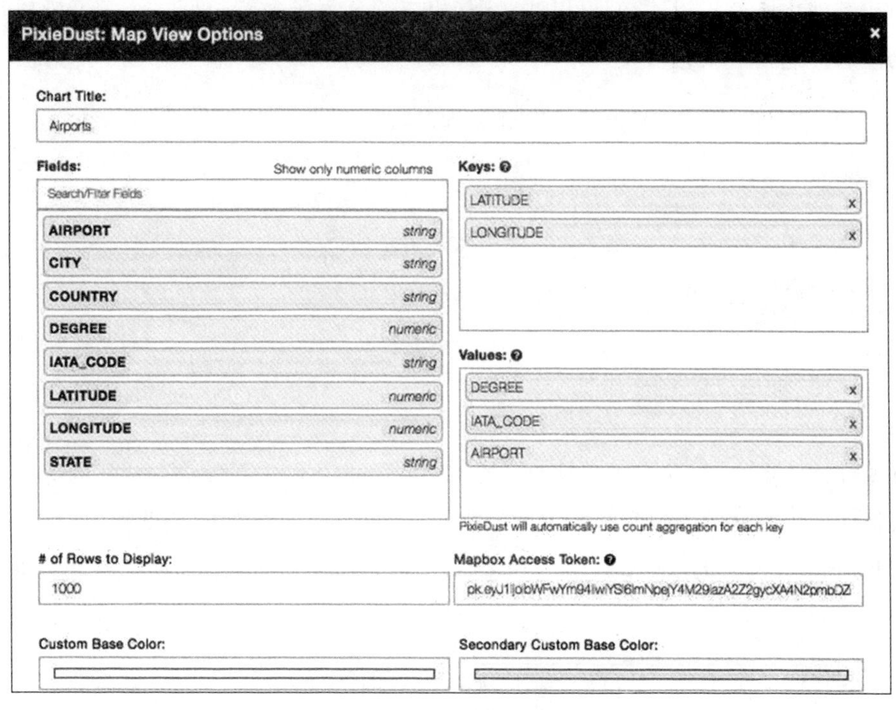

图 9-15 用于显示机场的 Mapbox 选项

单击选项对话框上的 **OK** 按钮后,我们将得到图 9-16 所示的结果。

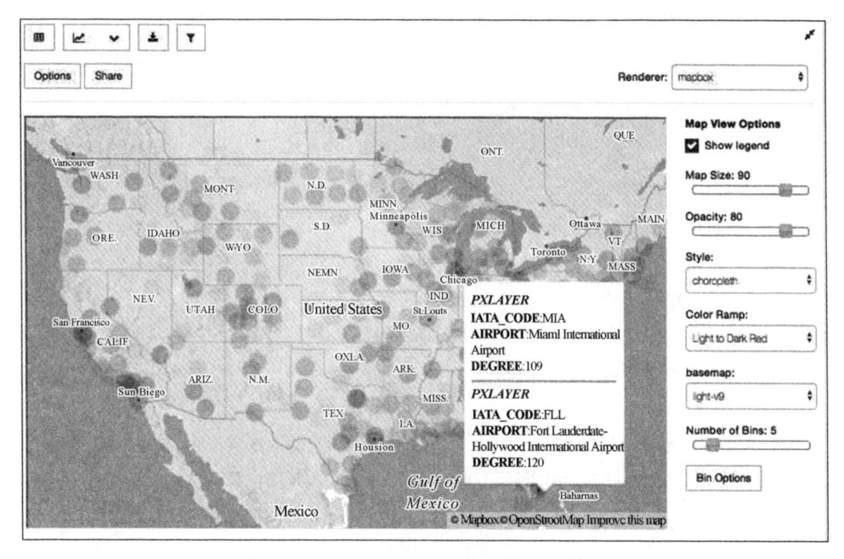

图 9-16 以度中心性展示机场分布情况

对于其他中心性指标,我们可以注意到,相应的计算函数都返回一个 JSON 输出(而不是为度属性返回的数组),其中以 IATA_CODE 机场代码为键,以中心性指标为值。

例如,如果我们使用以下代码计算网页排名:

```
nx.pagerank(flight_graph)
```

得到以下结果:

```
{'ABE': 0.0011522441195896051,
 'ABI': 0.0006671948649909588,
 ...
 'YAK': 0.001558809391270303,
 'YUM': 0.0006214341604372096}
```

考虑到这一点之后,我们可以实现一个名为 compute_centrality()的泛型函数,该函数将计算中心性的函数和一个列名作为参数,创建一个包含计算得到中心性值的临时 DataFrame,并将其与 airports_centrality DataFrame 合并,而不是像对 degree 那样重复相同步骤。

下面的代码显示了 compute_centrality()的实现:

```
from six import iteritems
def compute_centrality (g, centrality_df, compute_fn, col_name, * args,
* * kwargs):
    # 创建一个包含计算得到的中心性值的临时 DataFrame
    temp_df = pd.DataFrame(
        [{"IATA_CODE":k, col_name:v} for k,v in iteritems
(compute_fn(g, * args, * * kwargs))],
        columns= ["IATA_CODE", col_name]
    )
    # 确保已经从 centrality_df 中删除了 col_name
    if col_name in centrality_df.columns:
        centrality_df.drop([col_name], axis= 1, inplace= True)
    # 按照 IATA_CODE 列合并两个 DataFrame
    centrality_df = pd.merge(centrality_df, temp_df, on= 'IATA_CODE')
    return centrality_df
```

你可以在以下地址找到代码文件:

https://github.com/DTAIEB/Thoughtful-Data-Science/blob/master/chapter% 209/sampleCode12.py

现在,我们可以简单地使用三个计算函数 nx.pagerank()、nx.closeness_centrality()和 nx.betweenness_centrality()调用 compute_centrality()方法，列名分别为 PAGE_RANK、CLOSENESS 和 BETWEENNESS，代码如下所示：

```
airports_centrality = compute_centrality(flight_graph, airports_
centrality,nx.pagerank, "PAGE_RANK")
airports_centrality = compute_centrality(flight_graph, airports_
centrality,nx.closeness_centrality, "CLOSENESS")
airports_centrality = compute_centrality(
    flight_graph, airports_centrality, nx.betweenness_centrality,
"BETWEENNESS", k= len(flight_graph))
airports_centrality
```

你可以在以下地址找到代码文件：

https://github.com/DTAIEB/Thoughtful-Data-Science/blob/master/chapter% 209/sampleCode13.py

airports_centrality DataFrame 现在有了额外的列，如图 9－17 所示。

	IATA_CODE	AIRPORT	CITY	STATE	COUNTRY	LATITUDE	LONGITUDE	DEGREE	PAGE_RANK	CLOSENESS	BETWEENNESS
0	ABE	Lehigh Valley International Airport	Allentown	PA	USA	40.65236	-75.44040	7	0.001152	0.423483	0.000000e+00
1	ABI	Abilene Regional Airport	Abilene	TX	USA	32.41132	-99.68190	2	0.000667	0.392901	0.000000e+00
2	ABQ	Albuquerque International Sunport	Albuquerque	NM	USA	35.04022	-106.60919	46	0.004145	0.497674	6.023268e-05
3	ABR	Aberdeen Regional Airport	Aberdeen	SD	USA	45.44906	-98.42183	2	0.000647	0.379433	0.000000e+00
4	ABY	Southwest Georgia Regional Airport	Albany	GA	USA	31.53552	-84.19447	2	0.000655	0.402760	0.000000e+00
5	ACK	Nantucket Memorial Airport	Nantucket	MA	USA	41.25305	-70.06018	6	0.000912	0.362302	0.000000e+00
6	ACT	Waco Regional Airport	Waco	TX	USA	31.61129	-97.23052	2	0.000667	0.392901	0.000000e+00
7	ACV	Arcata Airport	Arcata/Eureka	CA	USA	40.97812	-124.10862	2	0.000638	0.362712	0.000000e+00
8	ACY	Atlantic City International Airport	Atlantic City	NJ	USA	39.45758	-74.57717	20	0.002094	0.432615	1.968172e-05
9	ADK	Adak Airport	Adak	AK	USA	51.87796	-176.64603	2	0.000753	0.337539	0.000000e+00
10	ADQ	Kodiak Airport	Kodiak	AK	USA	57.74997	-152.49386	2	0.000753	0.337539	0.000000e+00

图 9－17　增加了 PAGE_RANK、CLOSENESS 和 BETWEENNESS 列的机场 DataFrame

这里做一个练习，我们可以验证 4 个中心性指标是否为顶层机场提供了一致的结果。使用 pandas nlargest()方法，我们可以获得关于这 4 个指标的前 10 名的机场，代码如下所示：

```
for col_name in ["DEGREE", "PAGE_RANK", "CLOSENESS", "BETWEENNESS"]:
    print("{} : {}".format(
        col_name,
        airports_centrality.nlargest(10, col_name)["IATA_CODE"].
```

```
values)
    )
```

你可以在以下地址找到代码文件：

https://github.com/DTAIEB/Thoughtful-Data-Science/blob/master/chapter% 209/sampleCode14.py

其结果如下：

```
DEGREE : ['ATL' 'ORD' 'DFW' 'DEN' 'MSP' 'IAH' 'DTW' 'SLC' 'EWR' 'LAX']
PAGE_RANK : ['ATL' 'ORD' 'DFW' 'DEN' 'MSP' 'IAH' 'DTW' 'SLC' 'SFO' 'LAX']
CLOSENESS : ['ATL' 'ORD' 'DFW' 'DEN' 'MSP' 'IAH' 'DTW' 'SLC' 'EWR' 'LAX']
BETWEENNESS : ['ATL' 'DFW' 'ORD' 'DEN' 'MSP' 'SLC' 'DTW' 'ANC' 'IAH' 'SFO']
```

正如我们所看到的，亚特兰大(Atlanta)机场在所有中心性指标排名中名列榜首。再做一个练习，让我们创建一个名为 visualize_neighbors()的泛型方法，该方法能够可视化给定节点的所有邻接点，并用亚特兰大(Atlanta)机场节点调用它。在这个方法中，我们通过添加一条从父节点到它的所有邻接点的边来创建一个子图，该子图以父节点为中心。我们使用 NetworkX 的 neighbors()方法获取特定节点的所有邻接点。

下面的代码显示了 visualize_neighbors()方法的实现：

```
import matplotlib.cm as cm
def visualize_neighbors(parent_node):
    fig = plt.figure(figsize = (12,12))
    # 创建一个子图,添加一条从父节点到它的所有邻接点的边
    graph = nx.DiGraph()
    for neighbor in flight_graph.neighbors(parent_node):
        graph.add_edge(parent_node, neighbor)
    # 画出子图
    nx.draw(graph, arrows= True, with_labels= True,
            width = 0.5,style= "dotted",
            node_color= range(len(graph)),
            cmap= cm.get_cmap(name= "cool"),
            edge_color= range(len(graph.edges)),
            edge_cmap= cm.get_cmap(name= "spring"),
            )
    plt.show()
```

你可以在以下地址找到代码文件:

https://github.com/DTAIEB/Thoughtful-Data-Science/blob/master/chapter%209/sampleCode15.py

然后,我们对 ATL 节点调用 visualize_neighbors()方法:

```
visualize_neighbors("ATL")
```

它的输出如图 9-18 所示。

我们通过使用著名的 Dijkstra 算法(https://en.wikipedia.org/wiki/Dijkstra%27s_algorithm)计算两个节点之间的最短路径来完成第 1 部分。我们将使用不同的权重属性进行实验,以检查我们是否得到了不同的结果。

例如,让我们使用 NetworkX 的 dijkstra_path()方法(https://networkx.github.io/documentation/networkx-2.1/reference/algorithms/generated/networkx.algorithms.shortest_paths.weighted.dijkstra_path.html)计算马萨诸塞州波士顿洛根机场(BOS)和华盛顿帕斯科三城机场(PSC)之间的最短路径。

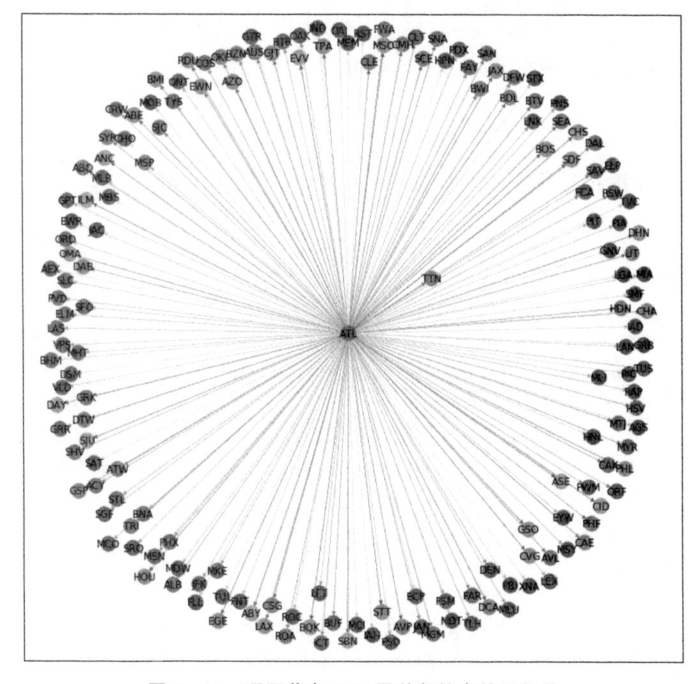

图 9-18 顶层节点 ATL 及其邻接点的可视化

我们首先使用 ELAPSED_TIME 列作为权重属性：

注意：提醒一下，ELAPSED_TIME 是我们在本节前面计算具有相同始发地机场和目的地机场的每个航班的平均飞行时间。

```
nx.dijkstra_path(flight_graph, "BOS", "PSC", weight= "ELAPSED_TIME")
```

返回结果为：

```
['BOS', 'MSP', 'PSC']
```

不幸的是，我们前面计算的中心性指标不是 flight_graph DataFrame 的一部分，因此使用它作为 weight 属性的列名是行不通的。但是，dijkstra_path()还允许我们使用一个函数来动态计算权重。因为我们想尝试不同的中心性指标，所以我们需要创建一个工厂方法（https://en.wikipedia.org/wiki/Factory_method_pattern），它将为作为参数传递的给定中心性指标创建一个函数。此参数用作嵌套包装器函数的闭包，该函数符合 dijkstra_path()方法的 weight 参数。我们还使用一个 cache 字典来记住计算出的给定机场的权重，因为算法将为同一个机场多次调用函数。如果权重不在缓存中，则需要使用 centrality_indexe_col 参数在 airports_centrality DataFrame 中查找它。由于 Dijkstra 算法只能计算距离较短的路径，因此最终权重是通过取中心性值的倒数来计算的。

下面的代码显示了 compute_weight 工厂方法的实现：

```
# 使用缓存，这样我们就不会每次都为同一个机场重复计算权重
cache= {}
def compute_weight(centrality_indice_col):
    # 包装器函数符合 dijkstra 权重参数
    def wrapper (source, target, attribute):
        # 首先尝试查找缓存，如果没有，则计算权重
        source_weight = cache.get(source, None)
        if source_weight is None:
            # 查询权重的 airports_centrality
            source_weight = airports_centrality.loc[airports_
centrality["IATA_CODE"] = = source][centrality_indice_col].values[0]
            cache[source] = source_weight
        target_weight = cache.get(target, None)
        if target_weight is None:
            target_weight = airports_centrality.loc[airports_
centrality["IATA_CODE"] = = target][centrality_indice_col].values[0]
```

```
        cache[target] = target_weight
        # 由于 Dijkstra 算法优先考虑较短的距离，因此返回的权重与计算出的权重成反比
        return float(1/source_weight) + float(1/target_weight)
    return wrapper
```

你可以在以下地址找到代码文件：
https://github.com/DTAIEB/Thoughtful-Data-Science/blob/master/chapter%209/sampleCode16.py

现在，我们可以为每个中心性指标调用 NetworkX 的 dijkstra_path() 方法。注意，我们不使用 BETWEENNESS 列，因为有些值等于零，不能用作权重。我们还需要在调用 dijkstra_path() 方法之前清除缓存，因为使用不同的中心性指标将为每个机场产生不同的值。

下面的代码显示了如何计算每个中心性指标的最短路径：

```
for col_name in ["DEGREE", "PAGE_RANK", "CLOSENESS"]:
    # 清除缓存
    cache.clear()
    print("{} :
        {}".format( col_name,
        nx.dijkstra_path(flight_graph, "BOS", "PSC",
                         weight= compute_weight(col_name))
    ))
```

你可以在以下地址找到代码文件：
https://github.com/DTAIEB/Thoughtful-Data-Science/blob/master/chapter%209/sampleCode17.py

得出以下结果：

```
DEGREE : ['BOS', 'DEN', 'PSC']
PAGE_RANK : ['BOS', 'DEN', 'PSC']
CLOSENESS : ['BOS', 'DEN', 'PSC']
```

值得注意的是，正如预期的那样，关于三个中心性指标计算出的最短路径是相同的，即经过丹佛(Denver)机场，它是一个顶层中心机场。但是，它与使用 ELAPSED_TIME 权重计算出的结果不同，ELAPSED_TIME 权重让我们经过明尼阿波利斯(Minneapolis)。

在本节中，我们展示了如何将航班数据加载到图形数据结构中，计算不同的中心性

指标并使用它们计算机场之间的最短路径。我们还讨论了图形数据可视化的不同方法。

第 1 部分的完整 Notebook 可在以下地址找到：

https://github.com/DTAIEB/Thoughtful-Data-Science/blob/master/chapter% 209/USFlightsAnalysis/US% 20 Flight% 20data% 20analysis% 20- % 20Part% 201.ipynb

在下一节中，我们将创建 USFlightsAnalysis PixieApp 来实施这些分析结果。

第 2 部分——创建 USFlightsAnalysis PixieApp

对于 USFlightsAnalysis 的第一次迭代，我们希望实现一个简单使用场景，利用了第 1 部分中创建的分析结果：

- 欢迎屏幕将显示用于选择始发地机场和目的地机场的两个下拉控件。
- 当选定一个机场时，我们将显示一个展示所选机场及其邻近点的图。
- 当选定两个机场时，用户单击 **Analyze（分析）**按钮以显示所有机场的 Mapbox 地图。
- 用户可以选择一个出现在复选框中的中心性指标，以根据所选择的中心性指标来显示最短的飞行路径。

首先，让我们看看如何在 USFlightsAnalysis PixieApp 的默认路由中实现欢迎屏幕。下面的代码定义了 USFlightsAnalysis 类，该类用@ PixieApp 装饰器修饰，使其成为一个 PixieApp。它包含一个 main_screen() 方法，该方法用@ route() 装饰器修饰，使其成为默认路由。此方法返回一个 HTML 片段，该片段将在 PixieApp 启动时作为欢迎屏幕。HTML 片段由两部分组成：一部分显示用于选择始发地机场的下拉控件，另一部分包含用于选择目的地机场的下拉控件。我们使用一个查看每个机场（由 get_airports() 方法返回）的 Jinja2 {% for...% }生成一组< options> 元素。另外在每个控件下，我们添加一个占位符< div> 元素，它将在选定一个机场时加载图形可视化。

注意：和之前一样，我们使用[[USFlightsAnalysis]]符号表示代码只显示部分实现，因此在提供完整的实现之前，读者不应该试图按原样运行它。

稍后我们将会解释 USFlightsAnalysis 类从 MapboxBase 类继承的原因。

```
[[USFlightsAnalysis]]
from pixiedust.display.app import *
from pixiedust.apps.mapboxBase import MapboxBase
from collections import OrderedDict


@PixieApp
class USFlightsAnalysis(MapboxBase):
    ...
    @route()
    def main_screen(self):
        return"""
< style>
    div.outer- wrapper {
        display: table;width:100% ;height:300px;
    }
    div.inner- wrapper {
        display: table- cell;vertical- align: middle;height: 100% ;width:
100% ;
    }
< /style>
< div class= "outer- wrapper">
    < div class= "inner- wrapper">
        < div class= "col- sm- 6">
            < div class= "rendererOpt" style= "font- weight:bold">
                Select origin airport:
            < /div>
            < div>
                < select id= "origin_airport{{prefix}}"
                        pd_refresh= "origin_graph{{prefix}}">
                    < option value= "" selected> < /option>
                    {%for code, airport in this.get_airports()%}
                    < option value= "{{code}}"> {{code}} - {{airport}_}< /
option>
                    {%endfor%}
                < /select>
            < /div>
            < div id= "origin_graph{{prefix}}" pd_options= "visualize_
graph= $ val(origin_airport{{prefix}})"> < /div>
        < /div>
        < div class= "input- group col- sm- 6">
            < div class= "rendererOpt" style= "font- weight:bold">
                Select destination airport:
            < /div>
            < div>
                < select id= "destination_airport{{prefix}}"
```

```
                    pd_refresh= "destination_graph{{prefix}}">
                   < option value= "" selected> < /option>
                   {%for code, airport in this.get_airports() %}
                   < option value= "{{code}}"> {{code}} -  {{airport}_}< /
option>
                   {%endfor%}
               < /select>
           < /div>
           < div id= "destination_graph{{prefix}}"
pd_options= "visualize_graph= $ val(destination_airport{{prefix}})">
           < /div>
       < /div>
    < /div>
< /div>
< div style= "text- align:center">
    < button class= "btn btn- default" type= "button"
pd_options= "org_airport= $ val(origin_airport{{prefix}});dest_
airport= $ val(destination_airport{{prefix}})">
        < pd_script type= "preRun">
            if ($ ("# origin_airport{{prefix}}").val() = =  "" ||
$ ("# destination_airport{{prefix}}").val() = =  ""){
                alert("Please select an origin and destination
airport");
                return false;
            }
            return true;
        < /pd_script>  Analyze
    < /button>
< /div>
"""
def get_airports(self):
    return[tuple(l) for l in airports_centrality[["IATA_CODE", "AIRPORT"]].
values.tolist()]
```

你可以在以下地址找到代码文件：

https://github.com/DTAIEB/Thoughtful-Data-Science/blob/master/chapter% 209/sampleCode18.py

当用户选择始发地机场时，将触发一个 pd_refresh，该 pd_refresh 以 ID 为 origin_graph{{prefix}}的占位符< div> 元素为目标。反过来，此< div> 元素使用以下状态触发路由：visualize_graph= $ val(origin_ airport{{prefix}}。提醒一下，$ val()指令在运行时通过获取 origin_airport{{prefix}}下拉元素的机场

值来解析。目的地机场使用类似的实现。

这里提供了 visualize_graph 路由的代码。它只是调用我们在第 1 部分中实现的 visualize_neighbors() 方法，我们在第 2 部分中对该方法稍作修改，以添加一个可选的图形尺寸参数来适应宿主< div> 元素的尺寸。注意，我们还使用了@ captureOutput 装饰器，因为 visualize_neighbors() 方法会直接将输出写入所选单元格：

```
[[USFlightsAnalysis]]
@route(visualize_graph= "*")
@captureOutput
def visualize_graph_screen(self, visualize_graph):
    visualize_neighbors(visualize_graph, (5,5))
```

你可以在以下地址找到代码文件：

https://github.com/DTAIEB/Thoughtful-Data-Science/blob/master/chapter% 209/sampleCode19.py

Analyze 按钮触发与 org_airport 和 dest_airport 状态参数相关联的 compute_path_screen() 路由。我们还希望确保在允许 compute_path_screen() 路由继续之前，用户已经选择了这两个机场。为此，我们使用一个子元素< pd_script> ，带有包含将在触发路由之前执行的 JavaScript 代码的 type= "prerun"。此处的代码约定是如果我们想让路由继续，则返回布尔值 true，否则返回 false。

对于 **Analyze** 按钮，我们检查是否两个下拉列表都有一个值，如果是则返回 true，否则将引发错误消息并返回 false：

```
< button class= "btn btn- default" type= "button" pd_options= "org_
airport= $ val(origin_airport{{prefix}});dest_airport= $ val(destination_
airport{{prefix}})">
    < pd_script type= "preRun">
        if ($ ("# origin_airport{{prefix}}").val() = = "" ||
$ ("# destination_airport{{prefix}}").val() = = ""){
            alert("Please select an origin and destination airport");
            return false;
        }
        return true;
    < /pd_script> Analyze
        < /button>
```

你可以在以下地址找到代码文件：

https://github.com/DTAIEB/Thoughtful-Data-Science/blob/master/chapter% 209/sampleCode20.html

如图 9－19 所示的输出显示了选择 BOS 作为始发地机场和 PSC 作为目的地机场时的最终结果。

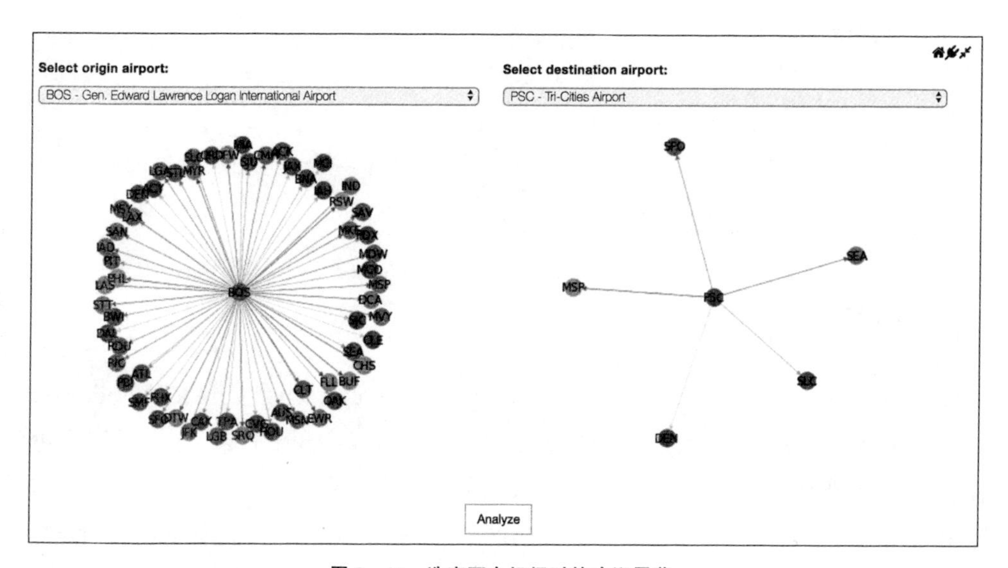

图 9－19　选定两个机场时的欢迎屏幕

现在，让我们看一下 compute_path_screen()路由的实现，它负责显示所有机场的 Mapbox 地图，以及基于选定的中心性指标的最短路径，作为叠加在整个地图上的额外可视化层。

下面的代码显示了它的实现：

```
[[USFlightsAnalysis]]
@route(org_airport= "*", dest_airport= "*")
def compute_path_screen(self, org_airport, dest_airport):
    return """
< div class= "container- fluid">
    < div class= "form- group col- sm- 2" style= "padding- right:10px;">
        < div> < strong> Centrality Indices< /strong> < /div>
        {%for centrality in this.centrality_indices.keys() %}
        < div class= "rendererOpt checkbox checkbox- primary">
            < input type= "checkbox"
```

```
                pd_refresh= "flight_map{{prefix}}"
pd_script= "self.compute_toggle_centrality_layer('{{org_airport}}',
'{{dest_airport}}', '{{centrality}}')">
            < label> {{centrality}_}< /label>
        < /div>
        {%endfor%}
    < /div>
    < div class= "form- group col- sm- 10">
        < h1 class = " rendererOpt " > Select a centrality index to show the
shortest flight path
        < /h1>
        < div id= "flight_map{{prefix}}" pd_entity= "self.airports_ centrality" pd
_render_onload>
            < pd_options>
            {
              "keyFields": "LATITUDE,LONGITUDE",
              "valueFields": "AIRPORT,DEGREE,PAGE_RANK,ELAPSED_ TIME,
CLOSENESS",
              "custombasecolorsecondary": "# fffb00",
              "colorrampname": "Light to Dark Red",
              "handlerId": "mapView",
              "quantiles": "0.0,0.1,0.2,0.3,0.4,0.5,0.6,0.7,0.8,0.9,1.0",
              "kind":"choropleth",
              "rowCount": "1000",
              "numbins": "5",
              "mapboxtoken": "pk.
eyJ1IjoibWFwYm94IiwiYSI6ImNpejY4M29iazA2Z2gycXA4N2pmbDZmangifQ.- g_
vE53SD2WrJ6tFX7QHmA",
              "custombasecolor": "# ffffff"
            }
            < /pd_options>
        < /div>
    < /div>
< /div>
"""
```

你可以在以下地址找到代码文件：

https://github.com/DTAIEB/Thoughtful-Data-Science/blob/master/chapter% 209/sampleCode21.py

这个屏幕的中心< div> 元素是 Mapbox 地图，默认情况下它显示所有机场的 Mapbox 地图。如上面的代码所示，< pd_options> 子元素直接取自我们在第 1 部分中配置映射的相应单元格元数据。

在左侧，我们使用 centrality_indices 变量上的 Jinja2{% for...%}循环生成一组对应于每个中心性指标的复选框。我们在 USFlightsAnalysis PixieApp 的 setup()方法中初始化这个变量，保证在 PixieApp 启动时调用它。此变量是一个有序字典（OrderedDict，https://docs.python.org/3/library/collections.html# collections.OrderedDict），其中键是中心性指标，值是配色方案，将在 Mapbox 渲染中使用：

```
[[USFlightsAnalysis]]
def setup(self):
    self.centrality_indices = OrderedDict([
        ("ELAPSED_TIME","rgba(256,0,0,0.65)"),
        ("DEGREE", "rgba(0,256,0,0.65)"),
        ("PAGE_RANK", "rgba(0,0,256,0.65)"),
        ("CLOSENESS", "rgba(128,0,128,0.65)")
    ])
```

你可以在以下地址找到代码文件：

https://github.com/DTAIEB/Thoughtful-Data-Science/blob/master/chapter% 209/sampleCode22.py

如图 9-20 所示的输出显示了未选择中心性指标时的分析屏幕。

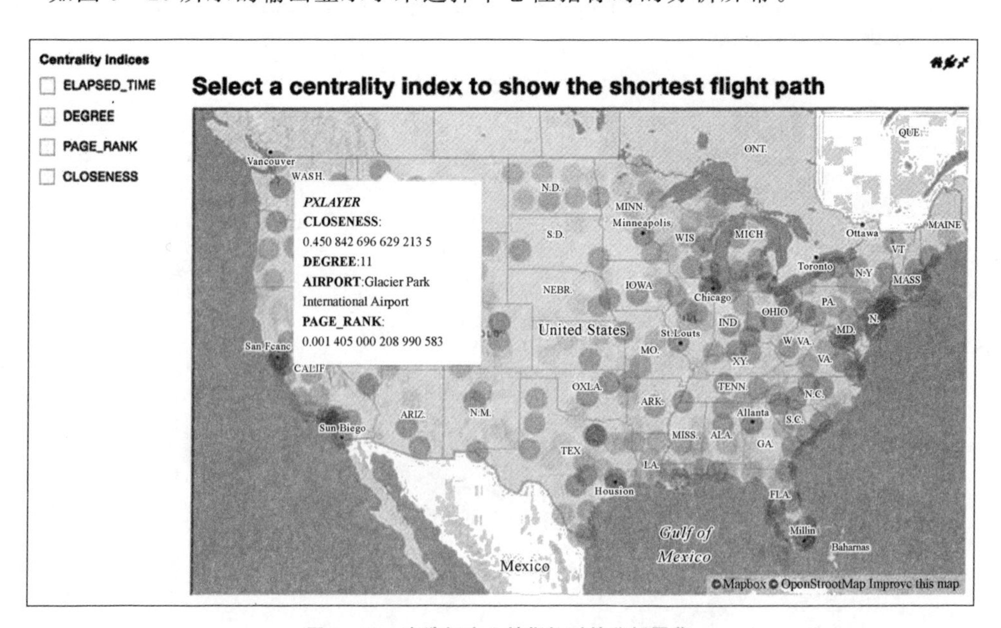

图 9-20 未选择中心性指标时的分析屏幕

我们现在到了用户选择一个中心性指标以触发最短路径搜索的步骤。每个复选框都有一个调用 compute_toggle_centrality_layer()方法的 pd_script 属性。此方法负责调用 NetworkX 的 dijkastra_path()方法,它具有通过调用我们在第 1 部分中讨论过的 compute_weight()方法生成的 weight 参数。此方法返回一个数组,包含构成最短路径的每个机场。使用该路径,我们之后可以创建一个 JSON 对象,它包含作为一组要显示在地图上的线的 GeoJSON 有效负载。

这里值得停下来讨论一下层(layer)的概念。一个层使用 GeoJSON 格式(http://geojson.org)来定义,我们在第 5 章中对此进行了简要讨论。提醒一下,GeoJSON 有效负载是一个具有特定模式的 JSON 对象,该模式包括一个定义所绘制对象的形状的 geometry 元素。

例如,我们可以使用 LineString 类型和线两端的经度和纬度坐标数组来定义一条线:

```
{
  "geometry": {
      "type": "LineString",
      "coordinates": [
          [- 93.21692, 44.88055],
          [- 119.11903000000001, 46.26468]
      ]
  },
  "type": "Feature",
  "properties": {}
}
```

你可以在以下地址找到代码文件:

https://github.com/DTAIEB/Thoughtful-Data-Science/blob/master/chapter% 209/sampleCode23.json

假设我们可以从最短路径生成这个 GeoJSON 有效负载,那么我们想知道如何将它传递给 PixieDust Mapbox 渲染器,以便能够显示它。这个机制非常简单:Mapbox 渲染器将内省任何符合特定格式的类变量的宿主 PixieApp 并使用它生成要显示的 Mapbox 层。为了与此机制保持一致,我们使用了前面简要介绍的 MapBoxBase 实用工具类。这个类有一个 get_layer_index()方法,该方法使用唯一的名称(我们使用中心性指标)作为参数并返回其索引。它还需要一个额外的可选参数来创建层,以防它还不存在。然后，我们调用 toggleLayer()方法，将层索引作为参数传递以打开和关闭层。

下面的代码显示了实现上述步骤的 compute_toggle_centrality_layer()方法的实现：

```
[[USFlightsAnalysis]]
def compute_toggle_centrality_layer(self, org_airport, dest_airport,
centrality):
    cache.clear()
    cities = nx.dijkstra_path(flight_graph, org_airport, dest_airport, weight
= compute_weight(centrality))
    layer_index = self.get_layer_index(centrality, {
        "name": centrality,
        "geojson": {
            "type": "FeatureCollection",
            "features":[
                {"type":"Feature",
                  "properties":{"route":"{} to {}".format(cities[i],
cities[i+ 1])},
                  "geometry":{
                    "type":"LineString",
                    "coordinates":[
                        self.get_airport_location(cities[i]),
                        self.get_airport_location(cities[i+ 1])
                    ]
                    }
                }for i in range(len(cities) - 1)
            ]
        },
        "paint":{
            "line- width": 8,
            "line- color": self.centrality_indices[centrality]
        }
    })
    self.toggleLayer(layer_index)
```

你可以在以下地址找到代码文件：

https://github.com/DTAIEB/Thoughtful-Data-Science/blob/master/chapter% 209/sampleCode24.py

几何对象中的坐标使用 get_airport_location()方法来计算，该方法查询我们在第 1 部分中创建的 airports_centrality DataFrame，代码如下所示：

```
[[USFlightsAnalysis]]
```

```
def get_airport_location(self, airport_code):
    row = airports_centrality.loc[airports["IATA_CODE"] == airport_code]
    if row is not None:
        return [row["LONGITUDE"].values[0], row["LATITUDE"].values[0]]
    return None
```

你可以在以下位置找到代码文件:

https://github.com/DTAIEB/Thoughtful-Data-Science/blob/master/chapter% 209/sampleCode25.py

传递给 get_layer_index()方法的层对象具有以下属性:

- name:唯一标识层的字符串。
- geojson:定义层的特征和几何形状的 GeoJSON 对象。
- url:仅在 geojson 不存在时使用。指示返回一个 GeoJson 有效负载的 URL。
- paint:特定于 Mapbox 规范的可选额外属性,用于定义层数据的样式,例如颜色、宽度和不透明度。
- layout:特定于 Mapbox 规范的可选额外属性,用于定义层数据的绘制方式,例如填充、可见性和符号。

注意:你可以在以下地址找到有关 Mapbox 布局和绘制属性的更多信息:

https://www.mapbox.com/mapbox-gl-js/style-spec/#layers

在前面的代码中,我们指定了额外的 paint 属性来配置我们从 setup()方法中定义的 centrality_indices JSON 对象获取的 line-width(线条宽度)和 line-color(线条颜色)。

如图 9-21 所示的输出使用 **ELAPSED_TIME**(红色)和 **DEGREE**(绿色)中心性指标显示了从 BOS 到 PSC 的最短飞行路径。

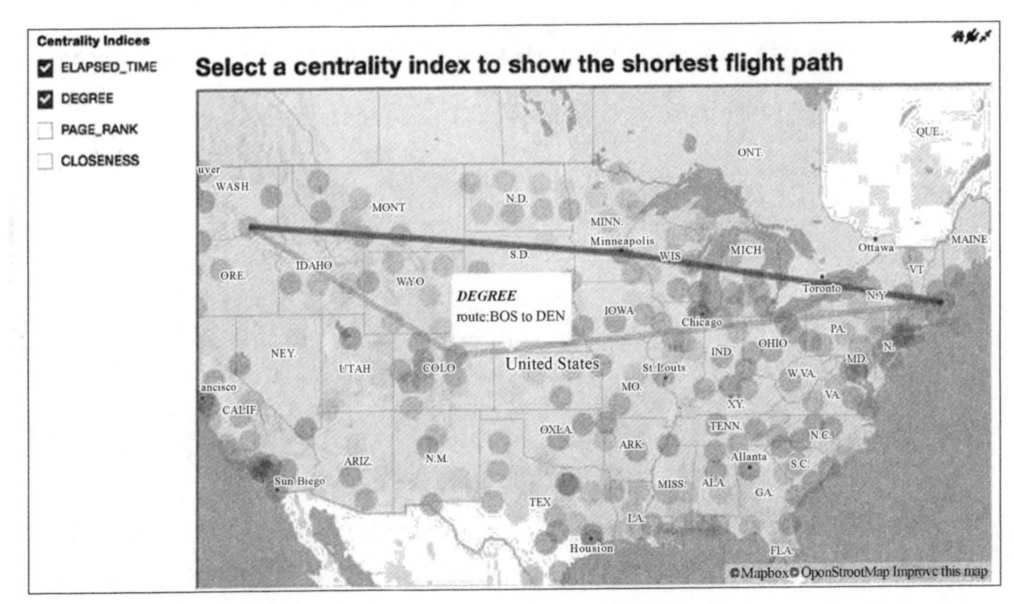

图 9－21 使用 ELAPSED_TIME 和 DEGREE 中心性指标显示从 BOS 到 PSC 的最短路径

在本节中，我们构建了一个 PixieApp，它使用 PixieDust Mapbox 渲染器提供两个机场之间最短路径的可视化。我们已经展示了如何使用 `MapboxBase` 实用工具类创建一个新层，以便用额外的信息丰富地图可视化。

你可以在以下地址找到第 2 部分的完整 Notebook：

`https://github.com/DTAIEB/Thoughtful-Data-Science/blob/master/chapter%209/USFlightsAnalysis/US%20Flight%20data%20analysis%20-%20Part%202.ipynb`

在下一节中，我们将添加与航班延误和相关航空公司有关的其他数据探索功能。

第 3 部分——向 USFlightsAnalysis PixieApp 添加数据探索功能

在本节中，我们希望扩展 `USFlightsAnalysis` PixieApp 的路径分析屏幕，以添加两个图表来显示从所选始发地机场起飞的每家航空公司历史到达延误：一个图表用于从始发地机场起飞的所有航班，另一个图表用于不考虑机场的所有航班。这将为我们提供一种直观比较某一机场的延误是较其他机场更优还是更差的方法。

我们首先实现一个为给定航空公司选择航班的方法。我们还需要添加一个可选的机场参数，该参数可用于控制包含所有航班还是仅包含自此机场起飞的航班。返回的 DataFrame 应该有两列：DATE 和 ARRIVAL_DELAY。下面的代码显示了方法的实现：

```
def compute_delay_airline_df(airline, org_airport= None):
    # 创建一个掩码来选择数据
    mask = (flights["AIRLINE"] == airline)
    if org_airport is not None:
        # 为掩码增加 org_airport
        mask = mask & (flights["ORIGIN_AIRPORT"] == org_airport)
# 在 Pandas dataframe 上应用掩码
df = flights[mask]
# 将 YEAR、MONTH、DAY 列转换为一个 DateTime
df["DATE"] = pd.to_datetime(flights[['YEAR','MONTH', 'DAY']])
# 只选择需要的列
return df[["DATE", "ARRIVAL_DELAY"]]
```

你可以在以下地址找到代码文件：

https://github.com/DTAIEB/Thoughtful-Data-Science/blob/master/chapter%209/sampleCode26.py

我们可以通过使用从波士顿起飞的达美航空公司(Delta)的航班来测试前面的代码。然后，我们可以调用 PixieDust display() 方法来创建一个折线图，我们将在 PixieApp 中使用它：

```
bos_delay = compute_delay_airline_df ("DL", "BOS")
display(bos_delay)
```

在 PixieDust 输出中，我们选择 **Line Chart（折线图）**菜单并配置选项对话框，如图 9-22 所示。

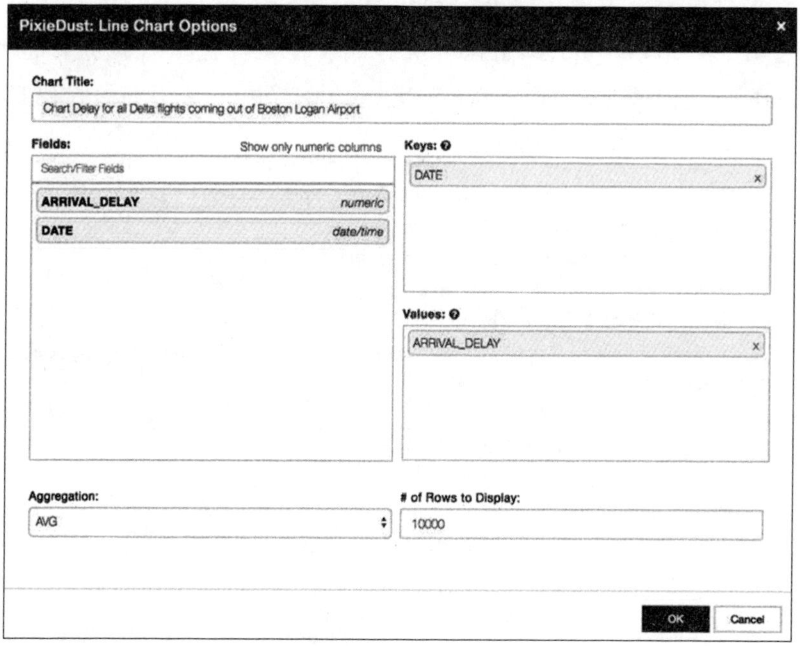

PixieDust: Line Chart Options ×

Chart Title:

Chart Delay for all Delta flights coming out of Boston Logan Airport

Fields: Show only numeric columns

Search/Filter Fields

ARRIVAL_DELAY numeric

DATE date/time

Keys:

DATE ×

Values:

ARRIVAL_DELAY ×

Aggregation:

AVG

# of Rows to Display:

10000

OK Cancel

图 9-22　用于生成从波士顿起飞的达美航空公司的航班的到达延误折线图的选项对话框

单击 **OK** 按钮后，我们将获得如图 9-23 所示的图表。

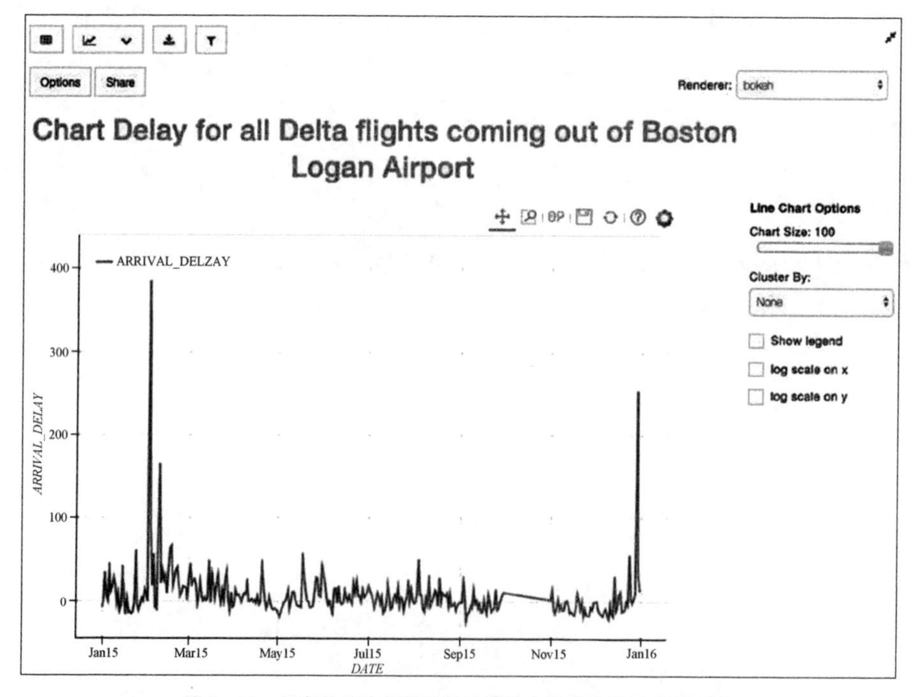

图 9-23　所有从波士顿起飞的达美航空公司的航班的延误图

由于我们将在 PixieApp 中使用此图表，所以最好从 **Edit Cell Metadata**（**编辑单元格元数据**）对话框复制 JSON 配置，如图 9－24 所示。

Edit Cell Metadata

Manually edit the JSON below to manipulate the metadata for this cell. We recommend putting custom metadata attributes in an appropriately named substructure, so they don't conflict with those of others.

```
{
  "pixiedust": {
    "displayParams": {
      "keyFields": "DATE",
      "handlerId": "lineChart",
      "title": "Chart Delay for all Delta flights coming out of Boston Loga
      "aggregation": "AVG",
      "rowCount": "10000",
      "valueFields": "ARRIVAL_DELAY"
    }
  }
}
```

Cancel Edit

图 9－24　需要为 PixieApp 复制的延误图表的 PixieDust display( )配置

既然我们知道了如何生成一个延误图表，那么就可以开始设计 PixieApp 了。我们首先更改主屏幕的布局以使用 `TemplateTabbedApp` 辅助类，该类为我们提供了免费的选项卡布局。整体分析屏幕现在由 `RouteAnalysisApp` 子 PixieApp 驱动，该子 PixieApp 包含两个选项卡：与 `SearchShortestRouteApp` 子 PixieApp 关联的 **Search Shortest Route**（**搜索最短路线**）选项卡和与 `AirlinesApp` 子 PixieApp 关联的 **Explore Airlines**（**探索航空公司**）选项卡。

图 9－25 提供了新布局中涉及的所有类的高级工作流。

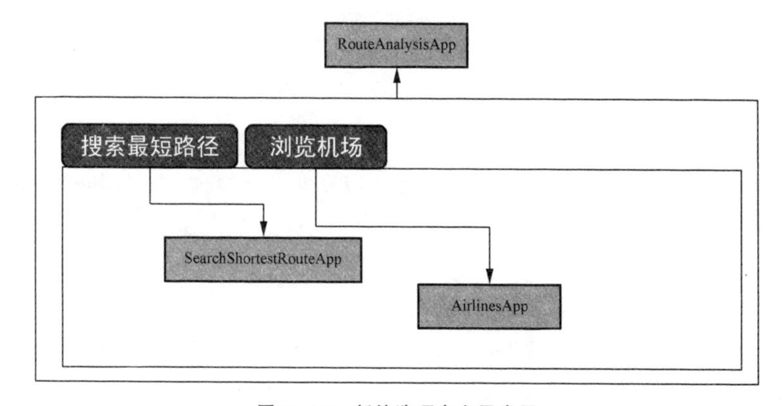

图 9－25　新的选项卡布局类图

使用 `TemplateTabbedApp` 实现 `RouteAnalysisApp` 非常简单，代码如下所示：

```
from pixiedust.apps.template import TemplateTabbedApp

@PixieApp
class RouteAnalysisApp(TemplateTabbedApp):
    def setup(self):
        self.apps = [
            {"title": "Search Shortest Route",
              "app_class": "SearchShortestRouteApp"},
            {"title": "Explore Airlines",
              "app_class": "AirlinesApp"}
        ]
```

你可以在以下地址找到代码文件：

https://github.com/DTAIEB/Thoughtful-Data-Science/blob/master/chapter% 209/sampleCode27.py

SearchShortestRouteApp 子 PixieApp 基本上是我们在第 2 部分中创建的主 PixieApp 类的副本。唯一的区别是它是 RouteAnalysisApp 的子 PixieApp，而 RouteAnalysisApp 本身是 USFlightAnalysis 主 PixieApp 的子 PixieApp。因此，我们需要一个机制来将始发地机场和目的地机场传递给相应的子 PixieApp。为此，我们实例化 RouteAnalysisApp 子 PixieApp 时需要使用 pd_options 属性。

在 USFlightAnalysis 类中，我们更改 analyze_route 方法以返回一个触发 RouteAnalysisApp 的简单< div> 元素。我们还添加了一个带有 org_airport 和 dest_airport 的 pd_options 属性，代码如下所示：

```
[[USFlightsAnalysis]]
@route(org_airport= "* ", dest_airport= "* ")
def analyze_route(self, org_airport, dest_airport):
    return """
< div pd_app= "RouteAnalysisApp"
pd_options= "org_airport= {{org_airport}};dest_airport= {{dest_airport}}"
    pd_render_onload>
< /div>
        """
```

你可以在以下地址找到代码文件：

https://github.com/DTAIEB/Thoughtful-Data-Science/blob/master/chapter% 209/sampleCode28.py

另外,在 SearchShortestRouteApp 子 PixieApp 的 setup () 方法中,我们从 parent_pixieapp 的选项字典中读取 org_airport 和 dest_airport 的值,代码如下所示:

```
[[SearchShortestRouteApp]]
from pixiedust.display.app import *
from pixiedust.apps.mapboxBase import MapboxBase
from collections import OrderedDict
@PixieApp
class SearchShortestRouteApp(MapboxBase):
    def setup(self):
        self.org_airport = self.parent_pixieapp.options.get
("org_airport")
        self.dest_airport = self.parent_pixieapp.options.get
("dest_airport")
        self.centrality_indices = OrderedDict([
            ("ELAPSED_TIME","rgba(256,0,0,0.65)"),
            ("DEGREE", "rgba(0,256,0,0.65)"),
            ("PAGE_RANK", "rgba(0,0,256,0.65)"),
            ("CLOSENESS", "rgba(128,0,128,0.65)")
        ])
        ...
```

你可以在以下地址找到代码文件:

https://github.com/DTAIEB/Thoughtful-Data-Science/blob/master/chapter% 209/sampleCode29.py

注意:SearchShortestRouteApp 的其余实现已经省略,因为它与第 2 部分中的完全相同。要访问此实现,请参阅已完成的第 3 部分的 Notebook。

要实现的最后一个 PixieApp 类是 AirlinesApp,它将显示所有延误图表。与 SearchShortestRouteApp 类似,我们从 parent_pixieapp 选项字典中读取 org_airport 和 dest_airport。我们还为所有从给定的 org_airport 起飞的航空公司计算一个元组列表(代码和名称)。为此,我们在 AIRLINE 列上使用 pandas groupBy() 方法并获取一个索引值的列表,代码如下所示:

```
[[AirlinesApp]]
@PixieApp
class AirlinesApp():
    def setup(self):
        self.org_airport = self.parent_pixieapp.options.get
("org_airport")
```

```
        self.dest_airport = self.parent_pixieapp.options.get
("dest_airport")
        self.airlines = flights[flights["ORIGIN_AIRPORT"] == self.org_
airport].groupby("AIRLINE").size().index.values.tolist()
        self.airlines = [(a,airlines.loc[airlines["IATA_CODE"] ==
a]["AIRLINE"].values[0]) for a in self.airlines]
```

你可以在以下地址找到代码文件：

https://github.com/DTAIEB/Thoughtful-Data-Science/blob/master/chapter%209/sampleCode30.py

在 AirlinesApp 的主屏幕中，我们使用 Jinja2{%for...%}循环为每个航空公司生成一组行。在每一行中，我们添加两个<div>元素，它们将保存给定航空公司的延误图表：一个元素用于从始发地机场起飞的航班，另一个元素用于该航空公司的所有航班。每个<div>元素都有一个 pd_options 属性，带有 org_airport 和 dest_airport 作为状态属性，它触发 delay_airline_screen 路由。我们还添加了一个 delay_org_airport 布尔状态属性来表示要显示的延误图表类型。为了确保<div>元素被立即渲染，我们还添加了 pd_render_onload 属性。

以下代码显示了 AirlinesApp 默认路由的实现：

```
[[AirlinesApp]]
@route()
    def main_screen(self):
        return """
<div class="container-fluid">
   {%for airline_code, airline_name in this.airlines%}
    <div class="row" style="max-e">
        <h1 style="color:red">{{airline_name}}</h1>
        <div class="col-sm-6">
            <div pd_render_onload pd_options="delay_org_
airport=true;airline_code={{airline_code}};airline_name=
{{airline_name}_}"></div>
        </div>
        <div class="col-sm-6">
            <div pd_render_onload pd_options="delay_org_
airport=false;airline_code={{airline_code}};airline_name=
{{airline_name}_}"></div>
        </div>
    </div>
    {%endfor%}
```

```
< /div>
        """
```

你可以在以下地址找到代码文件：

https://github.com/DTAIEB/Thoughtful-Data-Science/blob/master/chapter% 209/sampleCode31.py

delay_airline_screen()路由有三个参数：

• delay_org_airport：如果我们只想要航班来自始发地机场，则为 true；如果我们想要给定航空公司的所有航班，则为 false。我们使用此标志构建掩码来从航班 DataFrame 中过滤数据。

• airline_code：给定航空公司的 IATA 代码。

• airline_name：航空公司的全名。我们将在 Jinja2 模板中构建 UI 时使用它。

在 delay_airline_screen()方法的主体中，我们还计算 average_delay 局部变量中所选数据的平均延迟。需要注意的是，为了在 Jinja2 模板中使用这个变量，我们使用@ templateArgs 装饰器，它会自动使 Jinja2 模板中的所有局部变量可用。

保存图表的< div> 元素有一个 pd_entity 属性，该属性使用我们在本节开头创建的 compute_delay_airline_df()方法。但是，我们需要将这个方法重写为类的一个成员，因为参数已经发生了变化：org_airport 现在是一个类变量，delay_org_airport 现在是一个 String Boolean。我们还添加了一个子元素< pd_options> ，其中包含从 **Edit Cell Metadata** 对话框复制的 PixieDust display()的 JSON 配置。

下面的代码显示了 delay_airline_screen()路由的实现：

```
  [[AirlinesApp]]
  @route(delay_org_airport= "*",airline_code= "*", airline_name= "*")
      @templateArgs
      def delay_airline_screen(self, delay_org_airport, airline_code,
airline_name):
        mask = (flights["AIRLINE"] = = airline_code)
        if delay_org_airport = = "true":
            mask = mask & (flights["ORIGIN_AIRPORT"] = = self.
org_airport)
        average_delay = round(flights[mask]["ARRIVAL_DELAY"]. mean(), 2)
        return """
{%if delay_org_airport = = "true".%}
< h4> Delay chart for all flights out of {{this.org_airport}_}< /h4>
```

```
{%else%}
< h4> Delay chart for all flights< /h4>
{%endif%}
< h4 style= "margin- top:5px"> Average delay: {{average_delay}}
minutes< /h4>
< div pd_render_onload pd_entity= "compute_delay_airline_df
('{{airline_code}_}', '{{delay_org_airport}}')">
    < pd_options>
    {
        "keyFields": "DATE",
        "handlerId": "lineChart",
        "valueFields": "ARRIVAL_DELAY",
        "noChartCache": "true"
    }
    < /pd_options>
< /div>
        """
```

你可以在以下地址找到代码文件：

https://github.com/DTAIEB/Thoughtful-Data-Science/blob/master/chapter% 209/sampleCode32.py

compute_delay_airline_df()方法有两个参数：对应于 IATA 代码的 airline 和 delay_org_airport String Boolean。前面我们已经讨论了这个方法的实现，这里提供新的修改代码：

```
[[AirlinesApp]]
def compute_delay_airline_df(self, airline, delay_org_airport):
    mask =  (flights["AIRLINE"] = =  airline)
    if delay_org_airport = =  "true":
        mask =  mask & (flights["ORIGIN_AIRPORT"] = =  self.
org_airport)
    df =  flights[mask]
    df["DATE"] = pd.to_datetime(flights[['YEAR','MONTH', 'DAY']])
    return df[["DATE", "ARRIVAL_DELAY"]]
```

你可以在以下地址找到代码文件：

https://github.com/DTAIEB/Thoughtful-Data-Science/blob/master/chapter% 209/sampleCode33.py

分别以 BOS 和 PSC 作为始发机场和目的地机场来运行 USFlightsAnalysis PixieApp,单击 **Explore Airlines** 选项卡。

结果显示在图 9-26 所示的屏幕截图中。

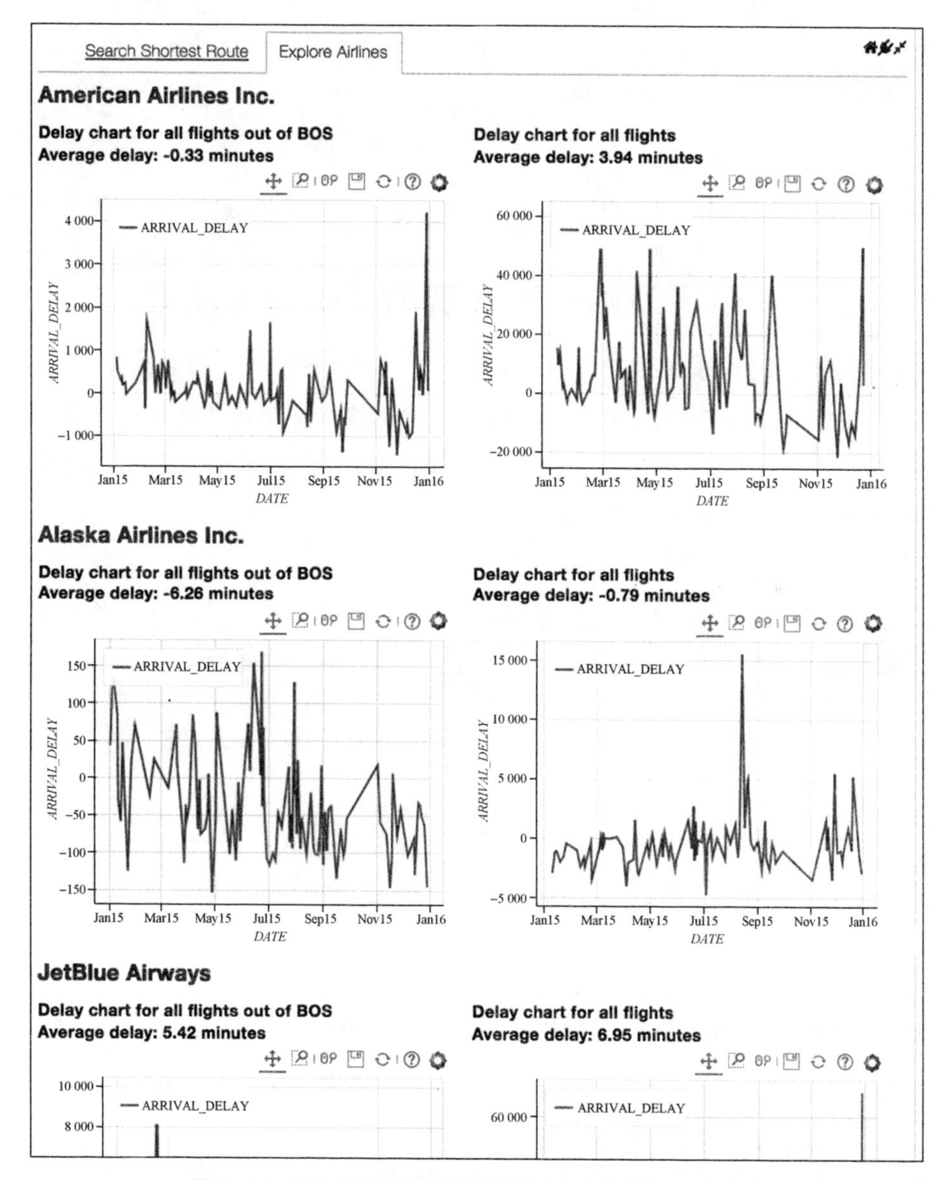

图 9-26 在波士顿机场提供服务的所有航空公司的延误折线图

在本节中,我们提供了另一个示例,说明如何使用 PixieApp 编程模型来构建功能强大的仪表盘,这些仪表盘提供了对 Notebook 中开发的分析的输出结果的可视化和洞察力。

USFlightsAnalysis PixieApp 第 3 部分的完整 Notebook 可在以下地址找到：

https://github.com/DTAIEB/Thoughtful-Data-Science/blob/master/chapter%209/USFlightsAnalysis/US%20Flight%20data%20analysis%20-%20Part%203.ipynb

在下一节中，我们将构建一个 ARIMA 模型来尝试预测航班延误。

第 4 部分——创建预测航班延误的 ARIMA 模型

在第 8 章中，我们运用时间序列分析方法建立了金融类股票的预测模型。实际上我们也可以在航班延误中使用相同的技术，因为我们毕竟也是在处理时间序列，所以在本节中，我们将遵循完全相同的步骤。对于每个目的地机场和可选航空公司，我们构建一个包含匹配航班信息的 pandas DataFrame。

注意：我们将再次使用 statsmodels 库。如果你还没有安装，请务必安装它，相关详细信息请参阅第 8 章。

例如，让我们关注所有以 BOS 为目的地的达美航空公司(DL)的航班：

```
df = flights[(flights["AIRLINE"] == "DL") & (flights["ORIGIN_AIRPORT"]
== "BOS")]
```

使用 ARRIVAL_DELAY 列作为时间序列的一个值，我们绘制 ACF 和 PACF 图以识别趋势和季节性，代码如下所示：

```
import statsmodels.tsa.api as smt
smt.graphics.plot_acf(df['ARRIVAL_DELAY'], lags=100)
plt.show()
```

你可以在以下地址找到代码文件：

https://github.com/DTAIEB/Thoughtful-Data-Science/blob/master/chapter%209/sampleCode34.py

结果显示在图 9-27 所示的屏幕截图中。

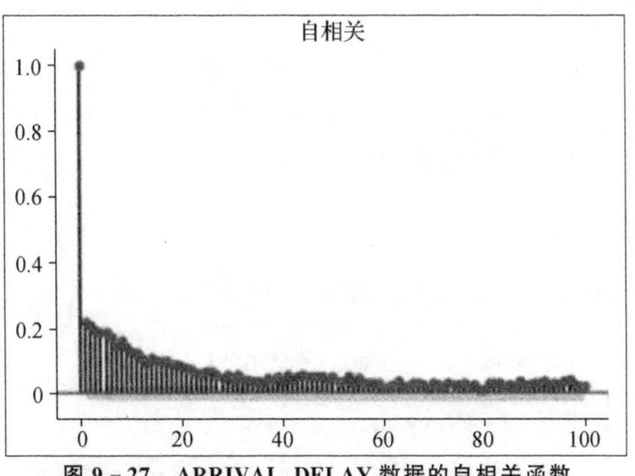

图 9-27 ARRIVAL_DELAY 数据的自相关函数

类似地,我们还使用以下代码绘制偏自相关函数:

```
import statsmodels.tsa. api as smt
smt.graphics. plot_pacf(df['ARRIVAL_DELAY'], logs= 50)
plt.showc()
```

你可以在以下地址找到代码文件:

https://github.com/DTAIEB/Thoughtful-Data-Science/blob/master/chapter% 209/sampleCode35.py

结果如图 9-28 所示。

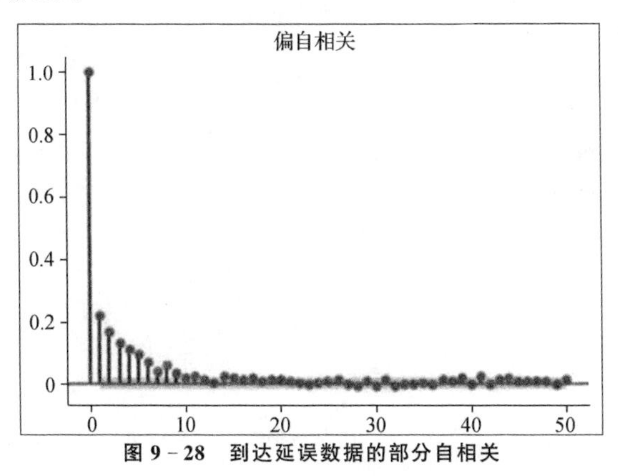

图 9-28 到达延误数据的部分自相关

从前面的图中,我们可以假设数据具有趋势和/或季节性,并且它不是平稳的。使用我们在第 8 章中解释的对数差分技术,我们转换序列并使用 PixieDust display() 方法对其进行可视化,代码如下所示:

注意：我们首先调用 replace()方法将 np.inf 和- np.inf 替换为 np.nan，然后调用 dropna()方法来删除所有具有 np.nan 值的行，以确保具有 NA 和无穷值的行都已被删除。

```
import numpy as np
train_set, test_set = df[:- 14], df[- 14:]
train_set.index = train_set["DEPARTURE_TIME"]
test_set.index = test_set["DEPARTURE_TIME"]
logdf = np.log(train_set['ARRIVAL_DELAY'])
logdf.index = train_set['DEPARTURE_TIME']
logdf_diff = pd.DataFrame(logdf - logdf.shift()).reset_index()
logdf_diff.replace([np.inf, - np.inf], np.nan, inplace= True)
logdf_diff.dropna(inplace= True)
display(logdf_diff)
```

你可以在以下地址找到代码文件：

https://github.com/DTAIEB/Thoughtful-Data-Science/blob/master/chapter%209/sampleCode36.py

图 9-29 所示的屏幕截图显示了 PixieDust 选项对话框。

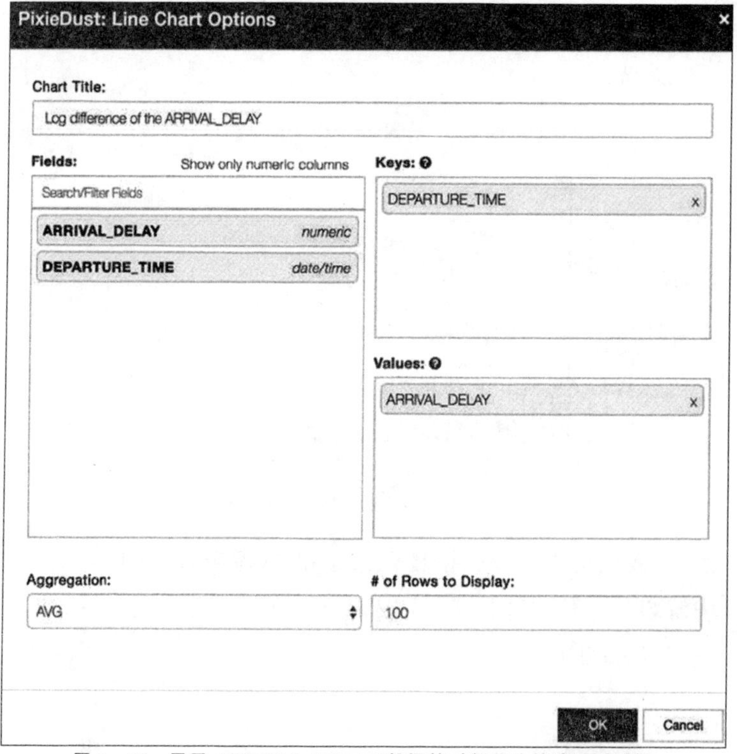

图 9-29　用于 ARRIVAL_DELAY 数据的对数差分的选项对话框

单击 **OK** 按钮后，我们得到如图 9-30 所示的结果。

注意：当运行前面的代码时，你可能无法获得与图 9-30 所示的屏幕截图完全相同的图表。这是因为我们将选项对话框中的 **of Rows to Display（显示的行数）** 配置为 100，这意味着 PixieDust 将在创建图表之前获取大小为 100 的示例。

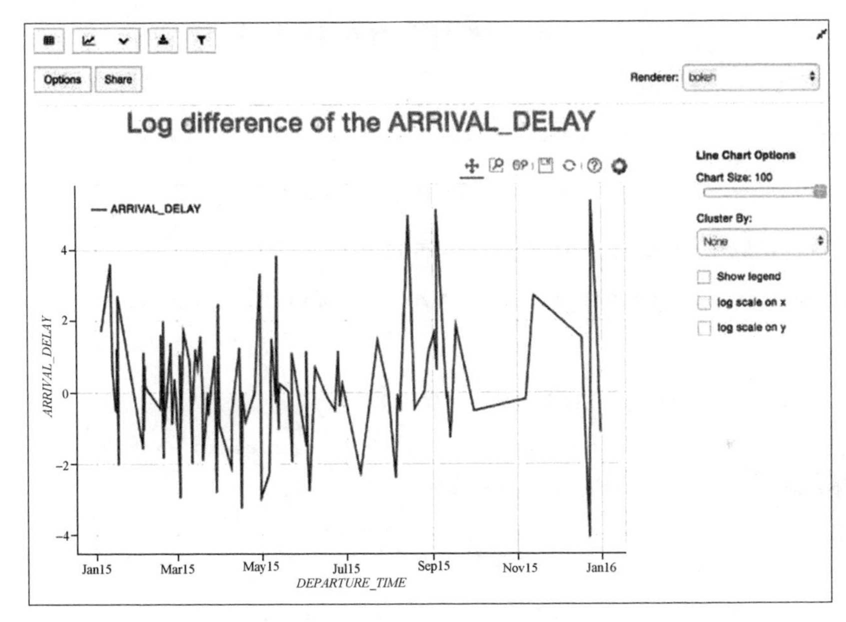

图 9-30 ARRIVAL_DELAY 数据的对数差分折线图

前面的图表看起来是平稳的，我们可以通过在对数差分上再次绘制 ACF 和 PACF 来加强这一假设，代码如下所示：

```
smt.graphics.plot_acf(logdf_diff["ARRIVAL_DELAY"], lags= 100)
plt.show()
```

你可以在以下位置找到代码文件：

https://github.com/DTAIEB/Thoughtful-Data-Science/blob/master/chapter% 209/sampleCode37.py

结果如图 9-31 所示。

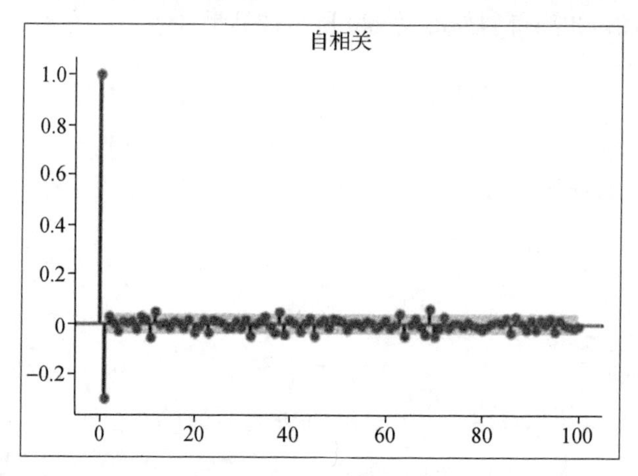

图 9-31　ARRIVAL_DELAY 数据的对数差分的 ACF 图表

在下面的代码中，我们对 PACF 执行相同的操作：

```
smt.graphics.plot_pacf(logdf_diff["ARRIVAL_DELAY"], lags= 100)
plt.show()
```

你可以在以下地址找到代码文件：

https://github.com/DTAIEB/Thoughtful-Data-Science/blob/master/chapter% 209/sampleCode38.py

结果如图 9-32 所示。

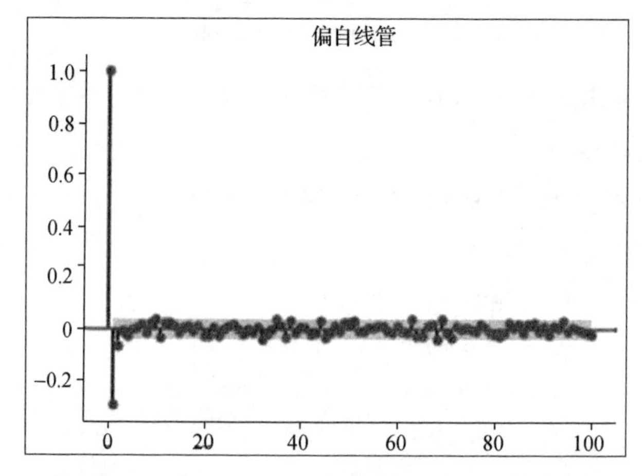

图 9-32　ARRIVAL_DELAY 数据的对数差分的 PACF 图表

需要注意的是，根据第 8 章中的介绍，ARIMA 模型由三个阶组成：p、d 和 q。从前面两个图表中，我们可以推断出我们要构建的 ARIMA 模型的阶数：

- **自回归阶数** p **为** 1：对应于 ACF 第一次超越了显著性水平。
- **差分阶数** d **为** 1：我们必须做一次对数差分。
- **移动平均阶数** q **为** 1：对应于 PACF 第一次超越了显著性水平。

基于这些假设，我们可以使用 statsmodels 包构建一个 ARIMA 模型并获取关于其残差的信息，如以下代码所示：

```
from statsmodels.tsa.arima_model import ARIMA
import warnings
with warnings.catch_warnings():
    warnings.simplefilter("ignore")
    arima_model_class = ARIMA(train_set['ARRIVAL_DELAY'],
                              dates= train_set['DEPARTURE_TIME'],
                              order= (1,1,1))
    arima_model = arima_model_class.fit(disp= 0)
    print(arima_model.resid.describe())
```

你可以在以下地址找到代码文件：

https://github.com/DTAIEB/Thoughtful-Data-Science/blob/master/chapter% 209/sampleCode39.py

结果如下：

```
count      13882.000000
mean           0.003116
std           48.932043
min         -235.439689
25%          -17.446822
50%           -5.902274
75%            6.746263
max         1035.104295
dtype: float64
```

正如我们所看到的，平均误差仅为 0.003，效果非常好，因此我们准备使用 train_set 中的值来运行模型，并可视化预测值与实际值的差异。

下面的代码使用 ARIMA PLOT_PREDICT()方法创建图表：

```
def plot_predict(model, dates_series, num_observations):
    fig,ax = plt.subplots(figsize = (12,8))
    model.plot_predict(
        start = dates_series[len(dates_series)- num_observations],
```

```
        end = dates_series[len(dates_series) - 1],
        ax = ax
    )
    plt.show()
plot_predict(arima_model,train_set['DEPARTURE_TIME'], 100)
```

你可以在以下地址找到代码文件：

https://github.com/DTAIEB/Thoughtful-Data-Science/blob/master/chapter% 209/sampleCode40.py

结果如图 9 - 33 所示。

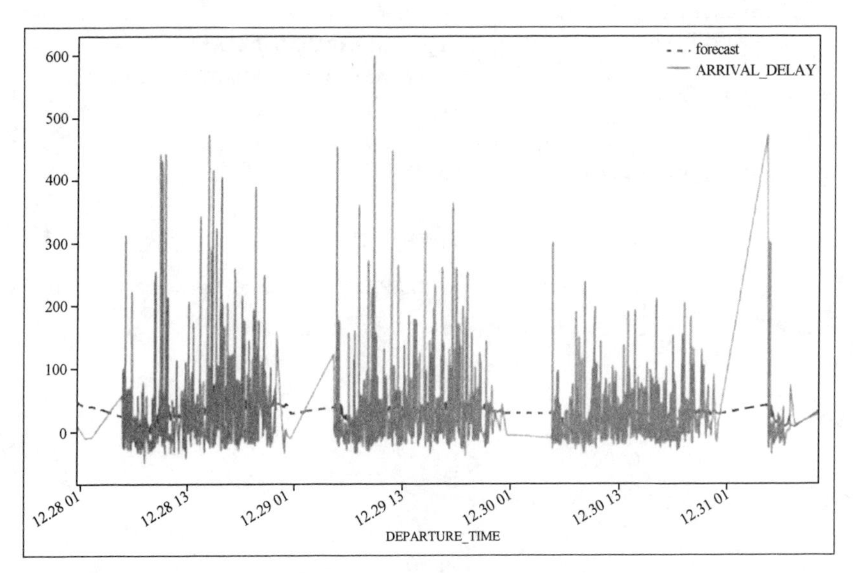

图 9 - 33　预测值 VS 实际值

在上面的图表中，我们可以清楚地看到，预测线比实际值平滑得多。这是有道理的，因为在现实中，延误总是有意想不到的原因，这些原因可以被视为异常值，因此通常难以建模。

我们仍然需要使用 test_set 来以模型尚未看到的数据验证模型。以下代码创建一个 compute_test_set_predictions()方法，用于比较预测数据和测试数据，并使用 PixieDust display()方法将结果可视化：

```
def compute_test_set_predictions(train_set, test_set):
    with warnings.catch_warnings():
        warnings.simplefilter("ignore")
        history = train_set['ARRIVAL_DELAY'].values
        forecast = np.array([])
```

```
        for t in range(len(test_set)):
            prediction = ARIMA(history, order= (1,1,0)).fit(disp= 0).
forecast()
            history = np.append(history, test_set['ARRIVAL_DELAY'].
iloc[t])
            forecast = np.append(forecast, prediction[0])
        return pd.DataFrame(
            {"forecast": forecast,
              "test": test_set['ARRIVAL_DELAY'],
            "Date": pd.date_range(start= test_set['DEPARTURE_TIME'].iloc[len
(test_set)- 1], periods = len(test_set))

            }
        )
results = compute_test_set_predictions(train_set, test_set)
display(results)
```

你可以在以下地址找到代码文件：

https://github.com/DTAIEB/Thoughtful-Data-Science/blob/master/chapter%209/sampleCode41.py

PixieDust 选项对话框如图 9-34 所示。

图 9-34　预测与测试数据对比折线图的选项对话框

单击 **OK** 按钮后，我们得到如图 9－35 所示的结果。

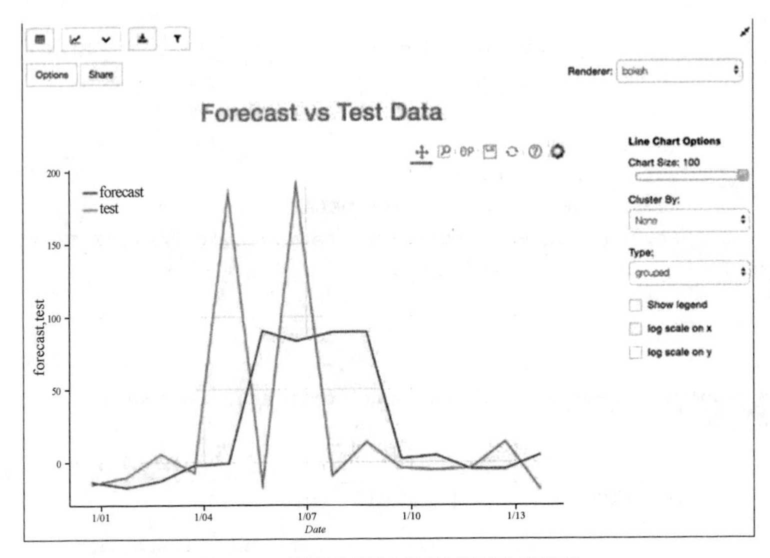

图 9－35　预测数据与测试数据对比折线图

现在我们准备将这个模型集成到我们的 `USFlightsAnalysis` PixieApp 中，方法是在 `RouteAnalysisApp` 主屏幕上添加第三个标签，称为 `Flight Delay Prediction` 航班延误预测。该选项卡将由名为 `PredictDelayApp` 的新子 PixieApp 驱动，该子 PixieApp 允许用户选择使用以 `DEGREE` 作为中心性指标的 Dijkstra 最短路径算法计算出的最短路径的航段。用户还将可以选择一家航空公司，在这种情况下，训练数据将局限于由所选航空公司运营的航班。

在下面的代码中，我们创建了 `PredictDelayApp` 子 PixieApp 并实现了 `setup()` 方法，该方法计算关于所选始发地机场和目的地机场的 Dijkstra 最短路径：

```
[[PredictDelayApp]]
import warnings
import numpy as np
from statsmodels.tsa.arima_model import ARIMA

@PixieApp
class PredictDelayApp():
    def setup(self):
        self.org_airport =  self.parent_pixieapp.options.get
("org_airport")
        self.dest_airport =  self.parent_pixieapp.options.get
("dest_airport")
```

```
        self.airlines = flights[flights["ORIGIN_AIRPORT"] = =
self.org_airport].groupby("AIRLINE").size().index.values.tolist()
        self.airlines = [(a, airlines.loc[airlines["IATA_CODE"] = =
a]["AIRLINE"].values[0]) for a in self.airlines]
        path = nx.dijkstra_path(flight_graph, self.org_airport,
self.dest_airport, weight= compute_weight("DEGREE"))
        self.paths = [(path[i], path[i+ 1]) for i in range
(len(path) - 1)]
```

在 PredictDelayApp 的默认路由中,我们使用 Jinja2 {% for...%}循环来构建两个下拉列表框,用于显示航段和航空公司,代码如下所示:

```
  [[PredictDelayApp]]
   @route()
      def main_screen(self):
          return """
  < div class= "container- fluid">
      < div class= "row">
        < div class= "col- sm- 6">
            < div class= "rendererOpt" style= "font- weight:bold">
                Select a flight segment:
            < /div>
            < div>
                < select id= "segment{{prefix}}" pd_refresh= "
prediction_graph{{prefix}}">
                    < option value= "" selected> < /option>
                    {%for start, end in this.paths %}
                    < option value= "{{start}_}:{_{end}}"> {{start}} - >
{{end}_}< /option>
                    {%endfor%}
                < /select>
            < /div>
        < /div>
        < div class= "col- sm- 6">
            < div class= "rendererOpt" style= "font- weight:bold">
                Select an airline:
            < /div>
            < div>
                < select id= "airline{{prefix}}" pd_refresh= "
prediction_graph{{prefix}}">
                        < option value= "" selected> < /option>
                        {%for airline_code, airline_name in this.
airlines%}
                        < option value= "{{airline_code}_}"> {{airline_
name}_}< /option>
```

```
                    {%endfor%}
                  < /select>
                < /div>
              < /div>
            < /div>
            < div class= "row">
              < div class= "col- sm- 12">
                < div id= "prediction_graph{{prefix}}"
                  pd_options= "flight_segment= $ val(segment{{prefix}});
airline= $ val(airline{{prefix}})">
                < /div>
              < /div>
            < /div>
          < /div>
              """
```

你可以在以下地址找到代码文件：

https://github.com/DTAIEB/Thoughtful-Data-Science/blob/master/chapter% 209/sampleCode42.py

这两个下拉列表框有一个 pd_refresh 属性，该属性指向 ID 为 prediction_graph{{prefix}}的< div> 元素。触发时，该< div> 元素使用 flight_segment 和 airline 状态属性调用 predict_screen()路由。

在 predict_screen()路由中，我们使用 flight_segment 和 airline 参数来创建训练数据集，构建一个预测模型的 ARIMA 模型，并在对比预测值和实际值的折线图中可视化结果。

时间序列预测模型仅限于实际数据的预测，而且由于我们只有 2015 年的数据，因此我们不能真正使用该模型来预测最近的数据。当然，在生产应用程序中，假设我们有当前的航班数据，这将不会是一个问题。

下面的代码显示了 predict_screen()路由的实现：

```
[[PredictDelayApp]]
@route(flight_segment= "* ", airline= "* ")
    @captureOutput
    def predict_screen(self, flight_segment, airline):
        if flight_segment is None or flight_segment = =  "":
            return "< div> Please select a flight segment< /div> "
        airport =  flight_segment.split(":")[1]
```

```
        mask = (flights["DESTINATION_AIRPORT"] == airport)
        if airline is not None and airline != "":
            mask = mask & (flights["AIRLINE"] == airline)
        df = flights[mask]
        df.index = df["DEPARTURE_TIME"]
        df = df.tail(50000)
        df = df[~ df.index.duplicated(keep= 'first')]
        with warnings.catch_warnings():
            warnings.simplefilter("ignore")
            arima_model_class = ARIMA(df["ARRIVAL_DELAY"],
    dates= df['DEPARTURE_TIME'], order= (1,1,1))
            arima_model = arima_model_class.fit(disp= 0)
            fig, ax = plt.subplots(figsize = (12,8))
            num_observations = 100
            date_series = df["DEPARTURE_TIME"]
            arima_model.plot_predict(
                start = str(date_series[len(date_series)- num_
    observations]),
                end = str(date_series[len(date_series)- 1]),
                ax = ax
            )
            plt.show()
```

你可以在以下地址找到代码文件:

https://github.com/DTAIEB/Thoughtful-Data-Science/blob/master/chapter%209/sampleCode43.py

在下面的代码中,我们还希望确保数据集索引不重复,以避免在绘制结果时出错。这是通过使用 df = df[~ df.index.duplicated(keep= 'first')]过滤重复索引来完成的。

剩下的最后一件事是将 PredictDelayApp 子 PixieApp 连接到 RouteAnalysisApp,代码如下所示:

```
from pixiedust.apps.template import TemplateTabbedApp
@PixieApp
  class RouteAnalysisApp(TemplateTabbedApp):
    def setup(self):
        self.apps = [
            {"title": "Search Shortest Route",
              "app_class": "SearchShortestRouteApp"},
            {"title": "Explore Airlines",
              "app_class": "AirlinesApp"},
```

```
            {"title": "Flight Delay Prediction",
             "app_class": "PredictDelayApp"}
        ]
```

你可以在以下地址找到代码文件：

https://github.com/DTAIEB/Thoughtful-Data-Science/blob/master/chapter% 209/sampleCode44.py

我们使用 BOS 和 PSC 运行 `USFlightsAnalysis` PixieApp，正如我们在前面的小节中所做的那样。在 **Flight Delay Prediction** 选项卡中选择 **BOS－＞DEN** 航段。

结果如图 9－36 所示。

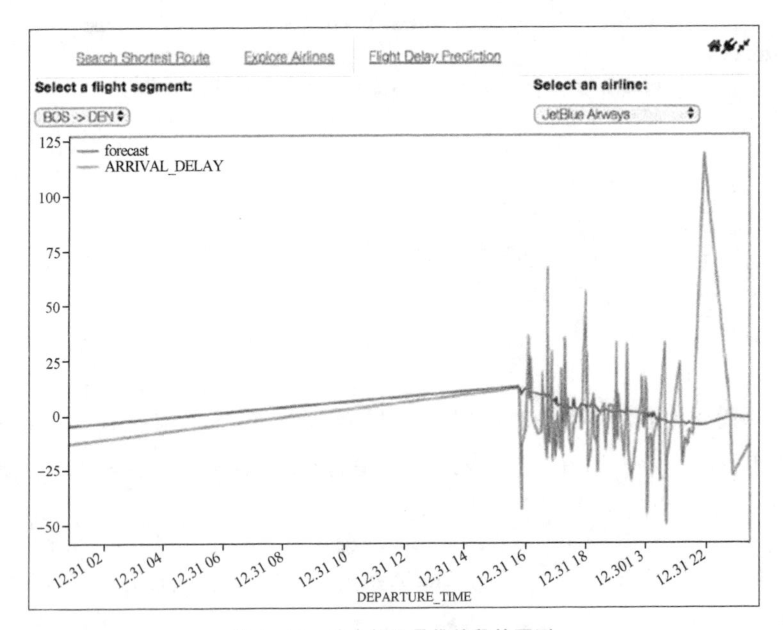

图 9－36　波士顿至丹佛航段的预测

在本节中，我们展示了如何使用时间序列预测模型来基于历史数据预测航班延误。

你可以在以下地址找到完整的 Notebook：

https://github.com/DTAIEB/Thoughtful-Data-Science/blob/master/chapter%209/USFlightsAnalysis/US%20Flight%20data%20analysis%20-%20Part%204.ipynb

需要注意的是，虽然这只是一个还有很大改进空间的示例应用程序，但使用 PixieApp 编程模型实施数据分析的技术同样适用于任何其他项目。

本章小结

在这一章中，我们讨论了图形的概念及相关的理论，探讨了它的数据结构和算法。我们还简要介绍了 networkx Python 库，它提供了一组丰富的 API 来操作和可视化图形。之后，我们用这些技术构建了一个示例应用程序，将航班数据视为一个以机场为顶点、航班为边的图形问题来分析航班数据。与之前一样，我们还演示了如何将这些分析实施到一个简单但功能强大的仪表盘中，该仪表盘可以直接在 Jupyter Notebook 中运行，并且可以选择部署为带有 PixieGateway 微服务的网络分析应用程序。

本章完成了一系列示例应用程序，涵盖了许多重要的行业用例。在下一章中，我对本书的主题提出了一些最终的想法，通过使数据处理变简单和人人都能访问来消除数据科学和工程之间的壁垒。

10
数据分析的未来与拓展技能的途径

“我们正在创造新职位和招聘新员工，以填补‘新领’(new collar)职位——在网络安全、数据科学、人工智能和认知业务等领域中的全新角色。”

——吉尼·罗梅蒂(Ginni Rometty)，IBM 董事长兼首席执行官

让我再次感谢并祝贺你，我的读者，花了这么长的时间阅读了这些长篇章节，也许你还尝试了书中提供的部分或全部示例代码。我试图在深入研究特定主题(如深度学习或时间序列分析)的基础知识和为从业者提供全面的示例代码之间提供一个良好的结合。特别希望你能感受到将数据科学分析与 PixieApp 应用程序编程模型紧密集成在一个 Jupyter Notebook 中的想法既有趣又新颖。但是，最重要的是，我希望你能发现它的用处并在你自己的项目和团队中重用它。

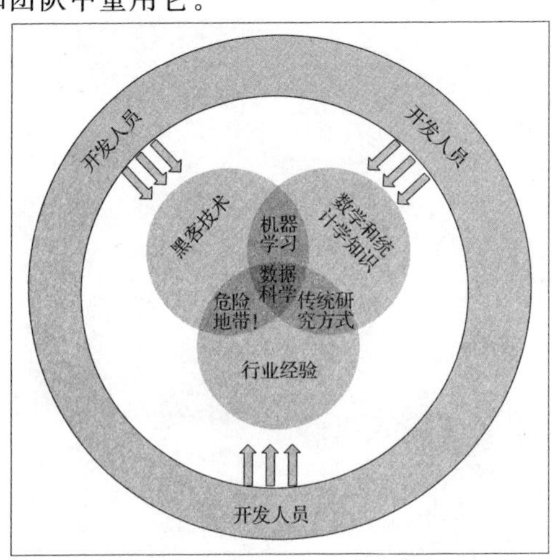

图 10-1　包含开发人员的数据科学维恩图

在第 1 章的开头，我使用德鲁·康威的维恩图（我最喜欢的图之一）来表示什么是数据科学以及为什么数据科学家被广泛认为是独角兽。关于德鲁·康威，我想扩展这个图以表示开发人员在数据科学领域中重要且不断增强的角色，如图 10-1 所示。

我现在想利用这最后一章来阐述我对未来的看法，以及对于人工智能和数据科学的未来我有什么期待。

前瞻性思考——人工智能与数据科学的未来展望

这是我非常喜欢的部分，因为我可以表达前瞻性的观点，而不必对定义的准确性负责，因为这些只是我的观点☺。

正如我在第 1 章中所解释的，我相信人工智能和数据科学将继续存在，在可预见的未来，它们将继续对现有行业造成干扰，而且很可能还会加速。这肯定会对就业机会总数产生影响，与我们过去看到的其他技术革命（农业、工业、信息等）类似，有些会消失，而新的会被创造出来。

2016 年，IBM 董事长兼首席执行官吉尼·罗梅蒂在给特朗普总统的一封信（https://www.ibm.com/blogs/policy/ibm-ceo-ginni-romettys-letter-u-s-president-elect）中谈道，需要通过创造她称之为“新领”的新型就业岗位，来更好地应对人工智能革命，如以下摘录所示：

“在如今的 IBM 找工作并不总是需要大学文凭；在我们位于美国的一些中心，多达三分之一的员工只有不到四年的文凭。最重要的是相关技能，有时是通过职业培训获得的。此外，我们正在创造新职位和招聘新员工，以填补‘新领’职位——在网络安全、数据科学、人工智能和认知业务等领域中的全新角色。”

只有在我们成功地实现了数据科学的民主化，才能创造出足够多的“新领”职位，因为数据科学是人工智能的生命线，每个人都需要以某种身份参与其中：开发人员、业务线用户、数据工程师等。不难想象，对这些新型工作的需求将会非常庞大，以至于传统的学术轨道将无法满足这些需求。当然，该行业有责任通过创建一些新项目来填补这一空缺，这些新项目旨在对所有现有员工进行再培训，这些员工的工作可能会面临被裁撤的风险。类似于 Apple（https://www.apple.com/everyone-can-code）的“人人都能写代码”（Everyone Can Code）的新项目将会出现，也许是“任何人都能做数据科学”（Anyone can do Data Science）。我还认为，**MOOC（大规模开放在线课程）**将发挥更大的作用，我们今天已经看到，Coursera 和 EdX 等主要 MOOC 参与者与 IBM 等公司之间正在形成许多合作伙伴关系（请参阅 https://www.coursera.org/ibm）。

为了更好地应对人工智能和数据科学革命，公司还可以做其他一些事情。在第 1 章中，我讨论了数据科学策略的三个支柱，它们可以帮助我们实现这个雄心勃勃的目标：数据、服务和工具。

在服务方面，公共云的高速增长在很大程度上促进了多个领域中高质量服务的全面增长：数据持久性、认知性、流媒体等。Amazon、Facebook、Google、IBM 和 Microsoft 等提供商在构建创新能力方面发挥着主导作用，他们采用“服务第一”的方式并以强大的平台为后盾，为开发人员提供一致的体验。随着越来越多功能强大的服务以越来越快的速度发布，这一趋势将继续加速。

一个很好的例子是名为 AlphaZero (https://en.wikipedia.org/wiki/AlphaZero) 的 Google 自学人工智能，它在 4 小时内自学了象棋，并击败了一名国际象棋冠军。另一个很好的例子来自 IBM 最近宣布的 debater 项目 (https://www.research.ibm.com/artificial-intelligence/project-debater)，它是第一个能够就复杂的主题与人辩论的 AI 系统。这些类型的进步将继续推动越来越强大的服务不断发展，包括开发人员在内的所有人都可以访问这些服务。聊天机器人是服务成功民主化的另一个例子，因为对于开发人员来说，创建包含对话功能的应用程序从来都不容易。我相信，随着时间的推移，使用这些服务将变得越来越容易，使得开发人员能够构建我们今天无法想象的、惊人的新应用程序。

在数据方面，我们需要使访问高质量数据变得比今天容易得多。我心目中的一个模型来自一档名为《24 小时》的电视节目。说实话，我喜欢看这类电视节目，我认为其中一些情节可以很好地说明技术的发展方向。反恐特工杰克·鲍尔(Jack Bauer)只有 24 小时的时间阻止坏人造成灾难性事件。看这个节目时，我总是惊讶于数据从指挥中心的分析员传回杰克·鲍尔的手机是多么容易，或者说，在只有几分钟解决一个数据问题的情况下，分析员如何能够从不同系统（卫星图像、记录系统等）调集数据来锁定坏人，例如我们正在寻找在过去 2 个月内并在一定范围内购买这类化学品的人。哇哦！从我的角度来看，数据科学家访问和处理数据得多么简单和流畅才能做到这点。我相信，通过使用诸如 Jupyter Notebook 这样的工具，我们在实现这个目标方面取得了巨大的进展，这些工具充当了将数据源与处理它们的服务和分析相连接的控制平面。Jupyter Notebook 为数据带来了工具，从而大大降低了任何想要参与数据科学的人的数据输入成本。

参考资料

- DeepQA (IBM): https://researcher.watson.ibm.com/researcher/view_group_subpage.php? id= 2159
- *Deep parsing in Watson*, *McCord*, *Murdock*, *Boguraev*: http://brenocon.com/watson_special_issue/03% 20Deep% 20parsing.pdf
- *Jupyter for Data Science*, *Dan Toomey*, *Packt Publishing*: https://www. packtpub.com/big-data-and-business-intelligence/jupyter-data-science
- PixieDust 文档: https://pixiedust.github.io/pixiedust/
- *The Visual Python Debugger for Jupyter Notebooks You've Always Wanted*, *David Taieb*: https://medium. com/ibm-watson-data-lab/the-visual-python-debugger-for-jupyter-notebooks-youve-always-wanted-761713babc62
- *Share Your Jupyter Notebook Charts on the Web*, *David Taieb*: https://medium. com/ibm-watson-data-lab/share-your-jupyter-notebook-charts-on- the-web-43e190df4adb
- *Deploy Your Analytics as Web Apps Using PixieDust's 1. 1 Release*, *David Taieb*: https://medium. com/ibm-watson-data-lab/deploy-your-analytics-as-web-apps-using-pixie-dusts-1-1-release-d08067584a14
- Kubernetes: https://kubernetes.io/docs/home/
- WordCloud: https://amueller.github.io/word_cloud/index.html
- *Neural Networks and Deep Learning*, *Michael Nielsen*: http://neuralnetworksanddeeplearning.com/index.html
- *Deep Learning*, *Ian Goodfellow*, *Yoshua Bengio*, and *Aaron Courville*, *An MIT Press book*: http://www.deeplearningbook.org/
- TensorFlow 文档网站: https://www.tensorflow.org/
- *TensorFlow For Poets*: https://codelabs.developers.google.com/codelabs/tensorflow-for-poets
- *Tensorflow and deep learning-without a PhD*, *Martin Görner*: https://www. youtube.com/watch? v=vq2nnJ4g6N0
- Apache Spark: https://spark.apache.org/
- Tweepy 库文档: http://tweepy.readthedocs.io/en/latest/
- *Watson Developer Cloud Python SDK*: https://github. com/watson-developer-cloud/python-sdk
- Kafka-Python:https://kafka-python.readthedocs.io/en/master/usage.html

- *Sentiment Analysis of Twitter Hashtags with Spark*, *David Taieb*: https://medium.com/ibm-watson-data-lab/real-time-sentiment-analysis-of- twitter-hashtags-with-spark-7ee6ca5c1585
- *Time Series Forecasting using Statistical and Machine Learning Models*, *Jeffrey Yau*: https://www.youtube.com/watch? v= _vQ0W_qXMxk
- *Time Series Forecasting Theory*, *Analytics University*: https://www.youtube. com/watch? v= Aw77aMLj9uM
- *Time Series Analysis -PyCon 2017*, *Aileen Nielsen*: https://www.youtube. com/watch? v = zmfe2RaX-14
- Quandl Python 文档: https://docs.quandl.com/docs/python
- Statsmodels 文档: https://www.statsmodels.org/stable/index.html
- NetworkX: https://networkx.github.io/documentation/networkx-2.1/index.html
- GeoJSON 规范: http://geojson.org/
- BeautifulSoup 文档: https://www.crummy.com/software/BeautifulSoup/bs4/doc

附录 PixieApp 快速参考

本附录是一份开发人员快速参考指南，提供了所有 PixieApp 属性的摘要。

注释

- @PixieApp：必须添加到任何 PixieApp 类中的类注释。

参数：无。

示例：

```
from pixiedust.display.app import *
@PixieApp
class MyApp():
    pass
```

- @route：用于表示方法（可以有任何名称）与路由相关联的方法注释。

参数：**kwargs。表示路由定义的关键字参数（键-值对）。PixieApp 分配器（dispatcher）会根据以下规则将当前内核请求与路由匹配：

  - 首先计算参数数量最多的路由。
  - 所有参数必须匹配要选择的路由。参数值可以使用*表示任何值都将匹配。
  - 如果找不到路由，则选择默认路由（无参数路由）。
  - 路由参数的每个键可以是瞬时状态（由 pd_options 属性定义）或持久化状态（PixieApp 类的字段，在显式更改之前一直存在）。

◦ 该方法可以有任意数量的参数。调用方法时，PixieApp 分配器尝试将方法参数与同名的路由参数匹配。

返回值：该方法必须返回一个将被注入前端的 HTML 片段（除非使用了@captureOutput 注释）。该方法可以利用 Jinja2 模板语法生成 HTML。HTML 模板可以访问一定数量的变量：

◦ **this**：对 PixieApp 类的引用（请注意，我们使用它而不是 self，因为 self 已经被 Jinja2 框架本身使用了）。

◦ **prefix**：PixieApp 实例唯一的字符串 ID。

◦ **entity**：请求的当前数据实体。

◦ **方法参数**：该方法的所有参数都可以作为变量在 Jinja2 模板中被访问。

示例：

```
from pixiedust.display.app import *
@PixieApp
class MyApp():
    @route(key1= "value1",key2= "*")
    def myroute_screen(self, key1, key2):
        return"< div> fragment: Key1 = {{key1}} - Key2 = {{key2}}"
```

你可以在以下地址找到代码文件：

https://github.com/DTAIEB/Thoughtful-Data-Science/blob/master/chapter% 205/sampleCode25.py

• @templateArgs：允许在 Jinja2 模板中使用任何局部变量的注释。请注意，@templateArgs 不能与@captureOutput 结合使用：

参数：无。

示例：

```
from pixiedust.display.app import *
@PixieApp
class MyApp():
    @route(key1= "value1",key2= "*")
    @templateArgs
    def myroute_screen(self, key1, key2):
        local_var = "some value"
        return "< div> fragment:local_var = {{local_var}}"
```

你可以在以下地址找到代码文件：

https://github.com/DTAIEB/Thoughtful-Data-Science/blob/master/chapter% 205/sampleCode26.py

• @captureOutput：使用路由方法更改约定方式的注释，因此它不再需要返回一个 HTML 片段。相反，方法体可以像在 Notebook 单元格中那样简单地输出结果。框架将捕获输出并将其作为 HTML 返回。请注意，在此情况下不能使用 Jinja2 模板。

参数：无。

示例：

```
from pixiedust.display.app import *
import matplotlib.pyplot as plt
@PixieApp
class MyApp():
    @route()
    @captureOutput
    def main_screen(self):
        plt.plot([1,2,3,4])
        plt.show()
```

你可以在以下地址找到代码文件：

https://github.com/DTAIEB/Thoughtful-Data-Science/blob/master/chapter% 205/sampleCode27.py

• @Logger：通过向类中添加日志记录方法来添加日志记录功能，包括 debug、warn、info、error、critical 和 exception。

参数：无。

示例：

```
from pixiedust.display.app import *
from pixiedust.utils import Logger
@PixieApp
@Logger()
class MyApp():
    @route()
    def main_screen(self):
        self.debug("In main_screen")
```

```
return "< div> Hello World< /div> "
```

你可以在以下地址找到代码文件：

https://github.com/DTAIEB/Thoughtful-Data-Science/blob/master/chapter% 205/sampleCode28.py

自定义 HTML 属性

这些属性可以和任何常规 HTML 元素一起使用以配置内核请求。PixieApp 框架可以在元素收到一个单击或改变事件时触发这些请求，或者在 HTML 片段完成加载之后立即触发这些请求。

- pd_options:定义内核请求瞬时状态的键- 值对列表，格式如下：pd_options = "key1= value1; key2= value2; ..."。当与 pd_entity 属性结合使用时，pd_options 属性调用 PixieDust display() API。在这种情况下，可以从已经使用 display() API 的单独 Notebook 单元格元数据中获取值。为了方便起见，在 display()模式中使用 pd_options 时，建议创建名为< pd_options> 的子元素来使用 pd_options 的 JSON 格式并将 JSON 值存为文本。

pd_options 作为子元素调用 display()的示例：

```
< div pd_entity>
    < pd_options>
        {
            "mapboxtoken": "XXXXX",
            "chartsize": "90",
            "aggregation": "SUM",
            "rowCount": "500",
            "handlerId": "mapView",
            "rendererId": “mapbox",
            "valueFields": “IncidntNum",
            "keyFields": "X,Y",
            "basemap": "light- v9"
        }
    < /pd_options>
< /div>
```

你可以在以下地址找到代码文件：

https://github.com/DTAIEB/Thoughtful-Data-Science/blob/master/chapter% 205/sampleCode29.html

pd_options 作为 HTML 属性的示例：

```
< ! - - Invoke a route that displays a chart - - >
< button type= "submit"pd_options= "showChart= true"
pd_target= "chart{{prefix}}">
    Show Chart
< /button>
```

你可以在以下地址找到代码文件：

https://github.com/DTAIEB/Thoughtful-Data-Science/blob/master/chapter% 205/sampleCode30.html

• pd_entity：仅用于对特定数据调用 display() API。必须与 pd_options 结合使用，其中键- 值对将用作 display() 的参数。如果没有为 pd_entity 属性指定值，则假定它是传递给启动 PixieApp 的 run 方法的实体。pd_entity 值可以是 Notebook 中定义的变量，也可以是 PixieApp 的字段（例如，pd_entity= "df"），还可以是使用点标记的对象的字段（例如，pd_entity= "obj_instance.df"）。

• pd_target：默认情况下，内核请求的输出会注入整个输出单元格或对话框中（如果你使用 runInDialog= "true"作为 run 方法的参数）。但是，可以使用 pd_target= "elementId"指定将接收输出的目标元素。（请注意，elementId 必须存在于当前视图中。）

示例：

```
< div id= "chart{{prefix}}">
< button type= "submit" pd_options= "showChart= true"
pd_target= "chart{{prefix}}">
    Show Chart
< /button>
< /div>
```

你可以在以下地址找到代码文件：

https://github.com/DTAIEB/Thoughtful-Data-Science/blob/master/chapter% 205/sampleCode31.html

• pd_script:将调用任意 Python 代码作为内核请求的一部分。这可以和其他属性(如 pd_entity 和 pd_options)结合使用。需要注意的是,必须遵守 Python 缩进规则(https://docs.python.org/2.0/ref/indentation.html)以避免运行时错误。

如果 Python 代码包含多行,建议使用 pd_script 作为子元素并将代码存储为文本。

示例:

```
< ! - -  Invoke a method to load a dataframe before visualizing it - - >
< div id= "chart{{prefix}}">
< button type= "submit"
    pd_entity= "df"
    pd_script= "self.df =  self.load_df()"
    pd_options= "handlerId= dataframe"
    pd_target= "chart{{prefix}}">
    Show Chart
< /button>
< /div>
```

你可以在以下地址找到代码文件:

https://github.com/DTAIEB/Thoughtful-Data-Science/blob/master/chapter% 205/sampleCode32.html

• pd_app:将通过完全限定类名动态调用一个单独的 PixieApp。pd_options 属性可用于传递路由参数以调用 PixieApp 的一个特定路由。

示例:

```
< div pd_render_onload
      pd_option= "show_route_X= true"
      pd_app= "some.package.RemoteApp">
< /div>
```

你可以在以下地址找到代码文件:

https://github.com/DTAIEB/Thoughtful-Data-Science/blob/master/chapter% 205/sampleCode33.html

• pd_render_onload:这应该用于在加载时触发内核请求,而不是在用户单击元素或发生更改事件时。pd_render_onload 属性可以与定义请求的任何其他属性结合使用,如 pd_options 或 pd_script。请注意,此属性应只与一个 div 元素一起使用。

示例：

```
< div pd_render_onload>
    < pd_script>
print('hello world rendered on load')
    < /pd_script>
< /div>
```

你可以在以下地址找到代码文件：

https://github.com/DTAIEB/Thoughtful-Data-Science/blob/master/chapter% 205/sampleCode34.html

• pd_refresh:用于强制 HTML 元素执行内核请求，即使没有发生任何事件(单击或更改事件)。如果未指定值，则刷新当前元素，否则将刷新值中指定 ID 的元素。

示例：

```
< ! - -  Update state before refreshing a chart - - >
< button type= "submit"
    pd_script= "self.show_line_chart()"
    pd_refresh= "chart{{prefix}}">
    Show line chart
< /button>
```

你可以在以下地址找到代码文件：

https://github.com/DTAIEB/Thoughtful-Data-Science/blob/master/chapter% 205/sampleCode35.html

• pd_event_payload: 将发出一个具有指定有效负载内容的 PixieApp 事件。此属性遵循与 pd_options 相同的规则：

- 必须使用 key= value 表示法对每个键-值对进行编码 。
- 单击或更改事件将触发此事件。
- 支持$ val()指令动态注入用户输入。
- 使用< pd_event_payload> 子元素输入原始 JSON。

示例：

```
< button type= "submit" pd_event_payload= "type= topicA; message= Button
clicked">
    Send event A
```

```
< /button>
< button type= "submit">
    < pd_event_payload>
    {
        "type":"topicA",
        "message":"Button Clicked"
    }
    < /pd_event_payload>
    Send event A
< /button>
```

你可以在以下地址找到代码文件:

https://github.com/DTAIEB/Thoughtful-Data-Science/blob/master/chapter% 205/sampleCode36.html

• pd_event_handler: 订阅器可以通过声明一个< pd_event_handler> 子元素来侦听事件,子元素可以接受任何 PixieApp 内核执行属性,如 pd_options 和 pd_script。此元素必须使用 pd_source 属性筛选要处理的事件。pd_source 属性可以包含以下任一值:

- targetDivId: 仅接受来自具有指定 ID 的元素的事件。
- type: 仅接受具有指定类型的事件。

示例:

```
< div class= "col- sm- 6" id= "listenerA{{prefix}}">
    Listening to button event
    < pd_event_handler
        pd_source= "topicA"
        pd_script= "print(eventInfo)"
        pd_target= "listenerA{{prefix}}">
    < /pd_event_handler>
< /div>
```

你可以在以下地址找到代码文件:

https://github.com/DTAIEB/Thoughtful-Data-Science/blob/master/chapter% 205/sampleCode37.html

注意:为 pd_source 使用*表示所有事件都将被接受。

• `pd_refresh_rate`:用于在以毫秒表示的指定间隔重复执行元素。当你想要轮询特定变量的状态并在 UI 中显示结果时这非常有用。

示例:

```
< div pd_refresh_rate= "3000"
    pd_script= "print(self.get_status())">
< /div>
```

你可以在以下地址找到代码文件:

https://github.com/DTAIEB/Thoughtful-Data-Science/blob/master/chapter% 205/sampleCode38.html

方法

• `setup`:这是一个可选的方法,由 PixieApp 实现以初始化其状态。将在 PixieApp 运行之前被自动调用。

参数:无。

示例:

```
def setup(self):
    self.var1 = "some initial value"
    self.pandas_dataframe = pandas.DataFrame(data)
```

你可以在以下地址找到代码文件:

https://github.com/DTAIEB/Thoughtful-Data-Science/blob/master/chapter% 205/sampleCode39.py

• `run`:启动 PixieApp。

参数:

  ◦ **entity**:[可选]作为输入传递给 PixieApp 的数据集。可以用 `pd_entity` 属性引用,也可以直接作为名为 `pixieapp_entity` 的字段引用。

  ◦ ****kwargs**:运行 PixieApp 时要传递给它的关键字参数。例如,使用 `runInDialog= "true"`将在对话框中启动 PixieApp。

示例：

```
app = MyPixieApp()
app.run(runInDialog= "true")
```

• invoke_route:用于程序化地调用一个路由。

参数：

- **路由方法**:要调用的方法。
- **kwargs:要传递给路由方法的关键字参数。

示例：

```
app.invoke_route(app.route_method, arg1 = "value1", arg2 = "value2")
```

• getPixieAppEntity:用于检索在调用 run()方法时传递的当前 PixieApp 实体(可以为 None)。getPixieAppEntity()通常从 PixieApp 自身被调用,即：

```
self.getPixieAppEntity()
```